"十四五"职业教育国家规划教材

"十三五"职业教育国家规划教材

高等职业教育安全防范技术系列教材

智能建筑消防系统

程　琼　陈　晴　主　编

袁　森　副主编

张　赟　张　萌　参　编

電子工業出版社

Publishing House of Electronics Industry

北京 • BEIJING

内容简介

本书根据职业岗位的需求，结合实际工作过程，从运用的角度出发，按照工程应用标准在初步建立智能建筑消防系统模型的基础上，将职业岗位要求的知识、技能及素质要求融入本教材内容中。全书共分为6 章，在认识智能建筑消防系统的基础上，逐步学习火灾自动报警系统、消防灭火系统、建筑防火与减灾系统，并配备消防联动控制系统和消防系统工程实施及维护案例，以形成一个完整的体系，使读者具备一定的消防系统设计、安装、调试与管理维护等工程实践能力，同时兼顾了注册消防工程师资格认证需求，以满足读者的职业发展需求。

本书层次清晰，实用性强，是企业的能工巧匠与学校教师共同合作的结晶，不仅适用于高职高专的建筑、计算机、通信及控制技术等相关专业，还可供建筑智能化技术从业人员、安全防范工程从业人员等参考和培训使用。

图书在版编目（CIP）数据

智能建筑消防系统 / 程琼，陈晴主编. —北京：电子工业出版社，2018.10
高等职业教育安全防范技术系列教材
ISBN 978-7-121-34419-0

I. ①智…　II. ①程…　②陈…　III. ①智能化建筑－防火系统－高等职业教育－教材　IV. ①TU892

中国版本图书馆 CIP 数据核字（2018）第 120870 号

策划编辑：徐建军（xujj@phei.com.cn）
责任编辑：王　炜
印　　刷：三河市良远印务有限公司
装　　订：三河市良远印务有限公司
出版发行：电子工业出版社
　　　　　北京市海淀区万寿路 173 信箱　邮编：100036
开　　本：787×1 092　1/16　印张：17.5　字数：448 千字
版　　次：2018 年 10 月第 1 版
印　　次：2024 年 1 月第 13 次印刷
定　　价：42.00 元

凡所购买电子工业出版社图书有缺损问题，请向购买书店调换。若书店售缺，请与本社发行部联系，联系及邮购电话：（010）88254888，88258888。

质量投诉请发邮件至 zlts@phei.com.cn，盗版侵权举报请发邮件至 dbqq@phei.com.cn。

本书咨询联系方式：（010）88254570。

前　　言

人类正在全面进入智能化时代，现代化的衣食住行无不和智能紧密相关。随着现代建筑水平的不断提高，计算机信息技术以及现代控制技术的持续发展，为现代智能建筑开发及发展奠定了坚实的基础。信息化、物联网、云计算、大数据等技术的融合应用对建筑智能化行业的影响越来越大、越来越深入。智能建筑改变了人们生产生活的方式、环境和体验，安全、环保、舒适、信息化是智能建筑发展的宗旨。

国家智慧城市建设逐步推进，城市城镇化建设快速发展，智能大厦和智能小区等大规模建设，新型不规则建筑、高层建筑、超高层建筑不断涌现，商场超市等群众聚集场所规模迅速扩大，城市建筑密集而结构复杂，致使火灾环境发生了重大变化，火灾隐患也随之增加，消防安全的重要性越来越突出。2017 年 7 月，国家六部（局、办）联合组织开展高层建筑消防安全综合治理。2018 年 1 月，中共中央办公厅、国务院办公厅印发了《关于推进城市安全发展的意见》，要求完善高层建筑的技术标准，增强抵御事故风险、保障安全运行的能力。与此同时，目前我国投入使用的高层建筑将近 62 万栋，百米以上超高建筑超 6400 栋，每年新竣工的高层建筑居全球首位，因此，提升高层建筑消防安全水平已迫在眉睫。

智能建筑消防系统对火灾的监测、预防和控制起到了至关重要的作用，智能消防系统能及时发现建筑的火灾隐患，采取相应措施，及时扑救，将可能酿成大祸的火灾消灭在阻燃期或初期，同时防止灾害扩大。全书分为 6 章，旨在促进合理应用智能建筑消防系统，有效提升建筑物的火灾防范与应对能力及建筑的消防安全水平。全书在认识智能建筑消防系统的基础上，逐步介绍火灾自动报警系统、消防灭火系统、建筑防火与减灾系统，并配备消防联动控制系统和消防系统工程实施及维护案例，以形成一个完整的体系，让读者具备一定的消防系统设计、安装、调试与管理维护等工程实践能力。全书以任务驱动，步步深入，以提高“德、技、力”综合能力为宗旨，与最新的国家及行业相关规范、标准、规程等紧密配合，兼顾注册消防工程师资格认证需求，以增强对知识的理解能力和职业资格考试的应试能力。

本书由武汉职业技术学院的教师组织编写，由程琼和陈晴担任主编，由袁森担任副主编。其中，第 1 章由张赟、陈晴编写，第 2 章、第 5 章由程琼编写，第 3 章、第 6 章由袁森编写，第 4 章由陈晴编写，张萌负责全书的图表处理工作，程琼和陈晴负责全书的统稿工作。

本书在编写过程中，得到了武汉职业技术学院同仁们的大力支持和帮助；同时，杭州海康威视数字技术股份有限公司、西安开元电子实业有限公司及武汉新路教育科技咨询公司的周元亮先生等给了作者及其学生企业学习的机会和项目实践的空间，本书除了在参考文献中列出的参考资料外，同时参考了大量标准、规范、书刊、网文等资料，并引用了部分内容，在此，一并表示衷心的感谢！

为了方便教师教学，本书配有电子教学课件，请有此需要的教师登录华信教育资源网（www.hxedu.com.cn）免费注册后进行下载，如有问题可在网站留言板留言或与电子工业出版社联系（E-mail:hxedu@phei.com.cn）。

目前，这类教材在市场上不多见，且消防技术不断发展，相关规范、标准持续更新，虽然我们精心组织，努力工作，但错误之处在所难免；同时由于编者水平有限，书中也存在诸多不足之处，恳请广大读者朋友们给予批评和指正。

编　者

目　　录

第1章 认识智能建筑消防系统

教学过程建议

学习内容

- 1.1 智能建筑消防系统认知
- 1.2 智能建筑火灾形成及灭火原理
- 1.3 智能建筑防火设计
- 1.4 消防法律法规
- 实训1 智能建筑消防系统认知训练

学习目标

- 具有建筑物的位置、布局，建筑物的耐火等级和使用性质等综合分析能力
- 能结合智能建筑及燃烧特性构成认知系统
- 熟悉消防系统工程相关图纸的基本内容
- 具有使用相关手册、法规和规范的能力

技术依据

- 《消防法》
- 《建筑设计防火规范》（GB 50016—2014）
- 《火灾自动报警系统设计规范》（GB 50116—2013）

教学设计

- 消防事件联动案例导入→播放消防视频、动画→分析智能建筑消防系统→给出工程图→布置查找各种消防设施→引出消防系统组成→组织现场调研→认知智能建筑消防系统→强化标准、规范及职业素质养成

1.1 智能建筑消防系统认知

教师任务：引导学生讨论智能建筑的构成和特点，理解智能建筑与消防系统的关系；播放消防录像和动画，演示智能建筑消防系统联动案例，给出消防工程设计图，让学生对消防系统有明确的了解，学会识别不同的部件，认清各类标识。

学生任务：学习、研讨、参与讲解，按照给出的消防工程设计图寻找部件，理解消防系统的构成，完成任务单，如表 1-1 所示。

表 1-1　任务单

序号	项　　目	内　　容
1	智能建筑与消防系统的关系	
2	智能建筑消防系统的组成	
3	智能建筑消防系统的分类	
4	消防工程设计图中的主要部件及图例	
5	消防标志的识别	

随着现代通信技术、计算机网络技术及现场总线控制技术的飞速发展，数字化、网络化和信息化正日益融入人们的生活，新材料、新结构、新设备层出不穷，智能化的概念渗透到各行各业及人们生活中的方方面面，相继出现了智能住宅小区、智能医院等。同时，新型不规则建筑、高层建筑不断涌现，城市建筑密集而结构复杂，致使火灾环境发生了重大变化，火灾隐患也随之增加，智能建筑消防系统对火灾的监测、预防和控制起到了至关重要的作用。智能建筑消防系统是设计及实施人员根据建筑物的实际情况，遵循现行国家标准及消防法律法规（如《建筑设计防火规范》《火灾自动报警系统设计规范》等）进行设计和实施的防火系统。

1.1.1 智能建筑与消防系统

1. 智能建筑的构成和特点

智能建筑在世界各地不断崛起，已成为现代化城市的重要标志，它是为适应现代社会信息化与经济国际化的需要而兴起的，是随着计算机技术、通信技术和现代控制技术的发展和相互渗透而发展起来的，并将继续发展下去。

（1）智能建筑的构成

智能建筑是指利用系统集成方法，将智能型计算机技术、通信技术、控制技术、多媒体技术和现代建筑艺术有机结合，通过对设备的自动监控，对信息资源的管理，对使用者的信息服务及其建筑环境的优化组合，所获得的投资合理，适合信息技术需要并具有安全、高效、舒适、便利和灵活特点的现代化建筑物。

智能建筑主要由五个子系统构成，即建筑设备自动化系统（BA）、通信自动化系统（CA）、办公自动化系统（OA）、火灾报警与消防联动自动化系统（FA）、安全防范自动化系统（SA），简称 5A 系统。智能建筑就是通过综合布线系统将五个子系统进行有机综合，使建筑物具有了安全、便利、高效、节能的特点。

（2）智能建筑的火灾特点

智能建筑创造了安全、健康、舒适宜人的办公、生活环境，能最大限度地节省能源，满足用户对不同环境功能的要求。因此，智能建筑火灾防控工作也成为我国保障民生的一项重要任务，智能建筑有如下火灾特点。

① 火势蔓延快。

建筑越高，风速越大，热对流效应越明显，火灾的蔓延扩大速度也越快；建筑内楼梯间、电梯井、管道井、风道、电缆井等竖向井道多，如果防火设施不到位，发生火灾时就好像一座座高耸的烟囱，成为火势迅速蔓延的途径，形成"烟囱效应"。

据测定，在火灾初期阶段，因空气对流，在水平方向造成的烟气扩散速度为 0.3 m/s，在火灾燃烧猛烈阶段，由于高温状态下的热对流而造成的水平方向烟气扩散速度为 0.5～3 m/s；烟气沿楼梯间或其他竖向管井扩散速度为 3～4 m/s，一座高度为 100 m 的高层建筑，在无阻挡的情况下，半分钟左右，烟气就能顺竖向管井扩散到顶层。

② 起火因素多。

智能建筑结构复杂，设计、施工难度大，稍有疏忽就会埋下火灾隐患；装修过程中使用大量的高分子材料，耐火等级低，容易燃烧；智能建筑内部功能复杂，电气化和自动化程度高，电气设备多且用电负荷大，漏电、短路等故障的概率增加，容易形成点火源；建筑内单位多，人员密集，流动性大，各项管理制度不容易落到实处，火灾隐患和漏洞就容易出现，人为因素引发火灾的概率也会增加。

③ 疏散难度高。

高层建筑层数多，垂直距离长，疏散到地面或其他安全场所的时间长；建筑内人员众多，影响消防员登梯的速度和人员疏散的时间；当火灾发生时，各竖井空气流动畅通，火势和烟气向上蔓延快，普通电梯会自动切断电源停止使用；多数高层建筑安全疏散主要是封闭楼梯，而楼梯间内一旦窜入烟气，就会严重影响疏散。这些都是导致难以在较短时间内将人员全部撤离危险区的原因。

④ 经济损失大。

智能建筑中的 OA、CA 等系统中各种电气设备众多，一旦发生火灾，这些设备极易燃烧，将会造成巨大的经济损失。

2. 智能建筑与消防系统的关系

智能建筑消防系统是智能建筑的一个重要组成部分。

智能建筑一般都是重要的办公大楼、金融中心、高级宾馆和公共设施，这些建筑如果发生火灾后果不堪设想。由于这类高层建筑的起火原因复杂，火势蔓延途径多，人员疏散困难，消防人员扑救难度大，因此，对于智能建筑，在人力防范的基础上必须依靠先进的科学技术建立先进的、行之有效的自动化消防系统，把火灾消灭在萌芽状态，最大限度地保障智能建筑内部人员、财产的安全，把损失控制到最低。

智能建筑消防系统的方针是"预防为主，防消结合"，任务是有效监测建筑火灾、控制火灾、迅速扑灭火灾，保障人民生命和财产安全，保障国民经济建设。

智能建筑消防系统的基本工作原理：当某区域出现火灾时，先将探测到的火灾信号输入区域报警控制器，再由集中报警控制器传送到中心监控系统，由该中心判断火灾位置后即发出指令，指挥自动喷洒装置、气体/液体灭火器进行灭火。与此同时，紧急发出疏散广播开启事故照明装置和避难诱导灯，此外，还可启动防火门、防火阀、排烟门、卷闸、排烟风机等进行隔离和排烟等措施。

消防事件联动案例如图 1-1 所示。

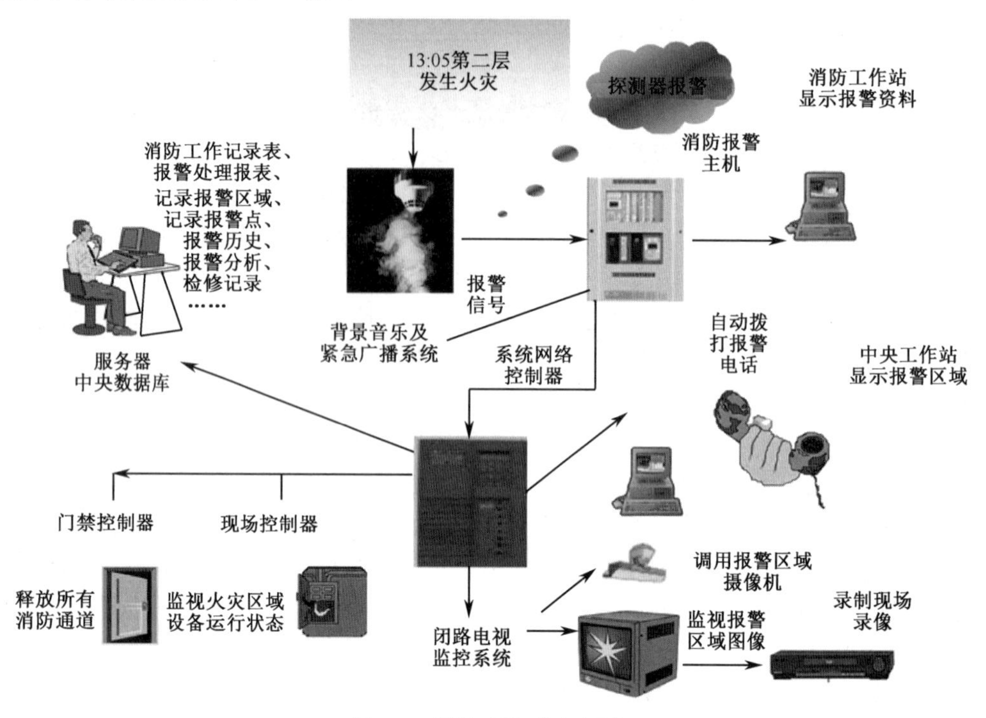

图 1-1　消防事件联动案例

当建筑的第二层发生火灾时，消防事件联动过程如下。

火灾区域探测器报警，报给消防报警主机，主机显示相应编号，自动拨打报警电话报警，消防工作站显示报警资料，背景音乐及紧急广播系统指挥疏散，系统网络控制器使闭路电视监控系统开始工作，调用报警区域摄像机、监视报警区域图像、录制现场录像；现场控制器监视火灾区域设备运行状态；门禁控制器释放所有消防通道；服务器中央数据库工作内容包括消防工作记录表、报警处理报表、记录报警区域、记录报警点、报警历史、报警分析、检修记录等。

1.1.2　智能建筑消防系统的形成及发展

1. 智能建筑消防系统的形成

火灾与消防是一个非常古老的命题。在各类自然火灾中，火灾是一种不受时间、空间限制，发生频率很高的灾害。

中国古代的消防，作为社会治安的一个方面，没有独立分离出来设置专门的机构。从汉代中央管理机构的“二千石曹尚书”和京城的“执金吾”开始，均为“主水火盗贼”或“司非常水炎”“擒讨奸猾”，可见消防机构同治安机构始终在一起，这种治安消防体制直到社会分工已相当细化的今天。随着经济、社会的发展，火灾也随之增加，而消防治理、消防技术也在与时俱进。

我国智能建筑消防系统形成于 20 世纪 80 年代中期，随着高层、超高层建筑的增加及商场、超市等人群聚集场所规模的迅速扩大，消防安全的重要性日益突出，与此同时，智能建筑技术的发展与成熟，使得越来越多的智能建筑采用了智能消防系统。

2. 智能建筑消防系统的现状及发展

随着我国城市化进程的进一步加快，城市建设日新月异，现代化宾馆、饭店、工业厂房、办公大楼、居民住宅等高层建筑和建筑群体不断涌现，仓储规模日趋扩大。这些场所内往往聚集的人员多、物资多、财产贵重，火灾危险性大。传统的以人为主的消防管理模式和依靠外部救援的灭火作战方式根本不能适应这些场所的消防要求。在这种情况下，建筑自动消防设施对于迅速探知并扑灭火灾，提高建筑物抵御火灾的能力、保护建筑物消防安全，确保人民生命财产安全起到了至关重要的作用。

随着行业的不断发展，主管部门陆续发布了相关法规政策、监管措施，消防产品的检验方法和检验手段不断更新，消防验收标准更加细致完善，随着无线互联网、物联网和智能建筑技术的发展，一些先进的防火防灾理念相继出现，无线报警系统和消防云成了行业新的技术热点。实现建筑自动消防设施的普遍应用，即“建筑消防自动化”，是我国在 21 世纪消防发展的重要战略任务，依靠科技进步提高自动化控制水平是社会发展的必然趋势。

1.1.3　智能建筑消防系统的组成和分类

智能建筑消防系统的主要功能是自动捕捉火灾探测区域内火灾发生时的烟雾或热气，从而发出声光报警并控制自动灭火系统，同时联动其他设备的输出接点，控制事故照明及疏散标记、事故广播及通信、消防给水和防排烟设施，以实现监测、报警和灭火的自动化。

1. 智能建筑消防系统的组成

一个完整的智能建筑消防系统是由火灾自动报警系统、灭火自动控制系统和避难诱导系统三个子系统组成的。

火灾自动报警系统由探测器、手动报警按钮、报警器和警报器等构成，以完成火情的检测并及时报警。

灭火自动控制系统由各种现场消防设备及控制装置构成。现场消防设备种类很多，它们按照使用功能可以分为三大类：第一类是灭火装置，直接用于扑火，如液体、气体、干粉等喷洒装置；第二类是灭火辅助装置，用于限制火势、防止火灾扩大，如防火门、防火卷帘、挡烟垂壁等；第三类是信号指示系统，用于报警并通过灯光与声响来指挥的各种设备。

避难诱导系统由事故照明装置和避难诱导灯等设施组成，其作用是当火灾发生时，引导人员逃生。

2. 智能建筑消防系统的分类

按报警和消防方式，可将智能建筑消防系统分为两种类型。

（1）自动报警，人工消防

当火灾发生时，在本层的火灾报警器发出信号，同时显示出某一层或某分区发生火灾，消防人员根据报警情况采取消防措施。如中等规模的旅馆在客房等处设置火灾探测器，当火灾发生时，在本层服务台的火灾报警器自动发出信号，同时在总服务台显示出某一层发生火灾，消防人员根据报警情况采取消防措施。

（2）自动报警，自动消防

当火灾发生时，火灾报警器自动发出信号，同时显示发生火灾的区域，在火灾发生处可自动喷洒水，进行消防。在消防中心的报警器附近设有直接通往消防部门的电话，消防中心在接到火灾报警信号后，立即发出疏散通知（利用紧急广播系统）并开启消防水泵和电动防火门等设备。

1.1.4　智能建筑消防系统常用图例及标志

做消防工程设计和实施时，消防工程图是必不可少的，看任何一份图纸都要先学会看图例。在消防系统应用过程中，消防标志用于说明建筑配备各种消防设备、设施，标志安装的位置，并引导人们在事故发生时采取合理、正确的行动。

1. 智能建筑消防系统常用图例

消防报警及联动系统工程图绘制时，名称和图形都要采用国家标准规定使用的图形符号。消防报警及联动控制系统常用的基本符号如表 1-2 所示，消防工程辅助符号如表 1-3 所示，消防工程灭火器符号如表 1-4 所示，消防工程固定灭火器系统符号如表 1-5 所示，消防工程灭火设备安装处符号如表 1-6 所示，消防工程自动报警设备符号如表 1-7 所示，消防管道及配件符号如表 1-8 所示，自动灭火系统图例如表 1-9 所示。

表 1-2　消防报警及联动控制系统常用的基本符号

名　　称	图　　形	名　　称	图　　形
手提式灭火器		灭火设备安装处所	
推车式灭火器		控制和指示设备	
固定式灭火系统（全淹没）		报警启动	
固定式灭火系统（局部应用）		火灾报警装置	
固定式灭火系统（指出应用区）		消防通风口	

表 1-3　消防工程辅助符号

名　　称	图　　形	名　　称	图　　形
水		阀门	
手动启动		泡沫或泡沫液	
出口		电铃	
无水		入口	
发声器		BC 类干粉	
热		扬声器	
ABC 类干粉		烟	
电话		卤代烷	

续表

名　称	图　形	名　称	图　形
火焰		光信号	
二氧化碳		易爆气体	

表 1-4　消防工程灭火器符号

名　称	图　形	名　称	图　形
清水灭火器		卤代烷灭火器	
推车式 ABC 类干粉灭火器		泡沫灭火器	
二氧化碳灭火器		推车式卤代烷灭火器	
BC 类干粉灭火器		推车式泡沫灭火器	
水桶		ABC 类干粉灭火器	
推车式 BC 类干粉灭火器		沙桶	

表 1-5　消防工程固定灭火器系统符号

名　称	图　形	名　称	图　形
水灭火系统（全淹没）		ABC 类干粉灭火系统	
手动控制灭火系统		泡沫灭火系统（全淹没）	
卤代烷灭火系统		BC 类干粉灭火系统	
二氧化碳灭火系统			

表 1-6　消防工程灭火设备安装处符号

名　称	图　形	名　称	图　形
二氧化碳瓶站		ABC 干粉罐	
泡沫罐站		BC 干粉灭火罐站	
消防水泵站			

表 1-7　消防工程自动报警设备符号

名　称	图　形	名　称	图　形
消防控制中心		火灾报警装置	
感温探测器		感光探测器	
手动报警装置		感烟探测器	
气体探测器		报警电话	
火灾警铃		火灾报警扬声器	

表 1-8 消防管道及配件符号

名　称	图　例	名　称	图　例
闸阀		异径管	
压力调节阀		偏心异径管	
升降式止回阀		堵板	
旋启式止回阀		法兰	
减压阀		法兰连接	
电动闸阀		丝堵	
滚动闸阀		入口	RK
自动截门		流量孔板	
带手动装置的截门		放气管	
浮力调节阀		防雨罩	
密闭式弹簧安全阀		地漏	
开启式弹簧安全阀		压力表	
放气阀		U 型压力表	∪
自动放气阀		自动记录压力表	
立管及立管上阀门		水银/温度计	
挡住阀		二次蒸发器	
疏水器		室外架空管道固定支架	
∩型补偿器		室外架空煤气道管单层支架	
套管补偿器		室外架空煤气道管摇摆支架	
波型、鼓型补偿器		漏气检查点	
离心水泵		防火器	
手摇泵		地沟 U 型膨胀穴	
喷射泵		地沟安装孔	
热交换器		地沟及检查井	
立式油水分离器（用于压缩空气）D_g≤80		弹簧支（吊）架	TZ(TD)
卧式油水分离器（用于压缩空气）D_g≥100		单、双、三接头立式集水器（用于压缩空气）	
导向支架	D2	地沟排风口	
吊架	DJ	流量表	

表 1-9　自动灭火系统图例

图 例	名 称	图 例	名 称	图 例	名 称	图 例	名 称	图 例	名 称
	感烟探测器	P	压力开关	ZM	非消防电源控制器	—XH—	消防给水管		消防水泵结合器
	感温探测器	FW	水流指示器	PYJ	排烟风机控制箱	—ZP—	消防自动喷水灭火给水管		室内单口消火栓
	手动报警器	8300	单输入模块	XFB	厂区消防水泵控制箱	—SM—	水幕灭火给水管		室内双口消火栓
	手动报警按钮（带插孔）		总线隔离器	PLB	喷淋加压泵控制箱	—YL—	雨淋灭火给水管		室外消防火栓
	火灾扬声器	8303	双输入/双输出模块	KTD	空调机	L	水流指示器		自动喷洒头平面图（开式、闭式）
	消防栓报警按钮	8302A	双动作切换模块	WYB	稳压泵控制箱		湿式报警阀——系统		自动喷洒头系统图（开式）
8301	单输入模块		防火阀（70℃）	8304	消防电话模块		雨淋阀——系统		自动喷洒头系统图（闭式下喷）
	信号阀		排烟防火阀（280℃）		消防电话分机		水警铃		自动喷洒头系统图（闭式上喷）

2. 消防工程设计图示例

消防报警及联动系统的平面图主要反映报警设备及联动设备的平面布置、线路的敷设等，如图 1-2 所示就是某大楼使用 JB-QB-DF1501 火灾报警控制器和 HJ-1811 联动控制器构成的火灾报警及联动控制系统楼层平面布置图。

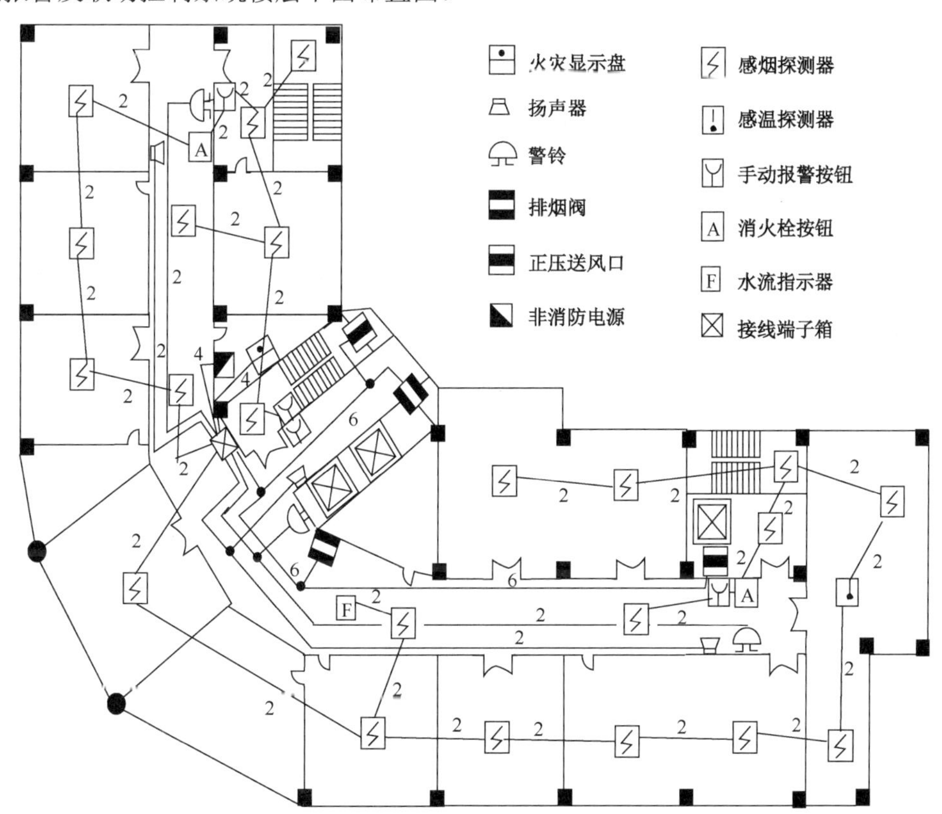

图 1-2　某大楼消防报警及联动系统楼层平面图

图中给出了火灾显示盘、警铃、扬声器、非消防电源、水流指示器、正压送风口、排烟阀、消火栓按钮等的平面位置。在熟悉系统图和平面图的基础上，还应全面熟悉联动设备的控制。

3. 消防标志

火灾事故往往因为在发生事故的初期人们看不到消防标志、找不到消防设施，导致不能采取正确的疏散和灭火措施，造成大量人员伤亡事故。消防标志牌用于提示消防设施的目标方位，它们不但是消防官兵处理火险时的好帮手，也是群众在火灾危急关头的救命符。消防标志如图 1-3 所示，主要分为消防设施标志、危险场所与危险部位标志和安全疏散标志三大类。

图 1-3　消防标志

（1）消防设施标志

消防设施标志主要涉及如下几个方面。

① 配电室、发电机房、消防水箱间、水泵房、消防控制室等场所的入口处应设置与其他房间区分的识别类标志和“非工勿入”的警示类标志。

② 消防设施配电柜（配电箱）应设置区别于其他设施配电柜（配电箱）的标志；备用消防电源的配电柜（配电箱）应设置区别于主消防电源配电柜（配电箱）的标志；不同消防设施的配电柜（配电箱）应有明显区分的标志。

③ 供消防车取水的消防水池、取水口或取水井、阀门、水泵接合器及室外消火栓等场所应设置永久性固定的识别类标志和“严禁埋压、圈占消防设施”的警示类标志。

④ 消防水池、水箱、稳压泵、增压泵、气压水罐、消防水泵、水泵接合器的管道、控制阀、控制柜应设置提示类标志和相互区分的识别类标志。

⑤ 室内消火栓给水管道应设置与其他系统区分的识别类标志，并标明流向。

⑥ 灭火器的设置点、手动报警按钮设置点应设置提示类标志。

⑦ 防排烟系统的风机、风机控制柜、送风口、排烟窗应设置注明系统名称、编号的识别类标志和“消防设施严禁遮挡”的警示类标志。

⑧ 常闭式防火门应设置“常闭式防火门，请保持关闭”的警示类标志；防火卷帘底部地面应设置“防火卷帘下禁放物品”的警示类标志。

（2）危险场所与危险部位标志

危险场所与危险部位标志主要涉及如下几个方面。

① 危险场所、危险部位的室外、室内墙面、地面及危险设施处等适当位置应设置警示类标志，标明安全警示性和禁止性规定。

② 危险场所、危险部位的室外、室内墙面等适当位置应设置安全管理规程，标明安全管

理制度、操作规程、注意事项及危险事故应急处置程序等内容。

③ 仓库应当画线标志，标明仓库墙距、垛距、主要通道、货物固定位置等；储存易燃、易爆危险物品的仓库应当设置标明储存物品的类别、品名、储量、注意事项和灭火方法的标志。

④ 易操作失误引发火灾危险事故的关键设施部位应设置发光性提示标志，标明操作方式、注意事项、危险事故应急处置程序等内容。

（3）安全疏散标志

安全疏散标志主要涉及如下几个方面。

① 安全疏散标志应根据国家有关消防技术标准和规范设置，并采用符合规范要求的灯光疏散指示标志、安全出口标志，标明疏散方向。

② 商场、市场、公共娱乐场所应在疏散走道和主要疏散路线的地面上，增设能保持视觉连续性的自发光或蓄光疏散指示标志。

③ 单位安全出口、疏散楼梯、疏散走道、消防车道等处应设置“禁止锁闭”“禁止堵塞”等警示类标志。

④ 消防电梯外墙面上要设置消防电梯的用途及注意事项的识别类标志。

⑤ 公众聚集场所、宾馆、饭店等住宿场所的房间内应设置疏散标志图，标明楼层疏散路线、安全出口、室内消防设施位置等内容。

1.2 智能建筑火灾形成及灭火原理

教师任务：火灾的形成过程及灭火原理是研究和研发各类消防系统及设备的理论基础，通过分组研讨和集中讲解相结合的方式使学生掌握火灾形成的原因及灭火原理。

学生任务：以“火灾如何形成”“如何灭火”为主题，学习研讨完成任务单，如表 1-10 所示。

表 1-10　任务单

序号	项　　目	内　　容
1	燃烧的条件	
2	火灾形成的原因	
3	火灾发展的阶段	
4	火灾蔓延的途径	
5	灭火方法及原理	
6	闪点、燃点、爆炸极限	

由于人类的不安全行为和可燃物的不安全状态所构成的物质燃烧条件，火会演变成危及人类生命财产的火灾。

1.2.1 智能建筑火灾的形成

火灾是指在时间或空间上失去控制的燃烧所造成的灾害。

1. 火灾的分类

（1）按照燃烧对象的性质分类

火灾根据可燃物的类型和燃烧特性，分为 A、B、C、D、E、F 六类。

A 类火灾：固体物质火灾。这种物质通常具有有机物质的性质，一般在燃烧时能产生灼热的余烬。例如，木材、棉、毛、麻、纸张等引发的火灾。

B 类火灾：液体或可熔化固体物质火灾。例如，汽油、煤油、原油、甲醇、乙醇、沥青、石蜡等引发的火灾。

C 类火灾：气体火灾。例如，煤气、天然气、甲烷、乙烷、氢气、乙炔等引发的火灾。

D 类火灾：金属火灾。例如，钾、钠、镁、钛、锆、锂等引发的火灾。

E 类火灾：带电火灾。例如，变压器等设备引发的电气火灾。

F 类火灾：烹饪器具内的烹饪物，如动物油脂或植物油脂等引发的火灾。

（2）按照火灾事故所造成的灾害损失程度分类

按照火灾事故所造成的灾害损失程度可将火灾划分为特别重大火灾、重大火灾、较大火灾和一般火灾四个等级，如图 1-4 所示。

特别重大火灾：指造成 30 人以上死亡，或者 100 人以上重伤，或者 1 亿元以上直接财产损失的火灾。

重大火灾：指造成 10 人以上 30 人以下死亡，或者 50 人以上 100 人以下重伤，或者 5000 万元以上 1 亿元以下直接财产损失的火灾。

较大火灾：指造成 3 人以上 10 人以下死亡，或者 10 人以上 50 人以下重伤，或者 1000 万元以上 5000 万元以下直接财产损失的火灾。

一般火灾：指造成 3 人以下死亡，或者 10 人以下重伤，或者 1000 万元以下直接财产损失的火灾。

（注：“以上”包括本数，“以下”不包括本数。）

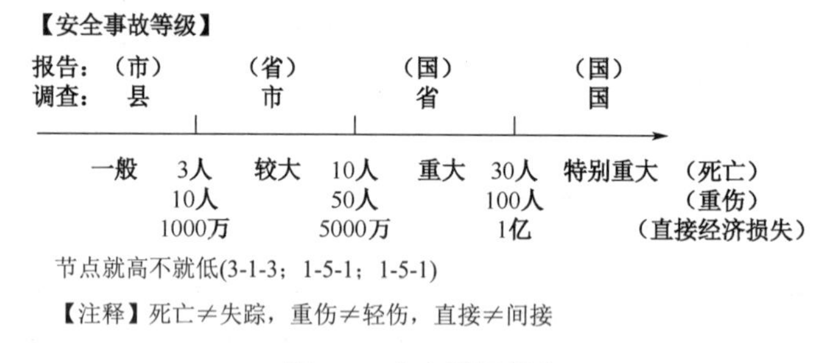

图 1-4　火灾等级划分

2. 火灾形成的条件

火灾受可燃物质的类型、着火的性质、可燃物质的分布、着火场所的条件、新鲜空气的供给程度及环境温度等因素的影响。

（1）燃烧的条件

燃烧是指可燃物与氧化剂作用发生的放热反应，通常伴有火焰、发光和（或）发烟现象。燃烧可分为有焰燃烧和无焰燃烧，具有三个特征，即化学反应、放热和发光。

燃烧的发生和发展，必须具备三个必要条件，即可燃物、助燃物（氧化剂）和引火源（温度）。只有这三个条件同时具备，才可能发生燃烧现象，无论缺少哪一个条件，燃烧都不可能发

助燃物（氧化剂）
引火源（温度）
可燃物

图 1-5　着火三角形

生，如图 1-5 所示。但并不是这三个条件同时存在，就一定会发生燃烧现象，这三个条件还必须相互作用才能发生燃烧现象。

① 可燃物。

凡是能与空气中的氧或其他氧化剂起化学反应的物质，均称为可燃物，如木材、氢气、汽油、煤炭、纸张、硫等。可燃物按其物理状态分为气体可燃物、液体可燃物和固体可燃物三种类别。可燃烧物质大多是含碳和氢的化合物，某些金属如镁、铝、钙等在某些条件下也可以燃烧，还有许多物质如肼臭氧等在高温下可以通过自己分解而放出光和热。

② 助燃物（氧化剂）。

凡是与可燃物结合能导致和支持燃烧的物质，即能与可燃物发生氧化反应的物质，称为助燃物或氧化剂。燃烧过程中的氧化剂主要是空气中游离的氧，另外如氟、氯等也可以作为燃烧反应的氧化剂。

③ 引火源（温度）。

凡是能引起物质燃烧的点燃能源，统称为引火源。常见的引火源有明火、电弧、电火花、雷击、高温等。

④ 链式反应。

有焰燃烧都存在链式反应。当某种可燃物受热，它不仅会气化，而且该可燃物的分子会发生热解作用从而产生自由基。自由基是一种高度活泼的化学形态，能与其他的自由基和分子反应，而使燃烧持续进行下去，这就是燃烧的链式反应。

因此，燃烧的充分条件是：一定的可燃物浓度，一定的氧气含量，一定的点火能量及未受抑制的链式反应。对于无焰燃烧，前三个条件同时存在，相互作用，燃烧即会发生；对于有焰燃烧，除以上三个条件外，燃烧过程中存在未受抑制的自由基，形成链式反应，使燃烧能够持续下去，这也是燃烧的充分条件之一。

（2）燃烧的类型

燃烧按其形成的条件和瞬间发生的特点一般分为闪燃、着火、自燃和爆炸四种类型。

闪燃是物质遇火能产生一闪即灭的燃烧现象。

着火是可燃物质在空气中与火源接触，达到某一温度时，开始产生有火焰的燃烧，并在火源移去后仍能继续燃烧的现象。

自燃是可燃物质在没有外部火花、火焰等火源的作用下，因受热或自身发热积热不散引起的燃烧。

爆炸是由于物质急剧氧化或分解反应产生温度、压力增加或两者同时增加的现象。

3. 火灾形成的原因

火灾是影响人类正常生产工作的重要因素之一，引起火灾的因素有千万种，有自然因素，如雷击、物质自燃等，但从目前发生的火灾来看，更多的还是人为造成的。所以要想防止火灾的发生，必须提高消防意识，熟悉各类火灾的特性，做好消防安全的防范措施。

（1）电气造成的火灾

电气原因引起的火灾在我国火灾中居于首位。有关资料显示，全国因电气原因引发的火灾占火灾总数的 32.2%。

在智能建筑中，用电设备复杂，用电量大，电气管线纵横交错，火灾隐患多。电气设备过负荷、电气线路接头接触不良、电气线路短路等是引起火灾的直接原因。其间接原因是电气设备故障或电气设备设置和使用不当所造成的，如将功率较大的灯泡安装在木板、纸等可燃物附近，将荧光灯的镇流器安装在可燃基座上，以及用纸或布做灯罩紧贴在灯泡表面，在易燃、易爆的车间内使用非防爆型的电动机、灯具、开关等。

（2）人为造成的火灾

违反相关规定、工作疏忽或人为纵火是造成火灾的直接原因。例如，如使用不合格的熔断丝，或者用铜、铁丝代替熔断丝，电气设备超负荷，熔断丝熔断冒火，电器、导线过热起火等；在建筑内乱接临时电源、滥用电炉等造成火灾；乱扔烟头，致使未熄灭的烟头引燃可燃物；在禁止吸烟处违章吸烟引发火灾；人为纵火；因不懂灭火常识，使小火酿成火灾。

（3）液体燃烧造成的火灾

可燃液体挥发出来的蒸气与空气形成的混合物，遇火源能够发生闪燃的最低温度称为闪点。闪点是判断液体火灾危险性大小及对可燃性液体进行分类的主要依据。可燃性液体的闪点越低，其火灾危险性也越大。例如，汽油的闪点为–50～–20℃，煤油的闪点为43～72℃，显然汽油的火灾危险性就比煤油大。根据闪点的高低，可以用来确定生产、加工、储存可燃性液体场所的火灾危险性类别：闪点<28℃的为甲类；28℃≤闪点<60℃的为乙类；闪点≥60℃的为丙类。部分液体物质的闪点如表1-11所示。

在加工使用储存易燃液体时，要严格根据各种液体的闪点大小采取相应的安全措施。例如，对甲类易燃液体，其储存的环境温度一般不能超过30℃，闪点不同的物质，也不能代替使用，使用闪点较低的液体作为生产燃料时，预热温度不能超过其闪点，如果温度接近或超过其闪点，也就可能发生火灾。

表1-11　部分液体物质的闪点

物　质	闪　点（℃）	物　质	闪　点（℃）
煤油	43～72	汽油	–50～–20
柴油	60～90	煤焦油	65～100
甲苯	4	乙苯	15
甲醇	11	乙醇	12
二硫化碳	–30	乙醚	–45

（4）固体燃烧造成的火灾

燃点又叫着火点，是可燃物质开始持续燃烧所需要的最低温度，部分固体物质的燃点如表1-12所示。一般来说，燃点高于300℃的固体称为可燃固体，燃点低于300℃的固体称为易燃固体。

表1-12　部分固体物质的燃点

物　质	燃　点（℃）	物　质	燃　点（℃）
橡胶	350	黄磷	60
软木	470	赤磷	260
木材	400～470	硫黄	190
横造纸	450	铁粉	315～320
漂白布	495	镁粉	520～600
木炭	320～400	铝粉	550～540

续表

物　质	燃　点（℃）	物　质	燃　点（℃）
泥煤	225～280	高温焦炭	440～600
无烟煤	440～500	可可粉	420
环氧树脂	530～540	咖啡	410
聚四氟乙烯	670	淀粉（谷类）	380
聚酰胺（尼龙）	500	米	440
肥皂	430	砂糖	350

易燃固体在常温下以固态形式存在，燃点较低，遇火受热、撞击、摩擦或接触氧化剂能引起燃烧的物质，称为易燃固体。如赤磷、硫黄、松香、樟脑、镁粉等。其中燃点越低分散程度越大的易燃固体危险性越大，尤其是粉状的易燃物与空气中的氧混合达到一定比例后遇明火会爆炸。

可燃固体在常温下以固态形式存在。可燃性固体是指容易燃烧的固体，在运送中的条件下容易燃烧或经摩擦后有可能起火的固体。可燃固体燃烧属于自发反应。

有些可燃性固体具有自燃现象，即可燃物质达到某一温度时，与空气接触，无须引火即可剧烈氧化而自行燃烧，发生这种情况的最低温度为自燃点。如木材，当受热超过 100℃时开始分解出可燃性气体，同时释放出少量热量，当温度达到 260~270℃时，释放出的热量剧烈增加，木材可依靠自身产生的热量来提高温度，并使其温度超过燃点温度而达到自燃温度，产生火焰并燃烧。

（5）气体燃烧造成的火灾

对于可燃气体（包括上述的液体蒸气和粉尘等不同形态的物质），通常以与空气混合后的体积分数或单位体积中的质量等来表示遇火源会发生爆炸的最高或最低的浓度范围，称为爆炸浓度极限，简称爆炸极限。遇到明火能引起爆炸的最高混合气体浓度称为爆炸上限（上限），遇到明火能引起爆炸时的最低混合气体浓度称为爆炸下限（下限），上限和下限的间隔称为爆炸范围，只有在这两个浓度之间，才有爆炸的危险。爆炸极限通常用体积分数（%）表示，部分可燃气体在空气和氧气中的爆炸极限如表 1-13 所示。

如果可燃物质在混合物中的浓度低于下限，由于空气所占的比例很大，可燃物质浓度不够，因此遇到明火，既不会爆炸，也不会燃烧；如果可燃物质在混合物中的浓度高于上限，因空气不足，缺少助燃的氧气，遇到明火不会燃烧或爆炸，但若重新遇到空气，仍有燃烧或爆炸的危险。

表 1-13　部分可燃气体在空气和氧气中的爆炸极限

物 质 名 称	在空气中（体积分数，%）		在氧气中（体积分数，%）	
	下限	上限	下限	上限
氢气（I 级：下限<10%）（甲类）	4.0	75.0	4.7	94.0
乙炔（I 级）（甲类：下限＜10%）	2.5	82.0	2.8	93.0
甲烷（I 级）（甲类）	5. 0	15.0	5.4	60.0
乙烷（I 级）（甲类）	3. 0	12.45	3.0	66.0
丙烷（I 级）（甲类）	2.1	9.5	2.3	55.0
乙烯（I 级）（甲类）	2.75	34.0	3.0	80.0

续表

物质名称	在空气中（体积分数，%）		在氧气中（体积分数，%）	
	下限	上限	下限	上限
丙烯（I 级）（甲类）	2.0	11.0	2.1	53.0
氨（乙类：下限≥10%）	15.0	28. 0	13.5	79.0
环丙烷（I 级）（甲类）	2.4	10.4	2.5	63.0
一氧化碳（乙类：下限≥10%）	12.5	74.0	15.5	94.0
乙醚（I 级）（甲类）	1.9	40.0	2.1	82.0
丁烷（I 级）（甲类）	1.5	8.5	1.8	49.0
二乙烯醚（I 级）（甲类）	1.7	27.0	1.85	85.5

除助燃物条件外，对于同种可燃气体，其爆炸极限受以下几个方面影响。

① 火源能量的影响。引燃混合气体的火源能量越大，可燃混合气体的爆炸极限范围越宽，爆炸危险性越大。

② 初始压力的影响。可燃混合气体初始压力增加，爆炸范围增大，爆炸危险性增加。值得注意的是，干燥的一氧化碳和空气的混合气体，压力上升，其爆炸极限范围缩小。

③ 初温的影响。混合气体初温越高，混合气体的爆炸极限范围越宽，爆炸危险性越大。

④ 惰性气体的影响。可燃混合气体中加入惰性气体，会使爆炸极限范围变窄，一般上限降低，下限变化比较复杂。

爆炸极限是评定可燃气体火灾危险性大小的依据，爆炸范围越大，下限越低，火灾危险性就越大；爆炸极限是评定气体生产、储存场所火险类别的依据，也是选择电气防爆形式的依据；根据爆炸极限可以确定建筑物耐火等级、层数、面积、防火墙占地面积、安全疏散距离和灭火设施。

1.2.2 智能建筑火灾的蔓延途径

1. 建筑火灾发展的几个阶段

建筑火灾发展过程大致可分为初期增长阶段、充分发展阶段和衰减阶段，如图 1-6 所示。

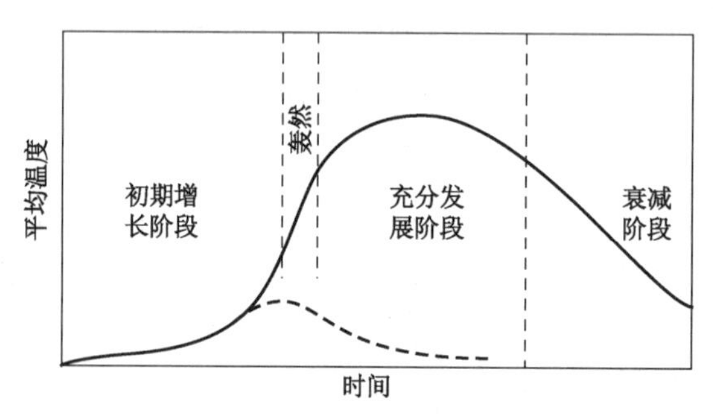

图 1-6　建筑室内火灾温度—时间曲线

（1）初期增长阶段

初期增长阶段从出现明火算起，此阶段燃烧面积较小，只局限于着火点处的可燃物燃烧，局部温度较高，室内各点的温度不平衡，其燃烧状况与敞开环境中的燃烧状况差不多。

燃烧的发展大多比较缓慢，有可能形成火灾，也有可能中途自行熄灭，燃烧发展不稳定。火灾初期阶段持续时间的长短不定。

（2）充分发展阶段

在建筑室内火灾持续燃烧一定时间后，燃烧范围不断扩大，温度升高，室内的可燃物在高温的作用下，不断分解释放出可燃气体，当房间内温度达到 400～600℃时，室内绝大部分可燃物起火燃烧，这种在限定空间内可燃物的表面全部卷入燃烧的瞬变状态称为轰燃。通常，轰燃的发生标志着室内火灾进入全面发展阶段。

轰燃发生后，室内可燃物出现全面燃烧，可燃物热释放速率很大，室温急剧上升，并出现持续高温，温度可达 800～1000℃。之后，火焰和高温烟气在火风压的作用下，会从房间的门窗、孔洞等处大量涌出，沿走廊、吊顶迅速向水平方向蔓延扩散。同时，由于烟囱效应的作用，火势会通过竖向管井、共享空间等向上蔓延。轰燃的发生标志了房间火势失控，同时，产生的高温会对建筑物的衬里材料及结构造成严重影响。

（3）衰减阶段

在火灾充分发展阶段的后期，随着室内可燃物数量的减少，火灾燃烧速度减慢，燃烧强度减弱，温度逐渐下降，一般认为火灾衰减阶段是从室内平均温度降到其峰值的 80%时算起。随后房间内温度下降显著，直到室内和室外温度达到平衡为止，火灾完全熄灭。

2. 建筑火灾蔓延的传热基础

在建筑火灾中，燃烧物质所放出的热能通常是以热传导、热对流和热辐射三种方式来传播，并影响火势蔓延和扩大的。

（1）热传导

热传导又称导热，属于接触传热，是连续介质就地传递热量而又没有各部分之间相对的宏观位移的一种传热方式。不同物质的导热能力各异，通常用热导率来表示物质的导热能力。

对于起火的场所，热导率大的材料，利于火势传播和蔓延。

（2）热对流

热对流又称对流，是指流体各部分之间发生相对位移，冷热流体相互掺混引起热量传递的方式。工程上常把具有相对位移的流体与所接触的固体表面之间的热传递过程称为对流换热。

在建筑发生火灾过程中，一般来说，通风孔洞面积越大，热对流的速度越快；通风孔洞所处位置越高，对流速度越快。热对流对初期火灾的发展起重要的作用。

（3）热辐射

热辐射是物体通过电磁波来传递能量的方式，是一种非接触传递能量的方式。最典型的例子是太阳向地球表面传递热量的过程。

火场上的火焰、烟气都能辐射热能，辐射热能的强弱取决于燃烧物质的热值和火焰温度。物质热值越大，火焰温度越高，热辐射也越强。

3. 建筑火灾的烟气蔓延

当建筑发生火灾时，烟气流动的方向通常是火势蔓延的一个主要方向。

（1）烟气的扩散路线

烟气扩散流动速度与烟气温度和流动方向有关，烟气在水平方向的扩散流动速度较小，烟气在垂直方向的扩散流动速度较大，了解烟气的扩散路线可以更好地制定防烟策略。

当高层建筑发生火灾时，烟气在其内的流动扩散一般有三条路线。

第一条：也是最主要的一条，着火房间→走廊→楼梯间→上部各楼层→室外。

第二条：着火房间→室外。

第三条：着火房间→相邻上层房间→室外。

（2）烟气流动的驱动力

烟气流动的驱动力包括室内和室外温差引起的烟囱效应、外界风的作用、通风空调系统的影响等。

① 烟囱效应。

如果室内空气温度高于室外空气温度，则室内空气将发生向上运动，建筑越高，这种流动越强。在竖井中，由于浮力作用产生的气体运动十分显著，通常称这种现象为烟囱效应。在火灾过程中，烟囱效应是造成烟气向上蔓延的主要因素。

② 火风压。

火风压是指建筑内发生火灾时，在起火房间内，由于温度上升，气体迅速膨胀，对楼板和四壁形成的压力。火风压的影响主要在起火房间。

烟囱效应和火风压不同，它能影响全楼。

③ 外界风的作用。

一般来说，风朝着建筑吹过来会在建筑的迎风侧产生较高滞止压力，这可增强建筑内的烟气向下风方向的流动。

（3）烟气蔓延的途径

火灾时，建筑内烟气呈水平流动和垂直流动。

① 孔洞开口蔓延。

在建筑内部，火灾可以通过一些开口来实现水平蔓延，如可燃的木质户门。

② 穿越墙壁的管线和缝隙蔓延。

当室内发生火灾时，室内上半部处于较高压力状态下，该部位穿越墙壁的管线和缝隙很容易把火焰、高温烟气传播出去，造成蔓延。

③ 闷顶内蔓延。

由于烟火是向上升腾的，因此顶棚上的入孔、通风口等都是烟火进入的通道。闷顶内很容易造成火灾水平蔓延，并通过内部孔洞再向四周的房间蔓延。

④ 外墙面蔓延。

在外墙面，高温烟气流会促使火焰蹿出窗口向上层蔓延。

1.2.3　灭火的基本原理与方法

灭火主要可采用冷却灭火、隔离灭火、窒息灭火、化学抑制灭火等方法。

1. 冷却灭火

在一定条件下，将可燃物的温度降到着火点以下，燃烧即会停止。对于可燃固体，将其冷却在燃点以下；对于可燃液体，将其冷却在闪点以下，燃烧反应就可能会中止。用水扑灭一般固体物质引起的火灾，主要是通过冷却作用来实现的。水喷雾灭火系统的水雾，其水滴直径小，比表面积大，和空气接触范围大，极易吸收热气流的热量，也能很快地降低温度，效果更为明显。

2. 隔离灭火

将可燃物与氧气、火焰隔离，就可以中止燃烧、扑灭火灾。例如，自动喷水泡沫联用系统在喷水的同时喷出泡沫，泡沫覆盖于燃烧液体或固体的表面，在发挥冷却作用的同时，将可燃物与空气隔开，从而可以灭火。再如，可燃液体或可燃气体火灾，在灭火时，迅速关闭输送可燃液体或可燃气体管道的阀门，切断流向着火区可燃液体或可燃气体的输送，同时打开可燃液体或可燃气体通向安全区域的阀门，使已经燃烧或即将燃烧或受到火势威胁的容器中的可燃液体、可燃气体转移。

3. 窒息灭火

可燃物的燃烧是氧化作用，一般氧浓度低于 15%时，就不能维持燃烧。在着火场所内，可以通过灌注不燃气体，如二氧化碳、氮气、水蒸气等，来降低空间的氧浓度，从而窒息灭火。此外，水喷雾灭火系统工作时，喷出的水滴吸收热气流热量而转化成水蒸气，当空气中水蒸气浓度达到 35%时，燃烧即停止，这也是窒息灭火的应用。

4. 化学抑制灭火

由于有焰燃烧是通过链式反应进行的，如果能有效地抑制自由基的产生或降低火焰中的自由基浓度，即可使燃烧中止。化学抑制灭火使用的灭火剂常见的有干粉和七氟丙烷。化学抑制灭火，可有效地扑灭初期火灾。

1.3 智能建筑防火设计

教师任务：讲解，结合案例，引导学生进行建筑分类，确定建筑构件的燃烧性能、耐火极限及建筑耐火等级，了解建筑布局要注意的问题。

学生任务：研讨、理解、学习，完成任务单，如表 1-14 所示，根据教师提供的案例进行分析。

表 1-14　任务单

序号	项　　目	内　　容
1	民用建筑的分类	
2	建筑构件的燃烧性能	
3	建筑构件的耐火极限	
4	建筑耐火等级	
5	建筑选址要求	
6	建筑防火间距	

在建筑设计中应采取防火措施，以预防火灾发生和减少火灾对生命财产的危害和损失。建筑防火包括火灾前的预防和火灾时的措施两个方面，前者主要为确定耐火等级和耐火构造，控制可燃物数量及分隔易起火部位等；后者主要为进行防火分区，设置疏散设施及排烟、灭火设备等。智能建筑防火设计的基本依据是建筑的性质、类别及有关规范、规程（或文件）条文。规范对所涉及建筑的位置、布局，建筑的耐火等级和使用性质及内部的消防设施要求逐条做出了规定。简而言之，设计时按所设计建筑的具体状况，对应于规范中的指标

（或参数）及相关要求合理选定。

1.3.1 建筑分类与耐火等级

1. 建筑分类

（1）按使用性质分类

按使用性质，建筑可分为民用建筑、工业建筑及农业建筑。

① 民用建筑。按照《建筑设计防火规范》（GB 50016—2014），根据民用建筑高度和层数又可分为单层、多层民用建筑和高层民用建筑。高层民用建筑根据其建筑高度、使用功能和楼层的建筑面积可分为一类和二类。具体分类如表 1-15 所示，表中未列入的建筑，其类别应根据本表类比确定。例如，宿舍、公寓=公共建筑，裙房=高层民用建筑；商业服务网点是指设在首层或首层＋二层，分隔单元≤300 m^2 的小型营业用房；医疗建筑、省级及以上的广播电视和防灾指挥调度建筑、网局级和省级电力调度、藏书超过 100 万册的图书馆、书库等重要公共建筑，当建筑高度＞24 m 时，为高层公共建筑一类，当建筑高度≤24 m 时，为单层、多层公共建筑。

表 1-15 民用建筑的分类

名称	高层民用建筑		单层、多层民用建筑
	一类	二类	
住宅建筑	建筑高度＞54 m 的住宅建筑（包括设置商业服务网点的住宅建筑）	27 m＜建筑高度≤54 m 的住宅建筑（包括设置商业服务网点的住宅建筑）	建筑高度≤27m 的住宅建筑（包括设置商业服务网点的住宅建筑）
公共建筑	1.建筑高度＞50 m 的公共建筑； 2.建筑高度为 24m 以上部分（24m＜建筑高度≤50 m），任一楼层（不包括 24m 高度所在楼层）建筑面积＞1000 m^2 的商店、展览、电信、邮政、财贸金融建筑和其他多种功能组合的建筑（不包括住宅与公共建筑组合建造）； 3.医疗建筑、重要公共建筑（24 m＜建筑高度≤50 m）； 4.省级及以上的广播电视和防灾指挥调度建筑、网局级和省级电力调度（24 m＜建筑高度≤50 m）； 5.藏书超过 100 万册的图书馆、书库（24 m＜建筑高度 ≤50 m）	除住宅建筑和一类高层公共建筑外的其他高层民用建筑	1.建筑高度＞24 m 的单层公共建筑 2.建筑高度≤24 m 的其他公共建筑

住宅建筑是指供单身或家庭成员短期或长期居住使用的建筑。

公共建筑是指供人们进行各种公共活动的建筑，包括教育、办公、科研、文化、商业、服务、体育、医疗、交通、纪念、园林、综合类建筑等。

② 工业建筑。工业建筑是指工业生产性建筑，如主要生产厂房、辅助生产厂房等。工业建筑按照使用性质的不同，分为加工、生产类厂房和仓储类库房两大类。

③ 农业建筑。农业建筑是指农副产业生产建筑，主要包括暖棚、牲畜饲养场、蚕房、烤

烟房、粮仓等。

（2）按建筑高度分类

建筑高度的计算应符合下列规定。

① 建筑屋面为坡屋面时，建筑高度应为建筑室外设计地面至其檐口与屋脊的平均高度。

② 建筑屋面为平屋面（包括有女儿墙的平屋面）时，建筑高度应为建筑室外设计地面至其屋面面层的高度。

③ 同一座建筑有多种形式的屋面时，建筑高度应按上述方法分别计算后，取其中的最大值。

④ 对于台阶式地坪，当位于不同高程地坪上的建筑之间有防火墙分隔，各自有符合规范规定的安全出口，且可沿建筑的两个长边设置贯通式或尽头式消防车道时，可分别计算各自的建筑高度，否则，应按其中建筑高度最大的确定该建筑的建筑高度。

⑤ 局部凸出屋顶的瞭望塔、冷却塔、水箱间，微波天线间或设施间、电梯机房、排风和排烟机房及楼梯出口小间等辅助用房占屋面面积不大于 1/4 的，可不计入建筑高度。

⑥ 对于住宅建筑，设置在底部且室内高度不大于 2.2 m 的自行车库、储藏室、敞开空间，室内和室外高差或建筑的地下或半地下室的顶板面高出室外设计地面的高度不大于 1.5 m 的部分，可不计入建筑高度。

按建筑高度可将建筑分为单层、多层建筑和高层建筑两类。

① 单层、多层建筑。27 m 以下的住宅建筑、建筑高度不超过 24 m（或已超过 24 m，但为单层）的公共建筑和工业建筑。

② 高层建筑。建筑高度大于 27 m 的住宅建筑和其他建筑高度大于 24 m 的非单层建筑，我国将建筑高度超过 100 m 的高层建筑称为超高层建筑。

2. 建筑构件的燃烧性能和耐火极限

建筑构件主要包括建筑内的墙、柱、梁、楼板、门、窗等。一般来讲，建筑构件的耐火性能包括两部分内容：一是构件的燃烧性能；二是构件的耐火极限。耐火建筑构件在火灾中起着阻止火势蔓延、延长支撑时间的作用。

（1）建筑构件的燃烧性能

建筑构件的燃烧性能主要是指组成建筑构件材料的燃烧性能。通常，我国把建筑构件按其燃烧性能分为三类，即不燃性构件、难燃性构件和可燃性构件。

① 不燃性构件。

用不燃烧性材料做成的构件统称为不燃性构件。不燃烧材料是指在空气中受到火烧或高温作用时不起火、不微燃、不炭化的材料，如钢材、混凝土、砖、石、砌块、石膏板等。

② 难燃性构件。

凡用难燃烧性材料做成的构件，或者用燃烧性材料做成而用非燃烧性材料做成保护层的构件统称为难燃性构件。难燃烧性材料是指在空气中受到火烧或高温作用时难起火、难微燃、难碳化，当火源移走后燃烧或微燃立即停止的材料，如沥青混凝土、经阻燃处理后的木材、水泥、刨花板、板条抹灰墙等。

③ 可燃性构件。

凡用燃烧性材料做成的构件统称为可燃性构件。燃烧性材料是指在空气中受到火烧或高温作用时立即起火或微燃，且火源移走后仍继续燃烧或微燃的材料，如木材、竹子、刨花板、保丽板、塑料等。

（2）建筑构件的耐火极限

① 耐火极限的概念。

耐火极限是指建筑构件按时间—温度标准曲线进行耐火试验，从受到火的作用时起，到失去支持能力、完整性或失去隔火作用时止的这段时间，用时（h）表示。支持能力是指在标准耐火试验条件下，承重或非承重建筑构件在一定时间内抵抗垮塌的能力；耐火完整性是指在标准耐火试验条件下，建筑分隔构件当某一面受火时，能在一定时间内防止火焰和热气穿透或在背火面出现火焰的能力；耐火隔热性是指在标准耐火试验条件下，建筑分隔构件当某一面受火时，能在一定时间内其背火面温度不超过规定值的能力。

② 影响耐火极限的要素。

材料本身的属性、构件的结构特性、材料与结构间的构造方式、标准所规定的试验条件、材料的老化性能、火灾种类和使用环境要求等均会影响建筑构件的耐火极限。

建筑材料会影响点燃和轰燃的速度，助长火灾的热温度，导致火焰的连续蔓延，并产生浓烟及有毒气体；构件的结构越复杂，高温时结构的温度应力分布越复杂，火灾隐患就越大；材料与结构间的构造方式不恰当时，难以起到应有的防火作用；在试件不变的情况下，试验条件越苛刻，耐火极限越低；在选用建筑材料时，尽量选用抗老化性好的无机材料或具有长期使用经验的防火材料作为防火保护；不同的火灾种类，构件耐火极限也是不同的。

3. 建筑耐火等级要求

建筑耐火等级是衡量建筑物耐火程度的分级标准。

（1）建筑耐火等级的确定

建筑耐火等级是由组成建筑物的墙、柱、楼板、屋顶承重构件和吊顶等主要构件的燃烧性能和耐火极限决定的，共分为一级、二级、三级、四级。

在具体分级中，建筑构件的耐火性能是以楼板的耐火极限为基准，再根据其他构件在建筑物中的重要性和耐火性可能的目标值调整后确定的。从火灾的统计数据来看，88%的火灾可在 1.5 h 之内扑灭，80%的火灾可在 1 h 之内扑灭，因此将耐火等级为一级的建筑物楼板的耐火极限定为 1.5 h，二级建筑物楼板的耐火极限定为 1 h，以下级别的则相应降低要求。其他结构构件按照在结构中所起的作用及耐火等级的要求而确定相应的耐火极限时间，如对于在建筑中起主要支撑作用的柱子，其耐火极限值要求相对较高，一级耐火等级的建筑要求 3.0 h，二级耐火等级建筑要求 2.5 h。

（2）民用建筑的耐火等级

民用建筑的耐火等级分为一级、二级、三级、四级，除另有规定外，不同耐火等级建筑的相应构件的燃烧性能和耐火极限如表 1-16 所示。

在表 1-16 中，需注意以下几点。

① 除另有规定外，以木柱承重且墙体采用不燃性材料的建筑，其耐火等级应按四级确定。

② 住宅建筑构件的耐火极限和燃烧性可按现行国家标准《住宅建筑规范》的规定执行。

③ 一些性质重要、火灾扑救难度大、火灾危险性大的民用建筑，还应达到最低耐火等级要求，如地下或半地下建筑（室）和一类高层建筑的耐火等级不应低于一级；单层、多层重要公共建筑和二类高层建筑的耐火等级不应低于二级。

表 1-16　不同耐火等级建筑相应构件的燃烧性能和耐火极限（单位：h）

构件名称		耐火等级			
		一级	二级	三级	四级
墙	防火墙	不燃性 3.00	不燃性 3.00	不燃性 3.00	不燃性 3.00
	承重墙	不燃性 3.00	不燃性 2.50	不燃性 2.00	难燃性 0.50
	非承重外墙	不燃性 1.00	不燃性 1.00	不燃性 0.50	可燃性
	楼梯间和前室的墙、电梯井的墙、住宅建筑单元之间的墙和分户墙	不燃性 2.00	不燃性 2.00	不燃性 1.50	难燃性 0.50
	疏散走道两侧的隔墙	不燃性 1.00	不燃性 1.00	不燃性 0.50	难燃性 0.25
	房间隔墙	不燃性 0.75	不燃性 0.50	难燃性 0.50	难燃性 0.25
柱		不燃性 3. 00	不燃性 2.50	不燃性 2.00	难燃性 0.50
梁		不燃性 2.00	不燃性 1.50	不燃性 1.00	难燃性 0.50
楼板		不燃性 1.50	不燃性 1.00	不燃性 0.50	可燃性
屋顶承重构件		不燃性 1.50	不燃性 1. 00	可燃性 0.50	可燃性
疏散楼梯		不燃性 1.50	不燃性 1.00	不燃性 0.50	可燃性
吊顶（包括吊顶搁栅）		不燃性 0.25	难燃性 0.25	难燃性 0.15	可燃性

1.3.2　建筑总平面布局防火要求

建筑总平面布局是建筑防火需考虑的一项重要内容，其要满足城市规划和消防安全的要求。通常应根据建筑物的使用性质、生产经营规模、建筑高度、建筑体积及火灾危险性、所处的环境、地形、风向等因素，合理确定其建筑位置、防火间距、消防车道和消防水源等，以消除或减少建筑物之间及周边环境的相互影响和火灾危害。

1. 建筑选址

建筑选址是指对建筑地址进行论证和决策的过程。首先是设置的区域以及区域的环境和应达到的基本要求；其次是设置在具体的哪个地点、哪个方位。从消防系统的角度来考虑，建筑选址主要涉及以下几个方面。

① 周围环境。

建筑在规划建设时，要考虑周围环境的相互影响。比如，工厂、仓库选址时，既要考虑本单位的安全，又要考虑邻近企业和居民的安全；生产、储存和装卸易燃、易爆危险物品的工厂、仓库和专用车站、码头，必须设置在城市的边缘或相对独立的安全地带。

② 地势条件。

建筑选址要充分考虑和利用自然地形、地势条件。比如，存放甲、乙、丙类液体的仓库宜布置在地势较低的地方，以免火灾对周围环境造成威胁；若布置在地势较高处，则应采取防止液体流散的措施；乙炔站等遇水产生可燃气体，容易发生火灾爆炸的企业，严禁布置在可能被水淹没的地方；生产和储存爆炸物品的企业应利用地形，选择多面环山、附近没有建筑的地方。

③ 主导风向。

散发可燃气体、可燃蒸气和可燃粉尘的车间、装置等，宜布置在明火或散发火花地点的常年主导风向的下风向或侧风向；液化石油气储罐区宜布置在本单位或本地区全年最小频率风向的上风侧，并选择通风良好的地点独立设置；易燃材料的露天堆场宜布置在天然水源充足的地方，并宜布置在本单位或本地区全年最小频率风向的上风侧。在城市规划中，可以根据风玫瑰图确定大型易燃、可燃气体和液体储罐，易燃、可燃材料堆场，大型可燃物品仓库及散发可燃气体、液体蒸气的甲类生产厂房或甲类物品库房和生活区的位置。

④ 功能区划分。

规模较大的企业，要根据实际需要，合理划分生产区、储存区（包括露天储存区）、生产辅助设施区、行政办公和生活福利区等；同一企业内，若有不同火灾危险的生产建筑，则应将火灾危险性相同或相近的建筑集中布置，以利采取防火、防爆措施，便于安全管理；易燃、易爆的工厂、仓库的生产区、储存区内不得修建办公楼、宿舍等民用建筑。

2. 防火间距

防火间距是一座建筑物着火后，火灾不会蔓延到相邻建筑的空间间隔，它是针对相邻建筑间设置的。

（1）防火间距的确定原则

影响防火间距的因素有很多，火灾时建筑可能产生的热辐射强度是确定防火间距应考虑的主要因素。防火间距主要是根据当前消防扑救力量，并结合火灾实例和消防灭火的实际经验确定的。

火灾实例表明，一级、二级耐火等级的低层建筑，保持 6～10 m 的防火间距，在有消防队进行扑救的情况下，一般不会蔓延到相邻建筑。根据建筑的实际情形，将一级、二级耐火等级多层建筑之间的防火间距定为 6 m。其他三级、四级耐火等级的民用建筑的防火间距，因耐火等级低，受热辐射作用易着火而致火势蔓延，所以防火间距在一级、二级耐火等级建筑的基础要求上有所增加。

考虑到扑救高层建筑需要使用曲臂车、云梯登高消防车等车辆，为满足消防车辆通行、停靠、操作的需要，结合实践经验，规定一级、二级耐火等级高层建筑的防火间距不应小于 13 m。

防火间距应按相邻建筑外墙的最近距离计算，如外墙有凸出的可燃构件，则应从其凸出部分的外缘算起，如储罐或堆场，则应从储罐外壁或堆场的堆垛外缘算起。

（2）民用建筑的防火间距

民用建筑的防火间距不应小于表 1-17 所示的规定，与其他建筑的防火间距除应符合本节的规定外，还应符合规范的相关规定。高层民用建筑防火间距示意图如图 1-7 所示。

表 1-17 民用建筑的防火间距（单位：m）

建筑类别		高层民用建筑	裙房和其他民用建筑		
		一级、二级	一级、二级	三级	四级
高层民用建筑	一级、二级	13	9	11	14
裙房和其他民用建筑	一级、二级	9	6	7	9
	三级	11	7	8	10
	四级	14	9	10	12

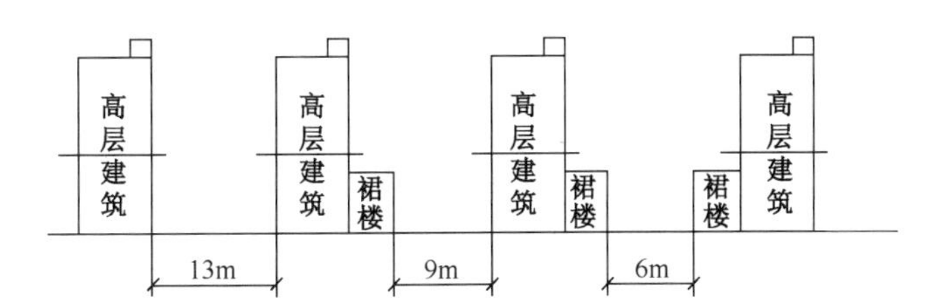

（a）高层民用建筑的防火间距

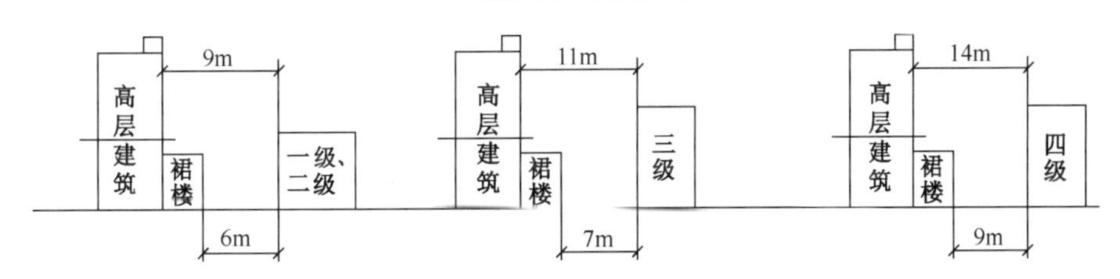

（b）高层民用建筑与普通建筑的防火间距

图 1-7 高层民用建筑防火间距示意图

在执行表 1-17 所示的规定时，应注意以下几点。

① 相邻两座单层、多层建筑，当相邻外墙为不燃性墙体且无外露的可燃性屋檐，每面外墙上无防火保护的门、窗、洞口不正对开设且面积之和不大于该外墙面积的 5%时，其防火间距可按表 1-17 所示的规定减少 25%。

② 两座建筑相邻较高一面外墙为防火墙，或者高出相邻较低一座一级、二级耐火等级建筑的屋面 15 m 及以下范围内的外墙为防火墙时，其防火间距可不限，如图 1-8 所示。

③ 相邻两座高度相同的一级、二级耐火等级建筑中相邻任一侧外墙为防火墙，屋顶的耐火极限不低于 1 h 时，其防火间距可不限。

④ 相邻两座建筑中较低一座建筑的耐火等级不低于二级，屋顶的耐火极限不低于 1 h，屋顶无天窗且相邻较低一面外墙为防火墙时，其防火间距不应小于 3.5 m；对于高层建筑，其防火间距不应小于 4 m，如图 1-9 所示。

⑤ 相邻两座建筑中较低一座建筑的耐火等级不低于二级且屋顶无天窗，相邻较高一面外墙高出较低一座建筑的屋面 15 m 及以下范围内的开口部位设置甲级防火门、窗，或者设置符合现行国家标准《自动喷水灭火系统设计规范》（GB 50084—2005）规定的防火分隔水幕、符合现行国家标准《建筑设计防火规范》（GB 50016—2014）第 6.5.3 条规定的防火卷帘时，其防火间距不应小于 3.5 m；对于高层建筑，其防火间距不应小于 4 m，如图 1-10 所示。

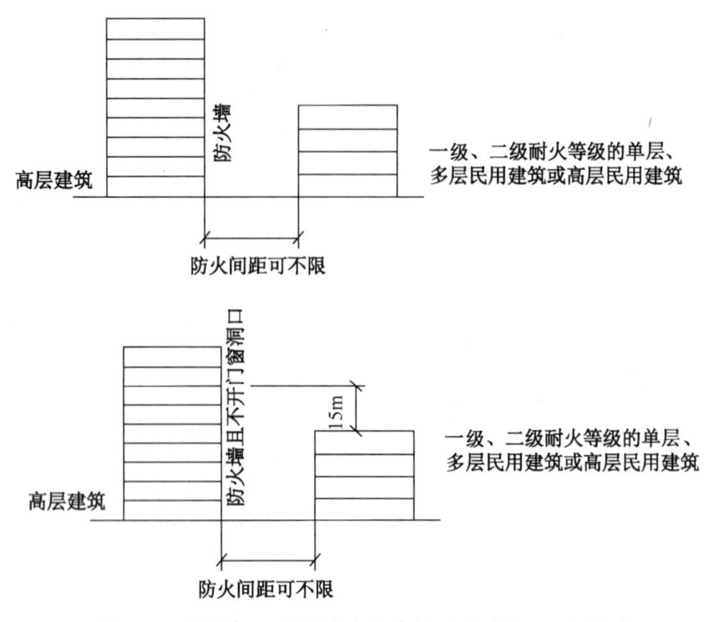

图 1-8　当较高一面外墙为防火墙时防火间距示意图

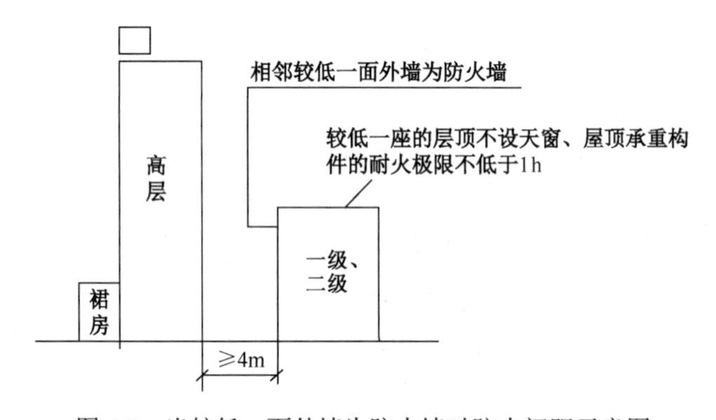

图 1-9　当较低一面外墙为防火墙时防火间距示意图

⑥ 相邻建筑通过底部的建筑、连廊或天桥等连接时，其间距不应小于表 1-17 所示的规定。

⑦ 耐火等级低于四级的既有建筑的耐火等级可按四级确定。

⑧ 建筑高度大于 100 m 的民用建筑与相邻建筑的防火间距，当符合现行国家标准《建筑设计防火规范》（GB 50016—2014）第 3.4.5 条、第 3.5.3 条、第 4.2.1 条和第 5.2.2 条允许减小的条件时，仍不应减小。

（3）防火间距不足时的消防技术措施

当防火间距由于场地等原因，难以满足国家有关消防技术规范的要求时，可根据建筑的实际情况，采取以下几种措施补救。

① 改变建筑的生产和使用性质，尽量降低建筑的火灾危险性，改变房屋部分结构的耐火性能，提高建筑的耐火等级。

② 调整生产厂房的部分工艺流程，限制库房内储存物品的数量，提高部分构件的耐火极限和燃烧性能。

③ 将建筑的普通外墙改造为防火墙或减少相邻建筑的开口面积，如开设门窗，应采用防

火门窗或加防火水幕保护。

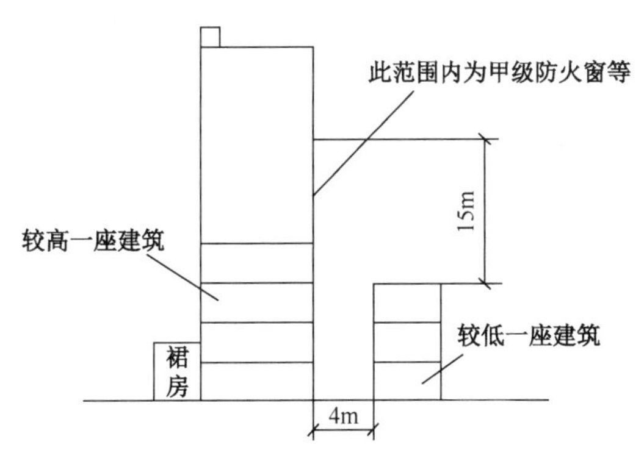

图1-10　设置防火门、窗等分隔物时的防火间距示意图

④ 拆除部分耐火等级低、占地面积小、使用价值低且与新建筑相邻的原有陈旧建筑。

⑤ 设置独立的室外防火墙。在设置防火墙时，应兼顾通风排烟和破拆扑救，切忌盲目设置，顾此失彼。

3. 消防车道和消防扑救面

（1）消防车道

消防车道是指发生火灾时供消防车通行的道路。设置消防车通道的目的是为了保证发生火灾时，消防车能畅通无阻，迅速到达火场，及时扑灭火灾，减少火灾损失。根据规定，消防车道的净宽和净空高度均不应小于 4 m，消防车道上不允许停放车辆，以防止发生火灾时堵塞，具体设置应符合国家有关消防技术标准的规定。

（2）消防扑救面

消防扑救面又称高层建筑消防登高面、消防平台，是登高消防车靠近高层主体建筑，开展消防车登高作业，消防队员进入高层建筑内部，抢救被困人员、扑救火灾的建筑立面。

根据国家建筑防火设计规范，高层建筑必须设置消防登高面，且不能做其他用途。为了在发生火灾时，登高消防车能够靠近高层主体建筑，迅速抢救人员和扑灭火灾，在高层民用建筑进行总平面布置时，高层建筑的底边至少有一个长边或周边长度的 1/4 且不小于一个长边的长度，裙房高度不超过 5 m，进深不大于 4 m，且在此范围内必须设置有直通室外的楼梯或直通楼梯间的出口。具体设置要求应符合现行国家标准《建筑设计防火规范》（GB 50016）的有关规定。

1.4 消防法律法规

教师任务：讲解消防法律法规体系，组织学生分组学习研讨，熟悉消防法律法规。

学生任务：结合消防法律法规，分组学习研讨，完成任务单，如表 1-18 所示。

为有效预防火灾事故，减轻火灾危害，保护人身、财产的安全，切实提高公共消防安全水平，首先要认真贯彻消防法律法规。消防法律法规是对国家制定的有关消防管理的一切规范性文件的总称，是调整消防行政关系的法律规范及用以调整在消防技术领域中人与自然、科学、技术关系的准则或标准的总和。

表 1-18　任务单

序号	项　　目	名　称	适用范围及主要作用	发 布 时 间
1	法律依据			
2	消防系统设计依据			
3	消防系统施工依据			
4	消防系统维护依据			

1.4.1　消防法律法规体系

我国消防法律法规体系主要分为两大部分：消防管理法规和消防技术标准，如图 1-11 所示。

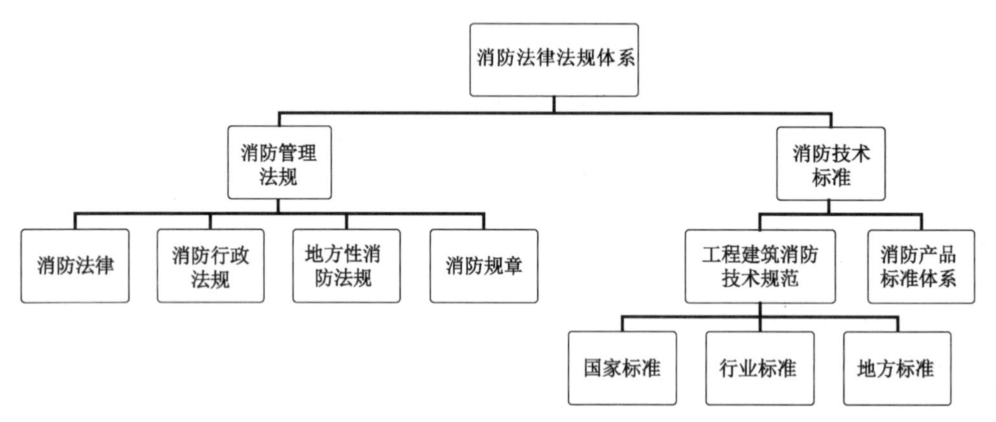

图 1-11　我国消防法律法规体系

消防管理法规由消防法律、消防行政法规、地方性消防法规、消防规章组成。消防法律是全国人大或其常委会经一定立法程序制定或批准施行的关于消防规范性文件，《消防法》是我国目前唯一一部正在实施的具有国家法律效力的专门消防法律，《行政处罚法》《治安管理处罚法》《行政复议法》《行政诉讼法》《刑法》《国家赔偿法》等法律中有关消防行为的条款，也是消防法律规范的基本法源；行政法规、行政规章中的有关规范，也是消防法规的基本法源；地方性法规和政府规章中有关消防的规定，包括民族自治地区的自治条例和单行条例中有关消防工作的规定，也是消防法规的法源。

消防技术标准是由国务院有关主管部门单独或联合发布的，用以规范消防技术领域中人与自然、科学、技术关系的准则和标准。它的实施主要以法律、法规和规章的实施作为保障。我国现行的消防技术标准主要包括两大体系：一是消防产品标准体系，如《钢质防火门通用技术条件》《火灾报警设备检验规则》等；二是工程建筑消防技术规范，如《建筑设计防火规范》《石油库设计规范》《火灾自动报警系统施工验收规范》等。

消防法律法规是消防法制的重要组成部分，是对消防工作依法实施管理的基本依据。加强消防法制建设，完善我国消防法规体系，依法管理消防工作，使消防工作逐步走上法制化、正规化、科学化的轨道，有利于促进各项消防安全措施的完善和落实，使消防工作适应我国社会主义现代化建设的要求。

1.4.2　智能建筑消防系统设计、施工及维护技术依据

智能建筑消防系统的设计、施工及维护必须根据国家和地方颁布的消防法律法规及标准进行；从事消防系统的设计、施工及维护人员应具备国家公安消防监督部门规定的有关资质，在工程实施过程中还应具备建设单位提供的设计要求和工艺设备清单，以及在基建主管部门主持下由设计、建筑单位和公安消防部门协商确定的书面意见。

1. 消防系统设计依据

（1）通用规范

《城市消防规划规范》（GB 51080—2015）

《消防站建筑设计规范》（GB 51054—2014）

《建筑设计防火规范》（GB 50016—2014）

《住宅建筑规范》（GB 50368—2005)

（2）火灾自动报警系统规范

《火灾自动报警系统设计规范》（GB 50116—2013）

（3）消防灭火系统规范

《自动喷水灭火系统设计规范》（GB 50084—2005）

《水喷雾灭火系统技术规范》（GB 50219—2014）

《消防给水及消火栓系统技术规范》（GB 50974—2014）

《细水雾灭火系统技术规范》（GB 50898—2013）

《泡沫灭火系统设计规范》（GB 50151—2010）

《气体灭火系统设计规范》（GB 50370—2006）

《建筑灭火器配置设计规范》（GB 50140—2005）

《干粉灭火系统设计规范》（GB 50347—2004）

《固定消防炮灭火系统设计规范》（GB 50338—2003）

《二氧化碳灭火系统设计规范》（GB 50193—93）（2010年版）

《卤代烷1301灭火系统设计规范》（GB 50163—92）

《卤代烷1211灭火系统设计规范》（GBJ 110—87）

（4）建筑防火与减灾系统规范

《消防通信指挥系统设计规范》（GB 50313—2013）

《城市消防远程监控系统技术规范》（GB 50440—2007）

《防火窗》（GB 16809—2008）

（5）特殊场合规范

《汽车库、修车库、停车场设计防火规范》（GB 50067—2014）

《人民防空工程设计防火规范》（GB 50098—2009）

《建筑内部装修设计防火规范》（GB 50222—95）（2001年修订版）

《爆炸危险环境电力装置设计规范》（GB 50058—2014）

2. 消防系统施工依据

（1）通用规范

《建设工程施工现场消防安全技术规范》（GB 50720—2011）

《建筑内部装修防火施工及验收规范》（GB 50354—2005）

《城市消防站建设标准》（建标 152—2017）

（2）火灾自动报警系统规范

《火灾自动报警系统施工及验收规范》（GB 50166—2007）

（3）消防灭火系统规范

《自动喷水灭火系统施工及验收规范》（GB 50261—2005）

《固定消防炮灭火系统施工及验收规范》（GB 50498—2009）

《气体灭火系统施工及验收规范》（GB 50263—2007）

《泡沫灭火系统施工及验收规范》（GB 50281—2006）

（4）建筑防火与减灾系统规范

《防火卷帘、防火门、防火窗施工及验收规范》（GB 50877—2014）

《消防通信指挥系统施工及验收规范》（GB 50401—2007）

3. 消防系统维护依据

《建筑消防设施的维护管理》（GB 25201—2010）

《建筑灭火器配置验收及检查规范》（GB 50444—2008）

在执行消防法律法规遇到矛盾时，应遵照下列顺序解决：现行标准取代原执行标准；行业标准服从国家标准；当执行现行标准确有困难时，可由省级以上建筑主管部门会同同级公安消防部门组织专家，进行技术论证并形成论证纪要，由参会人员签字后备存，然后按论证纪要执行。

实训 1　智能建筑消防系统认知训练

1. 实训目的

① 明确消防系统在建筑中的作用；

② 掌握消防系统组成及相互关系；

③ 对消防系统的设备有初步认识。

2. 实训要求

① 对智能建筑消防系统有整体的认知，要求能够掌握智能建筑消防系统的组成、分类与工作原理；

② 遵守操作规程，遵守实验实训纪律规范；

③ 小组合作。

3. 实训设备及材料

建筑、消防系统、智能消防系统实训装置，包含消防系统的各类设备及设施。

4. 实训内容

参观建筑，理解消防系统与建筑的关系，认识消防设备，锻炼沟通协调及团队合作能力。

5. 实训步骤

① 讲解消防系统的基本知识；

② 参观建筑，确定其建筑类别、耐火等级；

③ 研究建筑布局是否合理，说明消防系统设置原因及设置时的注意事项；

④ 分析消防系统组成；

⑤ 认识消防设备，分析其作用；

⑥ 完成记录表，撰写认知报告，如表 1-19 所示。

表 1-19　消防系统认识训练记录表

<table>
<tr><td>建筑名称及图片</td><td colspan="3"></td></tr>
<tr><td>建筑功能</td><td colspan="3"></td></tr>
<tr><td>建筑类别、耐火等级</td><td colspan="3"></td></tr>
<tr><td>消防系统设置依据</td><td colspan="3"></td></tr>
<tr><td rowspan="5">消防设备</td><td>设备名称</td><td>设备图片</td><td>设备作用</td></tr>
<tr><td></td><td></td><td></td></tr>
<tr><td></td><td></td><td></td></tr>
<tr><td></td><td></td><td></td></tr>
<tr><td></td><td></td><td></td></tr>
</table>

6. 实训报告

① 描述建筑与消防系统的关系；

② 画出智能建筑消防系统的结构图，完成记录表；

③ 写出实训体会。

7. 实训考核

① 智能建筑消防系统基础知识的掌握情况；

② 小组合作情况；

③ 个人参与情况。

知识梳理

智能建筑消防系统是智能建筑的重要组成部分，智能建筑技术的发展与成熟，使得越来越多的智能建筑采用智能建筑消防系统。

本模块是智能建筑消防系统的入门部分，对消防系统进行了综合介绍，分为四部分，逐步阐述了智能建筑与消防系统的关系、消防系统的组成与分类、消防工程设计图中的主要部件及图例、消防标志的识别，结合智能建筑及燃烧特性，说明了火灾形成过程及灭火原理，并对建筑防火设计所涉及建筑的位置、布局，建筑的耐火等级和使用性质进行了叙述，同时介绍了消防法律法规，读者应逐步具备使用相关手册、法规和规范的能力。

练习与思考

1. 选择题

（1）某商场发生火灾，造成 3 人死亡，50 人重伤，直接财产损失达 3000 万元，该火灾属于（　　）。

A.特别重大火灾　　B.重大火灾　　C.较大火灾　　D.一般火灾

（2）燃烧的必要条件不包括（　　）。

A.可燃物　　B.氧化剂　　C.温度　　D.最小点火能量

（3）（　　）是衡量液体火灾危险性大小的重要参数。

A.自燃点　　B.燃点　　C.闪点　　D.氧指数

（4）根据可燃性气体在空气中的爆炸极限，据此判断在空气中最易爆炸的是（　　）。

A.CH_4　　B.H_2　　C.CO　　D.C_2H_2

（5）一般认为，火灾的衰减阶段是从室内平均温度降至其峰值的（　　）时算起。

A.80 %　　B.60 %　　C.50 %　　D.25 %

（6）灭火的基本原理包括（　　）。

A.冷却　　B.窒息　　C.隔离　　D.稀释　　E.化学抑制

（7）某 16 层民用建筑，1～3 层为商场，每层建筑面积为 3000 m^2，4～16 层为单元式住宅，每层建筑面积为 1200 m^2，建筑首层室内地坪标高为±0 m，室外地坪高为–0.3 m，商场平屋面面层标高为 14.6 m，住宅平屋面面层标高为 49.7 m，女儿墙顶部标高为 50.9 m。根据《建筑设计防火规范》（GB 50016—2014）规定的建筑分类，该建筑的类别应确定为（　　）。

A.一类高层公共建筑　　B.一类高层住宅建筑

C.二类高层住宅建筑　　D.二类高层公共建筑

（8）防火墙直接采用加气混凝土砌块砌筑，其为（　　）墙体。

A.不燃性　　B.难燃性　　C.可燃性

（9）在标准耐火试验条件下，对一墙体耐火极限试验，试验记录显示，该墙体在受火作用至 0.5 h 时粉刷层开始脱落，受火作用至 1 h 时背火面的温度超过规定值，受火作用至 1.2 h 时出现了穿透裂缝，受火作用至 1.5 h 时墙体开始垮塌。该墙体的耐火极限是（　）h。

A.0.5　　B.1.2　　C.1.0　　D.1.5

2. 思考题

（1）什么叫智能建筑？智能建筑的特点是什么？

（2）我国的消防方针是什么？消防系统的主要任务是什么？

（3）公共场所的防火规定有哪些？

第2章 火灾自动报警系统

教学过程建议

学习内容

- 2.1 火灾自动报警系统认知
- 2.2 火灾探测报警设备及系统附件的设置
- 2.3 火灾自动报警系统的设计要求
- 2.4 火灾自动报警系统的实施
- 2.5 火灾自动报警系统工程图的识读
- 实训 2　火灾自动报警系统设置与应用实训

学习目标

- 熟悉火灾自动报警系统的组成、分类及原理
- 具有报警设备的使用、选择和布置能力
- 具备火灾自动报警系统工作过程及相关设计的知识
- 具有识读工程图、设计火灾自动报警系统和使用相关规范的能力

技术依据

- 《火灾探测器产品型号编制方法》（GA/T 227—1999）
- 《消防技术文件用消防设备图形符号》（GB/T 4327—2008）
- 《火灾自动报警系统设计规范》（GB 50116—2013）
- 《火灾自动报警系统组件兼容性要求》（GB 22134—2008）

教学设计

- 给出工程图→结合学习内容，认知设备，设计方案，实施调试→边学边做

2.1 火灾自动报警系统认知

教师任务：通过讲授、视频录像、动画播放及现场参观等形式引导学生认知火灾自动报警系统的组成、作用等，让学生对几个典型的系统有明确的了解，学会识别不同的系统。

学生任务：学习、研讨、参与讲解，熟悉火灾自动报警系统的组成、作用、工作原理及适用范围，完成任务单，如表 2-1 所示。

表 2-1　任务单

序号	项　目	内　容
1	火灾自动报警系统的组成及各部分的作用	
2	区域报警系统的组成及特点	
3	集中报警系统的组成及特点	
4	控制中心报警系统的组成及特点	

火灾自动报警系统是探测火灾早期特征、发出火灾报警信号，为人员疏散、防止火灾蔓延和启动自动灭火设备提供控制与指示的消防系统。火灾自动报警系统可用于人员居住和经常有人滞留的场所、存放重要物资或燃烧后产生严重污染需要及时报警的场所。

2.1.1 火灾自动报警系统的组成

火灾自动报警系统由火灾探测报警系统、消防联动控制系统、可燃气体探测报警系统及电气火灾监控系统组成。火灾自动报警系统的组成如图 2-1 所示。

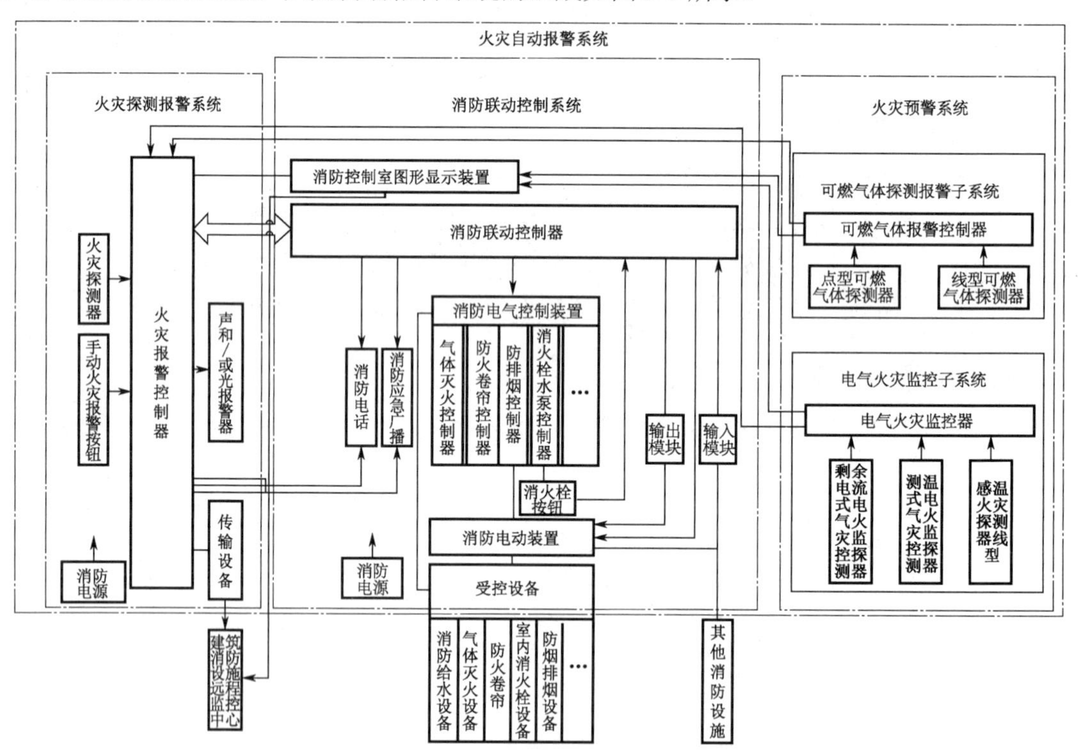

图 2-1　火灾自动报警系统的组成

1. 火灾探测报警系统

火灾探测报警系统由触发器件、火灾报警装置、火灾警报装置、电源及具有其他辅助功能的装置组成。

（1）触发器件

在火灾自动报警系统中，自动或手动产生火灾报警信号的器件称为触发器件。触发器件主要包括火灾探测器和手动火灾报警按钮。

火灾探测器是火灾自动报警系统的传感部分，是组成各种火灾自动报警系统的重要组件，是火灾自动报警系统的“感觉器官”。它能对火灾参数（如烟、温度、火焰辐射、气体浓度等）做出响应，并自动产生火灾报警信号，或向控制和指示设备发出现场火灾状态信号。

手动火灾报警按钮是以手动方式产生火灾报警信号的器件。

火灾自动报警系统应有自动和手动两种触发装置。各种类型的火灾探测器是自动触发装置，而在防火分区疏散通道、楼梯口等处设置的手动火灾报警按钮是手动触发装置，它具有在应急情况下人工手动通报火警的功能。

（2）火灾报警装置

在火灾自动报警系统中，火灾报警控制器、火灾显示盘都是火灾报警装置。

火灾报警控制器用以接收、显示和传递火灾报警信号，并能发出控制信号和具有其他辅助功能。它担负着为火灾探测器提供稳定的工作电源，监视探测器及系统自身的工作状态，接收、转换、处理火灾探测器输出的报警信号，进行声光报警，指示报警的具体部位及时间等诸多任务，是火灾探测报警系统中的核心组成部分。火灾报警控制器如图 2-2 所示。

火灾显示盘又称复示盘或楼层显示器，是可用于楼层或独立防火区内的火灾报警装置。当控制中心的主机控制器产生报警，同时把报警信号传输到失火区域的火灾显示盘上时，显示盘会显示报警的探测器编号及相关信息并发出报警声响。火灾显示盘如图 2-3 所示。

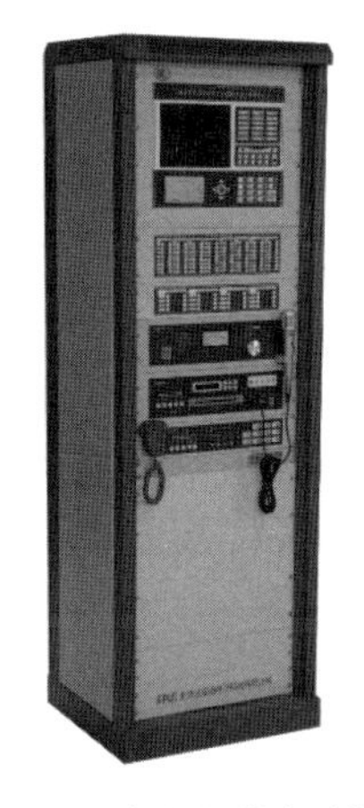

图 2-2　火灾报警控制器

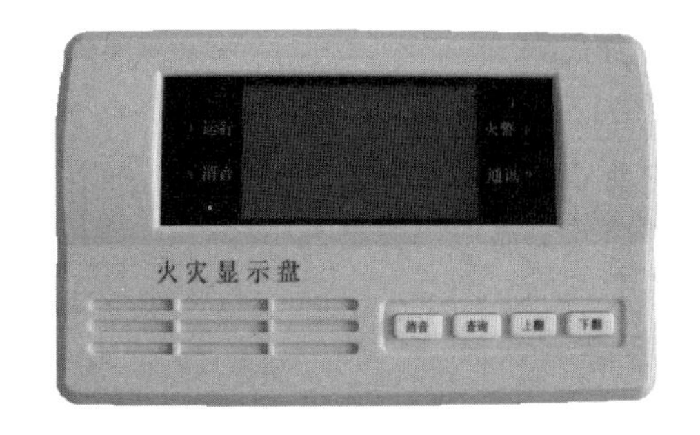

图 2-3　火灾显示盘

（3）火灾自动警报装置

在火灾自动报警系统中，用以发出区别于环境声、光的火灾警报信号的装置称为火灾警报装置。声光报警器和警铃都是火灾警报装置。声光报警器就是一种最基本的火灾警报装置，它以声、光方式向报警区域发出火灾警报信号，以提醒人们展开安全疏散、灭火救灾等行动。消防警铃在发生紧急情况的时候由报警控制器控制触发报警，也可用于防盗警报器，警示声音效果好。声光报警器如图 2-4 所示，消防警铃如图 2-5 所示。

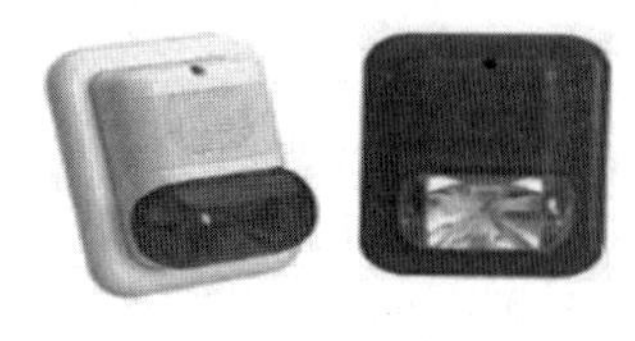

图 2-4　声、光报警器

图 2-5　消防警铃

（4）电源

火灾自动报警系统属于消防用电设备，其主电源应当采用消防电源，备用电源可采用蓄电池。系统电源除为火灾报警控制器供电外，还为系统相关的消防控制设备供电。

2. 消防联动控制系统

在火灾自动报警系统中，当接收到来自触发器件的火灾信号后，能自动或手动启动相关消防设备并显示其工作状态的系统，称为消防联动控制系统。消防联动控制器是消防联动控制系统的核心装置。

在火灾发生时，消防联动控制器通过接收火灾报警控制器发出的火灾报警信息，按设定的控制逻辑发出联动控制信号给消防水泵、喷淋泵、防火门、防火阀、防排烟阀和通风等消防设备，完成对灭火系统、疏散指示系统、防排烟系统及防火卷帘等消防有关设备的控制功能。当消防设备动作后，由联动控制器将动作信号反馈给消防控制室并显示，实现对建筑消防设施的状态监视功能。

消防联动控制器可直接发出控制信号，通过驱动装置控制现场的受控设备；对于控制逻辑复杂且在消防联动控制器上不便实现直接控制的情况，可通过消防电气控制装置（如防火卷帘控制器、气体灭火控制器等）间接控制受控设备，同时接收自动消防系统（设施）动作的反馈信号。

3. 可燃气体探测报警子系统

可燃气体探测报警子系统由可燃气体报警控制器、可燃气体探测器组成，能够在保护区域内泄漏可燃气体的浓度低于爆炸下限的条件下提前报警，从而预防由于可燃气体泄漏引发的火灾和爆炸事故的发生。

4. 电气火灾监控子系统

电气火灾监控子系统是指当被保护线路中的被探测参数超过报警设定值时，能发出报警信号、控制信号并能指示报警部位的系统。电气火灾监控子系统由电气火灾监控器、剩余电流式电气火灾监控探测器、测温式电气火灾监控探测器等部分或全部设备组成，可用于具有电气火灾危险的场所。

2.1.2　火灾自动报警系统的工作原理

在火灾自动报警系统中，火灾报警控制器和消防联动控制器是核心组件，是系统中火灾报警与警报的监控管理枢纽和人机交互平台。

1. 火灾探测报警系统

火灾探测报警系统的工作原理如图 2-6 所示。

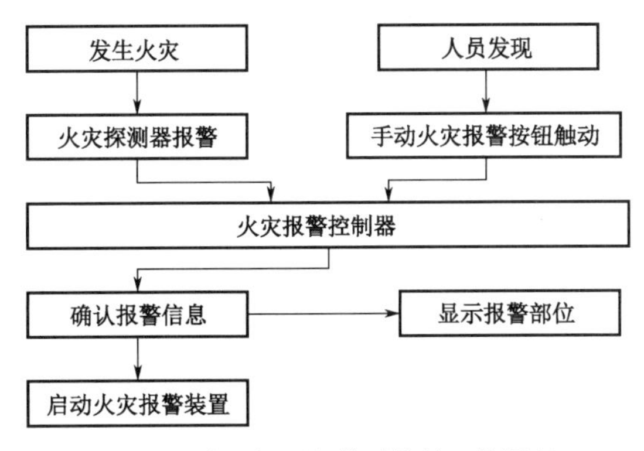

图 2-6　火灾探测报警系统的工作原理

火灾发生时，安装在保护区域现场的火灾探测器，将火灾产生的烟雾、热量和光辐射等火灾特征参数转变为电信号，经数据处理后，将火灾特征参数信息传输至火灾报警控制器；或直接由火灾探测器做出火灾报警判断，将报警信息传输到火灾报警控制器。火灾报警控制器在接收到探测器的火灾特征参数信息或报警信息后，经报警确认判断，显示报警探测器的部位，记录探测器火灾报警的时间。

处于火灾现场的人员，在发现火灾后可立即触动安装在现场的手动火灾报警按钮，手动火灾报警按钮将报警信息传输到火灾报警控制器，火灾报警控制器在接收到手动火灾报警按钮的报警信息后，经报警确认判断，显示动作的手动报警按钮的部位，记录手动火灾报警按钮报警的时间。

火灾报警控制器在确认火灾探测器和手动火灾报警按钮的报警信息后，驱动安装在被保护区域现场的火灾警报装置发出火灾警报，向处于被保护区域内的人员警示火灾的发生。

2. 消防联动控制系统

消防联动控制系统的工作原理如图 2-7 所示。

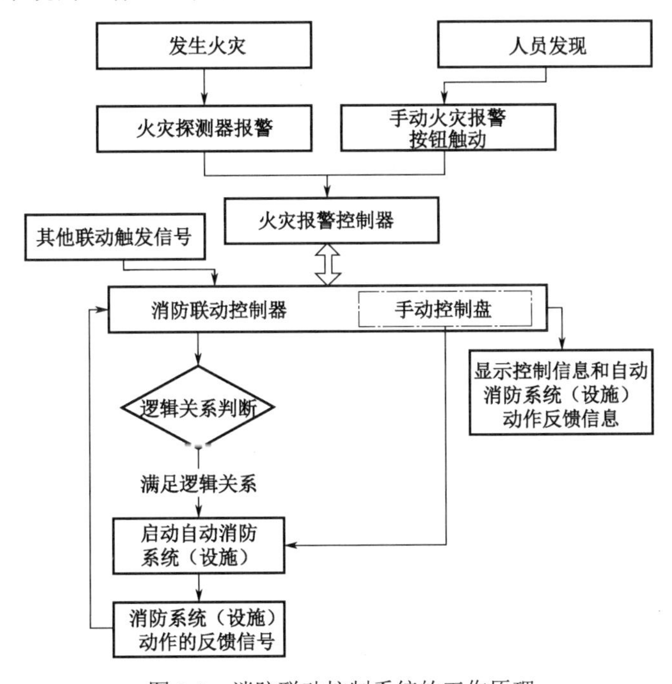

图 2-7　消防联动控制系统的工作原理

火灾发生时，火灾探测器和手动火灾报警按钮的报警信号等联动触发信号传输至消防联动控制器，消防联动控制器按照预设的逻辑关系对接收到的触发信号进行识别判断，在满足逻辑关系条件时，按照预设的控制时序启动相应自动消防系统（设施），实现预设的消防功能。

消防控制室的消防管理人员也可以通过操作消防联动控制器的手动控制盘直接启动相应的消防系统（设施），从而实现相应消防系统（设施）预设的消防功能。

消防联动控制器接收并显示消防系统（设施）动作的反馈信息。

2.1.3 火灾自动报警系统的分类

火灾自动报警系统根据保护对象及设立的消防安全目标不同分为以下几类。

1. 区域报警系统——探测、报警

区域报警系统由火灾探测器、手动火灾报警按钮、火灾声光警报器及火灾报警控制器等组成，系统中可包括消防控制室图形显示装置和指示楼层的区域显示器。区域报警系统的组成如图 2-8 所示。

序　号	图　例	名　称	备　注	序　号	图　例	名　称	备　注
1		感烟火灾探测器		10	FI	火灾显示盘	
2		感温火灾探测器		11	SFJ	送风机	
3		烟/温复合探测器		12	XFB	消防泵	
4		火灾声光警报器		13		可燃气体探测器	
5		线型光束探测器		14	M	输入模块	GST-LD-8300
6		手动报警按钮		15	C	控制模块	GST-LD-8301
7		消火栓报警按钮		16	H	电话模块	GST-LD-8304
8		报警电话		17	G	广播模块	GST-LD-8305
9		吸顶式音箱					

图 2-8　区域报警系统的组成

区域报警系统适用于仅需要报警，不需要联动自动消防设备的保护对象。

2. 集中报警系统——探测、报警、联动

集中报警系统由火灾探测器、手动火灾报警按钮、火灾声光警报器、消防应急广播、消防专用电话、消防控制室图形显示装置、火灾报警控制器、消防联动控制器等组成。集中报警系统的组成如图 2-9 所示。

集中报警系统适用于具有联动要求的保护对象。

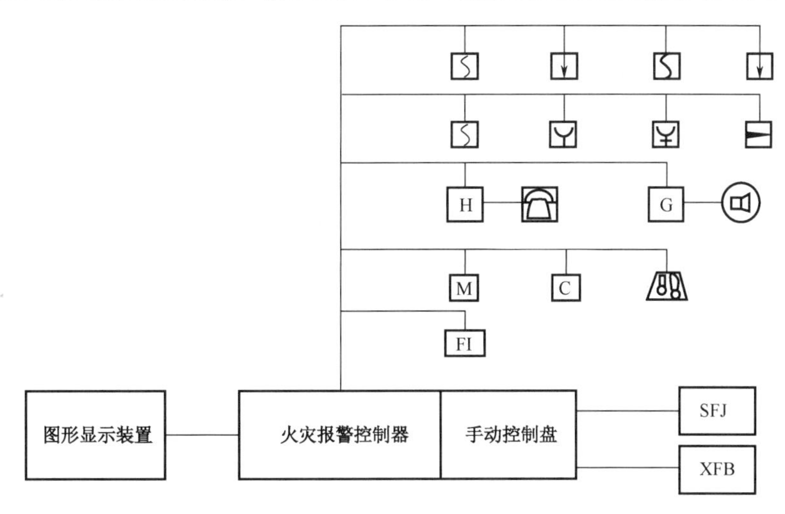

图 2-9　集中报警系统的组成

3. 控制中心报警系统——探测、报警、联动（两个及以上集中报警系统）

控制中心报警系统由火灾探测器、手动火灾报警按钮、火灾声光警报器、消防应急广播、消防专用电话、消防控制室图形显示装置、火灾报警控制器、消防联动控制器等组成，且包含两个及两个以上集中报警系统。控制中心报警系统的组成如图 2-10 所示。

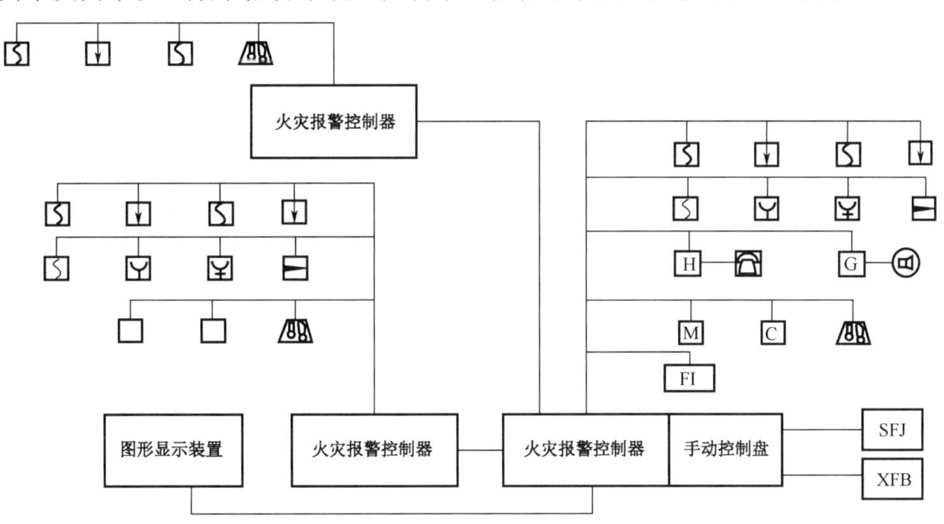

图 2-10　控制中心报警系统的组成

控制中心报警系统一般适用于建筑群或体量很大的保护对象，这些保护对象中可能设置了几个消防控制室，也可能由于分期建设而采用了不同企业的产品或同一企业不同系列的产品，或由于系统容量限制而设置了多个集中作用的火灾报警控制器等，这些情况下均应选择控制中心报警系统。

2.2 火灾探测报警设备及系统附件的设置

教师任务：用工程项目导向方法，结合现场参观及 2.5 节火灾自动报警系统工程图的识读，引导完成火灾探测报警设备及系统附件的认知，采用设计步步深入法，完成探测器的选择、计算、布置；通过识读工程图的途径学会任务知识点。

学生任务：分组识读图纸，参与讲解、研讨，找出火灾探测报警设备、系统附件的种类和数量，完成任务单，如表 2-2 所示。

表 2-2　任务单

序号	项　　目	内　　容
1	智能建筑中用到的火灾探测器种类	
2	火灾探测器的产品型号	
3	火灾探测器的图形符号	
4	生产火灾探测器的厂家	
5	火灾报警控制器的分类及功能	
6	火灾报警控制器的线制	
7	火灾报警控制器的型号	
8	报警系统附件的种类及用途	

火灾自动报警系统设备应选择符合国家有关标准和有关市场准入制度的产品。系统中各类设备之间的接口和通信协议的兼容性应符合现行国家标准《火灾自动报警系统组件兼容性要求》（GB 22134）的有关规定。

2.2.1　火灾探测器

火灾探测器是火灾自动报警系统的传感部分，是组成各种火灾自动报警系统的重要组件，是火灾自动报警系统的“感觉器官”。它能对火灾参数（如烟、温度、火焰辐射、气体浓度等）做出响应，并自动产生火灾报警信号，或向控制和指示设备发出现场火灾状态信号。火灾探测器是系统中的关键元件，它的稳定性、可靠性和灵敏度等技术指标会受到诸多因素的影响，因此火灾探测器的选择和布置应该严格按照规范进行。

火灾探测器在火灾报警系统中用量最大，同时又是整个系统中最早发现火情的设备，因此其地位非常重要，而且种类多，科技含量高。

1. 火灾探测器分类

火灾探测器的分类如表 2-3 所示，可按其探测的火灾特征参数、监视范围、复位功能、拆卸性能等进行细分。

表 2-3　火灾探测器的分类

<table>
<tr><th colspan="3">名　　称</th><th>火 灾 参 量</th><th>类　　型</th></tr>
<tr><td rowspan="7">感温火灾探测器</td><td rowspan="3">差温
定温</td><td>管型</td><td>温度</td><td rowspan="3">线型</td></tr>
<tr><td>电缆型</td><td>温度</td></tr>
<tr><td>半导体型</td><td>温度</td></tr>
<tr><td rowspan="4">差温
定温
差定温</td><td>双金属型</td><td>温度</td><td rowspan="4">点型</td></tr>
<tr><td>膜盒型</td><td>温度</td></tr>
<tr><td>易熔金属型</td><td>温度</td></tr>
<tr><td>半导体型</td><td>温度</td></tr>
</table>

续表

名　称		火灾参量	类　型
感烟火灾探测器	离子感烟探测器	烟雾	点型
	光电感烟探测器	烟雾	点型
	红外光束感烟探测器	烟雾	线型
	吸气式感烟探测器	烟雾	点型
感光火灾探测器	紫外火灾探测器	紫外光	点型
	红外火灾探测器	红外光	点型
气体火灾探测器	气敏半导体可燃气体探测器	可燃气体	点型
	催化燃烧型可燃气体探测器（分铂丝催化型和载体催化型两种）	可燃气体	点型
	光电式可燃气体探测器	可燃气体	点型/线型
	固定电介质可燃气体探测器	可燃气体	点型

（1）根据探测火灾特征参数分类

火灾探测器根据其探测火灾特征参数的不同，可以分为感温、感烟、感光、气体、复合五种基本类型。

① 感温火灾探测器。

感温火灾探测器是一种响应异常温度、温升速率和温差等参数的火灾探测器，当其警戒范围中某一点或某一线路周围温度变化时可进行响应，将温度的变化转换为电信号以达到报警目的。根据监测温度参数的不同，一般用于工业和民用建筑中的感温火灾探测器可分为定温式、差温式、差定温组合式三种。

定温式火灾探测器是预先设定温度值（大于 60℃），当温度达到或超过预定值时响应的火灾探测器。最常用的类型为双金属定温式点型探测器，常用结构形式有圆筒状和圆盘状两种。

差温式火灾探测器是当火灾发生，室内温度升高速率达到预定值时响应的火灾探测器。差温式探测器有机械式、电子式和空气管线型几种类型。

差定温火灾探测器是兼有差温和定温两种功能的火灾探测器，当其中某一种功能失效时，另一种功能仍能起作用，因而大大提高了可靠性。差定温探测器有机械式和电子式两种类型。差定温探测器结构图和实物图如图 2-11 所示。

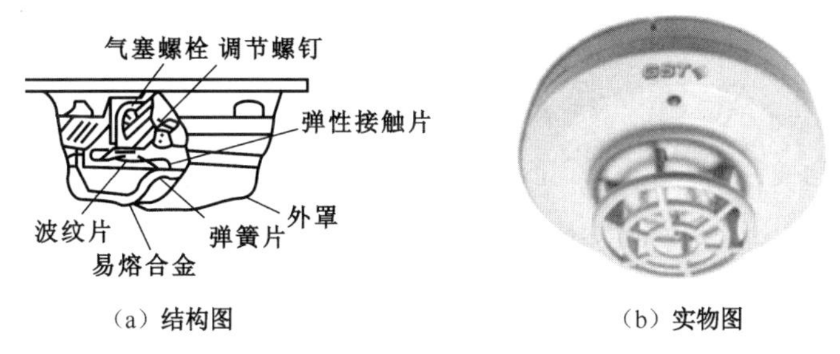

（a）结构图　（b）实物图

图 2-11　JW-JC 型差定温探测器

感温火灾探测器的典型应用温度为探测器安装后在无火灾条件下长期运行所期望的环境温度。根据探测器的使用环境温度和探测器的动作温度，点型感温火灾探测器可以分为 A1、A2、B、C、D、E、F、G 八类，具体参数如表 2-4 所示。每种类别之间，依据类别字母的顺序，其典型应用温度和动作温度范围依次递增。A1 类和 A2 类之间在应用温度方面相同，但 A2 类的动作温度范围涵盖了A1 类的，另外，从响应时间试验要求可以看出，A1 类的响应时间范围与 A2 类的不同。

表 2-4　点型感温火灾探测器的分类

探测器类别	典型应用温度（℃）	最高应用温度（℃）	动作温度下限值（℃）	动作温度上限值（℃）
A1	25	50	54	65
A2	25	50	54	70
B	40	65	69	85
C	55	80	84	100
D	70	95	99	115
E	85	110	114	130
F	100	125	129	145
G	115	140	144	160

② 感烟火灾探测器。

感烟火灾探测器，即响应悬浮在大气中的燃烧或热解产生的固体或液体微粒的探测器，可以探测物质燃烧初期产生的气溶胶（直径为 0.01～0.1 pm 的微粒）或烟粒子浓度。感烟火灾探测器是将探测部位烟雾浓度的变化转换为电信号实现报警目的的一种器件。感烟火灾探测器用于火灾前期和早期报警，适宜安装在发生火灾后产生烟雾较大或容易产生阴燃的场所；它不宜安装在平时烟雾较大或通风速度较快的场所。感烟火灾探测器进一步可分为离子感烟、光电感烟、红外光束、吸气式等。

离子感烟探测器是点型探测器，它是在电离室内含有少量放射性物质（如镅–241），可使电离室内空气成为导体，允许一定电流在两个电极之间的空气中通过，射线使局部空气成电离状态，经电压作用形成离子流，这就给电离室一个有效的导电性。当烟粒子进入电离化区域时，它们由于与离子相结合而降低了空气的导电性，形成离子移动的减弱。当导电性低于预定值时，探测器发出警报。离子感烟探测器（单源双室）的构造及外形如图 2-12 所示。

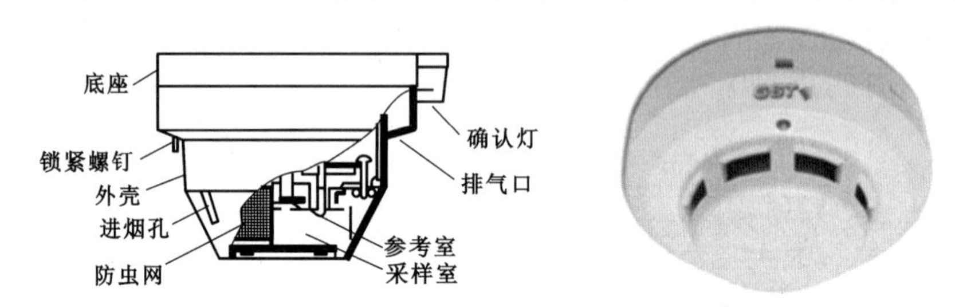

图 2-12　离子感烟探测器（单源双室）的构造及外形

光电感烟探测器也是点型探测器，它是利用起火时产生的烟雾能够改变光的传播特性这一基本性质而研制的。根据烟雾对光的吸收和散射作用，光电式感烟探测器可分为散射式和减光式两种。光电感烟探测器外形如图 2-13 所示，离子式和光电式感烟探测器的性能比较如表 2-5 所示。

红外光束感烟探测器是线型探测器，它是对警戒范围内某一线状窄条周围烟气参数响应的火灾探测器。它同前面两种点型感烟探测器的主要区别在于线型感烟探测器将光束发射器和光电接收器分为两个独立的部分，使用时分装相对的两处，中间用光束连接起来。红外光束感烟探测器又分为对射型和反射型两种。红外光束感烟探测器如图 2-14 所示。

表 2-5　离子式和光电式感烟探测器的性能比较

序号	基 本 性 能	离子式感烟探测器	光电式感烟探测器
1	对燃烧产物颗粒大小的要求	无要求，均适合	对小颗粒不敏感，对大颗粒敏感
2	对燃烧产物颜色的要求	无要求，均适合	不适于黑烟、浓烟，适合于白烟、浅烟
3	对燃烧方式的要求	适合于明火、炽热火	适合于阴燃火，对明火反应性差
4	大气环境（温度、湿度、风速）的变化	适应性差	适应性好
5	探测器安装高度的影响	适应性好	适应性差
6	对可燃物的选择	适应性好	适应性差

吸气式感烟探测器一改传统感烟探测器等待烟雾飘散到探测器被动进行探测的方式，采用新的理念，即主动对空气进行采样探测。当保护区内的空气样品被吸气式感烟探测器内部的吸气泵吸入采样管道，送到探测器进行分析，如果发现烟雾颗粒，即发出报警。吸气式感烟探测器如图 2-15 所示。

图 2-13　光电感烟探测器

图 2-14　红外光束感烟探测器

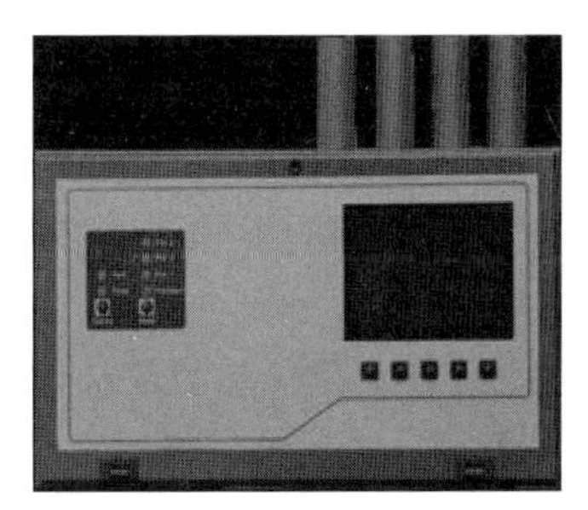

图 2-15 吸气式感烟探测器

③ 感光火灾探测器。

感光火灾探测器，即响应火焰发出的可见光、红外线、紫外线等特定波段电磁辐射的探测器，又称火焰探测器，进一步可分为紫外、红外及复合式等类型。这种探测器对迅速发生的火灾或爆炸能够及时响应。双红外探测器如图 2-16 所示。

④ 气体火灾探测器。

气体火灾探测器，即响应燃烧或热解产生的气体的火灾探测器，又称为可燃气体探测器。它主要用于炼油厂、汽车库、溶剂库等易燃易爆场所。可燃气体火灾探测器如图 2-17 所示。

图 2-16　感光火灾探测器（双红外探测器）

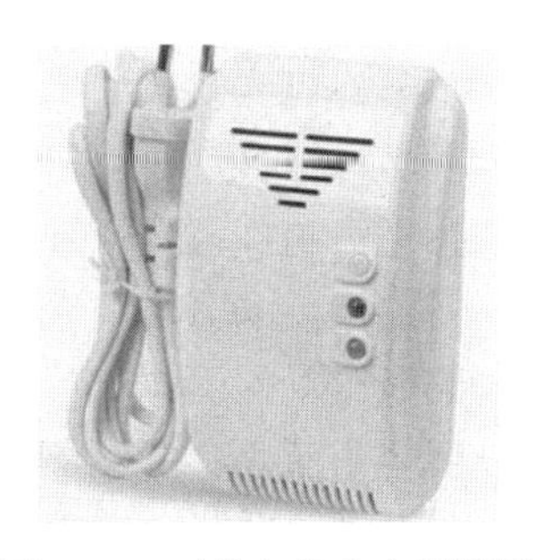

图 2-17　可燃气体火灾探测器

⑤ 复合火灾探测器。

复合火灾探测器，即将多种探测原理集中于一身的探测器，可以响应两种或两种以上火灾参数，提高了可靠性，降低了误报率。它进一步又可分为烟温复合、红外/紫外复合等火灾探测器。

还有一些特殊类型的火灾探测器，包括使用摄像机、红外热成像器件等视频设备获取监控现场视频信息，进行火灾探测的图像型火灾探测器；探测泄漏电流大小的漏电流感应型火灾探测器；探测静电电位高低的静电感应型火灾探测器；探测爆炸产生的参数变化（如压力变化）的微压差型火灾探测器；利用超声原理探测火灾的超声波火灾探测器等。

（2）根据监视范围分类

火灾探测器根据其监视范围的不同，分为点型火灾探测器和线型火灾探测器。

① 点型火灾探测器，即响应一个小型传感器附近的火灾特征参数的探测器。

② 线型火灾探测器，即响应某一连续路线附近的火灾特征参数的探测器。

（3）根据其是否具有复位（恢复）功能分类

火灾探测器根据其是否具有复位功能，分为可复位探测器和不可复位探测器两种。

① 可复位探测器，即在响应后和在引起响应的条件终止时，不更换任何组件即可从报警状态恢复到监视状态的探测器。

② 不可复位探测器，即在响应后不能恢复到正常监视状态的探测器。

（4）根据其是否具有可拆卸性分类

火灾探测器根据其维修和保养时是否具有可拆卸性，分为可拆卸探测器和不可拆卸探测器两种类型。

① 可拆卸探测器，即探测器设计成容易从正常运行位置上拆下来，以方便维修和保养。

② 不可拆卸探测器，即在维修和保养时，探测器设计成不容易从正常运行位置上拆下来。

2. 火灾探测器的产品型号和图形符号

（1）火灾探测器的产品型号

火灾报警产品种类较多，附件更多，但都是按照国家标准编制命名。火灾探测器产品型号的编制，按类组型特性、传感器特征、传输方式特征、厂家及产品代号和主参数分类，以简明易懂、同类间无重复、尽可能反映产品特点为原则，型号均按汉语拼音字头的大写字母组合而成，只要掌握规律，从名称就可以看出产品类型与特征。依据《火灾探测器产品型号编制方法》，火灾探测器产品型号编制相关规定如图 2-18 所示。

① 类组型特征代号。

火灾报警设备分类代号——J（警）。

火灾探测器代号——T（探）。

火灾探测器类型分组代号——各种类型火灾探测器的具体表示方式是：

Y（烟）——感烟火灾探测器；

W（温）——感温火灾探测器；

G（光）——感光火灾探测器；

Q（气）——气体敏感火灾探测器；

T（图）——图像摄像方式火灾探测器；

S（声）——感声火灾探测器；

F（复）——复合式火灾探测器；

防爆型特征代号——B（爆），型号中无“B”代号即为非防爆型，其名称也无须指出“非防爆型”；

船用型特征代号——C（船），型号中无“C”代号即为陆用型，其名称也无须指出“陆用型”。

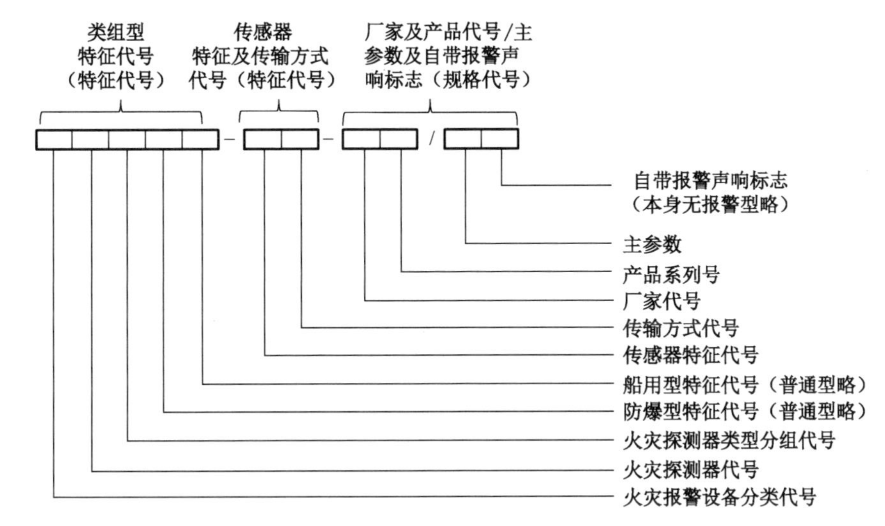

图 2-18　火灾探测器产品型号编制规定

② 传感器特征及传输方式代号。

感烟火灾探测器传感器特征代号表示方式是：

L（离）——离子；

G（光）——光电；

H（红）——红外光束；

LX——吸气型离子感烟火灾探测器；

GX——吸气型光电感烟火灾探测器。

感温火灾探测器传感器特征由两个字母表示，前一个字母为敏感元件特征代号，后一个字母为敏感方式特征代号。

感温火灾探测器敏感元件特征代号表示方式是：

M（膜）——膜盒；

S（双）——双金属；

Q（球）——玻璃球；

G（管）——空气管；

L（缆）——热敏电缆；

O（偶）——热电偶，热电堆；

B（半）——半导体；

Y（银）——水银接点；

Z（阻）——热敏电阻；

R（熔）——易熔材料；

X（纤）——光纤。

感温火灾探测器敏感方式特征代号表示方式是：

D（定）——定温；

C（差）——差温；

O—差定温。

感光火灾探测器传感器特征代号表示方式是：

Z（紫）——紫外；

H（红）——红外；

U——多波段。

气体敏感火灾探测器传感器特征代号表示方式是：

B（半）——气敏半导体;

C（催）——催化。

图像摄像方式火灾探测器、感声火灾探测器传感器特征代号可省略。

复合式火灾探测器是对两种或两种以上火灾参数响应的火灾探测器。复合式火灾探测器的传感器特征用组合在一起的火灾探测器类型分组代号或传感器特征代号表示。列出了传感器特征的火灾探测器用传感器特征表示，其他用火灾探测器类型分组代号表示，感温火灾探测器用其敏感方式特征代号表示。

传输方式代号表示方式是：

W（无）——无线传输方式；

M（码）——编码方式；

F（非）——非编码方式；

H（混）——编码、非编码混合方式。

③ 厂家及产品代号/主参数及自带报警声响标志。

厂家及产品代号为四到六位，前两位或三位使用厂家名称中具有代表性的汉语拼音字母或英文字母表示厂家代号，其后用阿拉伯数字表示产品系列号。

主参数及自带报警声响标志表示方式是：定温、差定温火灾探测器用灵敏度级别或动作温度值表示；差温火灾探测器、感烟火灾探测器的主参数无须反映；其他火灾探测器用能代表其响应特征的参数表示；复合火灾探测器主参数如为两个以上用“/”隔开。

【实例 2-1】

JTY-LH-XXYY 表示 XX 厂生产的编码、非编码混合式、离子感烟火灾探测器，产品序列号为 YY。

JTW-BOF-XXYY/60B 表示 XX 厂生产的非编码、自带报警声响、动作温度为 60℃、半导体感温元件、差定温火灾探测器，产品序列号为 YY。

JTG-ZF-XXYY/I 表示 XX 厂生产的非编码、紫外火焰探测器、灵敏度级别为 I 级，产品序列号为 YY。

JTQ-BF-XXYYY/aB 表示 XX 厂生产的非编码、自带报警声响、气敏半导体式火灾探测器，主参数为 a，产品序列号为 YYY。

（2）火灾探测器的图形符号

目前在建筑、工程、建筑物及其他相关设计领域的消防技术文件中使用的消防产品图形符号有两种选择，一种是按国家标准《消防技术文件用消防设备图形符号》绘制，另一种是根据所选厂家产品样本绘制。这里给出几种常用探测器的国家标准画法，供参考，如图 2-19 所示。

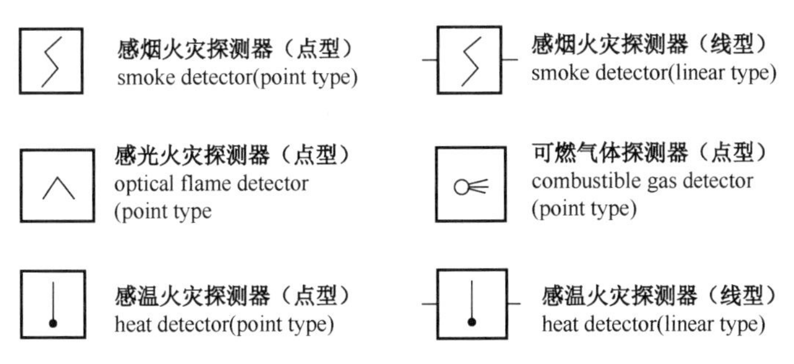

图 2-19　火灾探测器的图形符号

2.2.2　火灾报警控制器

火灾报警控制器是火灾自动报警系统的核心组件之一，它可以为火灾探测器供电、接收火灾探测器和手动报警按钮送来的报警信号，启动报警装置，发出声、光报警信号，同时显示、记录火灾发生的具体位置和时间，并能向联动控制器发出联动信号启动自动灭火设备和消防联动控制设备。它还能自动监视系统的运行情况，当有故障发生时，能自动发出故障报警信号并同时显示故障点位置。

1. 火灾报警控制器的分类及功能

（1）火灾报警控制器的分类

火灾报警控制器的分类有多种方法，如图 2-20 所示，下面介绍几种最主要的分类。

① 按设计使用要求分类。

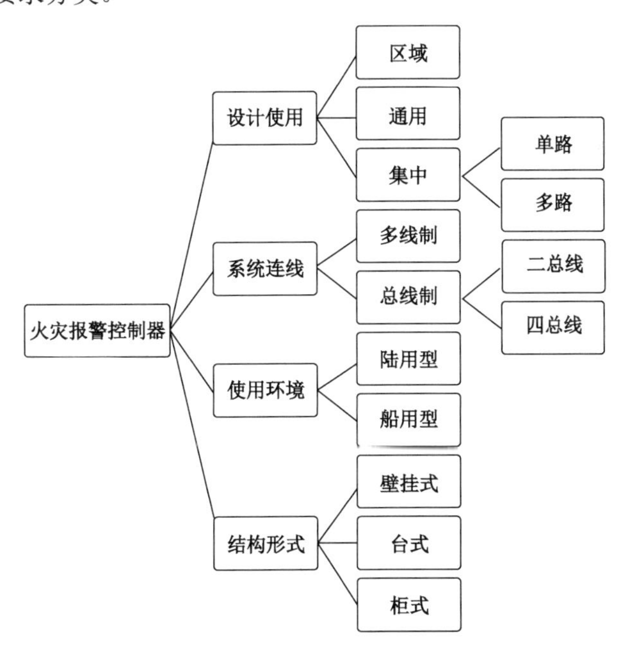

图 2-20　火灾报警控制器的分类

按设计使用要求可以分为以下三类：

区域火灾报警控制器，它直接连接火灾探测器，处理各种报警信息，能组成功能简单的火灾自动报警系统；

集中火灾报警控制器，一般与区域火灾报警控制器相连，处理区域火灾报警控制器送来的报警信号，常用在较大型系统中；

通用火灾报警控制器，兼有区域、集中两级火灾报警控制器的双重特点。通过设置和修改某些参数，既可以直接连接探测器作为区域火灾报警控制器使用，也可以连接区域火灾报警控制器作集中火灾报警控制器使用。

② 按系统连线方式分类。

按系统连线方式可以分为多线制火灾报警控制器和总线制火灾报警控制器两类。多线制火灾报警控制器，其探测器与控制器之间的传输线连接采用一一对应的方式，每个探测器有两根线与控制器连接，其中一条是公用地线，另一条承担供电、选通信息与自检的功能。当探测器数量较多时，连线的数量就较多。该方式只适用于小型火灾自动报警系统。

总线制火灾报警控制器，其探测器与控制器的连接采用总线方式，所有的探测器都并联在总线上。总线有二总线与四总线两种。对于每个探测器采用地址编码技术，整个系统只用 2 根或 4 根导线构成总线回路。总线制火灾报警控制器具有安装、调试、使用方便的特点。由于整个系统只使用 2 根或 4 根线，工程造价较低，适用于大型火灾自动报警系统。

各报警控制器输入导线的类型和输入导线的根数，称为火灾自动报警系统的线制，通常对应称火灾自动报警系统为多线制系统和总线制系统。

多线制系统的连接示意图如图 2-21 所示。图中 T_1、…、T_{n-1}、T_n 为分布于各探测区的 n 个火灾探测器（含手动报警按钮）。报警控制器的输入导线由到每个探测器的 2 根 24 V 公共电源线及各火灾探测器（或手动报警按钮）的一根信号线 S_1、…、S_{n-1}、S_n 等组成，所以报警控制器的输入线共有 n+2 根。多线制系统根据信号线和部位线的不同还有 n+3、2n+1 等形式。

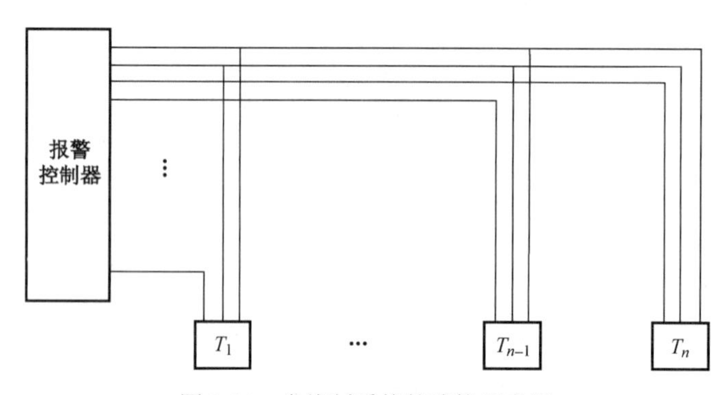

图 2-21　多线制系统的连接示意图

总线制系统是指报警控制器的输入线由探测器和其他外部设备的几根公共导线组成，接在总线制上的每个探测器（或其他设备）均设置有一个不重复的独立地址，对应总线上的设备内部有一个确定自身地址的编码电路与系统一一对应，从而能降低安装和运行过程中的差错率，主要有二总线制与四总线制两种。

二总线制的连接方法如图 2-22 所示，图中 G 线为公共地线，P 线则完成供电、选址、自检、获取信息等功能。二总线系统有枝形和环形两种接线法，图 2-22（a）为枝形接法，采用这种接线方式时，如果发生断线，可以自动判断故障点，但故障点后的探测器不能工作；图 2-22（b）为环形接法，这种接法要求输出的两根总线返回控制器，构成环形，这种接线方式的优点在于当探测器发生故障时，不影响系统的正常工作。

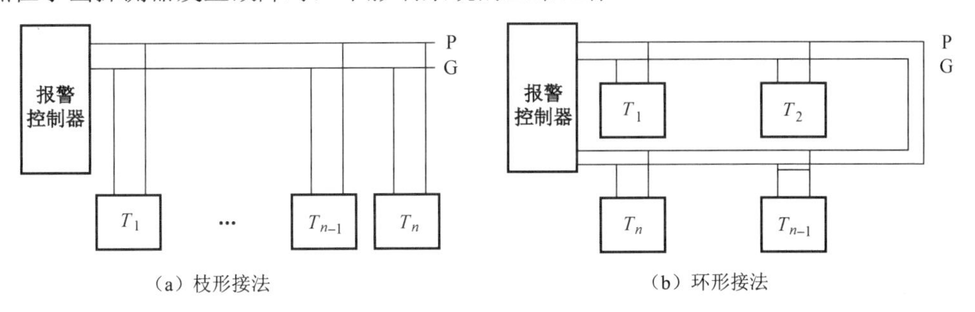

图 2-22　二总线制的连接方法

四总线制的连接方法如图 2-23 所示，图中，P 线给出探测器的电源、编码、选址信号；T 线给出自检信号，以判断探测器或传输线是否有故障；控制器从 S 线上获得探测器的信号；G 线为公共地线。P、T、S、G 均为并联方式连接。

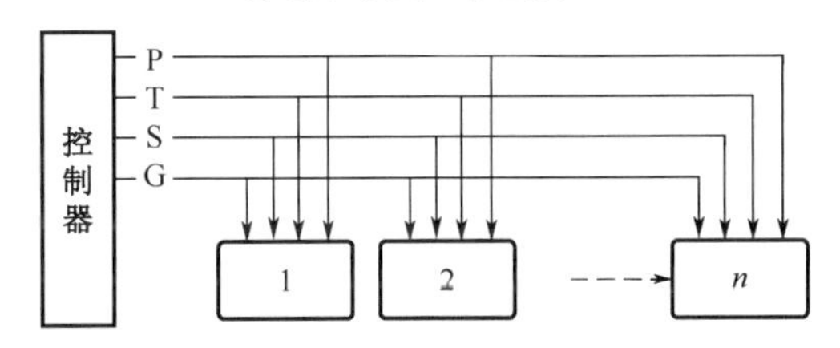

图 2-23　四总线制的连接方法

③ 按结构形式分类。

按结构形式可分为三类：壁挂式火灾报警控制器、台式火灾报警控制器和柜式火灾报警控制器，如图 2-24 所示。

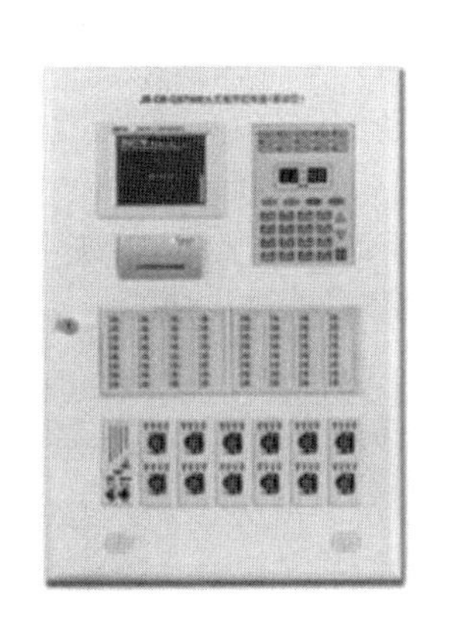

（a）壁挂式

（b）柜式

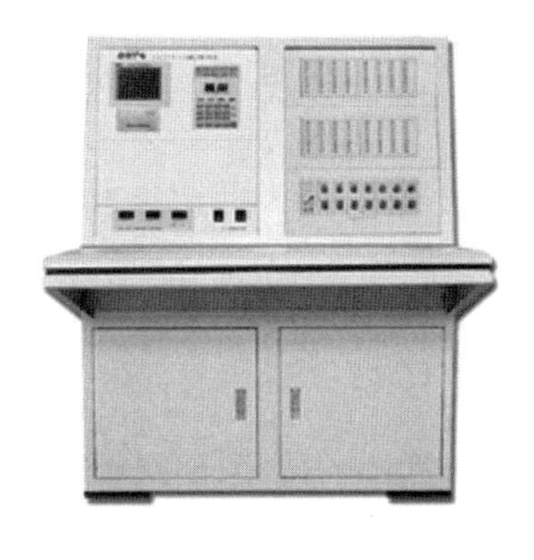

（c）台式

图 2-24　火灾报警控制器外形图

（2）火灾报警控制器的基本功能

① 火灾报警功能；

② 火灾报警控制功能；

③ 故障报警功能；
④ 屏蔽功能（仅适用于具有此项功能的控制器）；
⑤ 监管功能（仅适用于具有此项功能的控制器）；
⑥ 自检功能；
⑦ 信息显示与查询功能；
⑧ 系统兼容功能（仅适用于集中、区域和集中区域兼容型控制器）；
⑨ 电源功能；
⑩ 软件控制功能（仅适用于以软件实现控制功能的控制器）。

2. 火灾报警控制器的组成及技术指标

（1）火灾报警控制器的组成

火灾报警控制器由电源和主机两部分组成。

① 电源。

电源给主机和探测器提供可靠的电源，要求电源具有保护环节，为了防止停电，还需要配置后备电源。目前大多数控制器使用开关式稳压电源。

② 主机。

控制器的主机具有将火灾探测器送来的信号进行处理、控制和输出、通信的功能。

（2）火灾报警控制器的技术指标

① 容量。

容量是指能够接收火灾报警信号的回路数，用M表示。在选择容量时，应留有适当的余量。

② 工作电压。

工作时，电压采用220V交流电和24V或32V直流电，备用电源优先选用24V。

③ 输出电压及允差。

输出电压是供给火灾探测器使用的工作电压，一般为直流 24V，此时输出电压允差不大于0.48V。输出电流一般应大于0.5A。

④ 空载功耗。

空载功耗即系统处于工作状态时所消耗的电源功率。它的值越小越好。

⑤ 满载功耗。

满载功耗指当火灾报警控制器容量不超过 10 路时，所有回路均处于报警状态所消耗的功率；当容量超过10路时，20%的回路（最少按10路计）处于报警状态所消耗的功率。

⑥ 使用环境条件。

使用环境条件主要指报警控制器能够正常工作的条件，即温度、湿度、风速和气压等。

3. 火灾报警控制器的型号

火灾报警控制器的型号命名及含义如下。

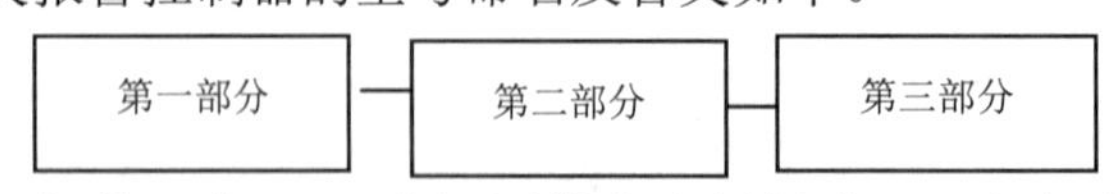

第一部分：由2～4个汉语拼音字母组成，一般仅有两个字母。

字母1——J（警），火灾报警设备代号；

字母2——B（报），火灾报警控制器代号；

字母3——B（防爆），防爆型产品代号。

第二部分：由 2～4 个汉语拼音字母组成，一般仅有 3 个字母。

字母 1——Q、J、T 字母之一，控制器特征代号，分别代表“区域型、集中型、通用型”控制器；

字母 2——G、T、B 字母之一，控制器结构特征代号，分别代表“柜式、台式、壁挂式”控制器。

字母 3——L，代表联动型火灾报警控制器，无联动功能的控制器无此字母。

第三部分：类似探测器的第三部分，前两位或三位使用厂家名称中具有代表性的汉语拼音字母或英文字母表示厂家代号，其后用阿拉伯数字表示产品系列号。

【实例 2-2】

JB-QG-GST5000 表示海湾安全技术有限公司生产的“区域型柜式火灾报警控制器”。

JB-QB-YA1506 表示松江云安安全技术有限公司生产的“区域型壁挂式火灾报警控制器”。

JB-QB-LD128EN（M）表示北大青鸟安全技术有限公司生产的“区域型壁挂式火灾报警控制器”。

JB-TG-4/KX21 表示科学城报警设备厂生产的“通用型柜式火灾报警控制器”。

2.2.3　报警系统附件

报警系统附件包括手动火灾报警按钮、火灾显示盘、声光报警器、消防模块、消防电话等，根据项目的实际需求选用。

1.手动火灾报警按钮

手动火灾报警按钮（俗称手报）是火灾报警系统中的一个设备类型，当人员发现火灾时，在火灾探测器没有探测到火灾的时候，人员手动按下手动火灾报警按钮，报告火灾信号。手动报警按钮可分为带电话插孔手动报警按钮（消火栓兼用）、手动报警按钮（消火栓兼用）和消火栓（手动）报警按钮等。手动火灾报警按钮及标识如图 2-25 所示。

手动火灾报警按钮安装在公共场所，当人工确认火灾发生后按下按钮上的有机玻璃片，可向火灾报警控制器发出信号，火灾报警控制器接收到报警信号后，显示出报警按钮的编号或位置并发出报警音响。手动火灾报警按钮和各类编码探测器一样，可直接接到控制器总线上。

图 2-25　手动火灾报警按钮及标识

正常情况下当手动火灾报警按钮报警时，火灾发生的概率比火灾探测器要大得多，几乎没有误报的可能。因为手动火灾报警按钮的报警出发条件是必须由人工按下按钮启动。按下手动报警按钮，3～5 秒钟后，手动报警按钮上的火警确认灯会点亮，表示火灾报警控制器已经收到火警信号，并且确认了现场位置。

（1）手动火灾报警按钮的特点

① 采用拔插式结构设计，安装简单方便；

② 采用无极性信号二总线，其地址编码可由手持电子编码器在 1～242 之间任意设定；

③ 有机玻璃片按下后可用专用工具复位；

④ 按下有机玻璃片，可由按钮提供无源输出触点信号，直接控制其他外部设备。

（2）手动火灾报警按钮的主要技术指标

工作电压：总线 24V。

监视电流≤0.6mA。

动作电流≤1.8mA。

无源输出触点容量：DC 60V/100mA。

使用环境：温度：–10～+55℃，相对湿度≤95%，不结露。

2. 火灾显示盘

火灾显示盘是一种用单片机设计开发的可以安装在楼层或独立防火区内的数字式火灾报警显示装置，可分为数字式、汉字/英文式、图形式三种。

火灾显示盘通过总线与火灾报警控制器相连，处理并显示控制器传送过来的数据。当建筑物内发生火灾后，消防控制中心的火灾报警控制器产生报警，同时把报警信号传输到失火区域的火灾报警显示盘上，火灾显示盘将产生报警的探测器编号及相关信息显示出来同时发出声光报警信号，以通知失火区域的人员。火灾报警显示盘设有 8 位报警信息显示窗，可将报警探测器的编码号显示出来，满足大范围的报警显示要求。当用一台报警控制器同时监控数个楼层或防火分区时，可在每个楼层或防火分区设置火灾显示盘以取代区域报警控制器。

3. 声光报警器

图 2-26　声光报警器

声光报警器又叫声光警号，是一种用在危险场所，通过声音和各种光来向人们发出示警信号的报警信号装置。防爆声光报警器适用于安装在含有 IIC 级 T6 温度组别的爆炸性气体环境场所，还可使用于石油、化工等行业具有防爆要求的 1 区及 2 区防爆场所，也可以露天、室外使用。声光报警器如图 2-26 所示。

非编码型声光报警器可以和国内外任何厂家的火灾报警控制器配套使用。当生产现场发生事故或火灾等紧急情况时，火灾报警控制器送来的控制信号启动声光报警电路，发出声和光报警信号，完成报警目的。声光报警器也可同手动报警按钮配合使用，达到简单的声、光报警目的。

声光报警器的技术参数可参考表 2-6。

表 2-6　声光报警器的技术参数

工作电压	AC 220V/ AC 380V/AC 24V/AC 36V/AC 110V/DC 24V（特殊电压可定制）		
电源频率	50～60Hz	功率	6W
音调	A/B/E/D/Y/L/F/语音（可选）	声级	106dB
颜色	红、黄、绿（供选择）	示警方式	声光
工作温度	–30～70℃	防护等级	IP65
工作湿度	10%～95%（不凝结）	参考重量	2.7kg
材质	壳体、铝合金灯罩、PC		

4. 消防模块

消防模块是消防联动控制系统的重要组成部分，是消防自动报警系统中不可或缺的左膀右臂。消防模块分为：输入模块、输出模块、输入/输出模块、中继模块、隔离模块、切换模块等。

（1）输入模块

输入模块用于接收消防联动设备输入的常开或常闭开关量信号，并将联动信息传回火灾报警控制器（联动型）。主要用于配接现场各种主动型设备，如水流指示器、压力开关、位置开关、信号阀及能够送回开关信号的外部联动设备等。输入模块如图 2-27 所示。

（2）输出模块

输出模块用于火灾自动报警控制器向现场设备发出指令的信号。输出模块如图 2-28 所示。

（3）输入/输出模块

输入/输出模块主要用于双动作消防联动设备的控制，同时可接收联动设备动作后的回答信号。输入/输出模块如图 2-29 所示。模块多有一对常开、常闭触点，通过模块上面的触点连接外接电路来实现外部设备的联动控制。如可完成对二步降防火卷帘门、水泵、排烟风机等双动作设备的控制。

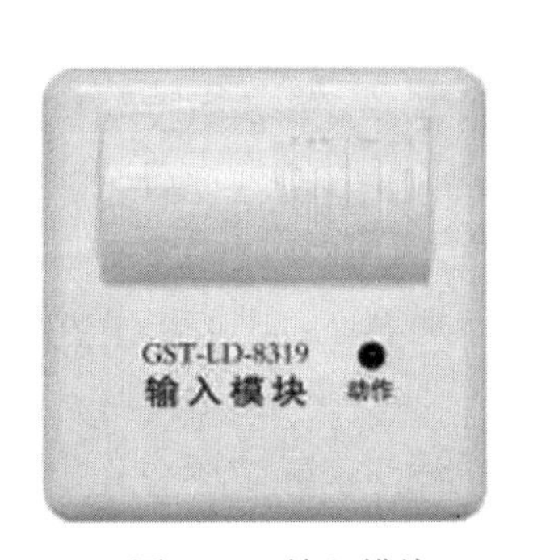

图 2-27　输入模块

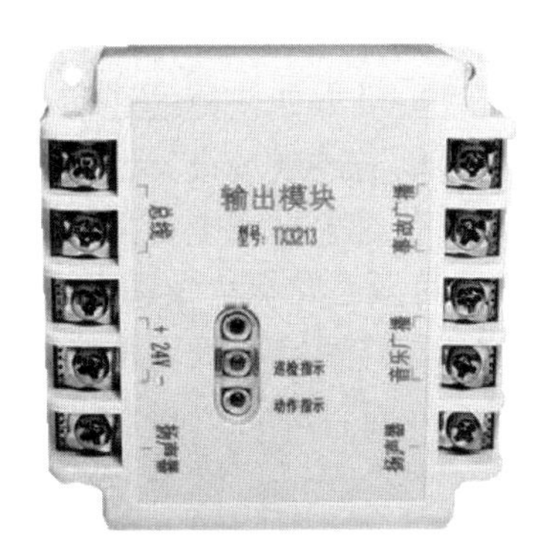

图 2-28　输出模块

图 2-29　输入/输出模块

（4）中继模块

消防中继模块主要用于总线处在有比较强的电磁干扰的区域及总线长度超过 1000 m 需要延长总线通信距离的场合。中继模块如图 2-30 所示。中继模块不同的厂家有不同的型号，他作用也不尽相同，一般配接无源接点装置构成一个报警点（赋予无编码地址设备一个地址，报警系统中依据主机是通过接收到报警点的电信号来控制联动报警设备的）。多线制消防中继模块用于控制消防水泵、风机等重要设备，还有做并联用的，并联多个无地址设备，赋予这些设备一个相同的地址即为该模块的地址。

（5）隔离模块

在总线制火灾自动报警系统中，往往会出现某一局部总线出现故障（如短路）造成整个报警系统无法正常工作的情况．当系统局部出现短路故障时，总线隔离器会自动将出现断路故障的部分从系统中隔离出去，以保证其余分支系统能够正常工作，同时便于确定发生故障的总线部位。当故障部分的总线修复后，隔离器可自行恢复工作，将被隔离出去的部分重新纳入系统。隔离模块如图 2-31 所示。

（6）模块箱

模块箱是专门用来放消防模块的，可根据实际的需求选用，如图 2-32 所示。

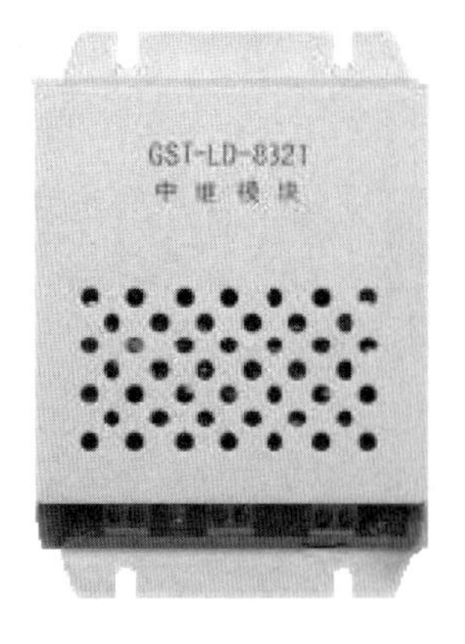

图 2-30　中继模块

图 2-31　隔离模块

5. 消防电话

消防电话有专用的通信线路，一般采用集中式对讲电话。消防电话的总机设在消防控制室，分机分设在其他各个部位。

当发生火灾报警时，消防电话可以提供方便快捷的通信手段，是消防控制及其报警系统中不可缺少的通信设备，在现场人员可以通过现场设置的固定消防电话分机和消防控制室进行通话，也可以用便携式电话或插入插孔式手报或电话插孔上面与控制室直接进行通话，这样可以迅速实现对火灾的人工确认，并可及时掌握火灾现场情况，便于指挥灭火工作。

消防电话分机采用专用电话芯片，工作可靠，通话清晰，使用方便灵活。消防电话分机如图 2-33 所示。

图 2-32　模块箱

图 2-33　消防电话分机

消防电话分机按线式可以分为总线式消防电话分机和二线式电话分机。

消防电话分机按电话分机的安装方式不同可分为固定式和手提式，固定式电话分机是安装在墙上的，根据系统的不同确定是否要配电话模块；手提式消防电话分机是由工作环境的工作人员佩带在身上，比如一栋大楼的巡查人员等。

2.3 火灾自动报警系统的设计要求

教师任务：采用设计步步深入法，分析现场需求，完成火灾自动报警系统的设计，主要包括火灾自动报警系统形式的选择，报警区域和探测区域的划分，火灾报警控制器和消防联动控制器的设计，火灾探测器的选择、计算、布置，探测报警附件的设置等。

学生任务：以某一建筑为题材，设计火灾自动报警系统，准备资料、规范、手册等，完成设计方案，计算火灾探测器等设备的数量并进行布置，选择手动火灾报警按钮、火灾警报器及模块等，并进行布置，可参考任务单，如表 2-7 所示。

表 2-7　任务单

序号	项　目	内　容
1	方案设计依据	
2	系统总体设计及说明	
3	主要设备清单	
4	设备选型	
5	设备设置	
6	火灾自动报警系统图	

火灾自动报警系统的形式和设计要求与保护对象及消防安全目标的设立直接相关。在任何需要保护人身安全的场所，设置火灾自动报警系统均具有不可替代的重要意义。只有设置了火灾自动报警系统，才会形成有组织的疏散，也才会有应急预案。在进行火灾自动报警系统设备的设计及设置时，要充分考虑我国国情和实际工程的使用性质，常住人员、流动人员和保护对象现场实际状况等因素，综合判断考虑。

2.3.1　系统形式的选择与设计要求

1. 火灾自动报警系统形式的选择

设定的安全目标直接关系到火灾自动报警系统形式的选择。

① 仅需要报警，不需要联动自动消防设备的保护对象宜采用区域报警系统。

② 不仅需要报警，而且需要联动自动消防设备，且只需设置一台具有集中控制功能的火灾报警控制器和消防联动控制器的保护对象，应采用集中报警系统，并应设置一个消防控制室。

③ 设置两个及两个以上消防控制室的保护对象，或已设置两个及两个以上集中报警系统的保护对象，如建筑群或体量很大的保护对象，这些保护对象中可能设置几个消防控制室，也可能由于分期建设而采用了不同企业的产品或同一企业不同系列的产品，或由于系统容量限制而设置了多个有集中作用的火灾报警控制器等情况，均应采用控制中心报警系统。

2. 火灾自动报警系统的设计

（1）区域报警系统的设计

① 区域报警系统应由火灾探测器、手动火灾报警按钮、火灾声光警报器以及火灾报警控制器等组成，系统可以根据需要增加消防控制室图形显示装置或指示楼层的区域显示器。

② 区域报警系统不具有消防联动功能。在区域报警系统里，可以根据需要不设消防控制室，若有消防控制室，火灾报警控制器和消防控制室图形显示装置应设置在消防控制室；若没有消防控制室，则应设置在平时有专人值班的房间或场所。

③ 区域报警系统设置消防控制室图形显示装置时，该装置应具有火灾报警、建筑消防设施运行状态信息表 2-8 所规定的有关信息的功能；系统未设置消防控制室图形显示装置时，应设置火警传输设备。区域报警系统应具有将相关运行状态信息传输到城市消防远程监控中

心的功能。

表 2-8　火灾报警、建筑消防设施运行状态信息

<table>
<tr><th colspan="2">设施名称</th><th>内　容</th></tr>
<tr><td colspan="2">火灾探测报警系统</td><td>火灾报警信息、可燃气体探测报警信息、电气火灾监控报警信息、屏蔽信息、故障信息</td></tr>
<tr><td rowspan="12">消防联动控制系统</td><td>消防联动控制器</td><td>动作状态、屏蔽信息、故障信息</td></tr>
<tr><td>消火栓系统</td><td>消防水泵电源的工作状态，消防水泵的启、停状态和故障状态，消防水箱（池）水位、管网压力报警信息及消火栓按钮的报警信息</td></tr>
<tr><td>自动喷水灭火系统、水喷雾（细水雾）灭火系统（泵供水方式）</td><td>喷淋泵电源工作状态，喷淋泵的启、停状态和故障状态，水流指示器、信号阀、报警阀、压力开关的正常工作状态和动作状态</td></tr>
<tr><td>气体灭火系统、细水雾灭火系统（压力容器供水方式）</td><td>系统的手动、自动工作状态及故障状态，阀驱动装置的正常工作状态和动作状态，防护区域中的防火门（窗）、防火阀、通风空调等设备的正常工作状态和动作状态，系统的启、停信息，紧急停止信号和管网压力信号</td></tr>
<tr><td>泡沫灭火系统</td><td>消防水泵、泡沫液泵电源的工作状态，系统的手动、自动工作状态及故障状态，消防水泵、泡沫液泵的正常工作状态和动作状态</td></tr>
<tr><td>干粉灭火系统</td><td>系统的手动、自动工作状态及故障状态，阀驱动装置的正常工作状态和动作状态，系统的启、停信息，紧急停止信号和管网压力信号</td></tr>
<tr><td>防排烟系统</td><td>系统的手动、自动工作状态，防排烟风机电源的工作状态，风机、电动防火阀、电动排烟防火阀、常闭送风口、排烟阀（口）、电动排烟窗、电动挡烟垂壁的正常工作状态和动作状态</td></tr>
<tr><td>防火门及卷帘系统</td><td>防火卷帘控制器、防火门监控器的工作状态和故障状态。卷帘门的工作状态，具有反馈信号的各类防火门、疏散门的工作状态和故障状态等动态信息</td></tr>
<tr><td>消防电梯</td><td>消防电梯的停用和故障状态</td></tr>
<tr><td>消防应急广播</td><td>消防应急广播的启动、停止和故障状态</td></tr>
<tr><td>消防应急照明和疏散指示系统</td><td>消防应急照明和疏散指示系统的故障状态和应急工作状态信息</td></tr>
<tr><td>消防电源</td><td>消防用电设备的供电电源和备用电源工作状态和欠电压报警信息</td></tr>
</table>

（2）集中报警系统的设计

① 集中报警系统应由火灾探测器、手动火灾报警按钮、火灾声光警报器、消防应急广播、消防专用电话、消防控制室图形显示装置、火灾报警控制器、消防联动控制器等组成，可以选用火灾报警控制器和消防联动控制器组合或火灾报警控制器（联动型）。

② 集中报警系统中的火灾报警控制器、消防联动控制器和消防控制室图形显示装置、消防应急广播的控制装置、消防专用电话总机等起到集中控制作用的消防设备（除火灾探测器、手动火灾报警按钮之外），均应设置在消防控制室内。

③ 在集中报警系统里，消防控制室图形显示装置是必备设备，消防控制室图形显示装置应具有火灾报警、建筑消防设施运行状态信息表 2-8 所规定的有关信息的功能。

（3）控制中心报警系统的设计

① 有两个及两个以上消防控制室时，应确定其中一个为主消防控制室，对其他消防控制室进行管理。根据建筑的实际使用情况界定消防控制室的级别。

② 主消防控制室内应能集中显示保护对象内所有火灾报警信号和联动控制状态信号，并应能控制重要的消防设备；为了便于消防控制室之间的信息沟通和信息共享，各分消防控制

室内的消防设备之间可以互相传输并显示状态信息；同时为了防止各个消防控制室的消防设备之间的指令冲突，规定分消防控制室的消防设备之间不应互相控制。一般情况下，整个系统中共同使用的水泵等重要的消防设备可根据消防安全的管理需求及实际情况，由最高级别的消防控制室统一控制。

③ 在控制中心报警系统里，消防控制室图形显示装置是必备设备。控制中心报警系统设置的消防控制室图形显示装置应具有火灾报警、建筑消防设施运行状态信息表 2-8 所规定的有关信息的功能。

3. 报警区域和探测区域的划分

（1）报警区域的划分

报警区域的划分主要是为了迅速确定报警及火灾发生部位，并解决消防系统的联动设计问题。发生火灾时，涉及发生火灾的防火分区及相邻防火分区的消防设备的联动启动，这些设备需要协调工作，因此需要划分报警区域。报警区域是将火灾自动报警系统的警戒范围按防火分区或楼层等划分的单元。

① 可将一个防火分区或一个楼层划分为一个报警区域，也可将发生火灾时需要同时联动消防设备的相邻几个防火分区或楼层划分为一个报警区域；

② 电缆隧道的一个报警区域宜由一个封闭长度区间组成，一个报警区域不应超过相连的 3 个封闭长度区间；

③ 道路隧道的报警区域应根据排烟系统或灭火系统的联动需要确定，且不宜超过 150 m；

④ 甲、乙、丙类液体储罐区的报警区域应由一个储罐区组成，每个 50 000 m^3 及以上的外浮顶储罐应单独划分为一个报警区域。

（2）探测区域的划分

为了迅速而准确地探测出被保护区内发生火灾的部位，需将被保护区按顺序划分成若干探测区域。探测区域是将报警区域按探测火灾的部位划分的单元。探测区域应按独立房（套）间划分。

探测区域的划分由面积和长度两个条件共同确定，同时要结合一些特殊场所如楼梯间、管道井等的需求。

与面积相关的条件有：

① 一个探测区域的面积不宜超过 500 m^2；

② 从主要入口能看清其内部，且面积不超过 1000 m^2 的房间，也可划为一个探测区域；

与长度相关的条件有：

① 红外光束感烟火灾探测器和缆式线型感温火灾探测器的探测区域长度，不宜超过 100 m；

② 空气管差温火灾探测器的探测区域长度宜为 20～100 m。

下列场所应单独划分探测区域：

① 敞开或封闭楼梯间、防烟楼梯间；

② 防烟楼梯间前室、消防电梯前室、消防电梯与防烟楼梯间合用的前室、走道、坡道；

③ 电气管道井、通信管道井、电缆隧道；

④ 建筑物闷顶、夹层。

2.3.2 火灾报警控制器和消防联动控制器的设计

火灾自动报警系统中的系统设备及与其连接的各类设备之间的接口和通信协议的兼容性应符合《火灾自动报警系统组件兼容性要求》（GB 22134—2008）等标准的规定。

1. 火灾报警控制器的设计容量

任意一台火灾报警控制器所连接的火灾探测器、手动火灾报警按钮和消防模块等设备总数与地址总数，均不应超过 3200 点，其中每一总线回路连接设备的总数不宜超过 200 点，且应留有不少于额定容量 10%的余量。

2. 消防联动控制器的设计容量

任意一台消防联动控制器地址总数或火灾报警控制器（联动型）所控制的各类模块总数不应超过 1600 点，每一联动总线回路连接设备的总数不宜超过 100 点，且应留有不少于额定容量 10%的余量。

3. 总线短路隔离器的设计参数

系统总线上应设置总线短路隔离器，每只总线短路隔离器保护的火灾探测器、手动火灾报警按钮和消防模块等消防设备的总数不应超过 32 点。

总线穿越防火分区时，应在穿越处设置总线短路隔离器。

4. 火灾报警控制器和消防联动控制器的设置

火灾报警控制器应设置在消防控制室内或有人员值班的房间和场所。

火灾报警控制器和消防联动控制器等在消防控制室内的布置，应符合下列规定：

① 设备面盘前的操作距离，单列布置时不应小于 1.5 m，双列布置时不应小于 2 m；

② 在值班人员经常工作的一面，设备面盘至墙的距离不应小于 3 m；

③ 设备面盘后的维修距离不宜小于 1 m；

④ 设备面盘的排列长度大于 4 m 时，其两端应设置宽度不小于 1 m 的通道；

⑤ 与建筑其他弱电系统合用的消防控制室内，消防设备应集中设置，并应与其他设备间有明显间隔。

集中报警系统和控制中心报警系统中的区域火灾报警控制器在满足下列条件时，可设置在无人员值班的场所：

① 本区域内没有要手动控制的消防联动设备；

② 本区域火灾报警控制器的所有信息在集中火灾报警控制器上均有显示，且能接收集中火灾报警控制器的联动控制信号，并自动启动相应的消防设备；

③ 设置的场所只有值班人员可以进入。

火灾报警控制器和消防联动控制器安装在墙上时，其主显示屏高度宜为 1.5～1.8 m，其靠近门轴的侧面距墙不应小于 0.5 m，正面操作距离不应小于 1.2 m。

2.3.3 火灾探测器的选择

在火灾自动报警系统中，火灾探测器的选择是否合理，关系到系统是否能够正常运行。选择探测器的种类应根据探测区域内的环境条件、火灾特点、安装高度以及场所的气流等情况，综合考虑后选用适合的探测器。

1. 火灾探测器选择的一般规定

根据《火灾自动报警系统设计规范》（GB 50116—2013）的规定，火灾探测器的选择应符合下列要求：

① 对火灾初期有阴燃阶段，产生大量的烟和少量的热，很少或没有火焰辐射的场所，应选择感烟火灾探测器；

② 对火灾发展迅速，可产生大量热、烟和火焰辐射的场所，可选择感温火灾探测器、感烟火灾探测器、火焰探测器或其组合；

③ 对火灾发展迅速，有强烈的火焰辐射和少量烟、热的场所，应选择火焰探测器；

④ 对火灾初期有阴燃阶段，且需要早期探测的场所，宜增设一氧化碳火灾探测器；

⑤ 对使用、生产可燃气体或可燃蒸气的场所，应选择可燃气体探测器；

⑥ 应根据保护场所可能发生火灾的部位和燃烧材料的分析，以及火灾探测器的类型、灵敏度和响应时间等选择相应的火灾探测器，对火灾形成特征不可预料的场所，可根据模拟试验的结果选择火灾探测器；

⑦ 同一探测区域内设置多个火灾探测器时，可选择具有复合判断火灾功能的火灾探测器和火灾报警控制器。

2. 点型火灾探测器的选择

① 由于各种探测器特点不同，其适宜的房间高度也不尽一致。为了使选择的探测器能够更有效地实现探测，对不同高度的房间，可按表 2-9 选择点型火灾探测器，表中 A1、A2、B、C、D、E、F、G 为点型感温火灾探测器的不同类别，具体参数应符合表 2-4 的规定。

表 2-9　对不同高度的房间点型火灾探测器的选择

房间高度 h/m	点型感烟火灾探测器	点型感温火灾探测器			火焰探测器
		A1、A2	B	C、D、E、F、G	
$12<h\leqslant 20$	不适合	不适合	不适合	不适合	适合
$8<h\leqslant 12$	适合	不适合	不适合	不适合	适合
$6<h\leqslant 8$	适合	适合	不适合	不适合	适合
$4<h\leqslant 6$	适合	适合	适合	不适合	适合
$h\leqslant 4$	适合	适合	适合	适合	适合

② 下列场所宜选择点型感烟火灾探测器：

饭店、旅馆、教学楼、办公楼的厅堂、卧室、办公室、商场等；计算机房、通信机房、电影或电视放映室等；楼梯、走道、电梯机房、车库等；书库、档案库等。

③ 符合下列条件之一的场所，不宜选择点型离子感烟火灾探测器：

相对湿度经常大于 95%；气流速度大于 5m/s；有大量粉尘、水雾滞留；可能产生腐蚀性气体；在正常情况下有烟滞留；产生醇类、醚类、酮类等有机物质。

④ 符合下列条件之一的场所，不宜选择点型光电感烟火灾探测器：

有大量粉尘、水雾滞留；可能产生蒸气和油雾；高海拔地区；在正常情况下有烟滞留等。

⑤ 符合下列条件之一的场所，宜选择点型感温火灾探测器，且应根据使用场所的典型应

用温度和最高应用温度选择适当类别的感温火灾探测器：

相对湿度经常大于 95%；可能发生无烟火灾；有大量粉尘；吸烟室等在正常情况下有烟或蒸气滞留的场所；厨房、锅炉房、发电机房、烘干车间等不宜安装感烟火灾探测器的场所；需要联动熄灭“安全出口”标志灯的安全出口内侧；其他无人滞留且不适合安装感烟火灾探测器，但发生火灾时需要及时报警的场所。

⑥ 可能产生阴燃或发生火灾不及时报警将造成重大损失的场所，不宜选择点型感温火灾探测器；温度在 0℃以下的场所，不宜选择定温探测器；温度变化较大的场所，不宜选择具有差温特性的探测器。

⑦ 符合下列条件之一的场所，宜选择点型火焰探测器或图像火焰探测器：

火灾时有强烈的火焰辐射；可能发生液体燃烧等无阴燃阶段的火灾；需要对火焰做出快速反应。

⑧ 符合下列条件之一的场所，不宜选择点型火焰探测器和图像火焰探测器：

在火焰出现前有浓烟扩散；探测器的镜头易被污染；探测器的“视线”易被油雾、烟雾、水雾和冰雪遮挡；探测区域内的可燃物是金属和无机物；探测器易受阳光、白炽灯等光源直接或间接照射。

⑨ 探测区域内正常情况下有高温物体的场所，不宜选择单波段红外火焰探测器。

⑩ 正常情况下有明火作业，探测器易受 X 射线、弧光和闪电等影响的场所，不宜选择紫外火焰探测器。

⑪ 下列场所宜选择可燃气体探测器：

使用可燃气体的场所；燃气站和燃气表房以及存储液化石油气罐的场所；其他散发可燃气体和可燃蒸气的场所。

⑫ 在火灾初期产生一氧化碳的下列场所可选择点型一氧化碳火灾探测器：

烟不容易对流或顶棚下方有热屏障的场所；在棚顶上无法安装其他点型火灾探测器的场所；需要多信号复合报警的场所。

⑬ 污物较多且必须安装感烟火灾探测器的场所，应选择间断吸气的点型采样吸气式感烟火灾探测器或具有过滤网和管路自清洗功能的管路采样吸气式感烟火灾探测器。

3. 线型火灾探测器的选择

① 无遮挡的大空间或有特殊要求的房间，宜选择线型光束感烟火灾探测器。

② 符合下列条件之一的场所，不宜选择线型光束感烟火灾探测器：

有大量粉尘、水雾滞留；可能产生蒸气和油雾；在正常情况下有烟滞留；固定探测器的建筑结构由于振动等原因会产生较大位移的场所。

③ 下列场所或部位，宜选择缆式线型感温火灾探测器：

电缆隧道、电缆竖井、电缆夹层、电缆桥架；不宜安装点型探测器的夹层、闷顶；各种带式输送装置；其他环境恶劣不适合点型探测器安装的场所。

④ 线型定温火灾探测器的选择，应保证其不动作温度符合设置场所的最高环境温度的要求。

4. 吸气式感烟火灾探测器的选择

① 下列场所宜选择吸气式感烟火灾探测器:

具有高速气流的场所；点型感烟、感温火灾探测器不适宜的大空间、舞台上方、建筑高度超过 12 m 或有特殊要求的场所；低温场所；需要进行隐蔽探测的场所；需要进行火灾早期探测的重要场所；人员不宜进入的场所。

② 灰尘比较大的场所，不应选择没有过滤网和管路自清洗功能的管路采样式吸气感烟火灾探测器。

5. 智能建筑中火灾探测器的选择

火灾探测器的选择依据《火灾自动报警系统设计规范》，感烟探测器具有稳定性好、误报率低、寿命长、结构紧凑、保护面积大等优点，在绝大多数场所使用的火灾探测器都是普通的点型感烟火灾探测器。其他类型的探测器，主要在某些特殊场合作为补充使用。为选用方便，结合火灾探测器的具体设置部位，这里对智能建筑中火灾探测器的使用场所进行了归纳，如表 2-10 所示。

表 2-10　火灾探测器的适用场所或类型

序号	设置场所	火灾探测器的类型										
		感烟				感温				火焰		可燃气体探测器
		离子	光电	红外光束	吸气式	定温	差温	差定温	缆式	红外	紫外	
1	饭店、旅馆、教学楼、办公楼的厅堂、卧室、办公室、商场等	○	○									
2	计算机房、通信机房、电影或电视放映室等	○	○		○							
3	楼梯、走道、电梯机房等	○	○									
4	书库、档案库等	○	○	○						○	○	
5	科研楼的贵重设备室、可燃物较多的和火灾危险性较大的实验室	○	○		○	×	×	×				
6	教学楼的电化教室、理化演示和实验室、贵重设备和仪器室	○	○		○	×	×	×				
7	公寓（宿舍、住宅）的厨房	×	×	×	×	○		○			×	
8	吸烟室等在正常情况下有烟或蒸气滞留的场所			×			○	○				
9	厨房、锅炉房、发电机房、烘干车间等	×	×	×	×	○		○				
10	需要联动熄灭“安全出口”标志灯的安全出口内侧					○	○	○				
11	净高超过 2.6m 且可燃物较多的技术夹层								○			
12	敷设具有可延燃绝缘层和外护层电缆的电缆竖井、电缆夹层、电缆隧道、电缆配线桥架								○			
13	贵重设备间和火灾危险性较大的房间	○	○		○	×	×	×				
14	高层汽车库、Ⅰ类汽车库、Ⅰ和Ⅱ类地下汽车库、机械立体汽车库、复式汽车库、采用升降梯作汽车疏散出口的汽车库（敞开车库可不设）	○	○									
15	净高超过 0.8m 的具有可燃物的闷顶								○			
16	以可燃气为燃料的商业和企、事业单位的公共厨房	×	×	×	×	○		○			×	○
17	以可燃气为燃料的商业和企、事业单位的燃气表房											○
18	无遮挡的大空间或有特殊要求的房间			○								
19	点型感烟、感温火灾探测器不适宜的大空间、舞台上方、建筑高度超过 12m 或有特殊要求的场所	×	×	×	○	×	×	×				
20	其他环境恶劣不适合点型探测器安装的场所	×	×		×	×	×	×	○			

在表 2-10 中，应注意以下几点：

①“○”表示适宜的火灾探测器，应优先选用；“×”表示不宜的火灾探测器，不应选用；空白表示须谨慎使用；

② 在散发可燃气体的场所，宜选用可燃性气体探测器，实现早期报警；

③ 在可靠性要求高，需要有自动联动装置或安装自动灭火系统时，采用感烟、感温、火焰探测器（同类型或不同类型）的组合，这些场合通常都是重要性很高，火灾危险性很大的场所；

④ 在实际使用时，如果在所列项目中找不到相应探测器，可以参照类似场所，如果没有把握或很难判定所选择的探测器是否合适，最好做燃烧模拟试验最终确定；

⑤ 一般情况下，早期火灾探测都是指感烟火灾探测器对火灾的探测；

⑥ 点型感温火灾探测器经常用于确认火灾并联动自动灭火系统；

⑦ 下列场所可不设火灾探测器——厕所、浴室等；不能有效探测火灾者；不便维修、使用（重点部位除外）的场所。

2.3.4 火灾探测器的设置

选好合适的火灾探测器后还要按照国家规范进行合理的布置，才能充分保证探测的质量。

1. 火灾探测器数量的确定

在实际工程应用中，房间功能及探测区域大小不一，房间高度和棚顶坡度也不同，此时应按规范确定探测器的数量。

（1）确定点型感烟、感温火灾探测器的保护面积和半径

火灾探测器的保护面积是指一只火灾探测器能有效探测的面积，用“A”表示；火灾探测器的保护半径是指一只火灾探测器能有效探测的单向最大水平距离，用“R”表示。

对探测器而言，其保护面积和保护半径的大小除了与探测器的类型有关外，还要受探测区域内的房间高度、屋顶坡度的影响。

点型感烟火灾探测器和 A1、A2、B 型感温火灾探测器的保护面积和保护半径，应按表 2-11 确定。C、D、E、F、G 型感温火灾探测器的保护面积和保护半径，应根据生产企业设计说明书确定，但不应超过表 2-11 的规定。

表 2-11　点型火灾探测器的保护面积和保护半径

火灾探测器的种类	地面面积 S/m²	房间高度 h/m	一只探测器的保护面积 A 和保护半径 R					
			屋顶坡度 θ					
			$\theta\leqslant15°$		$15°<\theta\leqslant30°$		$\theta>30°$	
			A/m²	R/m	A/m²	R/m	A/m²	R/m
感烟火灾探测器	$S\leqslant80$	$h\leqslant12$	80	6.7	80	7.2	80	8.0
	$S>80$	$6<h\leqslant12$	80	6.7	100	8.0	120	9.9
		$h\leqslant6$	60	5.8	80	7.2	100	9.0
感温火灾探测器	$S\leqslant30$	$h\leqslant8$	30	4.4	30	4.9	30	5.5
	$S>30$	$h\leqslant8$	20	3.6	30	4.9	40	6.3

（2）确定点型感烟、感温火灾探测器的设置数量

① 探测区域的每个房间应至少设置一只火灾探测器，这里的“每个房间”是指一个探测区域中可相对独立的房间，即使该房间的面积比一只探测器的保护面积小得多，也应设置一只火灾探测器保护。

② 一个探测区域内所需设置的探测器数量，不应小于式（2-1）的计算值，即

$$N=\frac{S}{K\cdot A} \tag{2-1}$$

式中：N —— 该探测区域内所需要设置探测器的数量（只），N 应取整数；

S —— 该探测区域内的地面面积（m^2）；

A —— 每个火灾探测器的保护面积（m^2）；

K —— 修正系数，根据人员数量确定，人员数量越多，疏散要求越高，就越需要尽早报警，以便尽早疏散。容纳人数超过 10 000 人的公共场所宜取 0.7～0.8；容纳人数为 2 000～10 000 人的公共场所宜取 0.8～0.9；容纳人数为 500～2000 人的公共场所宜取 0.9～1；其他场所可取 1。

2. 火灾探测器的布置

在探测区域内，探测器的分布是否合理，直接关系到探测效果的好坏。布置时首先必须保证在探测器的有效范围内，对探测区域要均匀覆盖。同时要求探测器距墙壁或梁的距离不小于 0.5 m；点型探测器周围 0.5 m 内不应有遮挡物；其安装面的高度不宜超过 20 m。

在布置火灾探测器时，须考虑安装间距如何确定，同时要考虑梁的影响及特殊场所探测器的安装要求。

（1）火灾探测器的安装间距

火灾探测器的安装间距是指两只相邻火灾探测器中心之间的水平距离。探测器在房间中的布置，如果是多个探测器，那么两相邻探测器的水平距离和垂直距离称为安装间距，分别用 a 和 b 表示。这里主要介绍两种火灾探测器安装间距的确定方法。

① 计算法。

感烟探测器、感温探测器的安装间距，应根据探测器的保护面积 A 和保护半径 R 确定，并不应超过图 2-34 探测器安装间距的极限曲线 D_1～D_{11}（含 D_9'）所规定的范围。

计算方法如下：

根据从表 2-11 中查得的保护面积 A 和保护半径 R，计算保护直径 $D=2R$ 值；根据所算 D 值大小对应保护面积 A 在图 2-34 曲线粗实线上（由 D 值所包围部分）取一点，此点所对应的数即为安装间距 a、b 值，注意实际应不大于查得的 a、b 值；具体布置后，再检验探测器到最远点水平距离是否超过了探测器的保护半径，若超过应重新布置或增加探测器的数量。

极限曲线 D_1～D_4 和 D_6 适宜于保护面积 A 等于 20 m^2、30 m^2 和 40 m^2 及保护半径 R 等于 3.6 m、4.4 m、4.9 m、5.5 m、6.3 m 的感温火灾探测器；极限曲线 D_5 和 D_7～D_{11}（含 D_9'）适宜于保护面积 A 等于 60 m^2、80 m^2、100 m^2 和 120 m^2 及保护半径 R 等于 5.8 m、6.7 m、7.2 m、8 m、9 m 和 9.9 m 的感烟火灾探测器。

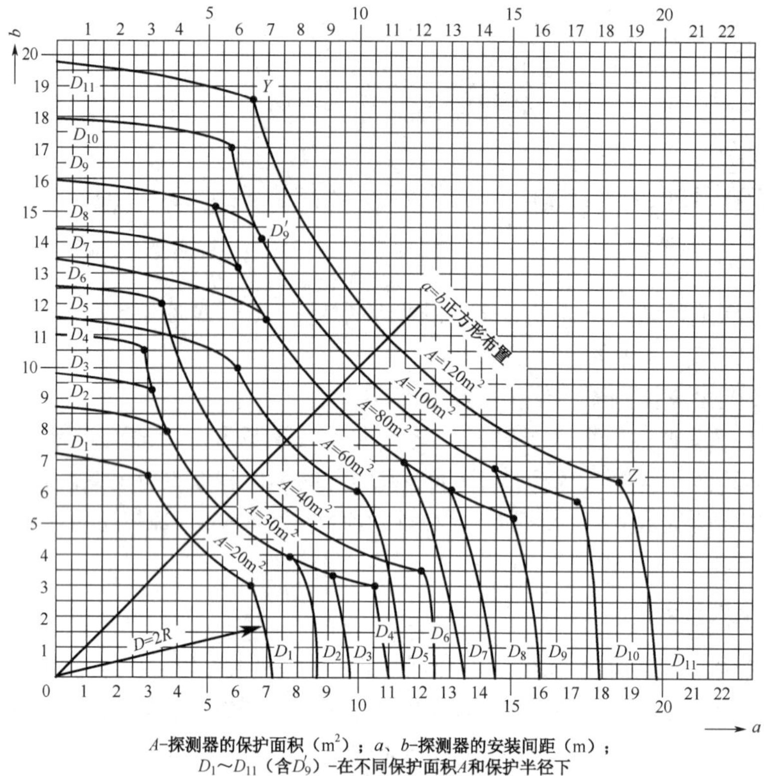

图 2-34　探测器安装间距的极限曲线

【实例 2-3】

一个地面面积为 30 m×40 m 的办公室，其屋顶坡度为 15°，房间高度为 8 m，使用点型感烟火灾探测器保护。试问，应设多少只感烟火灾探测器？应如何布置这些探测器？

解：

确定感烟火灾探测器的保护面积 A 和保护半径 R：查表 2-11，得感烟火灾探测器保护面积为 $A = 80\ \text{m}^2$，保护半径 $R = 6.7$ m。

计算所需探测器设置数量：选取 $K=1.0$，按式（2-1）有 $N=S/(K\times A)=1\,200/(1.0\times 80)=15$（只）。

确定探测器的安装间距 a、b：由保护半径 R，确定保护直径 $D=2R=2\times 6.7=13.4$（m），由图 2-34 可确定 $D_i=D_7$，应利用 D_7 极限曲线确定 a 和 b 值。

根据现场实际，选取 a=8 m（极限曲线两端点间值），得 b=10 m，其布置方式如图 2-35 所示。

校核：按安装间距 a=8 m、b=10 m 布置后，探测器到最远点水平距离 R'是否符合保护半径要求，按式（2-2）计算

$$R'=\sqrt{\left(\frac{a}{2}\right)^2+\left(\frac{b}{2}\right)^2} \tag{2-2}$$

即 $R'=6.4\ \text{m}<R=6.7$ m，在保护半径之内。

布置合理。

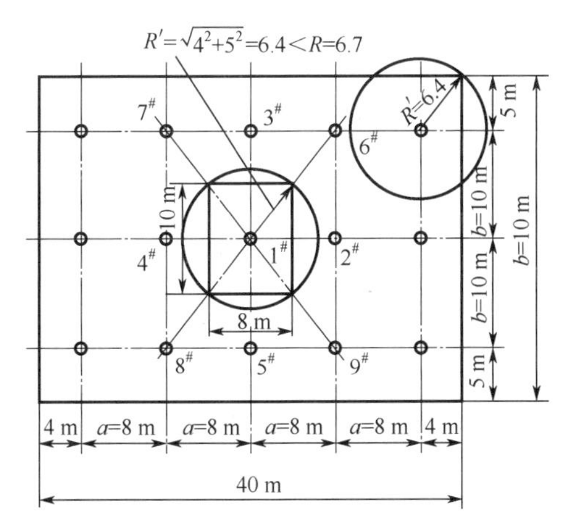

图 2-35　探测器布置示例

② 经验法。

点型探测器在布置时一般会选择均匀布置，根据工程实际经验，可使用式（2-3）计算安装间距。

$$\begin{array}{c}\text{水平间距 } a=\text{该房间（探测区域）的长度/横向探测器的个数} \\ \text{垂直间距 } b=\text{该房间（探测区域）的宽度/纵向探测器的个数}\end{array} \tag{2-3}$$

实例 2-3 按经验法布置的结果为：

水平间距 a=40/5=8 m 及垂直间距 b=30/3=10 m。

另外，根据实际工作经验，这里给出由保护面积和保护半径决定最佳安装间距的选择表，供设计使用，如表 2-12 所示。

表 2-12　由保护面积和保护半径决定最佳安装间距的选择表

探测器种类	保护面积 A（m^2）	保护半径 R 的极限值（m）	参照的极限曲线	最佳安装间距 a、b 及其保护半径 R 值（m）									
				$a_1 \times b_1$	R_1	$a_2 \times b_2$	R_2	$a_3 \times b_3$	R_3	$a_4 \times b_4$	R_4	$a_5 \times b_5$	R_5
感温探测器	20	3.6	D_1	4.5×4.5	3.2	5.0×4.0	3.2	5.5×3.6	3.3	6.0×3.3	3.4	6.5×3.1	3.6
	30	4.4	D_2	5.5×5.5	3.9	6.1×4.9	3.9	6.7×4.8	4.1	7.3×4.1	4.2	7.9×3.8	4.4
	30	4.9	D_3	5.5×5.5	3.9	6.5×4.6	4.0	7.4×4.1	4.2	8.4×3.6	4.6	9.2×3.2	4.9
	30	5.5	D_4	5.5×5.5	3.9	6.8×4.4	4.0	8.1×3.7	4.5	9.4×3.2	5.0	10.6×2.8	5.5
	40	6.3	D_6	6.5×6.5	4.6	8.0×5.0	4.7	9.4×4.3	5.2	10.9×3.7	5.8	12.2×3.3	6.3
感烟探测器	60	5.8	D_5	7.7×7.7	5.4	8.3×7.2	5.5	8.8×6.8	5.6	9.4×6.4	5.7	9.9×6.1	5.8
	80	6.7	D_7	9.0×9.0	6.4	9.6×8.3	6.3	10.2×7.8	6.4	10.8×7.4	6.5	11.4×7.0	6.7
	80	7.2	D_8	9.0×9.0	6.4	10.0×8.0	6.4	11.0×7.3	6.6	12.0×6.7	6.9	13.0×6.1	7.2
	80	8.0	D_9	9.0×9.0	6.4	10.6×7.5	6.5	12.1×6.6	6.9	13.7×5.8	7.4	15.4×5.3	8.0
	100	8.0	D_9	10.0×10.0	7.1	11.1×9.0	7.1	12.2×8.2	7.3	13.3×7.5	7.6	14.4×6.9	8.0
	100	9.0	D_{10}	10.0×10.0	7.1	11.8×8.5	7.3	13.5×7.4	7.7	15.3×6.5	8.3	17.0×5.9	9.0
	120	9.9	D_{11}	11.0×11.0	7.8	13.0×9.2	8.0	14.9×8.1	8.5	16.9×7.1	9.2	18.7×6.4	9.9

【实例 2-4】

某阶梯教室，房间高度为 4.5 m，长 35 m，宽 20 m，房顶坡度为 12°，安装感烟火灾探测器，试问，应如何布置探测器？

解：

确定感烟火灾探测器的保护面积 A 和保护半径 R：查表 2-11，得感烟火灾探测器保护面积为 A=60 m^2，保护半径 R=5.8 m。

计算所需探测器设置数量：选取 K=1.0，按式（2-1）有 $N=S/(K\times A)=(35\times 20)/(1.0\times 60)=12$（只）。

采用经验法布置，确定探测器的安装间距 a、b：

水平间距 a=35 m/4=8.75 m

垂直间距 b=20 m/3=6.67 m

其布置方式如图 2-36 所示。

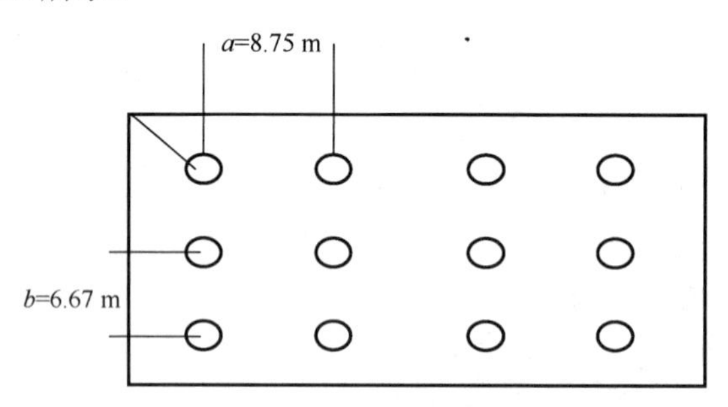

图 2-36　阶梯教室探测器布置示意

校核：按安装间距 a=8.75 m、b=6.67 m 布置后，探测器到最远点水平距离 R'是否符合保护半径要求，按公式（2-2）计算

$$R'=\sqrt{\left(\frac{a}{2}\right)^2+\left(\frac{b}{2}\right)^2}$$

即 R'=5.5 m<R=5.8 m，在保护半径之内。

布置合理。

（2）梁对火灾探测器设置的影响

在有梁的顶棚上设置点型感烟火灾探测器、感温火灾探测器时，应符合下列规定：

① 当梁间净距小于 1 m 时，可不计梁对探测器保护面积的影响。

② 当梁凸出顶棚的高度小于 200 mm 时，可不计梁对探测器保护面积的影响。

③ 当梁凸出顶棚的高度为 200～600 mm 时，应按图 2-37 确定不同高度的梁对探测器设置的影响。

由图 2-37 可知，C～G 类感温火灾探测器房间高度极限值为 4 m、梁高限度为 200 mm；B 类感温火灾探测器房间高度极限值为 6 m、梁高限度为 225 mm；A1、A2 类感温火灾探测器房间高度极限值为 8 m、梁高限度为 275 mm；感烟火灾探测器房间高度极限值为 12 m、梁高限度为 375 m；在线性曲线左边部分均无须考虑梁的影响。

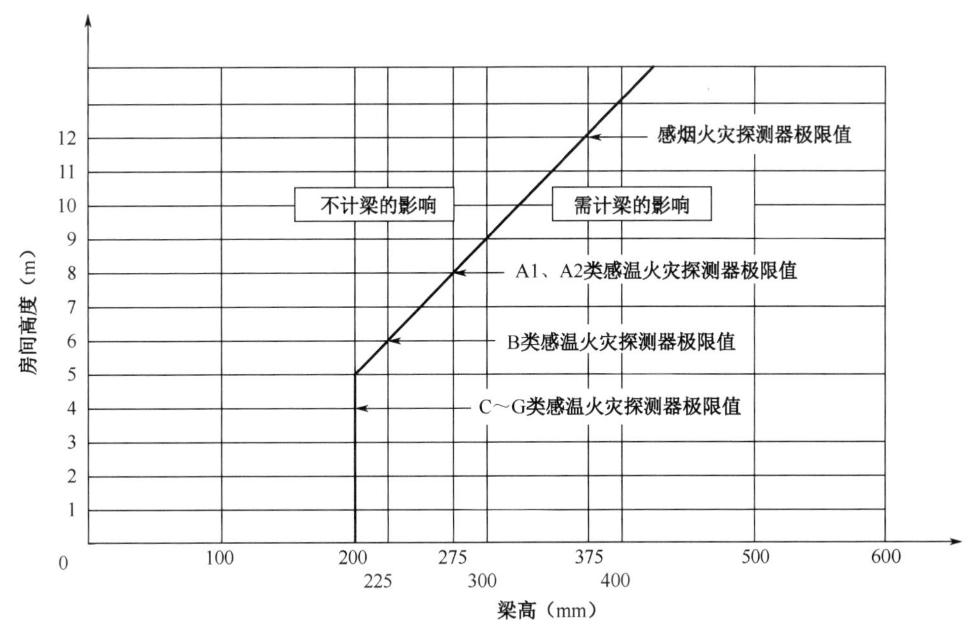

图 2-37　不同高度的房间梁对探测器设置的影响

④ 当梁凸出顶棚的高度为 200～600 mm，且梁的影响不可忽视时，应按表 2-13 确定一只探测器保护的梁间区域的个数。

⑤ 当梁凸出顶棚的高度超过 600 mm 时，被梁隔断的每个梁间区域应至少设置一只探测器。

⑥ 当被梁隔断的区域面积超过一只探测器的保护面积时，被隔断的区域应按式（2-1）$N=\dfrac{S}{K\cdot A}$（不应小于 N 值）计算探测器的设置数量。

表 2-13　按梁间区域面积确定一只探测器保护的梁间区域的个数

探测器的保护面积 A(m^2)		梁隔断的梁间区域面积 Q(m^2)	一只探测器保护的梁间区域的个数（个）
感温探测器	20	$Q>12$	1
		$8<Q\leqslant 12$	2
		$6<Q\leqslant 8$	3
		$4<Q\leqslant 6$	4
		$Q\leqslant 4$	5
	30	$Q>18$	1
		$12<Q\leqslant 18$	2
		$9<Q\leqslant 12$	3
		$6<Q\leqslant 9$	4
		$Q\leqslant 6$	5
感烟探测器	60	$Q>36$	1
		$24<Q\leqslant 36$	2
		$18<Q\leqslant 24$	3
		$12<Q\leqslant 18$	4
		$Q\leqslant 12$	5

续表

探测器的保护面积 A(m²)		梁隔断的梁间区域面积 Q(m²)	一只探测器保护的梁间区域的个数（个）
感烟探测器	80	Q>48	1
		32<Q≤48	2
		24<Q≤32	3
		16<Q≤24	4
		Q≤16	5

（3）特殊场合的安装要求

火灾探测器在一些特殊场合（如顶棚为斜顶、楼梯间、电梯间等）的安装及与其他设备在安装距离上都有一定的规范。

点型感烟、感温火灾探测器的安装距离要求可参考如下：

① 探测器宜水平安装。当倾斜安装时，倾斜角不应大于 45°。当屋顶坡度大于 45° 时，应加木台或类似方法安装探测器，如图 2-38 所示。

② 点型探测器至墙壁、梁边的水平距离，不应小于 0.5 m，如图 2-39 所示。

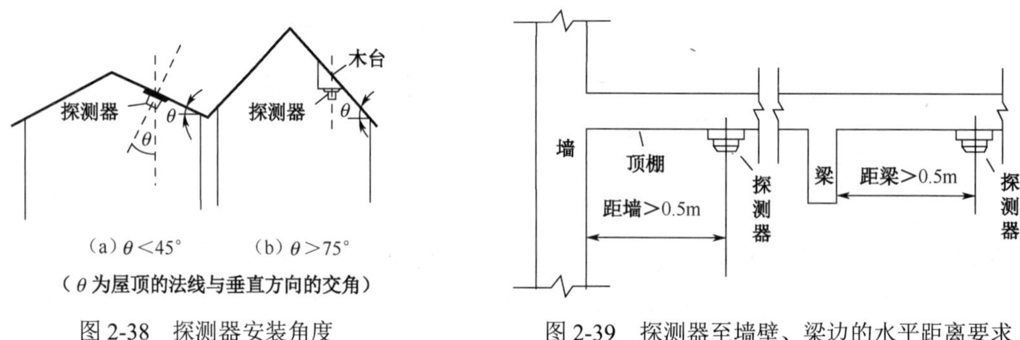

（a）θ<45°　（b）θ>75°

（θ为屋顶的法线与垂直方向的交角）

图 2-38　探测器安装角度

图 2-39　探测器至墙壁、梁边的水平距离要求

③ 在宽度小于 3 m 的内走道顶棚上设置点型探测器时，宜居中布置。感温火灾探测器的安装间距不应超过 10 m；感烟火灾探测器的安装间距不应超过 15 m；探测器至端墙的距离，不应大于探测器安装间距的 1/2。在内走道的交叉和汇合区域，必须安装 1 只探测器，如图 2-40 所示。

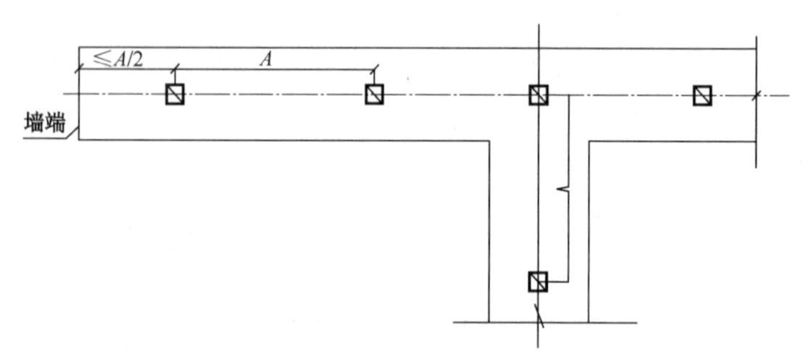

图 2-40　探测器布置在内走道的顶棚上

④ 点型探测器至空调送风口边的水平距离不应小于 1.5 m，并宜接近回风口安装。探测器至多孔送风顶棚孔口的水平距离不应小于 0.5 m，如图 2-41 所示。

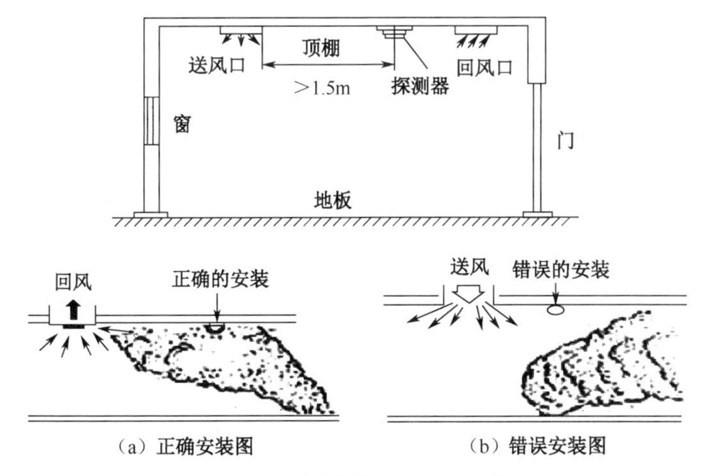

（a）正确安装图　　（b）错误安装图

图 2-41　探测器距风口的安装

⑤ 当屋顶有热屏障时，点型感烟火灾探测器下表面至顶棚或屋顶的距离，应符合表 2-14 的规定。

表 2-14　点型感烟火灾探测器下表面至顶棚或屋顶的距离

探测器的安装高度 h/m	点型感烟火灾探测器下表面至顶棚或屋顶的距离 d/mm					
	顶棚或屋顶坡度 θ					
	$\theta \leqslant 15°$		$15° < \theta \leqslant 30°$		$\theta > 30°$	
	最小	最大	最小	最大	最小	最大
$h \leqslant 6$	30	200	200	300	300	500
$6 < h \leqslant 8$	70	250	250	400	400	600
$8 < h \leqslant 10$	100	300	300	500	500	700
$10 < h \leqslant 12$	150	350	350	600	600	800

⑥ 锯齿形屋顶和坡度大于 15° 的人字形屋顶，应在每个屋脊处设置一排点型探测器。探测器下表面至屋顶最高处的距离，应满足表 2-14 的规定。

⑦ 房间被书架、设备或隔断等分隔，其顶部至顶棚或梁的距离小于房间净高的 5%时，每个被隔开的部分应至少安装一只点型探测器，如图 2-42 所示。

【实例 2-5】

现有书库地面面积为 40 m^2，房间高度为 3 m，内有两书架安在书库内，书架高度为 2.9 m，请问应选用几只感烟探测器？

解：

房间高度 h 减去架高度等于 0.1 m，即 h_1=0.1 m，为净高 h 的 3.3%，可见书架顶部至顶棚的距离小于房间净高 5%，即 $h_1 \leqslant 5\% h$，所以每个被隔开的部分均应安一只探测器，即应选用 3 只探测器。

⑧ 在电梯井、升降机井设置探测器时，其位置宜在井道上方的机房顶棚上，如图 2-43 所示。通常在电梯井、升降机井的提升井绳索的井道盖上有一定的开口，烟会顺着井绳冲到机房内部，为尽早探测到火灾，规定用感烟探测器保护，且在顶棚上安装。这种设置既有利于井道中火灾的探测，又便于日常检验维修。

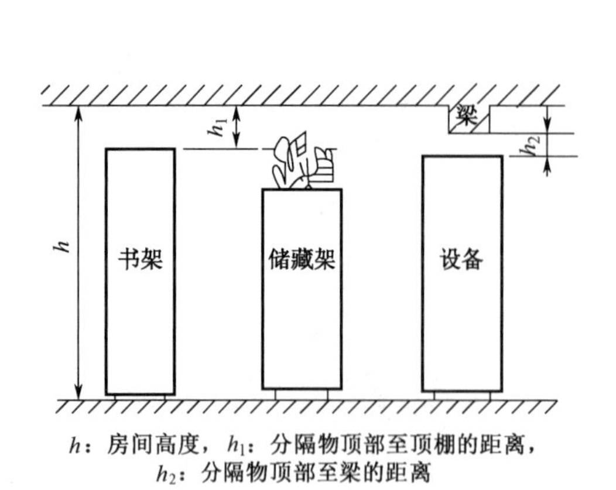

图 2-42　房间被书架、设备或隔断等分隔时探测器的设置

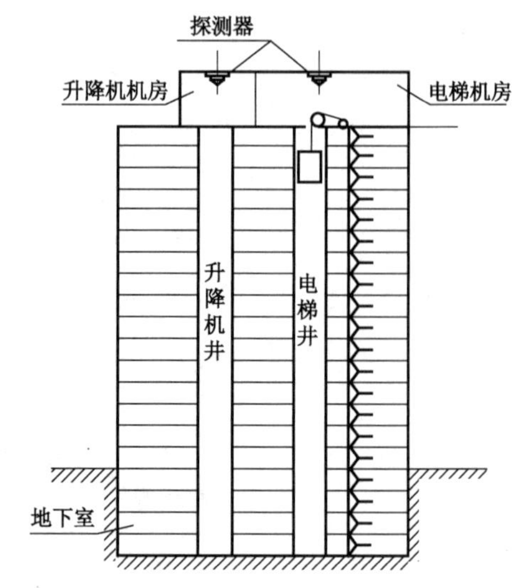

图 2-43　探测器在井道上方机房顶棚的设置

火焰探测器和图像型火灾探测器的设置，应符合下列规定：

① 应计算探测器的探测视角及最大探测距离，可通过选择探测距离长、火灾报警响应时间短的火焰探测器，提高保护面积要求和报警时间要求；

② 探测器的探测视角内不应存在遮挡物；

③ 应避免光源直接照射在探测器的探测窗口；

④ 单波段的火焰探测器不应设置在平时有阳光、白炽灯等光源直接或间接照射的场所.

线型光束感烟火灾探测器的设置应符合下列规定：

① 探测器的光束轴线至顶棚的垂直距离宜为 0.3～1 m，距地高度不宜超过 20 m；

② 相邻两组探测器的水平距离不应大于 14 m，探测器至侧墙水平距离不应大于 7 m，且不应小于 0.5 m，探测器的发射器和接收器之间的距离不宜超过 100 m；

③ 探测器应设置在固定结构上；

④ 探测器的设置应保证其接收端避开日光和人工光源直接照射；

⑤ 选择反射式探测器时，应保证在反射板与探测器间任何部位进行模拟试验时，探测器均能正确响应。

线型感温火灾探测器的设置应符合下列规定：

① 探测器在保护电缆、堆垛等类似保护对象上设置时，应采用接触式布置；在各种皮带输送装置上设置时，宜设置在装置的过热点附近。

② 设置在顶棚下方的线型感温火灾探测器，至顶棚的距离宜为 0.1 m。探测器的保护半径应符合点型感温火灾探测器的保护半径要求；探测器至墙壁的距离宜为 1～1.5 m。

③ 光栅光纤感温火灾探测器每个光栅的保护面积和保护半径，应符合线型感温火灾探测器的保护面积和保护半径要求；

④ 设置线型感温火灾探测器的场所有联动要求时，宜采用两只不同火灾探测器的报警信号组合。

⑤ 与线型感温火灾探测器连接的模块不宜设置在长期潮湿或温度变化较大的场所。

管路采样式吸气感烟火灾探测器的设置应符合下列规定：

① 非高灵敏型探测器的采样管网安装高度不超过 16 m；高灵敏型探测器的采样管网安

装高度可超过 16 m；采样管网安装高度超过 16 m 时，灵敏度可调的探测器应设置为高灵敏度，且应减少采样管长度和采样孔数量。

② 探测器的每个采样孔的保护面积、保护半径等应符合点型感烟火灾探测器的保护面积、保护半径的要求。

③ 一个探测单元的采样管总长不宜超过 200 m，单管长度不宜超过 100 m，同一根采样管不应穿越防火分区。采样孔总数不宜超过 100 个，单管上的采样孔数量不宜超过 25 个。

④ 当采样管道采用毛细管布置方式时，毛细管长度不宜超过 4 m。

⑤ 吸气管路和采样孔应有明显的火灾探测器标识。

⑥ 有过梁、空间支架的建筑中，采样管路应固定在过梁、空间支架上。

⑦ 当采样管道布置形式为垂直采样时，每 2℃温差间隔或 3 m 间隔（取最小者）应设置一个采样孔，采样孔不应背对气流方向。

⑧ 采样管网应按经过确认的设计软件或方法进行设计。

⑨ 探测器的火灾报警信号、故障信号等信息应传给火灾报警控制器，涉及消防联动控制时，探测器的火灾报警信号还应传给消防联动控制器。

感烟火灾探测器在格栅吊顶场所的设置，应符合下列规定：

① 镂空面积与总面积的比例不大于 15%时，探测器应设置在吊顶下方；

② 镂空面积与总面积的比例大于 30%时，探测器应设置在吊顶上方；

③ 镂空面积与总面积的比例为 15%～30%时，探测器的设置部位应根据实际试验结果确定；

④ 探测器设置在吊顶上方且火警确认灯无法观察时，应在吊顶下方设置火警确认灯；

⑤ 地铁站台等有活塞风影响的场所，镂空面积与总面积的比例为 30%～70%时，探测器宜同时设置在吊顶上方和下方。

一氧化碳火灾探测器可设置在气体能够扩散到的任何部位。

涉及的其他火灾探测器应按企业提供的设计手册或使用说明书进行设置，必要时可通过模拟保护对象火灾场景等方式对探测器的设置情况进行验证。

2.3.5　探测报警附件的设置

1. 手动火灾报警按钮的设置

（1）手动火灾报警按钮的安装间距

每个防火分区应至少设置一只手动火灾报警按钮。从一个防火分区内的任何位置到最邻近的手动火灾报警按钮的步行距离不应大于 30 m。

（2）手动火灾报警按钮的设置部位

① 手动火灾报警按钮宜设置在疏散通道或出入口处。

② 手动火灾报警按钮应设置在明显和便于操作的部位。当安装在墙上时，其底边距地高度宜为 1.3～1.5 m，且应有明显的标志。

2. 区域显示器（火灾显示盘）的设置

每个报警区域宜设置一台区域显示器（火灾显示盘）；宾馆、饭店等场所应在每个报警区域设置一台区域显示器。当一个报警区域包括多个楼层时，宜在每个楼层设置一台仅显示本楼层的区域显示器。

区域显示器应设置在出入口等明显和便于操作的部位。当安装在墙上时，其底边距地面高度宜为1.3～1.5 m。

3. 火灾警报器的设置

火灾警报器应设置在每个楼层的楼梯口、消防电梯前室、建筑内部拐角等处的明显部位，且不宜与安全出口指示标志灯设置在同一面墙上。

每个报警区域内应均匀设置火灾警报器，其声压级不应小于 60 dB；在环境噪声大于60 dB 的场所，其声压级应高于背景噪声 15 dB。

当火灾警报器采用壁挂方式安装时，其底边距地面高度应大于 2.2 m。

4. 消防应急广播的设置

消防应急广播扬声器的设置，应符合下列规定：

① 民用建筑内扬声器应设置在走道和大厅等公共场所。每个扬声器的额定功率不应小于3 W，其数量应能保证从一个防火分区内的任何部位到最近一个扬声器的直线距离不大于25 m，走道末端距最近的扬声器距离不应大于 12.5 m。

② 在环境噪声大于 60 dB 的场所设置的扬声器，在其播放范围内最远点的播放声压级应高于背景噪声 15 dB。

③ 客房设置专用扬声器时，其功率不宜小于 1 W。

壁挂扬声器的底边距地面高度应大于 2.2 m。

5. 消防专用电话的设置

消防专用电话网络应为独立的消防通信系统，消防控制室应设置消防专用电话总机，多线制消防专用电话系统中的每个电话分机应与总机单独连接；消防控制室、消防值班室或企业消防站等处，应设置可直接报警的外线电话。

电话分机或电话插孔的设置，应符合下列规定：

① 消防水泵房、发电机房、配变电室、计算机网络机房、主要通风和空调机房、防排烟机房、灭火控制系统操作装置处或控制室、企业消防站、消防值班室、总调度室、消防电梯机房及其他与消防联动控制有关且经常有人值班的机房均应设置消防专用电话分机。消防专用电话分机应固定安装在明显且便于使用的部位，并应有区别于普通电话的标识。

② 设有手动火灾报警按钮或消火栓按钮等处，宜设置电话插孔，并宜选择带有电话插孔的手动火灾报警按钮。

③ 各避难层应每隔 20 m 设置一个消防专用电话分机或电话插孔。

④ 电话插孔在墙上安装时，其底边距地面高度宜为 1.3～1.5 m。

6. 消防模块的设置

每个报警区域内的模块宜相对集中设置在本报警区域内的金属模块箱中；模块严禁设置在配电（控制）柜（箱）内；本报警区域内的模块不应控制其他报警区域的设备；未集中设置的模块附近应有尺寸不小于 100 mm×100 mm 的标识。

7. 消防控制室图形显示装置的设置

消防控制室图形显示装置应设置在消防控制室内，并应符合火灾报警控制器的安装设置要求。

消防控制室图形显示装置与火灾报警控制器、消防联动控制器、电气火灾监控器、可燃气体报警控制器等消防设备之间，应采用专用线路连接。

2.4 火灾自动报警系统的实施

教师任务：通过视频、图纸、讲解等方式，引导学生熟悉火灾探测器及报警装置的安装、火灾自动报警系统的布线设计要求。

学生任务：分组探讨，参与讲解，阅读火灾自动报警系统设备的安装手册或搜索相关信息，获取设备的安装调试方法，完成火灾探测器及报警装置的安装、导线的选择及布线，完成任务单，如表 2-15 所示。

表 2-15　任务单

序号	项　　目	内　　容
1	选用安装工具、设备与材料	
2	火灾探测器的安装调试方法	
3	火灾报警控制器的安装和接地要求	
4	火灾自动报警系统配置导线要求	
5	火灾自动报警系统室内布线要求	

2.4.1　火灾自动报警系统的安装

火灾自动报警系统安装的设备主要有火灾探测器、手动报警按钮、声光显示报警器、各类模块（中继器）、区域火灾报警控制器、集中报警控制设备、消防中心控制设备、图像显示与打印操作设备、消防备用电源等。

火灾自动报警系统安装的常用材料有管材、线槽、金属软管、阻燃塑料管、电线、接线盒、管箍、护口、管卡子、焊条、防火涂料、防锈漆、膨胀螺栓、胀塞、锯条、记号笔、绑带等。

系统安装时主要使用的机具有套丝机、套丝板、液压弯管器、手动弯管器、电焊机、气焊工具、手电钻、开孔器、压线钳子、射钉枪、钢锯、手锤、活扳手、电烙铁、水平尺、直尺、角尺、钢卷尺、工具袋、工具箱、万能表、兆欧表、试铃、对讲电话、步话机、试烟器等。

1. 火灾探测器及报警装置的安装

（1）点型火灾探测器的安装

点型探测器安装分为预埋盒安装、底座安装和探测器安装三部分。

预埋盒、配管在工程灌注混凝土楼板时已经预埋，安装时首先配线，然后安装底座，最后安装探测器。点型探测器安装如图 2-44 所示。

点型探测器底座有两个接线端子，并具有防拆卸功能，一经启动无专用工具无法拆卸。

（2）手动报警按钮的安装

如图 2-45 所示为带电话插孔编码型手动报警按钮（消火栓兼用）的外形。这种手动报警按钮的特点是：内置微处理器，手动推进弹簧按钮，内部开关动作，报警信号送到报警控制器；内置复位按钮，手动复位；有一组无源触点输出；二总线无极性；带电话插孔，配合电话手柄；作消火栓报警时，双灯显示，可直接启动消防水泵。

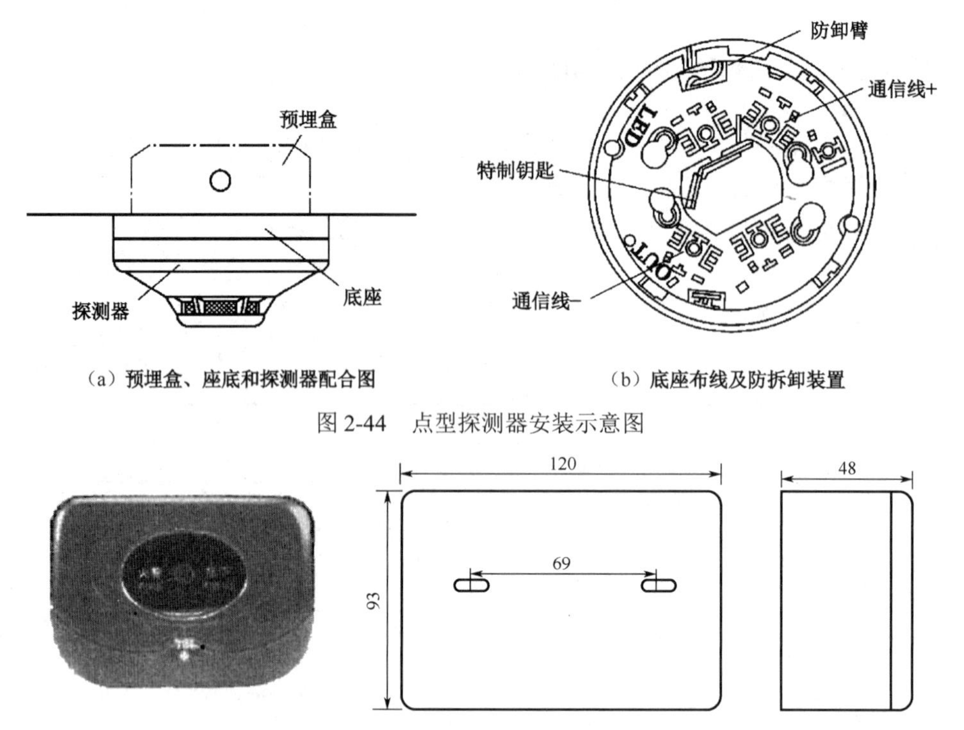

（a）预埋盒、座底和探测器配合图　　（b）底座布线及防拆卸装置

图 2-44　点型探测器安装示意图

图 2-45　带电话插孔编码型手动报警按钮（消火栓兼用）外形（单位：mm）

如图 2-46 所示为用于手动报警按钮的接线示意图。布线施工时，通过预埋盒或用膨胀螺栓将底座固定；探测总线采用 $2\times(1\sim1.5)\ \text{mm}^2$ 导线；安装前用编码器写入对应的地址编码；端子 2 和 4 分别接二总线 L1 和 L2，端子 7、8 接电话线，端子 11、12 正常时形成常开触点，手动报警按钮按下时闭合，可用来控制现场声光报警，需另接电源 24 V；插拔式的结构可在布线工程调试前再将手报部件插入底座，易于施工和维护。

如图 2-47 所示为用于消火栓报警按钮的接线示意图。与手动报警按钮的接线示意图不同的是端子 9、10 分别接 24 V 电源正极和消防水泵的回答灯，点亮启泵回答灯。注意极性不能接反。

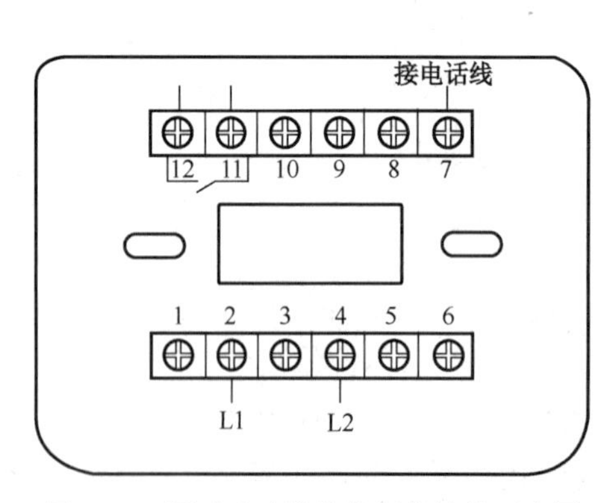

图 2-46　用于手动报警按钮的接线示意图

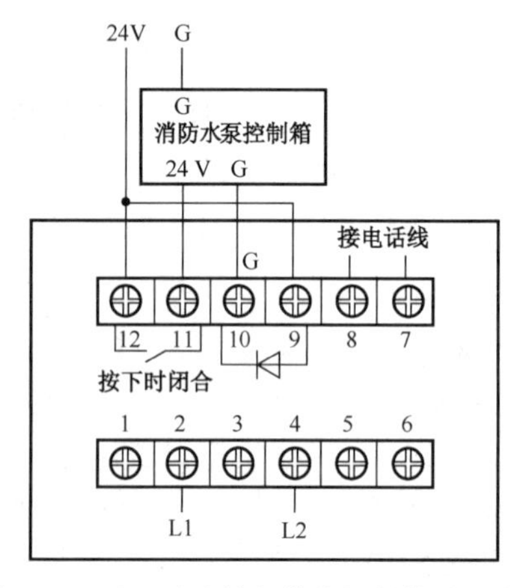

图 2-47　用于消火栓报警按钮的接线示意图

（3）火灾报警控制器的安装

在火灾报警控制器安装前，土建的屋顶、楼板应施工完毕，且无渗漏现象；室内地面、门窗、吊顶等安装已结束；有损设备安装的装饰工作全部结束。

区域报警控制器在墙上安装时，其底边距地面高度不应小于 1.5 m，可用金属膨胀螺栓或埋注螺栓进行安装，固定要牢固、端正，安装在轻质墙上时应采取加固措施。靠近门轴的侧面距离不应小于 0.5 m，正面操作距离不应小于 1.2 m。

集中报警控制室或消防控制中心设备安装应符合下列要求：

① 落地安装时，其底宜高出地面 0.05～0.2 m，一般用槽钢作为基础，如有活动地板时使用的槽钢基础应在水泥地面生根，并固定牢固；槽钢要先调直除锈，并刷防锈漆，安装时用水平尺、小线找好平直度，然后用螺栓固定牢固。

② 控制柜按设计要求进行排列，根据柜的固定孔距在基础槽钢上钻孔，安装时从一端开始逐台安装就位；用螺钉固定、用小线找平、找直后再将各螺栓紧固。

③ 控制设备前操作距离，单列布置时不应小于 1.5 m，双列布置时不应小于 2 m；在值班人员经常工作的一面，控制盘到墙的距离不应小于 3 m，盘后维修距离不应小于 1 m；控制盘排列长度大于 4 m 时，控制盘两端应设置宽度不小于 1 m 的通道。

④ 区域控制室安装落地控制盘时，参照上述的有关要求安装施工。

2.4.2 火灾自动报警系统的布线设计要求

1. 火灾自动报警系统配置导线要求

火灾自动报警系统的供电线路、消防联动控制线路应采用耐火铜芯电线电缆，报警总线、消防应急广播和消防专用电话等传输线路应采用阻燃或阻燃耐火电线电缆；火灾自动报警系统的传输线路和 50 V 以下供电控制线路，应采用电压等级不低于交流 250 V 的铜芯绝缘导线或铜芯电缆；交流 220/380 V 的供电和控制线路，应采用电压等级不低于交流 500 V 的铜芯绝缘导线或铜芯电缆。

火灾自动报警系统传输线路的线芯截面选择，除应满足自动报警装置技术条件的要求外，还应满足机械强度的要求。铜芯绝缘导线、铜芯电缆线芯的最小截面面积不应小于表 2-16 的规定。

表 2-16 铜芯绝缘导线和铜芯电缆的线芯最小截面面积

序号	类　别	线芯的最小截面面积（mm^2）
1	穿管敷设的绝缘导线	1.00
2	线槽内敷设的绝缘导线	0.75
3	多芯电缆	0.50

2. 火灾自动报警系统室内布线要求

火灾自动报警系统室内布线应符合如下要求：

① 火灾自动报警系统的传输线路应采用穿金属管、经阻燃处理的硬质塑料管或封闭式线槽保护方式布线。

② 消防控制、通信和警报线路采用暗敷设时，宜采用金属管或经阻燃处理的硬质塑料管

保护，并应敷设在不燃烧体的结构层内，且保护层厚度不宜小于 30 mm；当采用明敷设时，应采用金属管或金属线槽保护，并应在金属管或金属线槽上采取防火保护措施；采用经阻燃处理的电缆时，可不穿金属管保护，但应敷设在电缆竖井或吊顶内有防火保护措施的封闭式线槽内。

③ 火灾自动报警系统用的电缆竖井，宜与电力、照明用的低压配电线路电缆竖井分别设置，如受条件限制必须合用时，两种电缆应分别布置在竖井的两侧。

④ 从接线盒、线槽等处引到探测器底座盒、控制设备盒、扬声器箱的线路均应加金属软管保护。

⑤ 接线端子箱内的端子宜选择压接或带锡焊接点的端子板，其接线端子上应有相应的标号。

⑥ 不同电压等级的线缆不应穿入同一根保护管内，当合用同一线槽时，线槽内应有隔板分隔。

⑦ 采用穿管水平敷设时，除报警总线外，不同防火分区的线路不应穿入同一根管内。

⑧ 火灾探测器的传输线路，宜选择不同颜色的绝缘导线或电缆；正极“+”线应为红色，负极“–”线应为蓝色或黑色；同一工程中相同用途导线的颜色应一致，接线端子应有标号。

⑨ 火灾自动报警系统的传输网络不应与其他系统的传输网络合用。

3. 火灾报警控制器配线和接地要求

火灾报警控制器配线和接地应符合如下要求：

① 对引入火灾报警控制器的电缆或导线，首先应进行对线器校线，按图纸要求编号；然后用兆欧表测相间、对地等绝缘电阻，其绝缘电阻不应小于 20 MΩ；全部合格后再按不同电压等级、用途、电流等将导线分别绑扎成束引到端子板，按接线图进行压线；应注意每个接线端子接线不应超过两根，导线盘圈应按顺时针方向；多股线应刷锡，导线应有适当余量，标志编号应正确且与图纸一致，字迹清晰，不易褪色；配线应整齐，避免交叉。

② 导线引入线配装完成后，在进线管处应封堵；控制器主电源引入线应直接与消防电源连接，严禁使用接头连接，主电源应有明显标志。

③ 凡由交流供电的消防控制设备，外壳及基础应可靠接地，接地电阻不应大于 4 Ω。

④ 消防控制室一般应根据设计要求设置专用接地装置做工作接地（是指消防控制设备信号地或逻辑地）。当采用独立工作接地时，电阻应小于 4 Ω；当采用联合接地时，电阻应小于 1 Ω。控制室引至接地体的接地干线应采用一根不小于 16 mm^2 的绝缘铜线或独芯电缆，穿保护管，保护钢管两端分别压接在控制设备工作接地板和室外接地体上；消防控制室的工作接地板引至各消防设备和火灾报警控制器的工作接地线应采用不小于 4 mm^2 的铜芯绝缘线。接地装置施工过程中应分不同阶段做电气接地装置隐检、接地电阻摇测、平面示意图等质量检查记录。

⑤ 其他火灾报警设备和联动设备安装，按有关规范和设计厂家要求进行安装接线。

2.5 火灾自动报警系统工程图的识读

教师任务：结合实例，讲解识读火灾自动报警系统施工图的程序。

学生任务：阅读设计说明，认识图例符号；从系统图入手查找火灾自动报警系统的各层设备；并与平面图对应，找出设备名称、数量、安装位置，完成任务单，如表 2-17 所示。

表 2-17　任务单

<table>
<tr><td>楼层</td><td>名　称</td><td>图　例</td><td>数　量</td><td>安装位置</td><td>选择原因</td><td>用　途</td><td>备　注</td></tr>
<tr><td rowspan="2"></td><td></td><td></td><td></td><td></td><td></td><td></td><td></td></tr>
<tr><td></td><td></td><td></td><td></td><td></td><td></td><td></td></tr>
<tr><td rowspan="2"></td><td></td><td></td><td></td><td></td><td></td><td></td><td></td></tr>
<tr><td></td><td></td><td></td><td></td><td></td><td></td><td></td></tr>
<tr><td rowspan="2"></td><td></td><td></td><td></td><td></td><td></td><td></td><td></td></tr>
<tr><td></td><td></td><td></td><td></td><td></td><td></td><td></td></tr>
<tr><td colspan="8">管线选择及敷设</td></tr>
<tr><td>线缆类型</td><td colspan="2">线缆的长度</td><td colspan="3">计算的方法</td><td colspan="2">注意事项</td></tr>
<tr><td></td><td colspan="2"></td><td colspan="3"></td><td colspan="2"></td></tr>
<tr><td></td><td colspan="2"></td><td colspan="3"></td><td colspan="2"></td></tr>
</table>

一切工程建设都离不开图纸。在设计阶段，设计人员用工程图来表达设计思想和要求；在审批设计阶段，工程图是研究和审批的对象；在生产施工阶段，工程图是施工的根据，是编制施工计划、工程项目预算，准备生产施工所需材料以及组织生产施工所必须依据的技术资料。图样是工程界的语言，识读工程图是每一个工程技术人员必须具备的基本素质。

本任务是通过对火灾自动报警系统的读识，在了解火灾自动报警系统设计原则、设计规范，以及设备选择和布置方法的基础上，理解设计意图，能列出系统的设备，描述设备的布置情况，为系统施工做好准备。

2.5.1　识读火灾自动报警系统工程图的方法

识读火灾自动报警系统工程图前，需要注意以下几点：

① 了解建筑物的基本情况，包括房间分布与功能等，管线的敷设及设备安装与房屋的结构直接有关；

② 熟悉火灾探测器、手动报警按钮、消防电话、消防广播、火灾报警控制器及消防联动控制器等在建筑物内的分布及安装位置，同时要了解它们的型号、规格、性能、特点和安装技术要求；

③ 了解线路的走线及连接情况，在了解了设备的分布后，就要进一步明确线路的走线，弄清楚直接的连线关系，一般从进线开始，一条一条阅读。

火灾自动报警系统工程图的识读，可以参照以下顺序操作：

① 阅读设计说明，认识图例符号。设计说明表达了图中不易表示但又与施工有关的问题，了解这些内容对进一步读图是十分必要的。

② 按建筑电气工程图的一般顺序进行阅读，首先应阅读系统图，从系统图入手查找火灾

自动报警系统的各层设备。

③ 阅读平面图。平面图是施工单位用来指导施工的依据，也是施工单位用来编制施工方案和工程预算的依据；在阅读平面图时，必须建立起空间概念，平面图只表示设备和线路的平面位置，很少反映空间高度，这对预算技术人员特别重要，在编制工程预算时，垂直敷设管线容易漏算。

识读火灾自动报警系统工程图时，应相互对照，综合看图。为了避免火灾自动报警系统设备及其线路与其他建筑设备及管路在安装时发生位置冲突，在阅读火灾自动报警系统平面图时要对照阅读其他建筑设备安装工程施工图，同时还要了解规范的要求。火灾自动报警系统工程图的识读方法如图 2-48 所示。

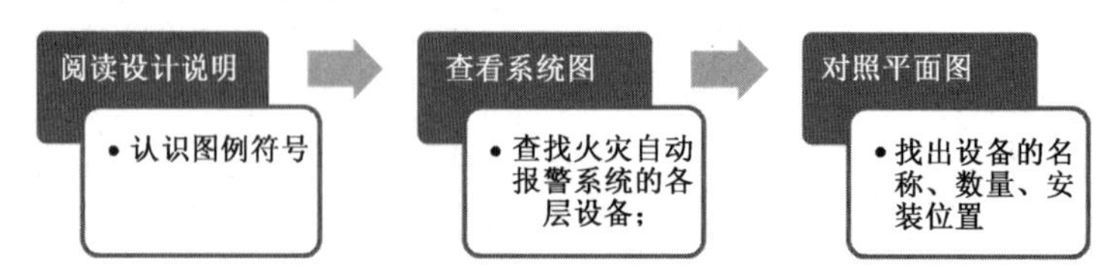

图 2-48　火灾自动报警系统工程图的识读方法

2.5.2　火灾自动报警系统常用图形符号

绘制火灾自动报警系统图时，一般采用国家标准规定使用的图形符号，符号的名称和图形如表 2-18 所示。

表 2-18　火灾自动报警系统常用图形符号

序号	图形符号	名　称	序号	图形符号	名　称
1		感烟火灾探测器（点型）	11		复合式感光感烟火灾探测器（点型）
2		感烟火灾探测器（线型）	12		复合式感光感温火灾探测器（点型）
3		光束感烟火灾探测器（线型，发射部分）	13		火灾警铃
4		光束感烟火灾探测器（线型，接收部分）	14		火灾应急广播扬声器
5		感光火灾探测器（点型）	15		火灾发声警报器
6		可燃气体探测器（点型）	16		消防通风口的手动控制器
7		报警电话	17		手动火灾报警按钮
8		感温火灾探测器（点型）	18		消防通风口的热启动控制器
9		感温火灾探测器（线型）	19		有视听信号的控制和显示设备
10		复合式感温感烟火灾探测器（点型）	20		含有爆炸性材料的房间

2.5.3　火灾自动报警系统工程图的组成

火灾自动报警系统图一般应由设计说明、主要设备材料表、系统图和施工平面图等组成。所有图都是用图形符号加文字标注及必要的说明绘制出来的。

1. 设计说明

火灾自动报警系统设计说明一般应包含下列内容：

① 火灾自动报警系统形式；

② 消防联动控制说明；

③ 设计依据；

④ 安装施工要求；

⑤ 图纸中无法表明的问题；

⑥ 验收依据及要求。

2. 主要设备材料表

主要设备材料一般以表格形式出现，表格项目栏一般有序号、图例、名称、规格、单位、数量和备注。

3. 系统图

系统图能直观地反映火灾自动报警系统与联动控制的方式，显示垂直配线情况、系统控制情况及控制室设备情况。

4. 施工平面图

火灾自动报警系统施工平面图应显示所有需安装设备的性质及平面具体位置，所有配管配线的平面走向、垂直走向及具体位置。

2.5.4　火灾自动报警系统工程图的识读案例

火灾自动报警系统工程图阅读顺序一般是设计说明、主要设备材料表、系统图和施工平面图。案例为一综合楼火灾自动报警系统工程图，如图 2-49、图 2-50（1）～（6）所示，分别有综合楼火灾自动报警系统图、地下层火灾自动报警施工平面图、一层火灾自动报警施工平面图、二层火灾自动报警施工平面图、三层火灾自动报警施工平面图、四至十六层火灾自动报警施工平面图及屋顶火灾自动报警施工平面图，共 7 张图。

1. 火灾自动报警系统工程图的设计说明

设 计 说 明

一、本系统采用消防控制中心报警系统，消防控制室设置在一楼。

二、设计依据

《建筑设计防火规范》(GB 50016—2014)

《火灾自动报警系统设计规范》(GB 50116—2013)

三、消防控制室主要设备

汉字液晶显示火灾报警控制器（联动型）；

消防通信系统主机；

稳压电源；

多线制联动盘；

消防广播系统主机。

四、火灾自动报警及消防联动控制要求

1. 火灾信号通过感烟、感温探测器或手动报警按钮传至消防控制室火灾自动报警控制器，动作后有反馈信号至报警器（自动/手动）。

2. 当火灾确认后，手动关闭非消防电源，非消防电源切断后有反馈信号至报警主机（总线联动控制盘控制）。

3. 当某层水流指示器或信号阀动作后，消防控制室应有相应的动作信号反馈。

4. 当火灾确定后强迫所有电梯回降至首层，切断非消防电梯电源并接收其反馈信号（自动/手动），动作后均有信号反馈至消控室。

5. 控制消火栓泵的启动（自动/手动）停止，显示消火栓泵的运行、停止、故障状态。

6. 控制喷淋泵的启动（自动/手动）停止，显示喷淋泵的运行、停止、故障状态。

7. 显示消火栓按钮的位置，当系统处于自动状态时，消火栓泵、消防水泵、送风机均由消防控制室控制台直接控制。

8. 当火灾确认后，启动火灾层及火灾上下层警铃（自动/手动）。

9. 火灾确认后，关闭相应层作为防火隔断的防火卷帘（自动/手动）。

10. 水泵房压力开关动作后，信号反馈至消防控制室，并自动启动喷淋泵。

五、施工注意事项

1. 探测器与照明灯的水平距离不应小于 0.2 m。

2. 探测器与各种自动灭火喷头的净距离不小于 0.3 m。

3. 探测器与墙壁、梁边的水平距离不小于 0.5 m。

4. 探测器距空调送风口边的水平距离不小于 0.5 m。

5. 探测器距多孔送风顶棚孔口的水平距离不应小于 0.5 m。

6. 施工时请注意调整探测器位置，以满足上述要求。

六、其他

火灾自动报警及电源控制平面线 CS20 CC WC。

消防广播及电话平面线穿 SC20 沿楼板、墙暗敷。

设备直接启动控制平面线穿 SC25 沿楼板、墙暗敷。

七、验收执行《火灾自动报警系统施工及验收规范》

从示例的设计说明中可以了解到：

① 本系统采用消防控制中心报警系统，且消防控制室设置在本建筑物的一楼。

② 设计依据为《建筑设计防火规范》（GB 50016—2014）和《火灾自动报警系统设计规范》（GB 50116—2013）。

③ 消防控制室中的主要设备有汉字液晶显示火灾报警控制器（联动型）、消防通信系统主机、稳压电源、多线制联动盘、消防广播系统主机等。

④ 火灾自动报警及消防联动控制要求及控制原理。

⑤ 安装施工应注意的事项。

⑥ 图纸中无法表明的一些问题，如各类平面布线穿管敷设方式等。

⑦ 验收依据为《火灾自动报警系统施工及验收规范》。

2. 主要设备材料表

从主要设备材料表中可以大致了解到本综合楼的主要设备材料和火灾自动报警系统设备的配置，为施工提供材料和设备做好准备。主要设备材料表如表 2-19 所示。

表 2-19　主要设备材料表

序号	图　例	名　称	规　格	单位	数量	备　注
1		常用电话插孔的手动报警按钮		个	17	
2		PF J-排风机电控箱		个	3	
3		XF B-消火栓泵电控箱		个	1	
4		PL B-喷淋泵电控箱		个	1	
5		SF J-正压送风或通风机电控箱		个	2	
6		FHJL-防火卷帘电控箱		个		
7		DT-电梯电控箱		个	3	
8		PY J-排烟或通风机电控箱		个	2	
9		消防广播扬声器		只	105	
10		消火栓起泵按钮		个	34	
11		警铃		个	74	
12		智能烟感探测器		个	473	
13		智能温感探测器		个	80	
14		水流指示器		个	19	
15		消防电话		个	8	
16	JXX	接线箱		只	17	
17	G	总线隔离模块		个	17	
18	C	输出控制模块		个	171	
19	M	输入模块		个	40	
20		消防电话插孔		个	2	
21	Y	手动报警按钮		个	70	
22	C	集中型火灾报警控制器		个	1	
23		信号闸阀		个	19	
24	F	压力讯号反馈器		个	1	
25	P	压力开关		个	2	

3. 火灾自动报警系统图

火灾自动报警系统图主要反映系统的组成和功能以及组成系统的各设备之间的连接关系等。综合楼火灾自动报警系统图如图 2-49 所示。

从图 2-49 综合楼火灾自动报警系统图中，可了解本系统是一个智能型火灾自动报警系统。消防控制柜是由火灾自动报警控制器、消防电话、联动控制盘和电源组成的一体机柜。从一体机引出的线路有 6 路火灾自动报警二总线、22 对消防电话线、18 路直接启泵线路、6 路直流电源线、2 路消防广播线等。每一层楼设置一个接线箱，接线箱内设置有楼层隔离模块。

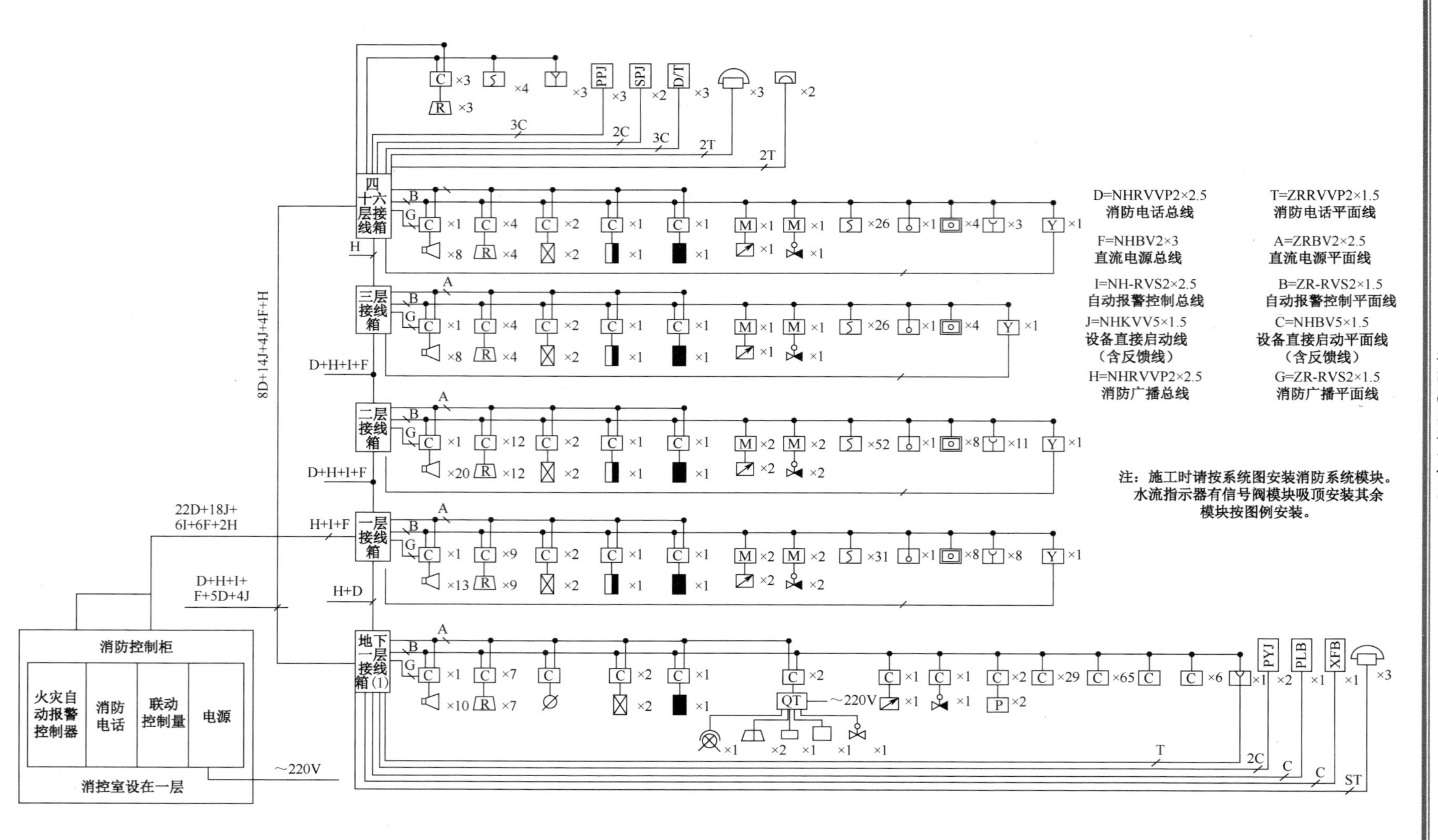

图 2-49　综合楼火灾自动报警系统图

4. 火灾自动报警系统施工平面图

火灾自动报警系统施工平面图主要反映报警设备及联动设备的平面布置、线路敷设等。

图 2-50（1）～（6）分别显示了火灾自动报警系统中各类火灾探测器、手动报警按钮、消防广播、消火栓按钮、水流指示器、消防电话、集中火灾报警控制器等的具体位置，指明了各路配线的平面走向及垂直配线的走向。

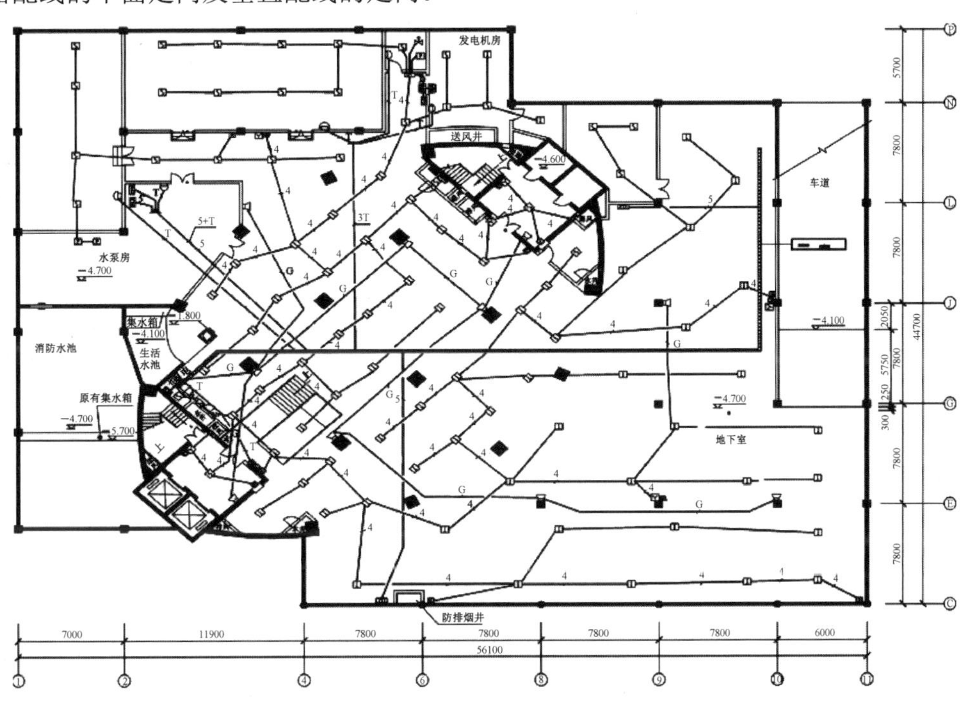

图 2-50（1）地下层火灾自动报警施工平面图（1∶100）

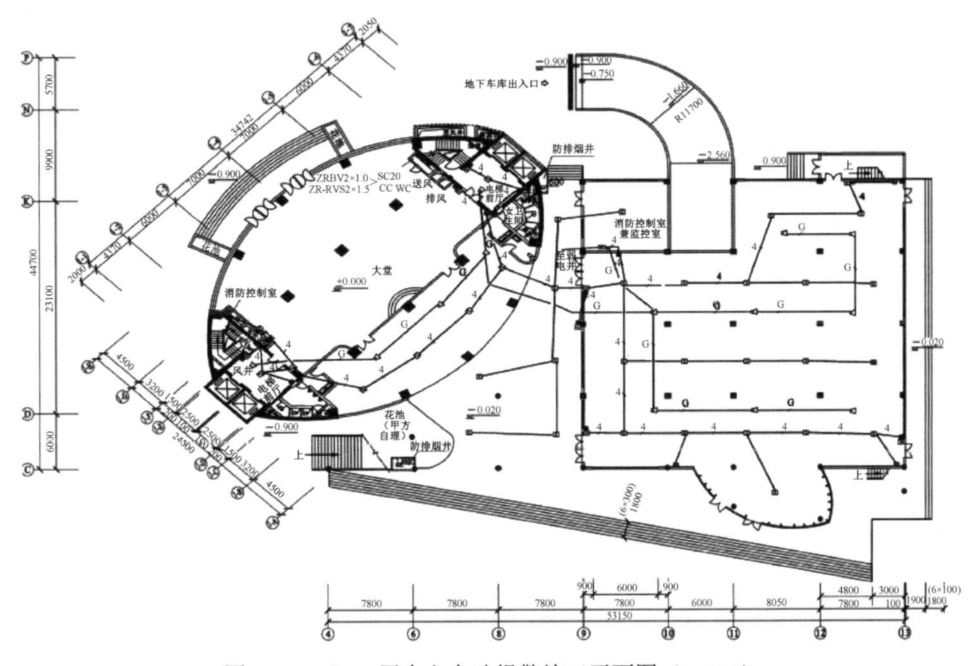

图 2-50（2）一层火灾自动报警施工平面图（1∶100）

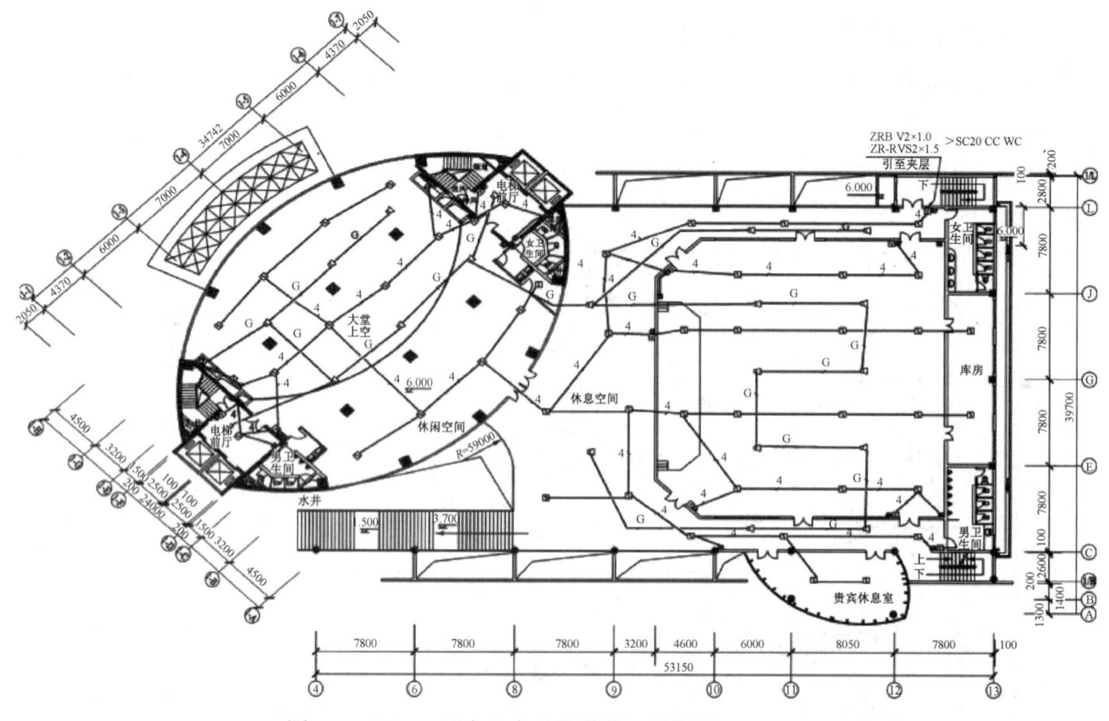

图 2-50（3）二层火灾自动报警施工平面图（1:100）

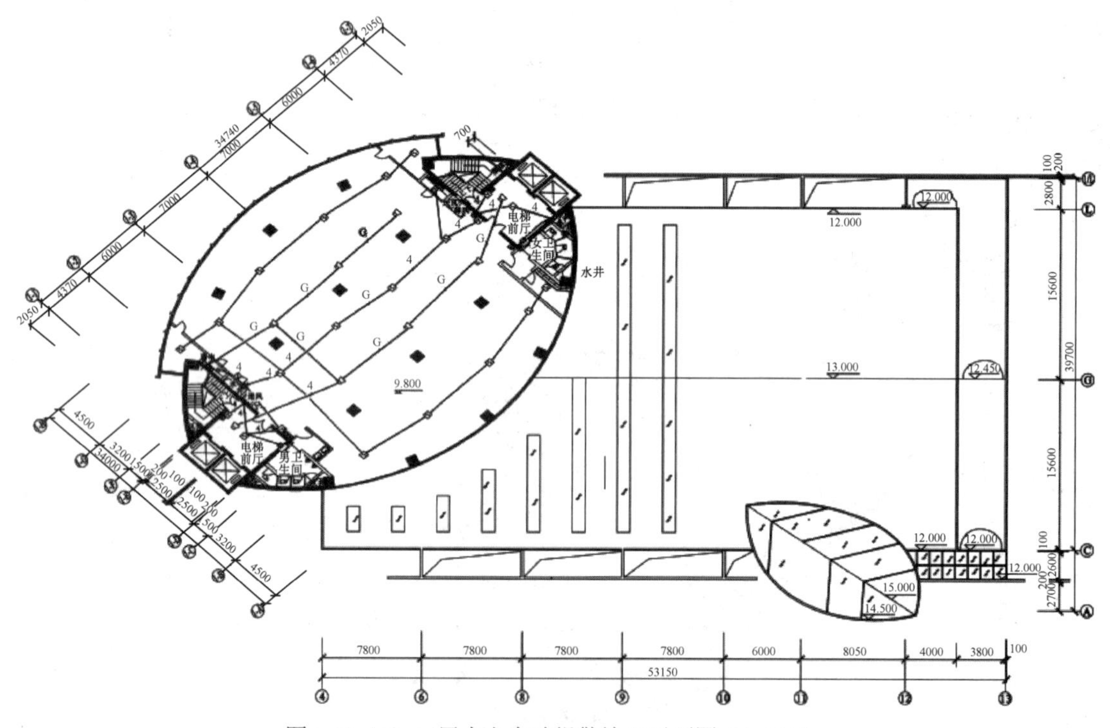

图 2-50（4）三层火灾自动报警施工平面图（1:100）

以图 2-50（2）综合楼一层火灾自动报警系统平面图为例。

一层设置有消防控制室，消防控制室兼监控室；消防室内设置有火灾自动报警及联动控制一体机，由一体机引出各路总线至弱电井接线箱进行垂直配线；一层火灾探测器等设备直接由消防控制室控制。配合系统图在平面图中可清楚地了解各设备的具体布置位置、设备之间的配线情况和线路走向。

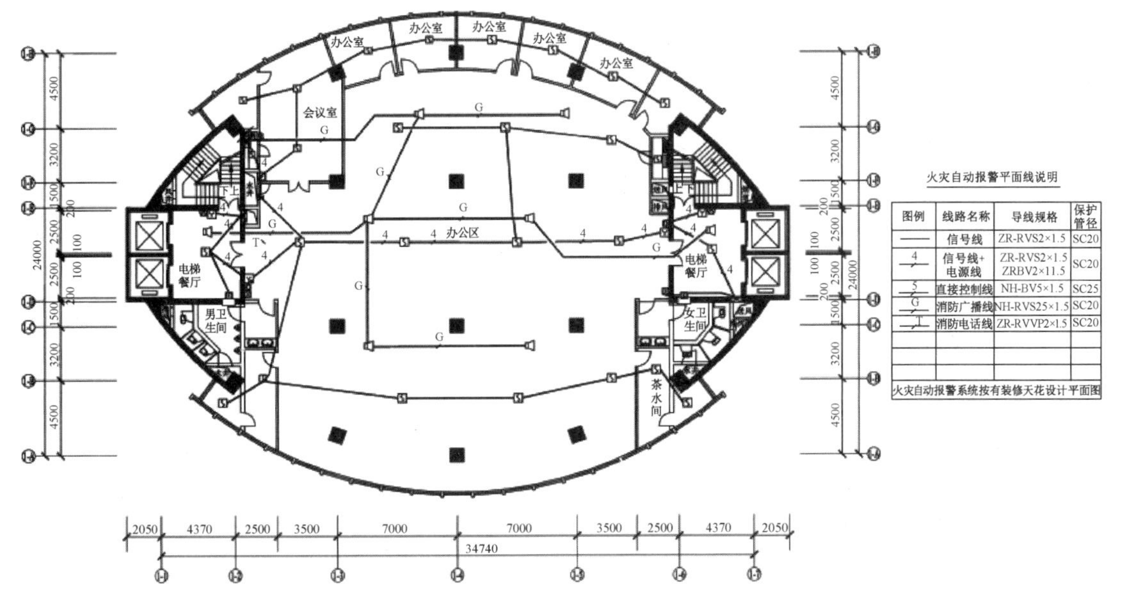

图 2-50（5）四至十六层火灾自动报警施工平面图（1∶100）

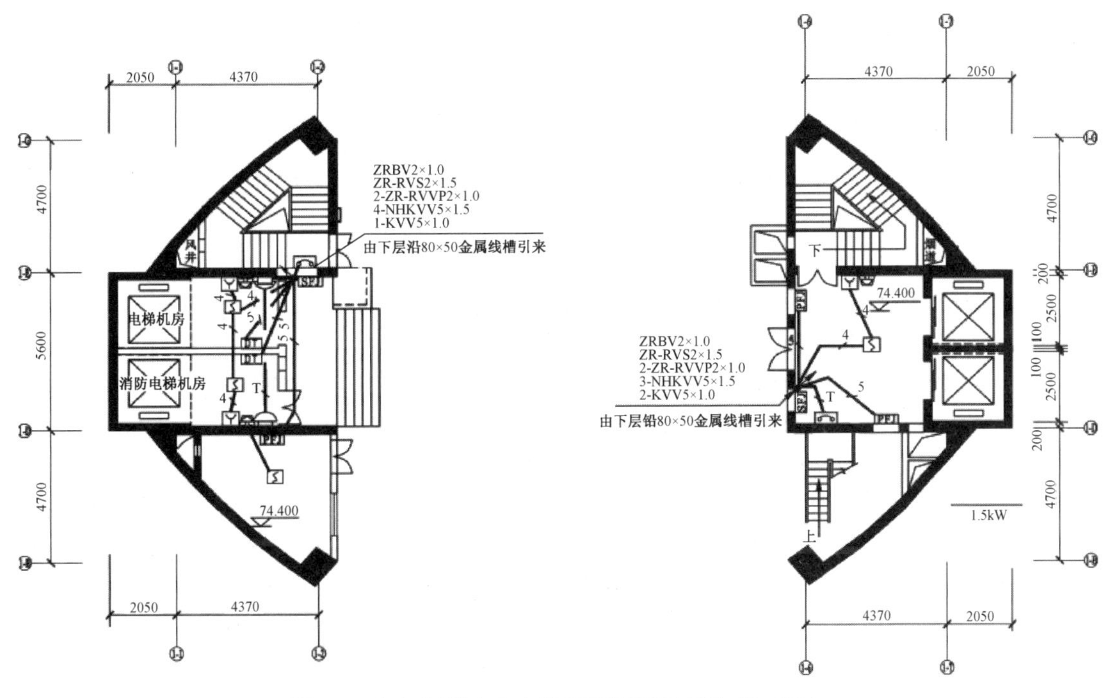

图 2-50（6）屋顶火灾自动报警施工平面图（1∶100）

实训2　火灾自动报警系统设置与应用实训

1. 实训目的

① 熟悉火灾自动报警系统的各种设备及安装注意事项；

② 掌握火灾报警控制器及相关设备的设置及使用方法。

2. 实训要求

① 对火灾自动报警系统设备有整体认知，要求能够掌握设备的工作原理、安装位置及系统功能使用方法；

② 遵守操作规程，遵守实验实训纪律规范；

③ 小组合作。

3. 实训设备及材料

智能消防系统实训装置，包括火灾探测器、手动报警按钮、声光报警器、模块、总线隔离器、火灾报警控制器等。

4. 实训内容

① 识别火灾自动报警设备；

② 火灾自动报警系统安装、调试、设置、报警等操作训练。

5. 实训步骤

（1）火灾自动报警系统设备的安装与调试

火灾探测器、手动报警按钮、声光报警器等设备的安装与调试；注意检查各种设备状态是否良好；在断电情况下查对接线，经检查后方可进行操作。

（2）火灾报警控制器调试前准备

进行火灾报警控制器调试之前，先进行以下工作。

第一步：检查系统控制部分线路连接是否正确无误；

第二步：检查无误后接通电源，次序是先接通外接电源，再接通主电开关和备用电源；

第三步：接通电源，无故障后再进行系统调试。

（3）火灾报警控制器运行

火灾报警控制器打开时，系统会有短暂的报警声，过一会儿自动消失，火灾报警控制器液晶显示屏打开，开始后台自动巡检，运行正常后可进入操作界面。火灾报警器面板参考如图 2-51 所示，界面显示控制器当前控制状态；正常工作界面运行灯闪亮，主电运行灯常亮。主页面显示火灾报警控制器标识、时间、日期以及运行状态和手自动控制方式，屏幕显示参考如图 2-52 所示。

在正常运行过程中，为防止误操作特别设置了一级、二级密码。在不输入任何密码的前提下只能操作【消音】键进行消音和【功能】菜单下的查询功能。其余任何输入都不被认可。当输入一级密码后，可以对主机进行设置操作。只有输入二级密码后才可以对控制器进行查询、测试、设置、安装、系统等操作。

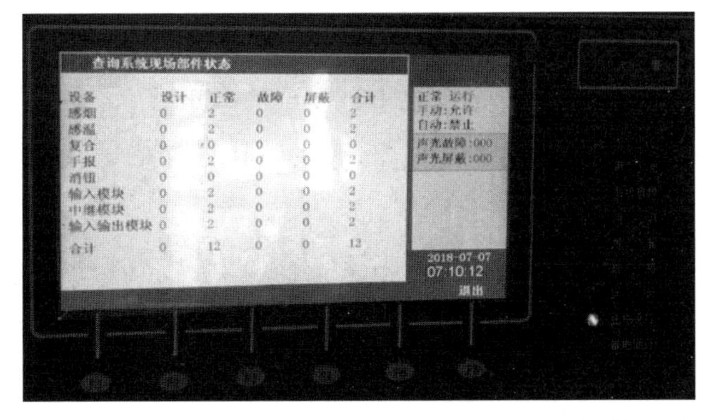

图 2-51 火灾报警控制器操作面板示意图

图 2-52 控制器正常运行时显示界面

（4）火灾报警控制器系统设置

在系统设置菜单中，可对时间、部件屏蔽、手自动控制状态、手动启停设备等进行设置，也可以开启打印机，进行报警的实时打印，以及历史记录的打印。

按【功能】键，进入工作界面，单击下方设置按钮进入设置菜单，进入设置下的子菜单需输入一级密码（初始密码 111）或二级密码（初始密码 1111111111）；1～7 键选择要进入的子选项，参考如图 2-53 所示。

① 日期和时间：用于校准时间。

进入控制器设置菜单后，按数字【1】键进入“设置时间”选项；

通过键盘输入相应年、月、日、时、分、秒；按【F5】键确认后完成设置，并在右下角时间显示中显示新输入的时间。

② 设置手自动控制状态。

进入控制器设置菜单后，按数字【5】键进入“设置手自动控制状态”选项；

可以选择手动和自动的状态并在右侧运行状态里更新显示。按【F1】键修改重新输入，参考如图 2-54 所示。

③ 屏蔽：对故障部位进行屏蔽和解除。

进入子菜单后，通过键盘输入相应地址，按【F4】键屏蔽，按【F5】键解除；

进入控制器设置菜单后，按数字【2】键进入“设置部件屏蔽”选项；

在屏蔽菜单里输入控制器号主机回路号和地址号，主机号 00 代表本机，屏蔽后屏蔽指示灯常亮；

按【F2】键地址–1 或按【F3】键地址+1 设置相邻点位。

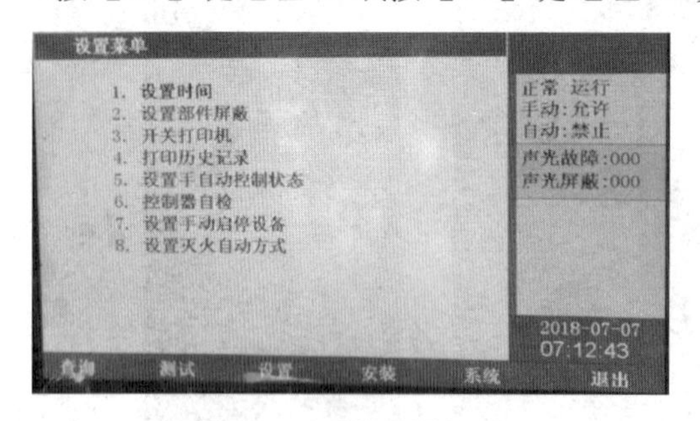

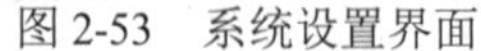
图 2-53　系统设置界面

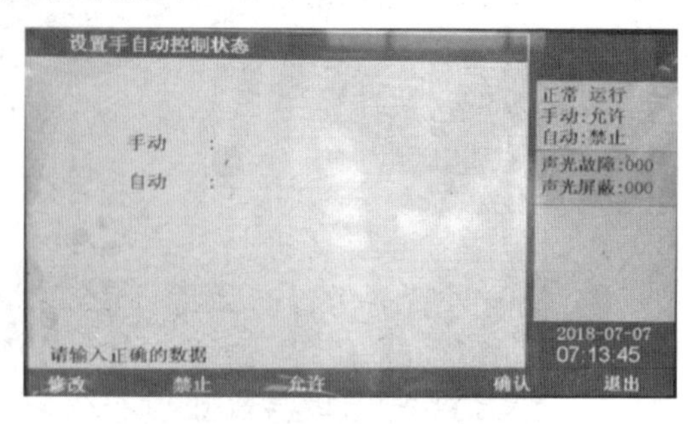

图 2-54　手自动控制状态设置界面

（5）现场部件登记

现场部件使用前应进行登记；接在总线上的现场部件虽然具有地址号，但若没有登记是不能报火警和故障的；登记完毕可进入查询菜单的查询注册信息选项进行查询，以确认部件是否登记上。

① 对回路现场部件进行自动登记。

进入控制器安装菜单后，按数字【1】键进入“回路部件自动登记”选项；

按【F5】键确认开始登记，进度到 100%时自动复位退出；

不在线设备不会自动登记上线；参考如图 2-55 所示。

② 对回路现场部件进行手动登记

进入控制器安装菜单后，按数字【2】键进入“部件地址手动登记”选项；根据光标提示输入需要手动登记的地址号，通过 0～5 数字键选择要登记设备的类型；

按【F2】键地址–1 或按【F3】键地址+1 增减地址号；

按【F1】键修改重新输入地址；

当控制器完成所有现场部件的上线登记，屏幕回到主菜单的界面。

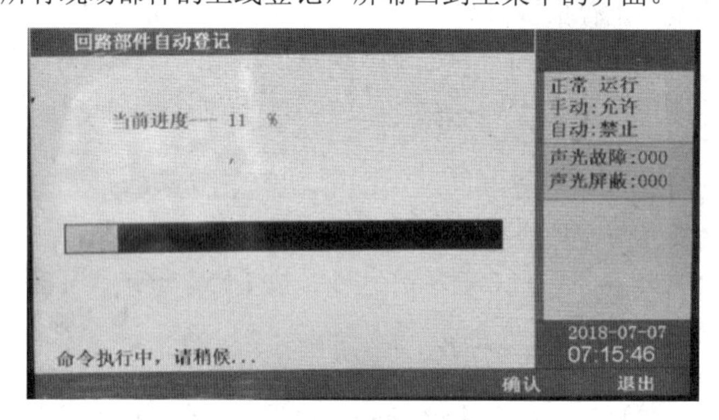

图 2-55　自动登记进度条界面

（6）系统测试（声光自检）

进入控制器设置菜单后，按数字【6】键进入“声光自检”状态；主机报警、故障提示音会接连响起一遍，真彩屏幕分颜色交替闪烁，所有指示灯分颜色常亮，参考如图 2-56 所示。

（7）控制器报警

控制器不断自动进行部位火警和故障巡检、总线检查及电源工作状态检查，以确保系统处于正常运行状态。控制器具有 3 种报警声响：火警及联动输出时报火警声、发生故障时报故障声和联动回答声。

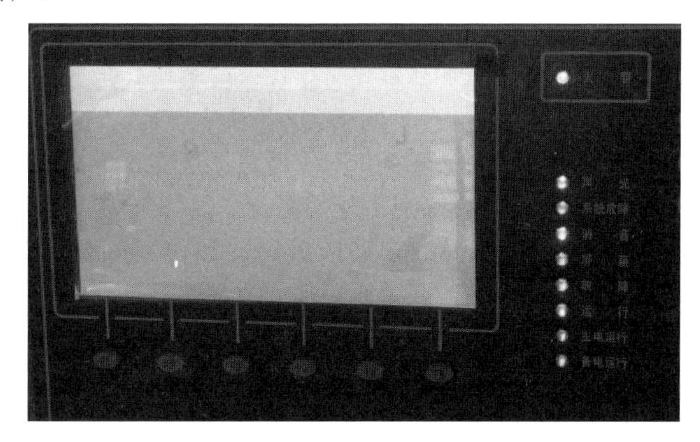

图 2-56　声光自检显示界面

（8）手动消音

手动消音的设置不受键盘锁限制，可直接进行操作。

当有火警时，控制器发出类似救火车的报警声；当有故障时，控制器发出类似救护车的报警声响；这时可以按【消音】键，以消除声音干扰。

若再有新的报警点出现，则对应的报警音响将重新报出。

（9）故障排查

在调试的过程中若出现了故障，故障会出现在液晶显示屏上显示是哪个设备出了故障，提醒操作人员注意，并尽快解除故障。操作方法如下：

方法 1：按【复位】键初始化系统，然后重新“登记”一般都会解决问题。

方法 2：按火灾报警控制器提醒的故障部件处理；在处理故障时，一定要关闭主电开关和备用电源，不可带电排除故障。

可能出现的故障及处理方法可参考表 2-20 所示。

表 2-20　故障模拟及处理方法

故　障	处 理 方 法	使 用 范 围
探测器故障	重新接线，注意检查端子号是否一一对应	探测器
模块故障	重新接线，注意检查端子号是否一一对应	模块
备电故障	重新插接好	备用电源

6. 实训报告

① 写出火灾自动报警系统中主要设备的名称和用途；

② 画出火灾自动报警系统的工作原理；

③ 写出实训体会和操作技巧。

7. 实训考核

① 火灾自动报警系统的操作应用能力；

② 小组合作情况；

③ 个人参与情况。

知识梳理

火灾自动报警系统是探测火灾早期特征、发出火灾报警信号，为人员疏散、防止火灾蔓延和启动自动灭火设备提供控制与指示的消防系统。

本模块是智能建筑消防系统的核心部分，对火灾自动报警系统进行了综合介绍，共为五部分，了解火灾自动报警系统，学会识别不同的系统，熟悉火灾自动报警系统的组成、作用、工作原理及适用范围，逐步完成火灾自动报警系统的认知与布置、设计与实施，能结合建筑实际情况及资料、规范、手册等，具备火灾探测器、火灾报警控制器及报警系统附件等报警设备和设施的使用、选择和布置能力，具有识读工程图、设计火灾自动报警系统和使用相关规范的能力。

练习与思考

1. 选择题

（1）集中报警系统和控制中心报警系统中的区域火灾报警控制器在满足下列条件时，可设置在无人值班的场所有（　　）。

A. 本区域内不需要手动控制的消防联动设备

B. 本火灾报警控制器的所有信息在集中火灾报警控制器上均有显示，且能接收集中控制功能的火灾报警控制器的联动控制信号，并自动启动相应的消防设备

C. 设置的场所只有值班人员可以进入

D. 本区域内需要手动控制的消防联动设备

E. 设置的场所任何人员可以进入

（2）感烟灭火探测器是响应悬浮在空气中的燃烧和/或热解产生的固体或液体微粒的探测器，可分为离子感烟、红外光束感烟、吸气型和（　　）等探测器。

A.火焰探测　　B.光电感烟　　C.光纤感烟　　D.缆式线型探测

（3）点型探测器至墙壁、梁边的水平距离，不应小于（　　）m。

A.0.7　　B.0.6　　C.0.5　　D.0.4

（4）点型探测器周围（　　）m，不应有遮挡物。

A.0.2　　B.0.3　　C.0.4　　D.0.5

（5）探测器至多孔送风顶棚孔口的水平距离不应小于（　　）m。

A.0.3　　B.0.4　　C.0.5　　D.0.6

（6）点型探测器至空调送风口边的水平距离不应小于（　　）m，并宜接近回风口安装。

A.1.5　　B.1.4　　C.1.3　　D.1.2

（7）点型探测器宜水平安装。当倾斜安装时，倾斜角不应大于（　　）。

A.25°　　B.35°　　C.45°　　D.55°

（8）某藏书为 60 万册的图书馆，其条形疏散走道宽度为 2.1 m，长度为 51 m，该走道顶棚至少应设置（　　）只点型感烟火灾探测器。

A.2　　B.3　　C.4　　D.5

2. 思考题

（1）请写出下列型号的含义：

JB-QB-GST100

JTT-M-XXYY

（2）某多媒体教室，房间高度为 3.6 m，房间长为 22 m，宽为 12 m，平顶，请确定该多媒体教室安装的探测器类型及数量，并布置探测器。

（3）已知某综合楼为 18 层，每一层有 1 台区域火灾报警控制器，每台区域火灾报警控制器所带设备为 30 个报警点，每个报警点安装一个探测器，请分别采用两线制和总线制布线，绘制布线图并分析区别。

第3章 消防灭火系统

教学过程建议

学习内容

◆ 3.1 消防灭火系统认知
◆ 3.2 室内外消防给水系统
◆ 3.3 自动喷水灭火系统
◆ 3.4 气体灭火系统
◆ 实训3 消防系统灭火功能实训

学习目标

◆ 知晓消防灭火系统的分类及适用场所
◆ 明白消火栓灭火系统的工作原理及设置要求
◆ 具有设计自动喷水灭火系统和气体灭火系统的能力
◆ 具有消防灭火系统运行维护的能力

技术依据

◆ 《自动喷水灭火系统设计规范》(GB 50084—2017)
◆ 《建设工程施工现场消防安全技术规范》(GB 50720—2011)
◆ 《自动喷水灭火系统施工及验收规范》(GB 50261—2017)
◆ 《消防给水及消火栓系统技术规范》(GB 50974—2014)

教学设计

◆ 播放视频案例→结合实例讲解→分组研讨构成与原理→边学边做

3.1 消防灭火系统认知

教师任务：通过讲授、视频录像播放及现场参观等形式，让学生对火灾的类别、灭火器及消防灭火系统有初步的了解。

学生任务：通过学习及参观等方式，认知火灾的危害及种类，了解灭火器的分类和适用的范围并对消防灭火系统的分类有初步的了解，认识消防安全标识，完成任务单，如表 3-1 所示。

表 3-1　任务单

序号	项　　目	内　　容
1	火灾的种类	
2	扑灭各类火灾时可选择的灭火器材	
3	消防灭火系统的分类	
4	消防安全标识	

火灾事故发生后，采取行之有效的灭火方法是降低损害的关键之处。目前大家所熟知的自动灭火系统便是一种及时有效的灭火方式，具有直接、灵活的优点，现在很多的建筑内都已建立了该系统。自动灭火系统是智能建筑配备的早期灭火系统，当消防控制中心火灾报警控制器收到火灾报警信号并确认无误时，立即输出联动控制信号，实现自动灭火达到减灾的目的。自动灭火设备有自动喷淋灭火系统、二氧化碳灭火系统、泡沫灭火系统、干粉灭火系统、消火栓灭火系统、灭火炮等。自动喷淋灭火系统和消火栓灭火系统最常用，适用面相对最广；对非常珍贵的特藏库、珍品库房及重要的音像制品库房宜设置二氧化碳灭火系统；泡沫灭火系统适宜非水溶性甲、乙、丙类液体可能泄漏的室内场所；大型体育馆等场所一般采用灭火炮。

人工灭火方式也是一种常见的灭火方式，以消防官兵为主，利用消防车、云梯等设备，使用消防器材进行灭火。人工灭火方式虽然使用广泛，但仍有一定的局限性，如云梯车到达的高度有限，消防员进入火场的危险性极大，灭火速度缓慢等问题。

3.1.1　火灾分类

在各类灾害中，火灾是威胁公众安全和社会发展的主要灾害之一。根据可燃物的类型和燃烧特性，火灾可分为六大类。

① 固体物质火灾（A 类火灾）：这种物质通常具有有机物质性质，一般在燃烧时能产生灼热的余烬。如木材、干草、煤炭、棉、毛、麻、纸张等火灾。

② 液体或可熔化的固体物质火灾（B 类火灾）：如煤油、柴油、原油、甲醇、乙醇、沥青、石蜡、塑料等火灾。

③ 气体火灾（C 类火灾）：如煤气、天然气、甲烷、乙烷、丙烷、氢气等火灾。

④ 金属火灾（D 类火灾）：如钾、钠、镁、钛、锆、锂、铝镁合金等火灾。

⑤ 带电火灾（E 类火灾）：指物体带电燃烧的火灾。

⑥ 烹饪物火灾（F 类火灾）：指烹饪器具内的烹饪物（如动植物油脂）火灾。

3.1.2 扑灭各类火灾时可选择的灭火器材

1. 灭火器的分类

灭火器是一种便捷可携的灭火工具，内藏化学物品，用以救灭火警。因其操作简单，一般人都可掌握使用方法扑灭初期火灾。必须注意的是，不同种类的灭火器内填装的成分不一样，是专为不同的火警而设，一定要正确使用。灭火器是常见的消防设施之一，存放在公众场所或可能发生火警的地方。

灭火器的种类有很多，按填装的灭火剂可分为：泡沫、干粉、二氧化碳、卤代烷、清水等；按操作的方式可分为：手提式和推车式；按灭火剂的驱动来源可分为：储气瓶式、储压式、化学反应式。

2. 灭火器的适用范围

按照灭火剂的分类，主要的几种灭火器都有其适用范围。

（1）泡沫灭火器

泡沫灭火器内有两个容器，分别盛放硫酸铝和碳酸氢钠溶液，放置时一定要注意向上放置使两种溶液互不接触，不发生任何化学反应。需要使用时把灭火器倒立，两种溶液混合在一起，就会产生大量的二氧化碳气体，同时与灭火器中的发泡剂融合，使泡沫灭火器在打开开关时能喷射出大量二氧化碳及泡沫，黏附在燃烧物品上，使燃着的物质与空气隔离，并降低温度，达到灭火的目的。

适用于 A 类、B 类及醚、醇、酯、酮、有机酸、杂环等极性溶剂火险场所。使用泡沫灭火器时，应注意始终保持灭火器处于倒置状态，否则会中断喷射。

（2）干粉灭火器

干粉灭火器内填装的灭火剂是干燥且易于流动的微细粉末，由具有灭火效能的无机盐和少量的干粉灭火器添加剂经干燥、粉碎、混合而成微细固体粉末组成。除扑救金属火灾的专用干粉化学灭火剂外，干粉灭火剂一般分为碳酸氢钠灭火剂干粉灭火器和磷酸铵盐灭火剂干粉灭火器，适用于扑救石油、石油产品、油漆、有机溶剂和电器设备火灾。使用干粉灭火器扑救火灾时，要注意对准燃烧最猛烈处喷射，然后覆盖喷洒，使干粉灭火剂均匀地喷在燃烧物的表面，直至将火焰全部扑灭。

（3）二氧化碳灭火器

在加压时将液态二氧化碳压缩在小钢瓶中，灭火时再将其喷出，有降温和隔绝空气的作用。适用于扑救 600 V 以下的带电电器、贵重物品、设备、图书资料、仪表仪器等场所的初起之火灾，以及一般可燃液体的火灾。在室外使用二氧化碳灭火器时，应注意在上风方向喷射，手一定要放在钢瓶的木柄上，以防冻伤；而在室内窄小空间使用时，操作者应在灭火后迅速离开，以防窒息。

（4）卤代烷灭火器

卤代烷灭火器是以卤素原子取代一些低级烷烃类化合物分子中的部分或全部氢原子后所生成的具有一定灭火能力的化合物总称。该类灭火器品种较多，而我国只发展了 1211 型灭火器及 1301 型灭火器，适用于扑救易燃液体和可燃液体、可燃气体。使用 1211 型灭火器时应注意，不可横卧，也不可颠倒，否则灭火剂会喷不出。因 1211 型灭火器的灭火剂有一定的毒性，为防止对人体造成伤害，在室外使用时，应选择在上风方向喷射；而在窄小的室内灭火时，灭火后操作者应迅速撤离。

3. 扑灭各类火灾时可选择的灭火器材

根据火灾种类的不同，扑灭火灾时应选择合适的灭火器，如表 3-2 所示。

表 3-2　应对火灾选择灭火器的种类

火灾种类	选择灭火器的种类
A 类火灾	泡沫灭火器
	磷酸铵盐灭火剂干粉灭火器
	卤代烷灭火器
	水型灭火器
B 类火灾	泡沫灭火器
	碳酸氢钠灭火剂干粉灭火器
	磷酸铵盐灭火剂干粉灭火器
	二氧化碳灭火器
	卤代烷灭火器
C 类火灾	碳酸氢钠灭火剂干粉灭火器
	磷酸铵盐灭火剂干粉灭火器
	二氧化碳灭火器
	卤代烷灭火器
D 类火灾	专用的干粉灭火器
E 类火灾	磷酸铵盐灭火剂干粉灭火器
	二氧化碳灭火器
	卤代烷灭火器

3.1.3　消防灭火系统的分类

1. 消防灭火系统的基本功能

① 火灾初期，能够监测到警情并及时发出警报，使人们能尽早发现火警。

② 能在火灾发生后，自动进行喷水灭火，以减少人员伤亡及财产损失。

2. 灭火系统分类

消防灭火系统的分类如表 3-3 所示。

表 3-3　消防灭火系统的分类

自动喷水灭火系统	闭式自动喷水灭火系统	湿式自动喷水灭火系统
		干式自动喷水灭火系统
		预作用式自动喷水灭火系统
		循环启闭自动喷水灭火系统
	开式自动喷水灭火系统	雨淋灭火系统
		水幕灭火系统
		水喷雾灭火系统

续表

<table>
<tr><td rowspan="5">固定式喷洒灭火系统</td><td>泡沫灭火系统</td></tr>
<tr><td>干粉灭火系统</td></tr>
<tr><td>二氧化碳灭火系统</td></tr>
<tr><td>卤代烷灭火系统</td></tr>
<tr><td>气溶胶灭火系统</td></tr>
</table>

3.1.4 消防灭火系统的安全标识

消防安全标志是由安全色、边框、图像为主要特征的图形符号或文字构成的标志，用以表达与消防有关的安全信息。

1. 消防安全标志

① 商场（店）、影剧院、娱乐厅、体育馆、医院、饭店、旅馆、高层公寓和候车（船、机）室大厅等人员密集的公共场所的紧急出口、疏散通道处、层间异位的楼梯间（如避难层的楼梯间）、大型公共建筑常用的光电感应自动门或 360° 旋转门旁设置的一般平开疏散门，必须相应地设置“紧急出口”标志。在远离紧急出口的地方，应将“紧急出口”标志与“疏散通道方向”标志联合设置，箭头必须指向通往紧急出口的方向。

② 紧急出口或疏散通道中的单向门必须在门上设置“推开”标志，在其反面应设置“拉开”标志。

③ 紧急出口或疏散通道中的门上应设置“禁止锁闭”标志。

④ 疏散通道或消防车道的醒目处应设置“禁止阻塞”标志。

⑤ 滑动门上应设置“滑动开门”标志，标志中的箭头方向必须与门的开启方向一致。

⑥ 需要击碎玻璃板才能拿到钥匙或开门工具的地方或疏散中需要打开板面才能制造一个出口的地方必须设置“击碎板面”标志。

⑦ 各类建筑中的隐蔽式消防设备存放地点应相应地设置“灭火设备”“灭火器”“消防水带”等标志。室外消防梯和自行保管的消防梯存放点应设置“消防梯”标志。远离消防设备存放地点的地方应将灭火设备标志与方向辅助标志联合设置。

⑧ 手动火灾报警按钮和固定灭火系统的手动启动器等装置附近必须设置“消防手动启动器”标志。在远离装置的地方，应与方向辅助标志联合设置。

⑨ 设有火灾报警器或火灾事故广播喇叭的地方应设置“发声警报器”标志。

⑩ 设有火灾报警电话的地方应设置“火警电话”标志。对于没有公用电话的地方（如电话亭），也可设置“火警电话”标志。

⑪ 设有地下消火栓、消防水泵接合器和不易被看到的地上消火栓等消防器具的地方，应设置“地下消火栓”“地上消火栓”“消防水泵接合器”等标志。

⑫ 在特定区域应设置“禁止烟火”“禁止吸烟”“禁止放易燃物”“禁止带火种”“禁止燃放鞭炮”“当心火灾—易燃物”“当心火灾—氧化物”“当心爆炸—爆炸性物质”等标志。

⑬ 存放遇水爆炸的物质或用水灭火会对周围环境产生危险的地方应设置“禁止用水灭火”标志。

⑭ 在旅馆、饭店、商场（店）、影剧院、医院、图书馆、档案馆（室）、候车（船、机）

室大厅、车、船、飞机和其他公共场所，有关部门规定禁止吸烟，应设置“禁止吸烟”等标志。

⑮ 其他有必要设置消防安全标志的地方。

2. 设置要求

① 按照消防规范要求，管理区域内配备各种消防设备、设施，标识安装在合适、醒目的位置上。

② 各种标识不得随意挪为他用，责任部门应按月进行全面普查的规定认真落实，保证各种标识的完好性。

3. 消防安全标识

常见的消防安全标识如图 3-1 所示。

图 3-1　消防安全标识

3.2 室内/外消防给水系统

教师任务：通过讲解，配上实物图例，使学生了解消防给水系统的分类；结合实际案例，讲解室内/外消火栓系统的分类组成及设置要求，完成认识。

学生任务：了解消防给水系统的主要构成、系统的类型；熟悉室内/外消火栓的工作原理；掌握室内/外消火栓系统的设置要求及设置场所，完成任务单，如表 3-4 所示。

表 3-4　任务单

序号	项　　目	内　　容
1	消防给水系统分类	
2	消防给水设施	
3	室外消火栓系统	
4	室内消火栓系统	

3.2.1　消防给水系统的分类

消防给水系统是指在一般建筑物中，根据要求设置的消防与生活或生产结合的联合给水系统。对于消防要求高的建筑物或高层建筑，应设置独立的消防给水系统。

1. 常高压消防给水系统

常高压消防给水系统是指管网内应经常保持足够的压力和消防用水量，当火灾发生后，现场人员可从设置在附近的消火栓箱内取出水带和水枪，将水带与消火栓栓口连接，接上水枪，打开消火栓的阀门，不需要启动消防水泵加压，可直接出水灭火的系统。

2. 临时高压消防给水系统

临时高压消防给水系统是指平时管网内压力较低，在水泵房中设有消防水泵，当火灾发生后，现场人员可从设置在附近的消火栓箱内取出水带和水枪，将水带与消火栓栓口连接，接上水枪，打开消火栓的阀门，通知水泵房启动消防水泵，使管网内的压力达到高压给水系统的水压要求，消火栓即可投入使用的系统。

3. 低压消防给水系统

低压消防给水系统是指平时管网内的压力较低，但不小于 0.1MPa，当火灾发生后，消防队员打开最近的室外消火栓，将消防车与室外消火栓连接，从室外管网内吸水加入消防车内，然后利用消防车直接加压灭火，或者由消防车通过消防水泵接合器向室内管网内加压供水灭火的系统。

3.2.2 消防给水设施

消防给水设施是指一切与消防用水有关的设施，包括消防水池、消防水箱、消防水泵、消防水泵接合器、消防供水管道、增（稳）压设备（消防气压罐）等。

1. 消防水池

（1）消防水池的设置要求

消防取水除可以采用天然水源外，在天然水源不满足消防用水标准的情况下，对储存消防用水的消防水池的建设则成为必然。在市政给水管道、进水管道或天然水源不能满足消防用水量，以及市政给水管道为枝状或只有一条进水管的情况下，且室外消火栓设计流量＞20L/s 或建筑高度＞50 m 的建（构）筑物应设消防水池。

① 当市政给水管网能保证室外消防给水设计流量时，消防水池的有效容量应满足在火灾延续时间内建（构）筑物室内消防用水量的要求；反之，消防水池的有效容量应满足在火灾延续时间内建（构）筑物室内消防用水量和室外消防用水不足部分之和的要求。

② 消防水池进水管应根据其有效容积和补水时间确定，补水时间不宜大于 48 h，但当消防水池有效总容积大于 2000 m^3 时，不应大于 96 h，消防水池进水管管径应经计算确定，且不应小于 DN100。

③ 消防水池的总蓄水有效容积大于 500 m^3 时，宜设两格能独立使用的消防水池；当大于 1000 m^3 时，应设置能独立使用的两座消防水池。

④ 储存有室外消防用水的供消防车取水的消防水池，应设供消防车取水的取水口或取水井，吸水高度不应大于 6 m；取水口或取水井与被保护建筑物（水泵房除外）的外墙距离不宜小于 15 m，与甲、乙、丙类液体储罐的距离不宜小于 40 m，与液化石油气储罐的距离不宜小于 60 m，当采取防止热辐射的保护措施时可减小为 40 m。

⑤ 对于消防水池，当消防用水与其他用水合用时，应有保证消防用水不作他用的技术措施。

⑥ 消防水池的出水管应保证消防水池的有效容积能被全部利用，应设置溢流水管和排水设施，并应采用间接排水。

（2）容积计算

$$V_a=(Q_p-Q_b)\times t$$

式中：V_a —— 消防水池的有效容积（m^3）；

Q_p —— 消火栓、自动喷水灭火系统的设计流量（m^3/h）；

Q_b —— 在火灾延续时间内可连续补充的流量（m^3/h）；

t —— 火灾延续时间（h）。

火灾延续时间是指从消防车到达火场后开始出水时起，至火灾被基本扑灭的时间段。

当建筑群共用消防水池时，消防水池的容积应按消防用水量最大的一幢建筑物的用水量计算确定。

（3）消防水池的补水

当消防水池采用两路消防供水且在火灾情况下连续补水能满足消防要求时，消防水池的有效容积应根据计算确定，但不应小于 100 m^3，当仅有消火栓系统时不应小于 50 m^3。

2. 消防水箱

设置消防水箱的建筑物，一般是采用临时高压给水系统的建筑物。消防水箱一般设置在建筑物高处，一是提供系统启动初期的消防用水量和水压，在消防水泵出现故障的紧急情况下应急供水，确保及时出水以控制初期火灾，与外援灭火相互配合；二是利用高位差为系统提供准工作状态下所需的水压，以达到管道内充水并保持一定压力的目的。设置常高压给水系统并能保证最不利点消火栓和自动喷水灭火系统等的水量和水压的建筑物或设置干式消防竖管的建筑物，可不设置消防水箱。

（1）临时高压消防给水系统的高位消防水箱的有效容积应满足初期火灾消防用水量的要求，其具体设置要求如下。

① 多层公共建筑和二类高层公共建筑，不应小于 18 m^3；一类高层公共建筑，不应小于 36 m^3；当建筑高度大于 100 m 时，不应小于 50 m^3；当建筑高度大于 150 m 时，不应小于 100 m^3。

② 一类高层住宅建筑高度超过 100 m 时，不应小于 36 m^3；二类高层住宅，不应小于 12 m^3；建筑高度大于 21 m 的多层住宅，不应小于 6 m^3。

③ 总建筑面积大于 10 000 m^2 且小于 30 000 m^2 的商店建筑，不应小于 36 m^3；总建筑面积大于 30 000 m^3 的商店，不应小于 50 m^3，当与本条第①项规定不一致时应取其较大值。

④ 工业建筑室内消防给水设计流量≤25L/s 时，不应小于 12 m^3，流量≥25L/s 时，不应小于 18 m^3。

（2）高位消防水箱的设置位置应高于其所服务的水灭火设施，且最低有效水位应满足水灭火设施最不利点处的静水压力，其具体设置要求如下：

① 一类高层公共建筑，不应低于 0.1 MPa，当建筑高度超过 100 m 时，不应低于 0.15 MPa。

② 高层住宅、二类高层公共建筑、多层公共建筑，不应低于 0.07 MPa；多层住宅不宜低于 0.07 MPa。

③ 工业建筑，不应低于 0.1 MPa，当建筑体积小于 20 000 m^3 时，不宜低于 0.07 MPa。

④ 自动喷水灭火系统等自动水灭火系统应根据喷头灭火需求压力确定，但最小不应小于 0.10 MPa。

⑤ 当高位消防水箱不能满足本条①～④项的静压要求时，应设稳压泵。

（3）高位消防水箱进出管道的设置要求

① 进水管的管径应满足消防水箱 8 h 充满水的要求，但管径不应小于 DN32，进水管宜设置液位阀或浮球阀；进水管应在水池（箱）的溢流水位以上接入，当溢流水位确定有困难时，进水管口的最低点高出溢流边缘的高度等于进水管管径，但最小不应小于进水管管径的 2 倍，当大于 150 mm 时，宜采用 150 mm。

② 高位消防水箱应设置泄空管和溢流管的出口，且不得直接与排水构筑物或排水管道相连接，应采取间接排水的方式。

③ 溢流管的直径不应小于进水管直径的 2 倍，且不应小于 DN100，溢流管的喇叭口直径不应小于溢流管直径的 1.5～2.5 倍。

④ 高位消防水箱出水管管径应满足消防给出设计流量的小水要求，且不应小于 DN100。

（4）室内采用临时高压消防给水系统时，高位消防水箱的设置应符合下列规定：

① 高层民用建筑、总建筑面积大于 10 000 m^2 且层数超过 2 层的公共建筑和其他重要建筑，必须设置高位消防水箱。

② 其他建筑应设置高位消防水箱，但当设置高位消防水箱确有困难，且采用安全可靠的消防给水形式时，可不设高位消防水箱，但应设置稳压泵。

3. 消防水泵

（1）设置要求

消防水泵是指在消防给水系统中（包括消火栓系统、喷淋系统和水幕系统等）用于保证系统给水压力和水量的给水泵。消防给水系统中使用较多的为离心泵，因为该种类型的水泵具有型号多、适用范围广、可连续供水及可随意调节流量等优点。

在临时高压消防给水系统、稳高压消防给水系统中均需设置消防水泵。在串联消防给水系统和重力消防给水系统中，除需设置消防水泵外，还应设置消防转输泵。消防转输泵是指在串联消防水泵给水系统和重力消防给水系统中，用于提升水源至中间水箱或消防高位水箱的给水泵。消火栓给水系统与自动喷水灭火系统宜分别设置消防水泵。

（2）消防水泵的串联和并联

消防水泵的串联是将一台泵的出水口与另一台泵的吸水管直接连接且两台泵同时运行。消防水泵的串联在流量不变时可增加扬程。故当单台消防水泵的扬程不能满足最不利点喷头的水压要求时，系统可采用串联消防给水系统。消防水泵的串联宜采用相同型号和相同规格的。在控制上，应先开启前面的消防水泵，后开启后面（按水流方向）的消防水泵。消防水泵的连接方式如图 3-2 所示。

消防水泵的并联是指由两台或两台以上的消防水泵同时向消防给水系统供水。消防水泵并联的作用主要在于增大流量，但在流量叠加时，系统的流量会有所下降，选泵时应考虑这种因素。也就是说，并联工作的总流量增加了，但单台消防水泵的流量却有所下降，故应适当加大单台消防水泵的流量。并联时也宜选用相同型号和规格的消防水泵，以使消防水泵的出水压力相等、工作状态稳定。

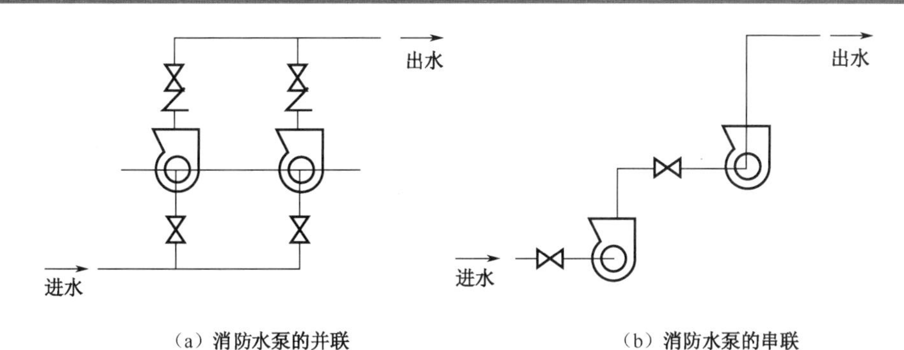

图 3-2　消防水泵的连接方式

（3）消防水泵的吸水要求

根据离心泵的特性，水泵启动时其叶轮必须浸没在水中。为保证消防水泵及时、可靠地启动，吸水管应采用自灌式吸水，如图 3-3 所示。即泵轴的高程要低于水源的最低可用水位。

① 消防水泵应采取自灌式吸水。

② 消防水泵从市政管网直接抽水时，应在消防水泵出水管上设置有空气隔断的倒流防止器。

③ 当吸水口处无吸水井时，吸水口处应设置旋流防止器，如图 3-4 所示。

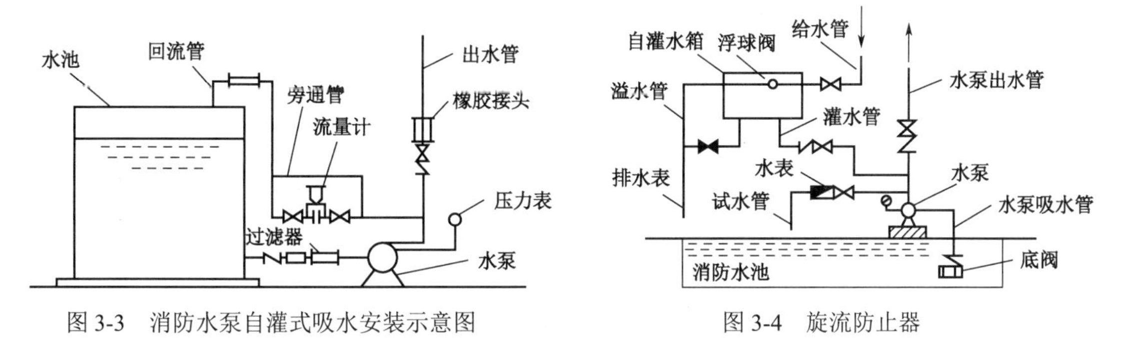

图 3-3　消防水泵自灌式吸水安装示意图　　图 3-4　旋流防止器

（4）消防水泵的选用

消防水泵的选择和应用应符合以下规定。

① 消防水泵的性能应满足消防给水系统所需流量和压力的要求。

② 消防水泵所配驱动器的功率应满足所选水泵流量扬程性能曲线上任何一点运行所需功率的要求。

③ 当采用电动机驱动的消防水泵时，应选择电动机干式安装的消防水泵。

④ 流量—扬程性能曲线应为无驼峰、无拐点的光滑曲线，如图 3-5 所示。零流量时的压力不应大于设计工作压力的 140%，且宜大于设计工作压力的 120%。即设计工作压力的 120%＜零流量时的压力≤设计工作压力的 140%。

⑤ 当出流量为设计流量的 150%时，其出口压力不应低于设计工作压力的 65%。

⑥ 泵轴的密封方式和材料应满足消防水泵在低流量时运转的要求。

⑦ 消防给水同一泵组的消防水泵型号宜一致，且工作泵不宜超过 3 台。

⑧ 多台消防水泵并联时，应校核流量叠加对消防水泵出口压力的影响。

（5）消防水泵的主要材质

① 水泵外壳宜为球墨铸铁。

② 叶轮宜为钢或不锈钢。

（6）消防水泵管路的布置要求

正确设置消防水泵的管路是为了确保在火灾发生期间能够正常展开救援。为保证不间断的正常供水，一组消防水泵的吸水管和出水管均应不少于两条，当其中一条损坏或检修时，其余吸水管或出水管应仍能通过全部消防给水设计流量，并保证不漏水。对于高压给水系统和临时高压给水系统，应保证每一台运行中的消防水泵都具有独立的吸水管。

① 消防水泵吸水管的布置要求。

a. 消防水泵吸水管应尽量简短，减少不必要的配件与附件。

b. 消防水泵吸水管布置应避免形成气囊。

c. 消防水泵吸水口的淹没深度应满足消防水泵在最低水位运行安全的要求，吸水管喇叭口在消防水池最低有效水位下的淹没深度＞600 mm；当采用旋流防止器时，淹没深度＞200 mm，如图 3-6 所示。

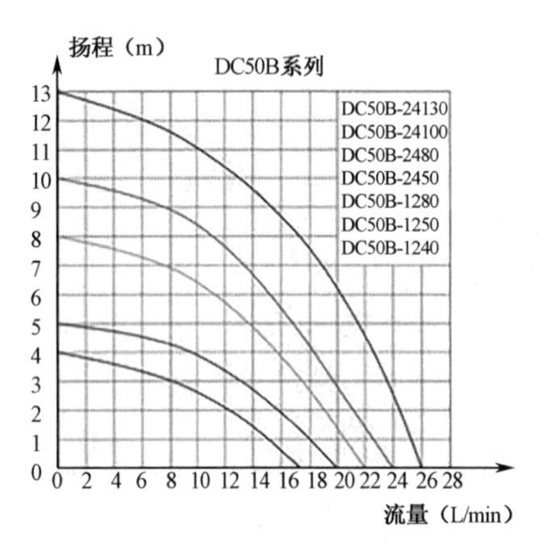

够　图 3-5　流量—扬程性能曲线图

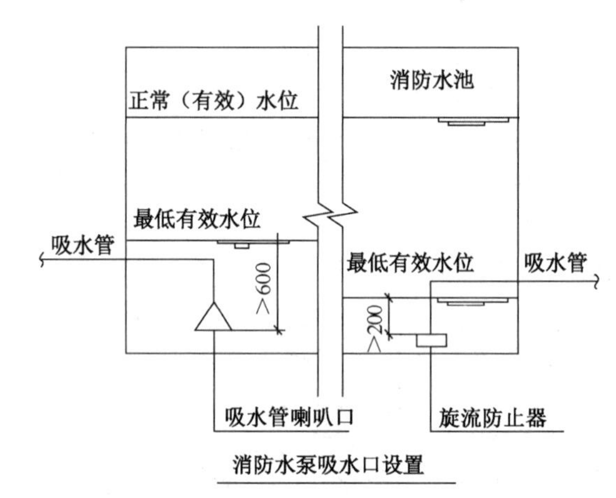

图 3-6　消防水泵吸水口淹没深度示意图（单位：mm）

d. 消防水泵的吸水管上应设置明杆闸阀或带自锁装置的蝶阀，但当设置暗杆阀门时应设有开启刻度和标志；当管径超过 DN300 时，宜设置电动阀门。

e. 消防水泵吸水管的直径小于 DN250 时，其流速宜为 1.0～1.2 m/s；直径大于 DN250 时，其流速宜为 1.2～1.6 m/s。

f. 吸水井的布置应满足井内水流顺畅、流速均匀、不产生涡旋的要求，并应便于安装施工。

g. 消防水泵的吸水管穿越消防水池时，应采用柔性套管；采用刚性防水套管时应在水泵吸水管上设置柔性接头，且管径不应大于 DN150。

h. 消防水泵吸水管可设置管道过滤器，管道过滤器的过水面积应大于管道过水面积的 4 倍，且孔径不宜小于 3 mm。

i. 消防水泵吸水管水平管段上不应有气囊和漏气现象。变径连接时，应采用偏心异径管件并采用管顶平接。

② 消防水泵出水管的布置要求。

a. 消防水泵的出水管上应设止回阀、明杆闸阀；当采用蝶阀时，应带有自锁装置；当管径大于 DN300 时，宜设置电动阀门。

b. 消防水泵出水管的直径小于 DN250 时，其流速宜为 1.5～2.0 m/s；直径大于 DN250 时，宜为 2.0～2.5 m/s。

c. 消防水泵存在超压时，其出水管上应设防超压设施。

（7）消防水泵的控制要求

① 消防水泵应保证在火灾发生后规定的时间内正常工作，从接到启泵信号到水泵正常运转的自动启动时间不应大于 2 min。

② 消防水泵应由消防水泵出水干管上设置的压力开关、高位消防水箱出水管上的流量开关，或报警阀压力开关等开关信号直接自动启动。

③ 消火栓按钮不宜作为直接启动消防水泵的开关，但可作为发出报警信号的开关或启动干式消火栓系统的快速启闭装置等。

④ 消防水泵应能手动启停和自动启动，且不应设置自动停泵的控制功能，停泵应由具有管理权限的工作人员根据火灾扑救情况确定。

⑤ 稳压泵应由消防给水管网或气压水罐上设置的稳压泵自动启停泵压力开关或压力变送器控制。

（8）消防水泵控制柜的设置要求

消防水泵控制柜应设置在消防水泵房或专用消防水泵控制室内，并应符合下列要求。

① 消防水泵控制柜在平时应使消防水泵处于自动启泵状态。

② 当自动水泵灭火系统为开式系统，且设置自动启动确有困难时，经论证后消防水泵可设置在手动启动状态，并应确保 24 h 有人工值班。

③ 消防水泵控制柜设置在独立的控制室时，其防护等级不应低于 IP30；与消防水泵设置在同一空间时，其防护等级不应低于 IP55。

④ 消防水泵控制柜应采取防止被水淹没的措施。在高温潮湿环境下，消防水泵控制柜内应设置自动防潮除湿的装置。

⑤ 消防水泵控制柜应设置机械应急启泵功能，并应保证在控制柜内的控制线路发生故障时，由具有管理权限的人员在紧急时启动消防水泵。机械应急启动时，应确保消防水泵在报警后 5 min 内正常工作。

⑥ 消防水泵控制柜前面板的明显部位应设置紧急时打开柜门的装置。

⑦ 消防水泵控制柜应有显示消防水泵工作状态和故障状态的输出端子及远程控制消防水泵启动的输入端子。控制柜应具有自动巡检可调、显示巡检状态和信号等功能。

（9）消防水泵的动力装置

① 消防水泵的供电应按现行国家标准《供配电系统设计规范》（GB 50052—2009）的规定进行设计。消防转输泵的供电应符合消防水泵的供电要求。消防水泵、消防稳压泵及消防转输泵应有不间断的动力供应，也可采用内燃机作为动力装置。

② 消防水泵的双电源自动切换时间不应大于 2 s，一路电源与内燃机动力的切换时间不应大于 15 s。

4. 消防水泵接合器

消防水泵接合器是指连接消防车向室内消防给水系统加压供水的装置。火灾发生后，当建筑物内的消防水泵发生故障或室内消防用水不足时，消防车从室外取水通过水泵接合器将水送到室内消防给水管网，供灭火使用。消防水泵接合器由阀门、安全阀、止回阀、栓口放水阀及连接弯管等组成。

高层民用建筑、设有消防给水的住宅、超过五层的其他多层民用建筑、超过两层或建筑面积大于 10 000 m^2 的地下或半地下建筑(室)、室内消火栓设计流量大于 10 L/s 平战结合的人防工程、高层工业建筑和超过四层的多层工业建筑、城市交通隧道，其室内消火栓给水系统应设消防水泵接合器；自动喷水灭火系统、水喷雾灭火系统、泡沫灭火系统和固定消防炮灭火系统等水灭火系统，均应设置消防水泵接合器。消防水泵接合器应设置在便于消防车接管供水地点，周围在 15～40 m 范围内有消防水池或室外消火栓。

5. 增（稳）压设备（消防气压罐）

对于采用临时高压消防给水系统的高层或多层建筑，当消防水箱设置高度不能满足系统最不利点灭火设备所需的水压要求时，应设置增（稳）压设备。增（稳）压设备一般由稳压泵、隔膜式气压罐、管道附件及控制装置等组成，如图 3-7 所示。

（1）稳压泵

① 稳压泵的设置。

稳压泵是在消防给水系统中用于稳定平时最不利点水压的给水泵，通常选用小流量、高扬程的水泵。消防稳压泵可按照一用一备的原则设置备用泵。

稳压泵宜设置在系统顶部靠近高位水箱处，以降低稳压泵的额定工作压力，节约能源；稳压泵应能自动启停，并受控于设置在系统管道上的压力检测装置；稳压泵组应设在旁线的管道上；对自动喷水灭火系统，稳压泵的加压点，应设在系统的水源侧。

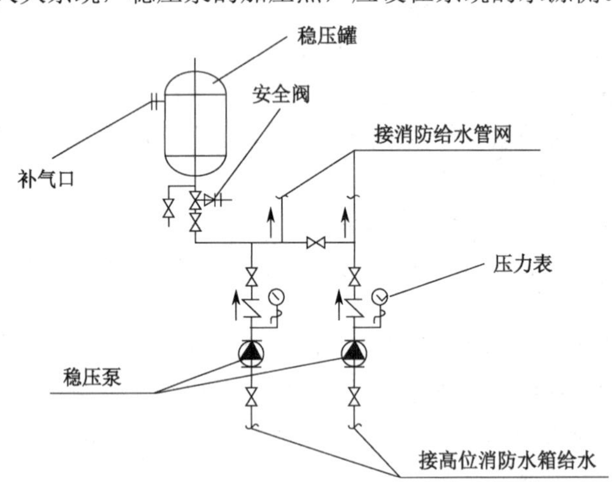

图 3-7　增（稳）压设备（消防气压罐）的组成

② 稳压泵流量的确定。

稳压泵的流量按系统的泄漏量和系统自启动流量计算确定。稳压泵的运行设有三个压力控制点，一般为设计工作压力的正负 0.1 MPa 间。当系统处在设计工作压力时，稳压泵启动，在压力提高了 0.1 MPa 时停泵。火灾发生时消火栓启用，则系统压力迅速下降，当系统压力下降至稳压泵设计工作压力以下为 0.1 MPa 时，消防水泵启动。稳压泵的流量一般为 1 L/s，这是因为系统的渗漏量小。若稳压泵的流量设置过大，将延迟消防主泵的启动，以至于不能启动。

（2）气压罐

① 气压罐的工作原理。

实际运行中，由于各种原因，稳压泵常常频繁启动，不但泵易损坏，而且对整个管网系统和电网系统不利，因此，稳压泵常与小型气压罐配合使用。气压罐相当于压力水箱，既可贮水又可维持系统所需压力，安装位置不受限制，并且可通过气压罐的压力控制自动启动消防水泵。

② 气压罐的工作压力。

气压罐的最小设计工作压力应满足系统最不利点灭火设备所需的水压要求。

③ 气压罐的容积。

气压罐的容积包括消防储存水容积、缓冲水容积、稳压调节水容积和压缩空气容积。

3.2.3　室外消火栓系统

室外消火栓系统是设置在室外消防给水管网上的供水设施，为消防车等消防设备提供消防用水，或通过进户管为室内消防给水设备提供消防用水，也可以直接连接水带、水枪出水灭火，是扑救火灾的重要消防设施之一。

1. 系统组成

室外消火栓给水系统由消防水源、消防供水设备、室外消防给水管网和室外消火栓灭火设施组成。室外消防给水管网包括进水管、干管和相应的配件、附件；室外消火栓灭火设施包括室外消火栓、水带、水枪等。

2. 系统设置要求

（1）室外消火栓的设置范围

① 在城市、居住区、工厂、仓库等的规划和建筑设计中，必须同时设计消防给水系统；城镇（包括居住区、商业区、开发区、工业区等）应沿可通行消防车的街道设置市政消火栓系统。

② 民用建筑、厂房（仓库）、储罐（区）、堆场周围应设室外消火栓。

③ 用于消防救援和消防车停靠的地面上，应设置室外消火栓系统。

④ 耐火等级≥二级，且建筑物体积≤3000 m^3 的戊类厂房；居住区人数≤500 人，且建筑物层数≤两层的居住区，可不设置室外消防给水系统。

（2）室外消火栓的分类

① 地上式消火栓。地上式消火栓直接在地面上接水，操作方便，但易被碰撞，易受冻。如有条件的话应采用防撞式消火栓。市政消火栓宜采用地上式室外消火栓；在冬季结冰地区宜采用干式地上式室外消火栓，严寒地区宜增设消防水鹤，如图 3-8 所示。

② 地下式消火栓。地下式消火栓设置于地下，防冻效果好，但需要建较大的地下井室，且使用时消防队员要到井内接水，非常不方便。当采用地下式消火栓时，应有明显的永久标志。

③ 室外直埋伸缩式消火栓。如图 3-9 所示，平时将消火栓压回地面以下，使用时拉出地面工作。比地上式能避免碰撞，防冻效果好；比地下式操作方便，直埋安装更简单，是较为先进的新型室外消火栓。

（3）室外消火栓的设置要求

① 市政消火栓应在道路的一侧设置，并宜靠近十字路口，但当市政道路宽度超过 60 m 时，应在道路的两侧交叉错落设置市政消火栓，市政桥桥头和城市交通隧道出入口等市政公用设施处，应设置市政消火栓，其保护半径不应超过 150 m，间距不应大于 120 m。

图 3-8　消防水鹤

图 3-9　室外直埋伸缩式消火栓

② 市政消火栓应布置在消防车易于接近的人行道和绿地等地点，且不应妨碍交通。应避免设置在机械易撞击的地点，如确有困难时，应采取防撞措施。距路边不宜小于 0.5 m，并不应大于 2 m，距建筑外墙或外墙边缘不宜小于 5 m。

③ 人防工程、地下工程等建筑应在出入口附近设置室外消火栓，距出入口的距离不宜小于 5 m，并不应大于 40 m；停车场的室外消火栓应沿停车场周边设置，与最近一排汽车的距离不宜小于 7 m，距加油站或油库不宜小于 15 m。

④ 甲、乙、丙类液体储罐区和液化烃储罐区等构筑物的室外消火栓，应设在防火堤或防护墙外，数量应根据每个罐的设计流量经计算确定，但距罐壁 15 m 范围内的消火栓，不应计算在该罐可使用的数量内。

⑤ 工业企业单位内室外消火栓的设置要求。工艺装置区等采用高压或临时高压消防给水系统的场所，其周围应设置室外消火栓，数量应根据设计流量经计算确定，且间距不应大于 60 m。当工艺装置区宽度大于 120 m 时，宜在该装置区内的路边设置室外消火栓。

⑥ 室外消火栓的数量应根据室外消火栓设计流量和保护半径经计算确定，保护半径不应大于 150 m，每个室外消火栓的出流量宜按 10～15 L/s 计算。室外消火栓宜沿建筑周围均匀布置，且不宜集中布置在建筑一侧；建筑消防扑救面一侧的室外消火栓数量不宜少于 2 个。

（4）室外消防给水管道设置

① 室外消防给水应采用两路消防供水并布置成环状，若建设初期只能采用一路消防供水，可布置成枝状，时机成熟后仍需采用环装布置。

② 为保证消防用水总量的供给要求，向环状管网输水的进水管不应少于 2 条，当其中一条发生故障时，其余的进水管应能满足消防用水总量。

③ 室外消防给水管道应采用阀门分隔成若干独立段，每个管段内室外消火栓的数量不宜超过 5 个。

④ 管道的直径应根据流量、流速和压力要求经计算确定，但不应小于 DN100，有条件的应不小于 DN150。

3.2.4　室内消火栓系统

室内消火栓实际上是室内消防给水管网向火场供水的带有专用接口的阀门，其进水端与消防管道相连，出水端与水带相连。

1. 系统组成

室内消火栓给水系统由消防给水基础设施、消防给水管网、室内消火栓设备、报警控制设备及系统附件等组成。

2. 系统设置场所

（1）应设室内消火栓系统的建筑

① 建筑占地面积大于 300 m^2 的厂房（仓库）。

② 体积大于 5000 m^3 的车站、码头、机场的候车（船、机）楼及展览馆、商店、旅馆、医院和图书馆等单层、多层建筑。

③ 特等、甲等剧场，超过 800 个座位的其他等级的剧场和电影院等，超过 1200 个座位的礼堂、体育馆等单层、多层建筑。

④ 建筑高度大于 15 m 或体积大于 10 000 m^3 的办公建筑、教学建筑和其他单层、多层民用建筑。

⑤ 高层公共建筑和建筑高度大于 21 m 的住宅建筑。

⑥ 对于建筑高度不大于 27 m 的住宅建筑，当确有困难时，可只设置干式消防竖管和不带消火栓箱的 DN65 室内消火栓。

⑦ 国家级文物保护单位的重点砖木或木结构的古建筑。

（2）可不设室内消火栓系统的建筑

① 存有与水接触能引起燃烧、爆炸的物品的建筑物和室内没有生产、生活给水管道，室外消防用水取自储水池且建筑体积不大于 5000 m^3 的其他建筑。

② 耐火等级为一、二级且可燃物较少的单层、多层丁、戊类厂房（仓库），耐火等级为三、四级且建筑体积小于或等于 3000 m^3 的丁类厂房和建筑体积小于或等于 5000 m^3 的戊类厂房（仓库）。

③ 粮食仓库、金库及远离城镇且无人值班的独立建筑。

3. 室内消火栓设备

消火栓设备由水枪、水龙带和消火栓组成，均安装于消火栓箱内，如图 3-10 所示。

图 3-10　室内消火栓设备

① 水枪。

水枪是灭火的主要工具之一，其作用在于收缩水流，产生扑灭火焰的充实水柱。目前在室内消火栓给水系统中配置的水枪一般多为直流式水枪，水枪一端的喷口直径有 13 mm、16 mm、19 mm 三种规格，另一端设有和水龙带相连接的接口，其口径为 50 mm、65 mm 两种。水枪常用钢、铝、铝合金或塑料制成。采用何种规格的水枪，要根据消防水量和充实水柱长度的要求确定。

② 水龙带。

消防水龙带是输送消防水的软管，一端通过快速内扣式接口与消火栓、消防车连接，另一端与水枪相连。常用的水龙带用帆布、麻布或橡胶输水软管制成，直径分 50 mm、65 mm 两种，长度分 15 m、20 m、25 m、30 m 四种。

③ 消火栓。

室内消火栓是消防用的龙头，是带有内扣式的角阀。进口向下和消防管道相连，出口与水龙带相接。室内消火栓由单出口和双出口之分，均为内扣式接口。单出口消火栓直径有50 mm和65 mm两种，双出口消火栓直径均为65 mm。

④ 消火栓箱。

水枪、水龙带、消火栓及其他设备一起设置于带有玻璃门的消火栓箱内，消火栓箱内还应设置带有玻璃保护装置的消火栓泵启动按钮，具有给水、灭火、控制、报警等功能。消火栓箱安装高度以消火栓栓口中心距地面1.1 m为基准。

4. 系统类型

（1）低层建筑室内消火栓给水系统

建筑高度不超过10层的住宅及小于24 m的建筑内设置的室内消火栓给水系统，称为低层建筑室内消火栓给水系统。低层建筑发生火灾，利用消防车从室外消防水源抽水，接出水带和水枪，就能直接有效地扑救建筑物内的任何火灾。因而低层建筑室内消火栓给水系统是供扑救建筑物内的初期火灾使用的。

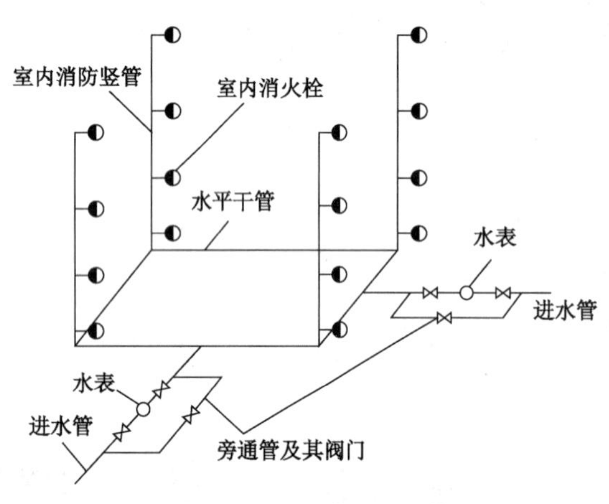

图3-11　直接给水系统

① 直接给水系统。如图3-11所示，当室外给水管网所供水量和水压在全天任何时候均能满足系统最不利点消火栓设备所需水量和水压时，可采用这种给水系统。

② 设有消防水箱的给水系统。当全天内大部分时间室外管网的压力能够满足要求，在用水高峰时室外管网的压力较低，满足不了室内消火栓的压力要求时，可采用这种给水系统。

③ 设有消防水泵和水箱的给水系统。当室外给水管网的水压经常不能满足室内消火栓给水系统最不利点消火栓灭火设备处的水量和水压时，应采用这种给水系统。

（2）高层建筑室内消火栓给水系统

建筑高度为10层及10层以上的住宅，以及超过24 m的其他高层建筑物内，设置的室内消火栓给水系统，称为高层建筑室内消火栓给水系统。高层建筑发生火灾，由于受到消防车水泵压力和水带的耐压强度等的限制，一般不能直接利用消防车从室外消防水源抽水送到高层部分进行扑救，而主要依靠室内设置的消火栓给水系统来扑救。

① 设有独立的室内高压（或临时高压）消火栓给水系统。每幢高层建筑物内设有消防专用、管网内经常保持高压（或当接到火警后，临时加压使管网内的水压达到消防要求的高压）的消防给水系统，一般在地震多发区域、人防要求较高，以及重要的建筑物内采用该系统。

② 区域集中的室内高压（或临时高压）消火栓给水系统。数幢或更多幢高层建筑物共用一个消防水泵房，管网内经常保持高压或临时高压的消防给水系统，在有合理规划的高层建筑区常采用这种系统。

③ 一次供水室内消火栓给水系统。建筑高度超过 24 m 但不超过 50 m 的高层建筑，发生火灾时，消防队使用消防车，从室外消火栓（或消防水池）吸水，通过消防水泵接合器往室内管网供水，仍可帮助室内消火栓给水系统工作，这种情况一般采用一次供水室内消火栓给水系统。

④ 高度超过 50 m 的高层建筑消火栓给水系统。建筑高度超过 50 m 或消火栓处所受静水压力超过 800 MPa 的室内消火栓给水系统，为便于火场扑救和加强供水安全，宜采用分区给水系统。

（3）室内消防给水管道设置

① 室内消火栓超过 10 个且室外消防用水量大于 15 L/s 时，系统管网应布置成环状。

② 高层厂房应设置独立的消防给水系统。

③ 室内消火栓竖管管径应根据其最低流量经计算确定，但不应小于 DN100。

④ 室内消火栓给水管网应与自动喷水等其他水灭火系统的管网分开设置，当合用消防水泵时，供水管路沿水流方向应在报警阀前分开设置。

⑤ 室内消防给水管道应采用阀门分隔成若干独立段。

⑥ 当生产、生活用水量达到最大，并且市政给水管网仍能满足室/内外消防用水量时，室内消防水泵的吸水管应直接从市政管道吸水。

3.3 自动喷水灭火系统

教师任务：通过讲解使学生了解自动喷水灭火系统的发展及分类，通过图例演示及案例讲解等方式，引导学生熟悉各类系统的组成及适用场所、参数设计要求。

学生任务：分组探讨，结合图例，掌握自动喷水灭火系统的分类、组成与工作原理；熟悉自动喷水灭火系统的组件及其设置要求；根据自动喷水灭火系统设置场所的火灾危险性等级分类和系统设计参数，掌握基本设计方法，完成任务单，如表 3-5 所示。

表 3-5　任务单

序号	项　目	内　容
1	自动喷水灭火系统认知	
2	自动喷水灭火系统类型	
3	自动喷水灭火系统设计参数	
4	自动喷水灭火系统主要组件及设置要求	

3.3.1　自动喷水灭火系统认知

1. 自动喷水灭火系统

自动喷水灭火系统是目前世界上公认的最为有效的自救灭火措施，是应用最为广泛、用量最大、灭火效率最高的自动灭火系统。

自动喷水灭火系统主要由洒水喷头、报警阀、管道、报警系统和水泵组成。自动喷水灭火系统使用水作灭火剂，平时应保持在准工作状态，火灾一旦发生，系统便会自动启动喷水灭火，起到延缓火势和扑灭火灾的作用，还能在自动灭火的同时发出警报。

2. 自动喷水灭火系统的发展历史

自动喷水灭火系统的发展经历了很长时间。美国在 19 世纪初期就已经应用了穿孔管喷水系统；1864 年，英国的斯图尔特・哈里森发明了第一个自动喷头，这种喷头是利用火焰烧断绳子开启橡皮阀，然后打开喷头喷水；1875 年，美国的亨利・帕米里发明了帕米里喷头，这也是最早得到广泛应用的一种喷头。这些设计是自动喷水灭火系统各个发展时期的代表，因为各有缺陷而被逐渐淘汰。

1881 年，弗雷德里克・格林尼尔制造了第一只现代洒水喷头，该喷头把喷头体和溅水盘巧妙地结合，借助杠杆原理用金属膜片将水封住。1891 年格林尼尔设计了玻璃球喷头，这种设计一直沿用到了今天。在此后的 100 多年里，自动洒水喷头的技术一直在不断发展，不同的设计理念层出不穷，但是格林尼尔制定的基本设计思路一直没有变。

英美等国对于自动喷水灭火系统的应用已十分普遍，并制定了相关的安装规范。在美国 1965 年统计的一份数据中表明，在安装喷水灭火系统的建筑物中，共发生火灾 75 290 次，而灭火的成功率高达 96.2%。现在，自动喷水灭火系统不仅广泛应用在公共建筑、工业建筑和各类厂房中，在普通住宅中也已经开始使用。

我国应用自动喷水灭火系统的历史也已将近百年，1926 年在上海由英国人建立的上海第十七毛纺厂就安装了自动喷水灭火系统。从 20 世纪 80 年代初开始，我国的经济水平和科技水平不断提高，对自动喷水灭火系统的研究和生产也取得了较大的发展。2000 年 7 月 2 日凌晨，上海浦东国际机场一座 6 月刚通过消防验收的 7 层高的某业务楼中，6 层一间 40 m^2 的办公室由于电气设备故障引起燃烧，从发出火灾报警信号到扑灭火灾仅用了 4 min。

随着自动喷水灭火系统的功能越来越完善、效率越来越高，在全世界各国的使用量也将继续增长。

3.3.2 自动喷水灭火系统类型

1. 系统的分类

根据不同的工作原理或不同的保护场所，自动喷水灭火系统被分为不下十种类型。

常用的自动喷水灭火系统的分类如表 3-6 所示。

表 3-6 自动喷水灭火系统类型

<table>
<tr><td rowspan="6">自动喷水灭火系统</td><td rowspan="4">闭式系统</td><td>湿式自动喷水灭火系统</td></tr>
<tr><td>干式自动喷水灭火系统</td></tr>
<tr><td>预作用式自动喷水灭火系统</td></tr>
<tr><td>循环启闭自动喷水灭火系统</td></tr>
<tr><td rowspan="2">开式系统</td><td>雨淋灭火系统</td></tr>
<tr><td>水幕灭火系统</td></tr>
</table>

2. 湿式自动喷水灭火系统

（1）湿式自动喷水灭火系统组成

湿式自动喷水灭火系统由闭式喷头、湿式报警阀组、水流指示器或压力开关、供水与配水管道及供水设施等组成。在准工作状态下，管道内充满用于启动系统的有压水，当建筑物发生火灾后，火点温度升至开启闭式喷头的温度时，喷头自动出水灭火。

湿式自动喷水灭火系统的组成如图 3-12 所示。

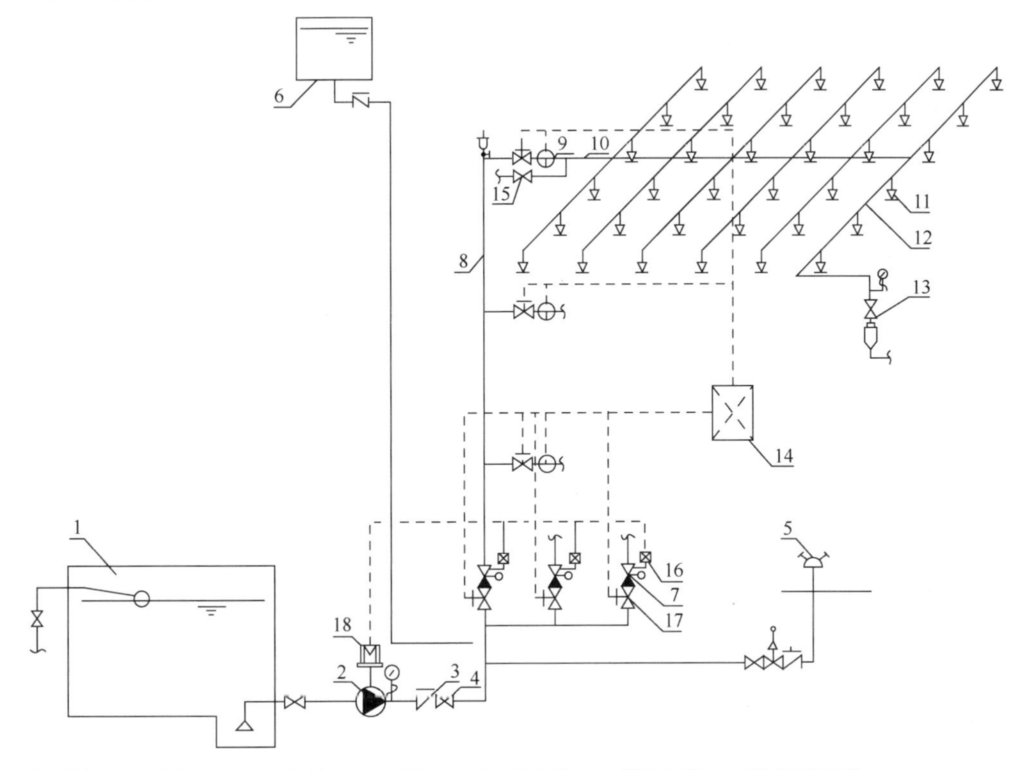

1—消防水池；2—消防水泵；3—止回阀；4—闸阀；5—水泵接合器；6—消防水箱；7—湿式报警阀组；
8—配水干管；9—水流指示器；10—配水管；11—闭式喷头；12—配水支管；13—末端试水装置；
14—报警控制器；15—泄水阀；16—压力开关；17—信号阀；18—驱动电机

图 3-12　湿式自动喷水灭火系统

（2）湿式报警阀组工作原理

湿式报警阀组是自动喷水灭火系统的一个主要部件，安装在总供水管上，连接供水设备和配水管网，是一种只允许水流单方向流入配水管网，并在规定流量下报警的止回型阀门。湿式报警阀与水力警铃、延迟器、过滤器、压力开关和水源控制阀等组成报警阀组，构造如图 3-13 所示。

湿式报警阀组按结构可分为两种，隔板座圈型和导阀型。隔板座圈型湿式报警阀的结构如图 3-14 所示。

当湿式报警阀组处于准工作状态时，阀瓣的上、下腔内充满了水，水的压强近似相等。由于阀瓣上部的水压大于下部的水压，因此阀瓣受到的水压合力向下。在水压力及自重的作用下，阀瓣坐落在阀座上，处于关闭状态。当水源压力出现波动或冲击时，通过补偿器（或补水单向阀）使上、下腔压力保持一致，阀瓣仍处于准工作状态，不会发生误报。发生火灾时，闭式喷头启动喷水灭火，补偿器来不及补水，阀瓣上部的水压下降，当其下降到使下腔的水压足以开启阀瓣时，下腔的水便向洒水管网及动作喷头供水，同时部分水流经报警阀的环形槽进入报警口，流向延迟器、水力警铃，警铃发出声响报警，压力开关开启，给出电接点信号并启动自动喷水灭火系统的给水泵。湿式报警阀组工作原理如图 3-15 所示。

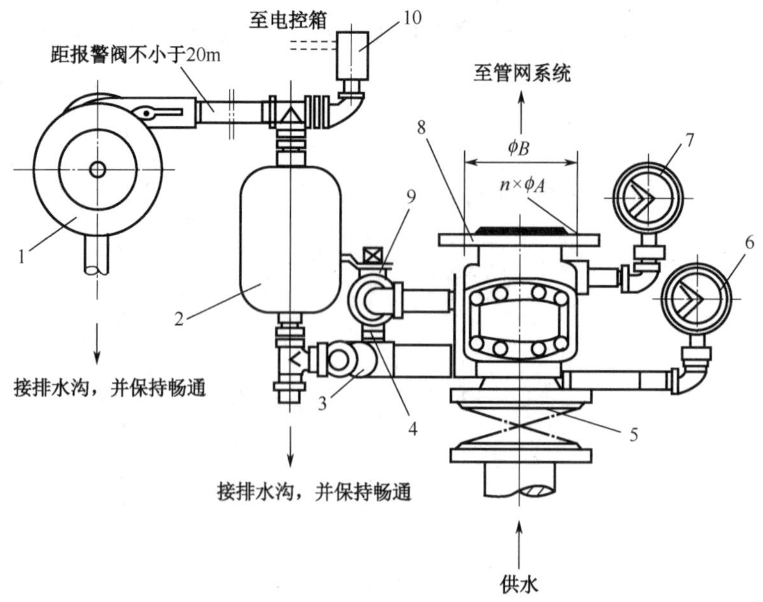

1—水力警铃；2—延迟器；3—过滤器；4—试验球阀；5—水源控制阀；6—进水侧压力表；
7—出水侧压力表；8—报警阀；9—排水球阀；10—压力开关

图 3-13　湿式报警阀组

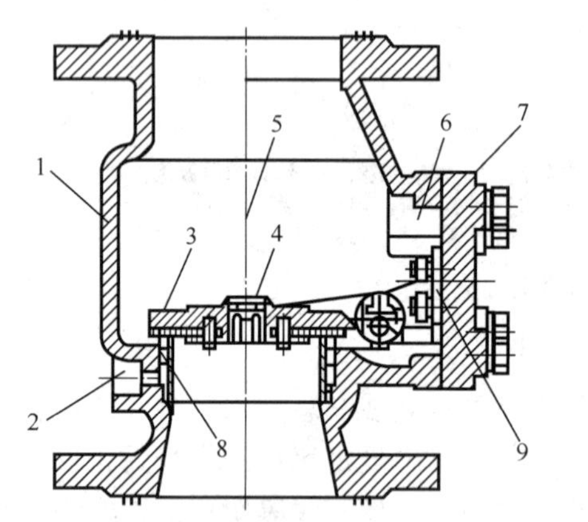

1—阀体；2—报警口；3—阀瓣；4—补水单向阀；5—测试口；
6—检修口；7—阀盖；8—座圈；9—支架

图 3-14　隔板座圈型湿式报警阀

（3）湿式自动喷水灭火系统的工作原理

湿式自动喷水灭火系统处于准工作状态时，管网内充满了压力水。当火灾发生时，火源周围的温度不断上升，喷头感应到自动开启喷水。此时，管网中的水由静止变为流动，管网的压力下降，水流指示器动作送出电信号，在报警控制器上显示某一区域喷水的信息。由于持续喷水泄压造成湿式报警阀组的上部水压低于下部水压，在压力差的作用下，原来处于关闭状态的湿式报警阀组将自动开启。此时，压力水通过湿式报警阀流向管网，同时打开通向水力警铃的通道，延迟器充满水后，水力警铃发出声响警报，压力开关动作并输出启动供水泵的信号。供水泵投入运行后，完成系统的启动过程，湿式自动喷水灭火系统的工作原理如图 3-16 所示。

（4）湿式自动喷水灭火系统适用范围

湿式自动喷水灭火系统具有结构简单、施工简单、灭火效率高和价格低廉等特点，在环境温度不低于 4℃、不高于 70℃的建筑物和场所（不能用水扑救的建筑物和场所除外）都可采用这种系统，它是目前世界上应用最广泛的一种系统。

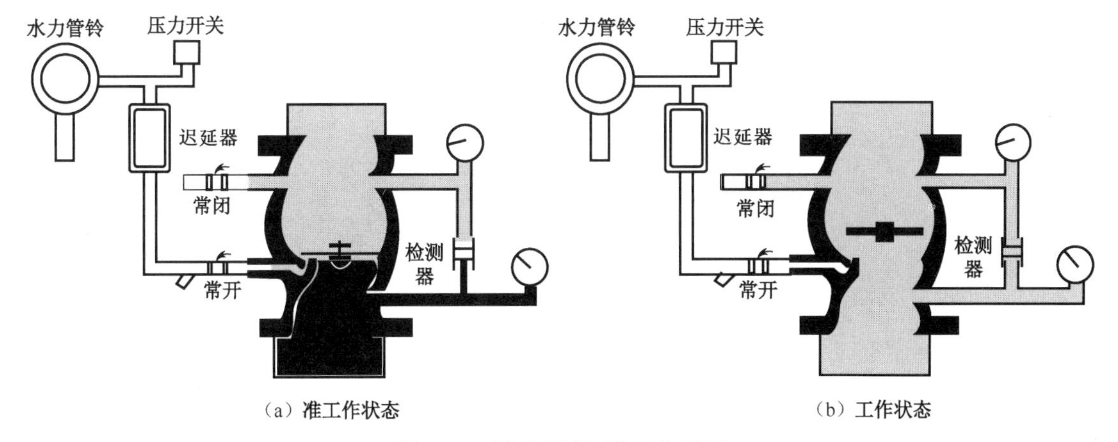

图 3-15　湿式报警阀组工作原理

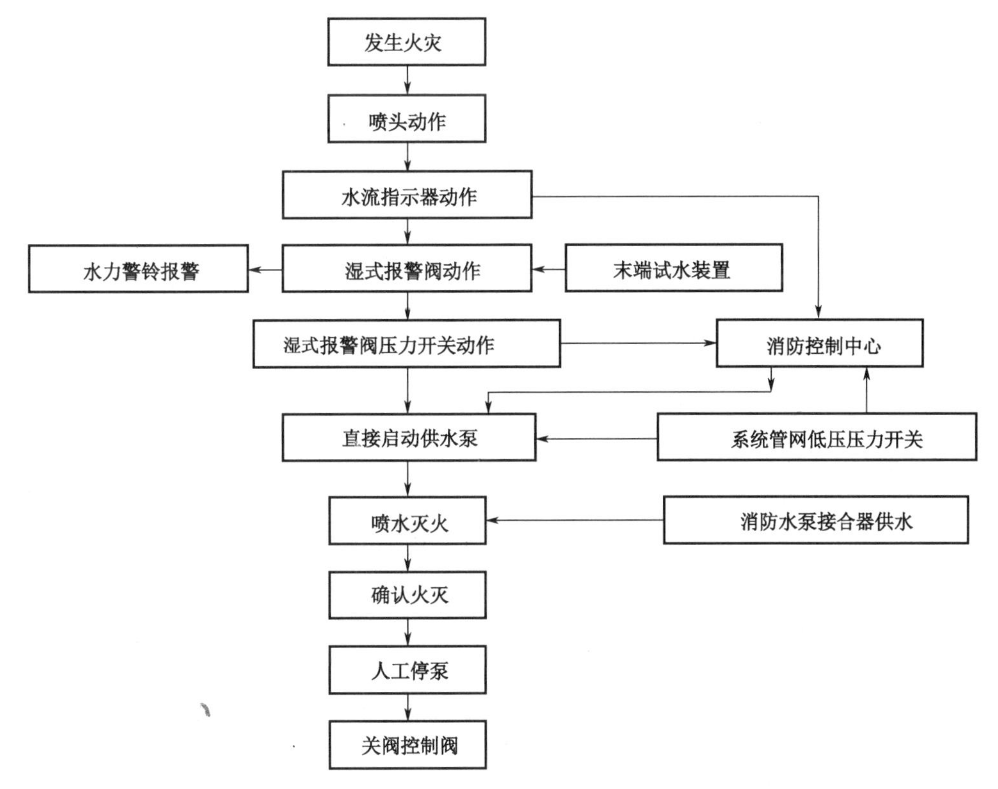

图 3-16　湿式系统工作原理

3. 干式自动喷水灭火系统

(1) 干式自动喷水灭火系统组成

干式自动喷水灭火系统由闭式喷头、干式报警阀组、水流指示器或压力开关、供水与配水管道、充气设备及供水设施等组成，在准工作状态下，配水管道内充满用于启动系统的有压气体。干式自动喷水灭火系统的启动原理与湿式自动喷水灭火系统相似，只是将传输喷头开放信号的介质由有压水改为有压气体，干式自动喷水灭火系统的组成如图 3-17 所示。

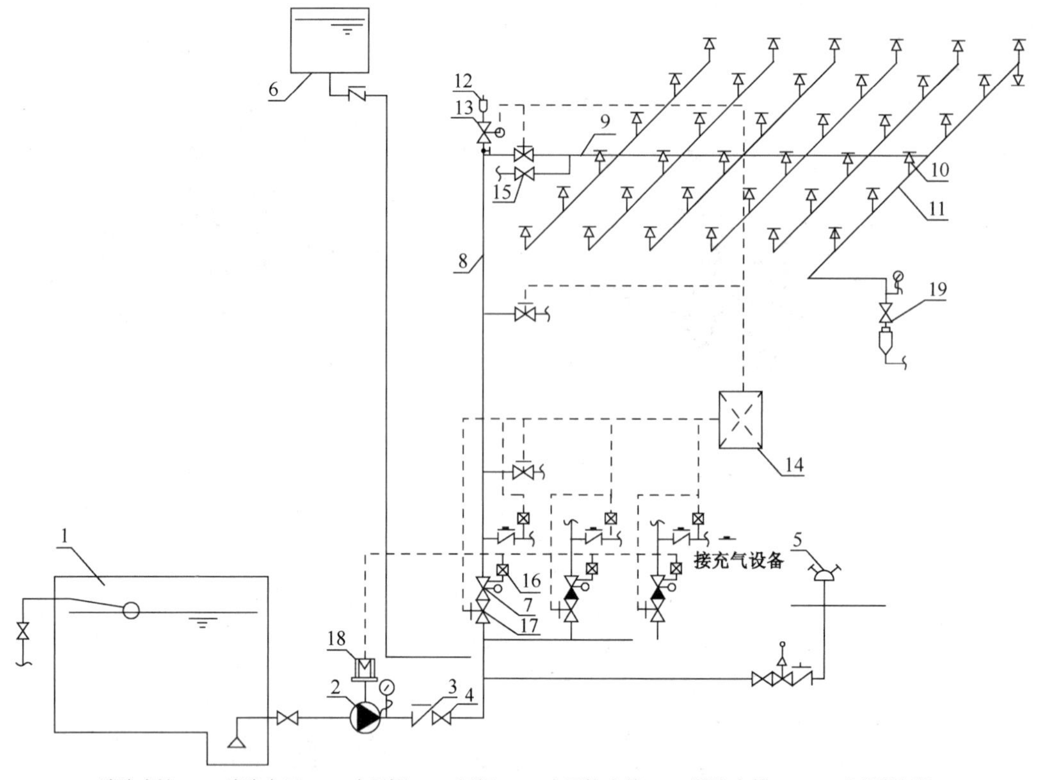

1—消防水池；2—消防水泵；3—止回阀；4—闸阀；5—水泵接合器；6—消防水箱；7—干式报警阀组；
8—配水干管；9—配水管；10—闭式喷头；11—配水支管；12—排气阀；13—电动阀；14—报警控制器；
15—泄水阀；16—压力开关；17—信号阀；18—驱动电机；19—末端试水装置

图 3-17　干式自动喷水灭火系统组成

（2）干式报警阀组工作原理

干式报警阀组是干式自动喷水灭火系统的重要组成部分，它是系统控制阀，用于接通或切断供水，输出报警水流。干式报警阀组主阀由阀体、内座圈、外座圈、阀瓣组件、阀盖等零部件组成。阀瓣组件和内外座圈将主阀分为三个部分，即上腔、中间腔和下腔。上腔为关闭的阀瓣以上部分的阀腔，与系统管网相连，充有压力气体；中间腔为关闭的阀瓣与内、外座圈围成的环状空间，因阀瓣同时封闭外座圈和内座圈，所以中间腔既不与上腔相通，又不与下腔相通，而通过孔道与大气相通；下腔为关闭的阀瓣以下部分的阀腔，与供水侧管道相连，充有压力水。干式报警阀在准工作状态下隔开喷水管网中的空气和供水管道中的压力水，使喷水管网始终保持干管状态，发生火灾时，喷头开启，管网空气压力下降，阀阀瓣开启，水通过报警阀进入喷水管网，同时部分水流通过报警阀的环形槽进入信号设施进行报警。干式报警阀组工作原理如图 3-18 所示。

（3）干式自动喷水灭火系统工作原理

干式系统处于准工作状态时，由消防水箱或稳压泵、气压给水设备等稳压设施维持干式报警阀入口前管道内的充水压力，报警阀出口后的管道内充满有压气体（通常采用压缩空气），报警阀处于关闭状态。当火灾发生时，火源周围的温度不断上升，闭式喷头的热敏元件动作，闭式喷头开启，使干式阀的出口压力下降，加速器动作后促使干式报警阀迅速开启，管道开始排气充水，剩余压缩空气从系统最高处的排气阀和开启的喷头处喷出。此时，通向水力警铃和压力开关的通道被打开，水力警铃发出声响警报，压力开关动作并输出启泵信号，启动系统供水泵；管道完成排气充水过程后，开启的喷头开始喷水。从闭式喷头开启至供水泵投入运行前，由消防水箱、气压给水设备或稳压泵等供水设施为系统的配水管道充水，干式系统的工作原理如图 3-19 所示。

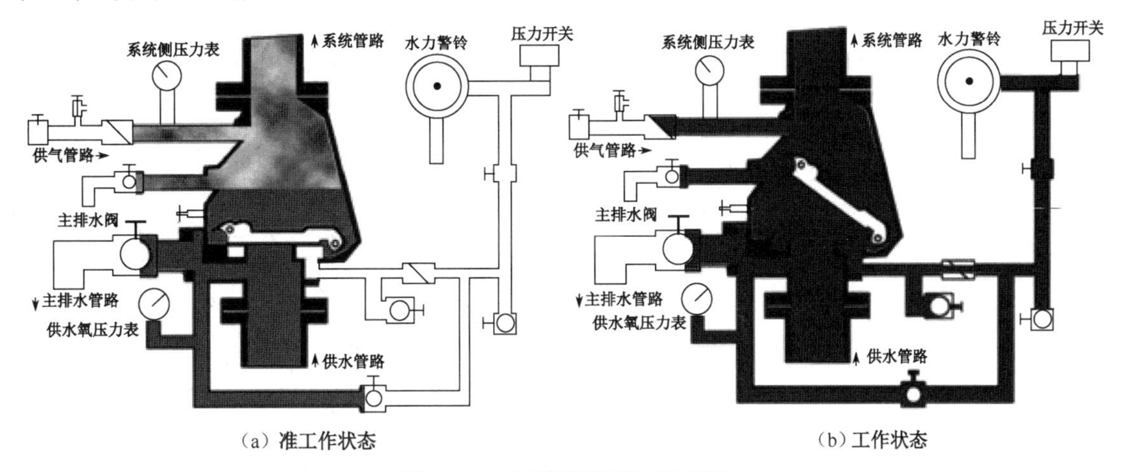

图 3-18　干式报警阀组工作原理

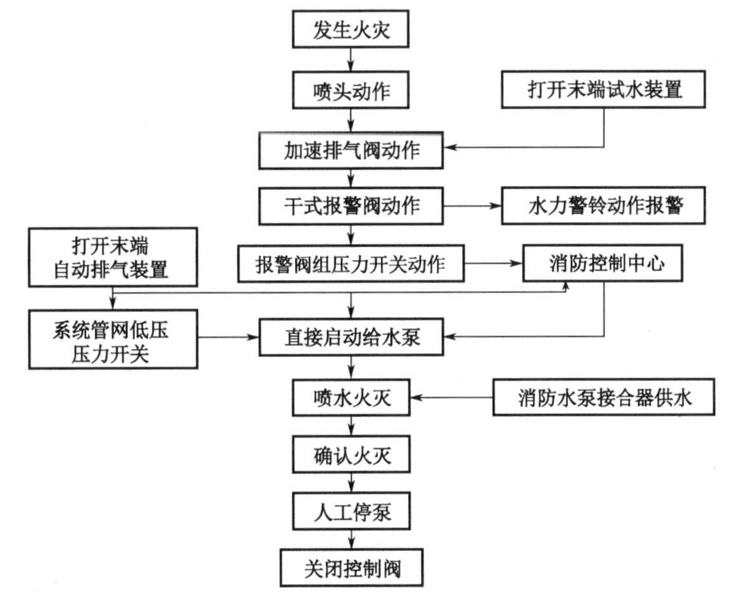

图 3-19　干式系统工作原理

（4）干式自动喷水灭火系统适用范围

干式系统适用于环境温度低于 4℃或高于 70℃的场所，如地下停车场等。干式系统由于在准工作状态时配水管道内没有水，但因需充气设备进行充气，所以造价较高，而喷头动作、系统启动时必须经过一个管道排气、充水的过程，因此会出现滞后喷水现象，不利于系统及时控火灭火。

4. 预作用自动喷水灭火系统

（1）预作用系统组成

预作用自动喷水灭火系统由闭式喷头、预作用报警阀组、火灾探测报警系统、供水与配水管道、充气设备和供水设施等组成。预作用报警阀组是由雨淋阀和湿式报警阀上/下串接而成，雨淋阀位于供水侧，湿式报警阀位于系统侧而成为预作用阀组。在准工作状态下，配水管道内不充水，由火灾报警系统自动开启雨淋阀后，转换为湿式自动喷水灭火系统。预作用自动喷水灭火系统与湿式自动喷水灭火系统、干式自动喷水灭火系统的不同之处在于系统采用雨淋阀，并配套设置火灾自动报警系统。预作用自动喷水灭火系统的组成如图 3-20 所示。

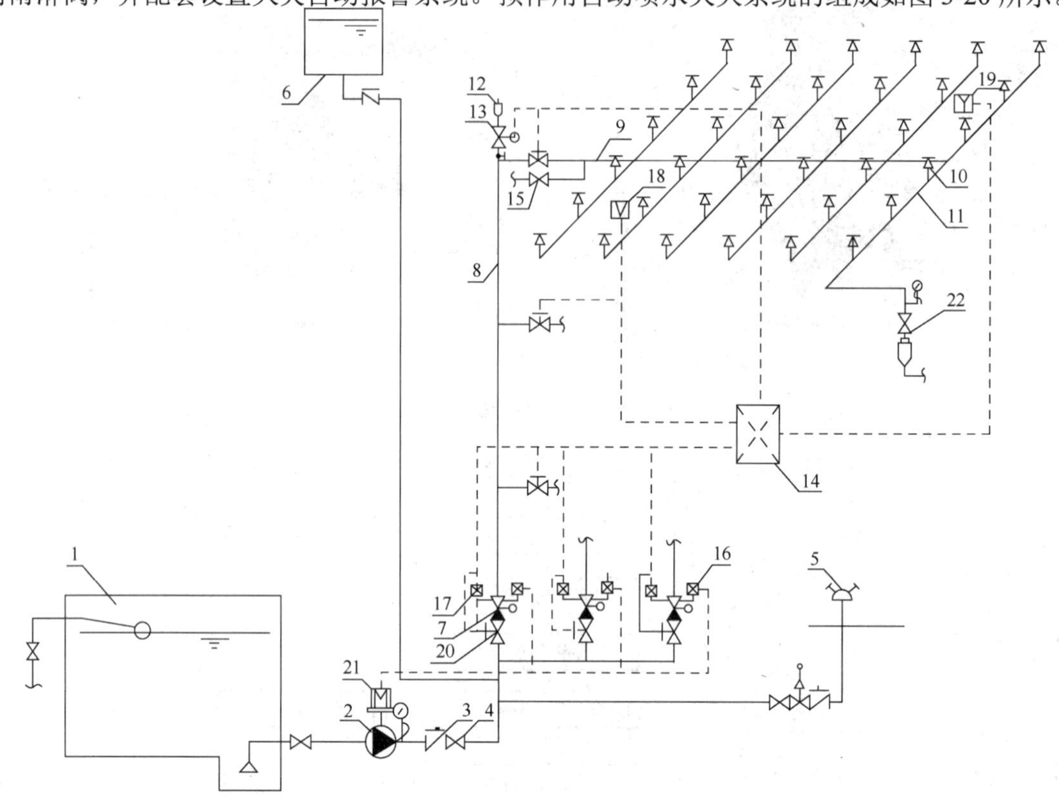

1—消防水池；2—消防水泵；3—止回阀；4—闸阀；5—水泵接合器；6—消防水箱；7—预作用报警阀组；8—配水干管；9—配水管；10—闭式喷头；11—配水支管；12—排气阀；13—电动阀；14—报警控制器；15—泄水阀；16—压力开关；17—电磁阀；18—感温探测器；19—感烟探测器；20—信号阀；21—驱动电机；22—末端试水装置

图 3-20　预作用自动喷水灭火系统组成

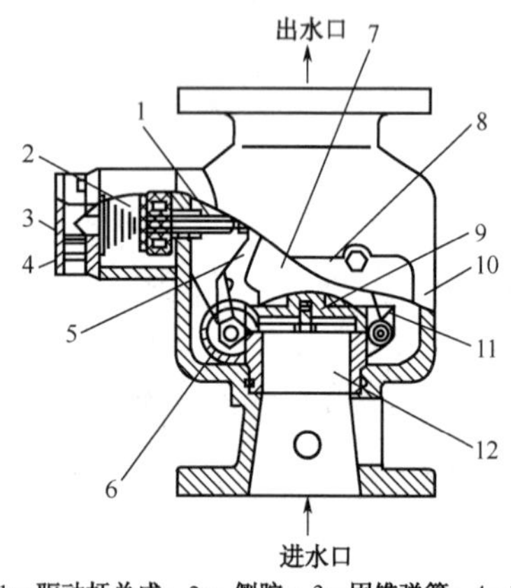

1—驱动杆总成；2—侧腔；3—固锥弹簧；4—节流孔；5—锁止机构；6—复位手轮；7—上腔；8—检修盖板；9—阀瓣总成；10—阀体总成；11—复位扭簧；12—下腔

图 3-21　雨淋阀构造

（2）雨淋阀工作原理

雨淋阀是通过控制消防给水管路达到自动供水的一种控制阀，是组成雨淋系统、预作用系统、水幕系统和水喷雾系统的重要组件。雨淋阀的阀腔分成上腔、下腔和控制腔三部分。控制腔与供水管道连通，中间设限流传压的孔板。供水管道中的压力水推动控制腔中的膜片，进而推动驱动杆顶紧阀瓣锁定杆，锁定杆产生力矩，把阀瓣锁定在阀座上。阀瓣使下腔的压力水不能进入上腔。控制腔泄压时，使驱动杆作用在阀瓣锁定杆上的力矩低于供水压力作用在阀瓣上的力矩，于是阀瓣开启，供水进入配水管道，如图 3-21 所示。

（3）预作用自动喷水灭火系统工作原理

预作用自动喷水灭火系统处于准工作状态时，由消防水箱或稳压泵、气压给水设备等稳压设施维持雨淋阀入口前管道内的充水压力，雨淋阀后的管道内平时无水或充有压气体。发生火灾时，由火灾自动报警系统自动开启雨淋报警阀，配水管道开始排气充水，使系统在闭式喷头动作前转换成湿式系统，并在闭式喷头开启后立即喷水。如果发生火灾时，火灾探测器发生故障，没能发出报警信号启动预作用阀，而火源处温度继续上升，使得喷头开启，于是管网中的压缩空气气压迅速下降，由压力开关探测到管网压力骤降的情况，压力开关发出报警信号，通过火灾报警控制箱也可以启动雨淋阀，供水灭火，预作用自动喷水灭火系统的工作原理如图 3-22 所示。

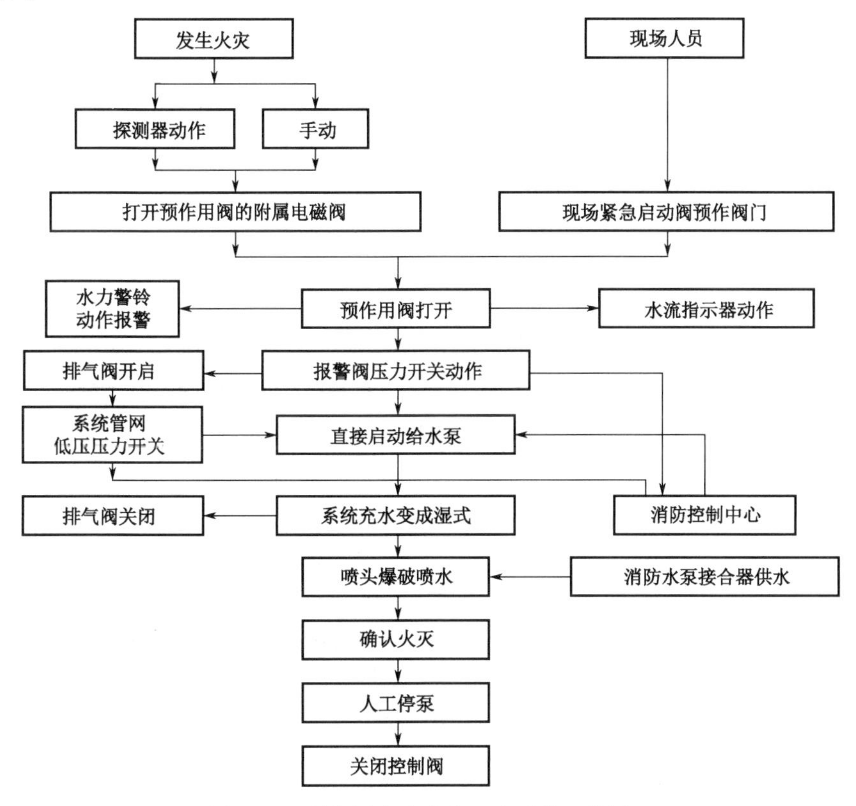

图 3-22　预作用自动喷水灭火系统工作原理

（4）预作用自动喷水灭火系统适用范围

预作用自动喷水灭火系统适用于高级宾馆、重要办公楼、大型商场等不允许因误喷而造成水渍损失的建筑物内，由于预作用系统克服了干式系统在喷头开放后延迟喷水的弊病，因此其在低温和高温环境中可替代干式系统。需要注意的是，预作用系统处于准工作状态时，要注意监测严防管道漏水。

5. 雨淋系统

（1）雨淋系统组成

雨淋系统由开式喷头、雨淋阀组、水流报警装置、供水与配水管道及供水设施等组成。区别于湿式系统、干式系统和预作用系统的不同之处在于，雨淋系统采用开式喷头，由雨淋阀控制喷水范围，由配套的火灾自动报警系统或传动管系统启动雨淋阀。雨淋系统有电动、液动和气动控制方式，常用的电动雨淋系统和液动雨淋系统分别如图 3-23 和图 3-24 所示。

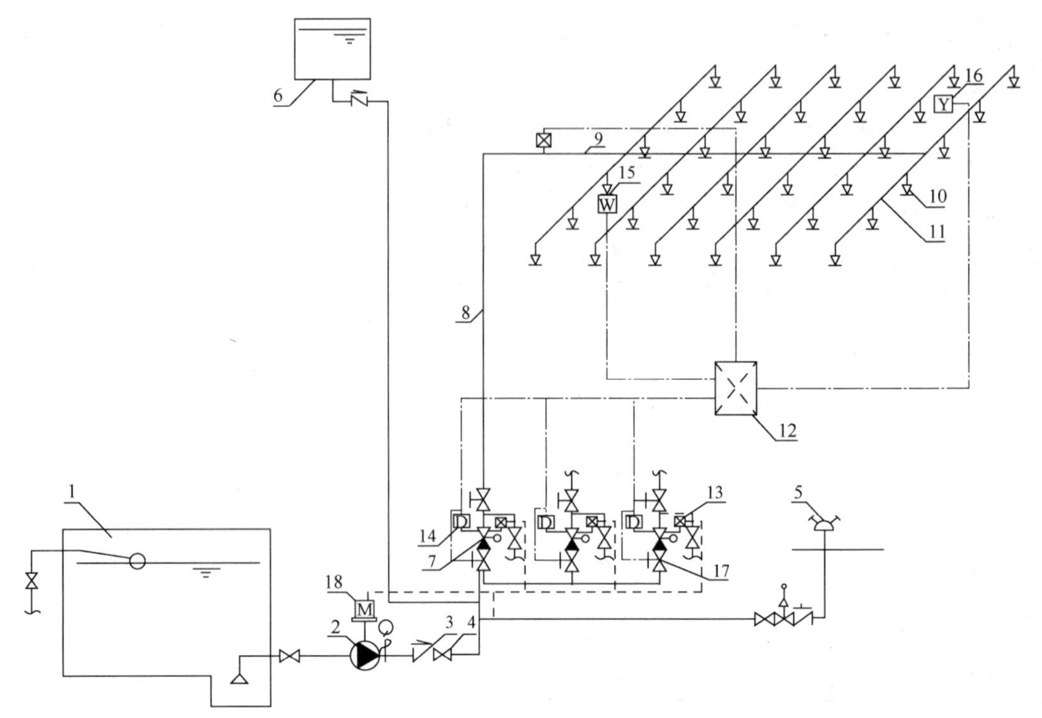

1—消防水池；2—消防水泵；3—止回阀；4—闸阀；5—水泵接合器；6—消防水箱；7—雨淋报警阀组；
8—配水干管；9—配水管；10—开式喷头；11—配水支管；12—报警控制器；13—压力开关；
14—电磁阀；15—感温探测器；16—感烟探测器；17—信号阀；18—驱动电机

图 3-23　电动雨淋系统示意图

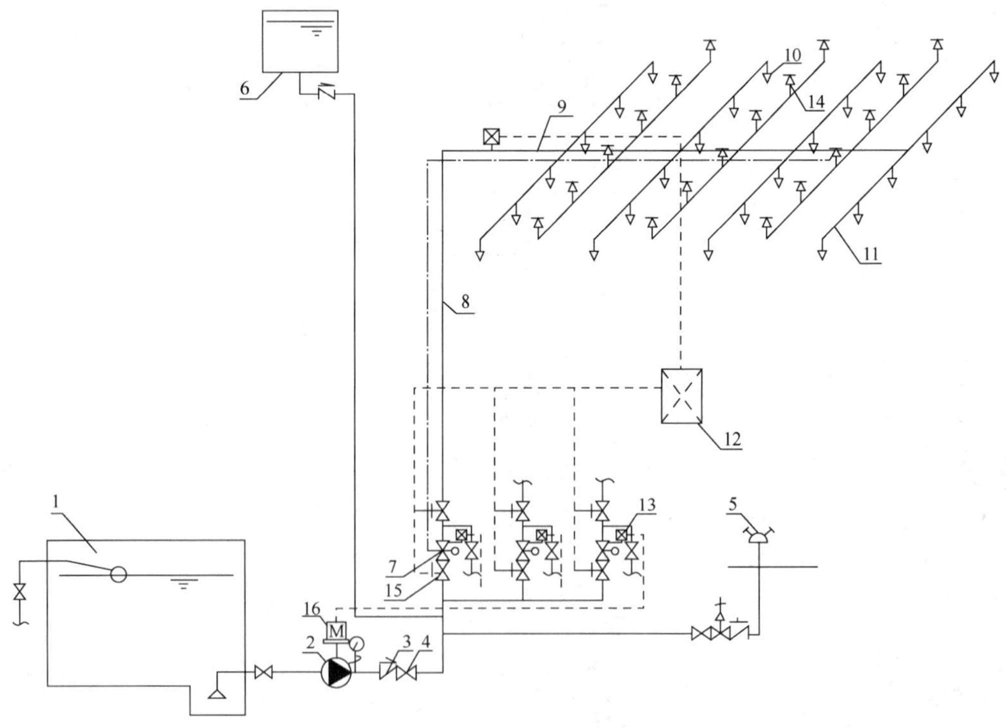

1—消防水池；2—消防水泵；3—止回阀；4—闸阀；5—水泵接合器；6—消防水箱；7—雨淋报警阀组；
8—配水干管；9—配水管；10—闭式喷头；11—配水支管；12—报警控制器；13—压力开关；
14—开式喷头；15—信号阀；16—驱动电机

图 3-24　液动雨淋系统示意图

（2）雨淋系统工作原理

系统处于准工作状态时，由消防水箱或稳压泵、气压给水设备等稳压设施维持雨淋阀入口前管道内的充水压力。发生火灾时，由火灾自动报警系统或传动管系统自动控制开启雨淋报警阀和供水泵，向系统管网供水，由雨淋阀控制的开式喷头同时喷水，雨淋系统的工作原理如图 3-25 所示。

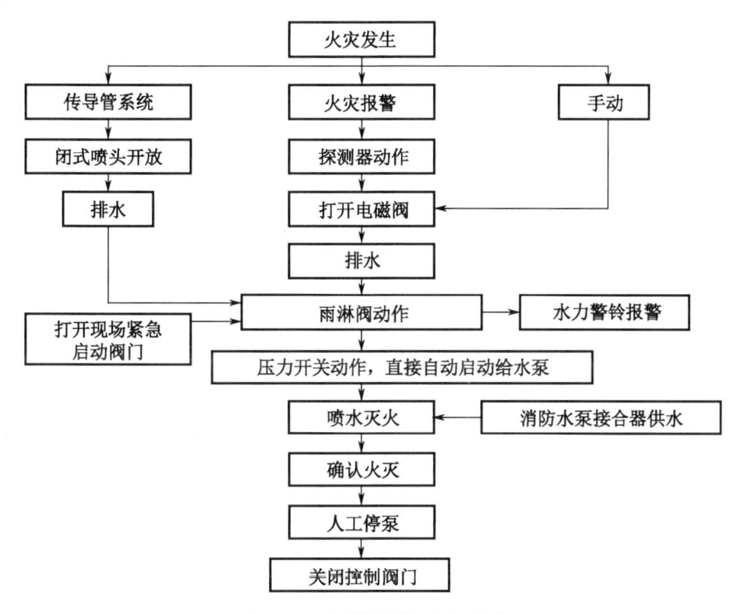

图 3-25　雨淋系统工作原理

（3）雨淋系统适用范围

由于雨淋系统采用的是开式喷头，在系统启动后会立即大面积喷水，初期用水量就较多，因此，雨淋系统主要适用于需要大面积喷水、快速扑灭火灾的特别危险场所，如火灾的水平蔓延速度快、闭式喷头的开放不能及时使喷水有效覆盖着火区域，或是室内净空高度超过一定高度且必须迅速扑救初期火灾及属于严重危险级 II 级的场所。

6. 水幕系统

（1）水幕系统组成

水幕系统是由开式洒水喷头或水幕喷头、雨淋报警阀组或感温雨淋阀、供水与配水管道、控制阀及水流报警装置（水流指示器或压力开关）等组成的系统。水幕系统喷头沿线状布置，喷洒出水呈成水幕状，能阻挡火焰穿过开口部位，防止火势蔓延，冷却防火隔绝物，增强其耐火性能，并能扑灭局部的火灾。水幕喷头构造如图 3-26 所示。

图 3-26　水幕喷头

（2）水幕系统工作原理

水幕系统处于准工作状态时，由消防水箱或稳压泵、气压给水设备等稳压设施维持管道内的充水压力。发生火灾时，由火灾自动报警系统联动开启雨淋报警阀组和供水泵，向系统管网和喷头供水。

（3）水幕系统适用范围

水幕系统的主要任务是为了防止火势蔓延及冷却防火隔断物而不是灭火，可安装在舞台口、门窗、孔洞口等位置用来阻挡火势和烟气的蔓延，还可以配合防火卷帘、防火幕等一起使用，冷却这些防火隔断物，以增加其耐火性能。水幕系统还可作为防火分区的手段，在建筑面积超过防火分区的规定要求，而工艺要求又不允许设防火隔断物时，可采用水幕系统来代替防火隔断设施。

3.3.3 自动喷水灭火系统的设计参数

自动喷水灭火系统的设计参数应根据建筑物的不同用途、规模及其火灾危险等级等因数确定。

1. 建筑物设置自动喷水灭火系统的相关规定

根据我国现行相关建筑设计防火规范中的规定，除一些不能用水扑救的建筑和场所外，一般的民用和工业建筑都宜采用自动喷水灭火系统。

（1）一般建筑

① 大于等于 50 000 纱锭的棉纺厂的开包、清花车间；大于等于 5000 锭的麻纺厂的分级、梳麻车间；火柴厂的烤梗、筛选部位；泡沫塑料厂的预发、成型、切片、压花部位；占地面积大于 1500 m^2 的木器厂房；占地面积大于 1500 m^2 或总建筑面积大于 3000 m^2 的单层、多层制鞋、制衣、玩具及电子产品等厂房；高层丙类厂房；飞机发动机试验台的准备部位；建筑面积大于 500 m^2 的丙类地下厂房。

② 每座占地面积大于 1000 m^2 的棉、毛、丝、麻、化纤、毛皮及其制品的仓库；每座占地面积大于 600 m^2 的火柴仓库；邮政楼中建筑面积大于 500 m^2 的空邮袋库；建筑面积大于 500 m^2 的可燃物品地下仓库；可燃、难燃物品的高架仓库和高层仓库（冷库除外）。

③ 特等、甲等或超过 1500 个座位的其他等级剧院；超过 2000 个座位的会堂或礼堂；超过 3000 个座位的体育馆；超过 5000 人的体育场室内人员休息室与器材间等。

④ 任一楼层建筑面积大于 1500 m^2 或总建筑面积大于 3000 m^2 的展览建筑、商店、旅馆建筑，以及医院中同样建筑规模的病房楼、门诊楼、手术部；建筑面积大于 500 m^2 的地下商店。

⑤ 设置有送回风道（管）的集中空气调节系统且总建筑面积大于 3000 m^2 的办公楼等。

⑥ 设置在地下、半地下或地上四层及四层以上或设置在建筑的首层、二层和三层且任一层建筑面积大于 300 m^2 的地上歌舞娱乐放映游艺场所（游泳场所除外）。

⑦ 藏书量超过 50 万册的图书馆。

（2）高层民用建筑

① 建筑高度超过 100 m 的高层建筑及其裙房，除游泳池、溜冰场、建筑面积小于 5 m^2 的卫生间、不设集中空调且户门为甲级防火门的住宅户内用房和不宜用水扑救的部位外，均应设自动喷水灭火系统。

② 建筑高度不超过 100 m 的一类高层建筑及其裙房，除游泳池、溜冰场、建筑面积小于 5 m^2 的卫生间、普通住宅、设集中空调的住宅户内用房和不宜用水扑救的部位外，均应设自动喷水灭火系统。

③ 二类高层公共建筑的下列部位应设自动喷水灭火系统：公共活动用房；走道、办公室和旅馆的客房；自动扶梯底部；可燃物品库房。

④ 高层建筑中的歌舞娱乐放映游艺场所、空调机房、公共餐厅、公共厨房，以及经常有

人停留或可燃物多的地下室、半地下室房间等，应设自动喷水灭火系统。

2. 火灾危险等级

自动喷水灭火系统设置场所的火灾危险等级共分为 4 大级，即轻危险级、中危险级（Ⅰ、Ⅱ级）、重危险级（Ⅰ、Ⅱ级）和仓库危险级（Ⅰ、Ⅱ、Ⅲ级），设置场所举例如表 3-7 所示。

表 3-7　自动喷水灭火系统设置场所火灾危险等级举例

<table>
<tr><th colspan="3">火灾危险等级</th><th>设置场所举例</th></tr>
<tr><td>轻危险级</td><td colspan="2">可燃物品较少、火灾放热速率较低、外部增援和人员疏散较容易的场所</td><td>建筑高度小于或等于 24m 的旅馆、办公楼；仅在走道设置闭式系统的建筑等</td></tr>
<tr><td rowspan="2">中危险级</td><td rowspan="2">内部可燃物数量、火灾放热速率中等，火灾初期不会引起剧烈燃烧的场所</td><td>Ⅰ级</td><td>①高层民用建筑：旅馆、办公楼、综合楼、邮政楼、金融电信楼、指挥调度楼、广播电视楼(塔)等。
②公共建筑(含单、多、高层)：医院、疗养院；图书馆(书库除外)、档案馆、展览馆(厅)；影剧院、音乐厅和礼堂(舞台除外)及其他娱乐场所；火车站和飞机场及码头的建筑；总建筑面积小于 5000m^2 的商场、总建筑面积小于 1000m^2 的地下商场等。
③文化遗产建筑：木结构古建筑、国家文物保护单位等。
④工业建筑：食品、家用电器、玻璃制品等工厂的备料与生产车间等；冷藏库、钢屋架等建筑构件</td></tr>
<tr><td>Ⅱ级</td><td>①民用建筑：书库、舞台(葡萄架除外)、汽车停车场、总建筑面积大于或等于 5000m^2 的商场、总建筑面积大于或等于 1000m^2 的地下商场、净空高度小于等于 8m、物品高度小于等于 3.5m 的自选商场等。
②工业建筑：棉毛麻丝及化纤的纺织、织物及其制品，木材木器及胶合板，谷物加工，烟草及其制品，饮用酒(啤酒除外)，皮革及其制品，造纸及纸制品，制药等工厂的备料与生产车间</td></tr>
<tr><td rowspan="2">重危险级</td><td rowspan="2">火灾危险性大，且可燃物品数量多，火灾发生时容易引起猛烈燃烧并可能迅速蔓延的场所</td><td>Ⅰ级</td><td>印刷厂，酒精制品、可燃液体制品等工厂的备料与车间，净空高度小于等于 8m、物品高度大于 3.5 m 的自选商场等</td></tr>
<tr><td>Ⅱ级</td><td>易燃液体喷雾操作区域，固体易燃物品、可燃的气溶胶制品、溶剂清洗、喷涂油漆、沥青制品等工厂的备料与生产车间，摄影棚、舞台葡萄架下部等</td></tr>
<tr><td rowspan="3">仓库危险级</td><td rowspan="3">根据仓库储存物品及其包装划分火灾危险性</td><td>Ⅰ级</td><td>食品、烟酒，木箱、纸箱包装的不燃及难燃物品等</td></tr>
<tr><td>Ⅱ级</td><td>木材、纸、皮革、谷物及其制品，棉毛麻丝化纤及其制品，家用电器、电缆、B 组塑料与橡胶及其制品，钢塑混合材料制品，各种塑料瓶盒包装的不燃物品及各类物品混杂储存的仓库等</td></tr>
<tr><td>Ⅲ级</td><td>A 组塑料与橡胶及其制品、沥青制品等</td></tr>
<tr><td rowspan="2">备注</td><td colspan="2">A 组塑料、橡胶</td><td>丙烯腈–丁二烯–苯乙烯共聚物(ABS)、缩醛(聚甲醛)、聚甲基丙烯酸甲酯、玻璃纤维增强聚酯(FRP)、热塑性聚酯(PET)、聚丁二烯、聚碳酸酯、聚乙烯、聚丙烯、聚苯乙烯、聚氨基甲酸酯、高增塑聚氯乙烯(PVC，如人造革、胶片等)、苯乙烯–丙烯腈(SAN)等；丁基橡胶、乙丙橡胶(EPDM)、发泡类天然橡胶、腈橡胶(丁腈橡胶)、聚酯合成橡胶、丁苯橡胶(SBR)等</td></tr>
<tr><td colspan="2">B 组塑料、橡胶</td><td>醋酸纤维素、醋酸丁酸纤维素、乙基纤维素、氟塑料、锦纶(锦纶 6、锦纶 66)、三聚氰胺甲醛、酚醛塑料、硬聚氯乙烯(PVC，如管道、管件等)、聚偏二氟乙烯(PVDC)、聚偏氟乙烯(PVDF)、聚氟乙烯(PVF)、脲甲醛等；氯丁橡胶、不发泡类天然橡胶、硅橡胶等；粉末、颗粒、压片状的 A 组塑料</td></tr>
</table>

3. 民用建筑和工业厂房的系统设计基本参数

对于民用建筑和工业厂房，系统设计基本参数应符合以下要求：①仅在走道设置单排闭式喷头的闭式系统，其作用面积应按最大疏散距离所对应的走道面积确定；②在装有网格、栅板类通透性吊顶的场所，系统的喷水强度应按表 3-8 规定值的 1.3 倍确定；③干式系统的作用面积应按表 3-8 规定值的 1.3 倍确定。④系统最不利点处喷头的工作压力不应低于 0.05 MPa。

表 3-8　民用建筑和工业厂房的系统设计基本参数

火灾危险等级		净空高度（m）	喷水强度	作用面积（m^2）	持续喷水时间（min）
轻危险级		≤8	4	160	60
中危险级	Ⅰ级		6	160	
	Ⅱ级		8		
重危险级	Ⅰ级		12	260	
	Ⅱ级		16		

4. 非仓库类高大净空场所的系统设计基本参数

对于非仓库类高大净空场所，湿式系统的设计基本参数应符合表 3-9 的要求。最大储物高度超过 3.5 m 的自选商场应按 16L/(min • m^2)确定喷水强度。

表 3-9　非仓库类高大净空场所的系统设计基本参数

适 用 场 所	净空高度（m）	喷 水 强 度 L/ (min · m^2)	作用面积（m^2）	喷头选型	喷头最大间距(m)
中庭、影剧院、音乐厅、单一功能体育馆等	8～12	6	260	K=80	3
会展中心、多功能体育馆、自选商场等	8～12	12	300	K=115	

5. 局部应用的系统设计基本参数

室内最大净空高度不超过 8 m，且保护区域总建筑面积不超过 1000 m^2 的民用建筑可采用局部应用湿式自动喷水灭火系统，但系统应采用快速响应喷头，喷水强度不应低于 6L/(min • m^2)，持续喷水时间不应低于 0.5 h。喷头的选型、布置和作用面积（按开放喷头数确定），应符合下列要求：

① 采用 K=80 快速响应喷头的系统，喷头的布置应符合中危险级Ⅰ级场所的有关规定，作用面积应符合表 3-10 的规定。

表 3-10　局部应用系统采用流量系数 K=80 快速响应喷头时的作用面积

保护区域总建筑面积和最大厅室建筑面积		开放喷头数
保护区域总建筑面积超过 300 m^2 或最大厅室建筑面积超过 200 m^2		10 只
保护区域总建筑面积不超过 300 m^2	最大厅室建筑面积不超过 200 m^2	8 只
	最大厅室内喷头少于 6 只	大于最大厅室内喷头数 2 只
	最大厅室内喷头少于 3 只	5 只

② 采用 K=115 快速响应扩展覆盖喷头的系统，同一配水支管上喷头的最大间距和相邻配水支管的最大间距，正方形布置时不应大于 4.4 m，矩形布置时长边不应大于 4.6 m，喷头

至墙的距离不应大于 2.2 m，作用面积应按开放喷头数不少于 6 只确定。

3.3.4　自动喷水灭火系统的主要组件及设置要求

1. 洒水喷头

根据结构组成和安装方式等，洒水喷头可分为不同的类型，设置要求也有所区别。洒水喷头分类如表 3-11 所示。

表 3-11　洒水喷头分类

洒水喷头	按结构形式分类	闭式喷头
		开式喷头
	按热敏感元件分类	玻璃球喷头
		易熔元件喷头
	按安装方式分类	下垂型喷头
		直立型喷头
		直立式边墙型喷头
		水平式边墙型喷头
		吊顶隐蔽型喷头
	按喷头灵敏度分类	快速响应喷头
		特殊响应喷头
		标准响应喷头

（1）洒水喷头分类

按照结构形式，洒水喷头可分为闭式喷头和开式喷头。闭式喷头是一种直接喷水灭火的组件，是带热敏感元件及其密封组件的自动喷头。具有释放机构，由玻璃球、易熔元件、密封件等零件组成。平时，闭式喷头的出水口由用热敏元件组成的释放机构封闭，当达到公称动作温度时，玻璃球破裂或易熔元件熔化，释放机构自动脱落，喷头开启喷水。喷头按热敏感元件，可划分为玻璃球喷头和易熔元件喷头两种；按照安装方式，又可以划分成直立型、下垂型、直立式边墙型、水平式边墙型和吊顶隐蔽型等。开式喷头（包括水幕喷头）没有释放机构，喷口呈常开状态。发生火灾时，火灾所处的系统保护区域内的所有开式喷头一起出水灭火，各种喷头的构造如图 3-27 和图 3-28 所示。

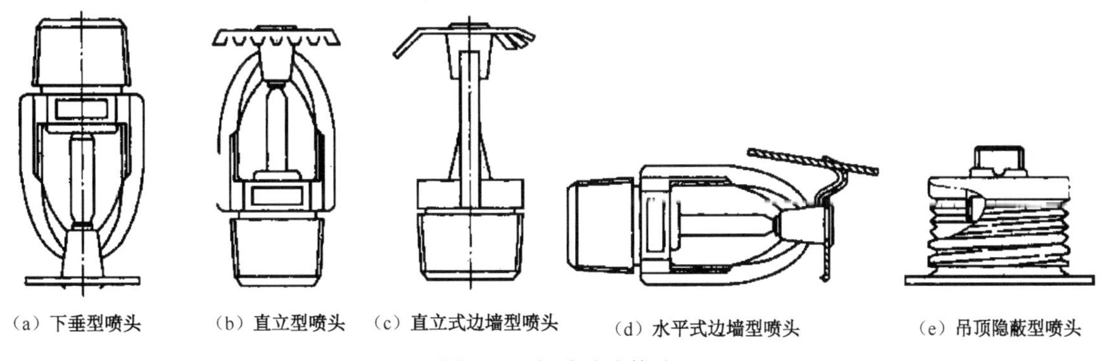

（a）下垂型喷头　（b）直立型喷头　（c）直立式边墙型喷头　（d）水平式边墙型喷头　（e）吊顶隐蔽型喷头

图 3-27　闭式喷头构造

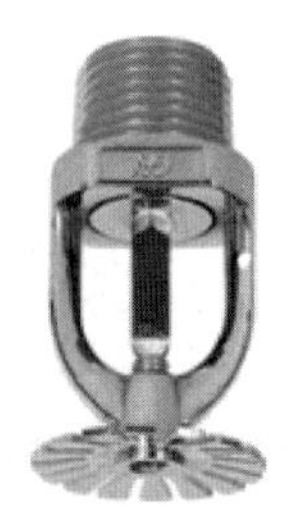
（a）下垂型喷头

（b）直立型喷头

（c）直立式边墙型喷头

（d）易熔元件喷头

图 3-28　喷头实物图

根据国家制定的相关标准，将玻璃球喷头的公称动作温度分为 13 个温度等级，易熔元件喷头的公称动作温度分为 7 个温度等级。为了区分不同公称动作温度的喷头，将感温玻璃球中的液体和易熔元件喷头的轭臂标识不同的颜色，如表 3-12 所示。

表 3-12　闭式喷头的公称动作温度和色标

玻璃球喷头		易熔元件喷头	
公称动作温度（℃）	工作液色标	公称动作温度（℃）	轭臂色标
57	橙	57～77	无色
68	红		
79	黄		
93	绿		
107	绿	80～107	白
121	蓝	121～149	蓝
141	蓝	163～191	红
163	紫	204～246	绿
182	紫	260～302	橙
204	黑	320～343	橙
227	黑		
260	黑		
343	黑		

（2）喷头选型

① 对于湿式自动喷水灭火系统，在吊顶下布置喷头时，应采用下垂型或吊顶型喷头；顶板为水平面的轻危险级、中危险级 I 级居室和办公室，可采用边墙型喷头；易受碰撞的部位，应采用带保护罩的喷头或吊顶隐藏型喷头；在不设吊顶的场所内设置喷头，当配水支管布置在梁下时，应采用直立型喷头。

② 对于干式系统和预作用系统，应采用直立型喷头（利于排气）或干式下垂型喷头。

③ 对于水幕系统，防火分隔水幕应采用开式洒水喷头或水幕喷头，防护冷却水幕应采用水幕喷头。

④ 对于公共娱乐场所，中庭环廊，医院、疗养院的病房及治疗区域，老年、少儿、残疾人的集体活动场所，地下的商业及仓储用房，宜采用快速响应喷头。

⑤ 闭式系统的喷头，其公称动作温度宜比环境最高温度高 30℃。

（3）设置要求

① 同一根配水支管上喷头间的距离及相邻配水支管间的距离，应根据系统设计的喷水强度、喷头的流量系数和工作压力确定，并应符合表 3-13 的要求。

表 3-13 同一根配水支管上喷头的间距及相邻配水支管的间距

喷水强度 L / (min·m²)	正方形布置的边长（m）	矩形或平行四边形布置的长边边长（m）	一只喷头的最大保护面积（m²）	喷头与端墙的最大距离（m）
4	4.4	4.5	20.0	2.2
6	3.6	4.0	12 5	1.8
8	3.4	3.6	11.5	1.7
⩾12	3.0	3.6	9.0	1.5

② 同一保护场所内的喷头应布置在同一个平面上，并应贴近顶板或吊顶安装，使闭式喷头处于有利于接触火灾烟气的位置，有利于喷头热敏感元件及时受热。直立型、下垂型标准喷头溅水盘与顶板的距离不应小于 75 mm，且不大于 150 mm，喷头安装方式如图 3-29 所示。

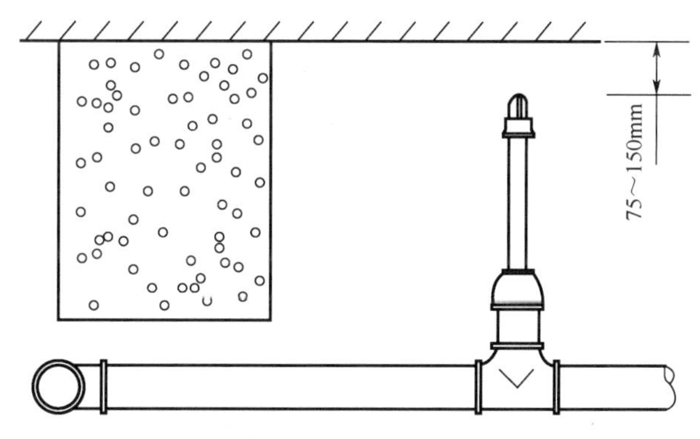

图 3-29 直立型或下垂型喷头安装示意图

③ 当在梁或其他障碍物的下方布置喷头时，喷头与顶板之间的距离不得大于 300 mm。在梁和障碍物及密肋梁板下布置的喷头，溅水盘与梁等障碍物及密肋梁板底面的距离不得小于 25 mm，且不得大于 100 mm。

④ 在梁间布置的喷头，在符合喷头与梁等障碍物之间距离规定的前提下，喷头溅水盘与顶板的距离不应大于 550 mm，以避免喷水遭受阻挡。如仍不能达到上述要求时，应在梁底面下方增设喷头。

⑤ 可在净空高度不超过 8 m 的场所，且间距不超过 4m×4m 的十字梁的梁间布置 1 只喷头，其保护范围内的喷水强度应采取提高喷头工作压力或采用大流量喷头的方法予以保证。

2. 报警阀组

自动喷水灭火系统应根据不同的系统形式设置相应的报警阀组。保护室内钢屋架等建筑构件的闭式系统，应设置独立的报警阀组，水幕系统应设置独立的报警阀组或感温雨淋阀。

报警阀组宜设在安全且易于操作、检修的地点，环境温度不低于 4℃且不高于 70℃，距地面的距离宜为 1.2 m。水力警铃应设置在有人值班的地点附近，其与报警阀连接的管道直径应为 20 mm，总长度不宜大于 20 m；水力警铃的工作压力不应大于 0.05 MPa。

一个报警阀组控制的喷头数，对于湿式系统、预作用系统不宜超过 800 只，对于干式系统不宜超过 500 只。串联接入湿式系统配水干管的其他自动喷水灭火系统，应分别设置独立的报警阀组，其控制的喷头数计入湿式阀组控制的喷头总数。每个报警阀组供水的最高和最低位置喷头的高程差不宜大于 50 m。

3. 水流报警装置

（1）水流指示器

水流指示器是在自动喷水灭火系统中，将水流信号转换成电信号的一种水流报警装置，如图 3-30 所示，水流指示器安装在管网中，当有大于预定流量的水流通过管道时，水流指示器能发出电信号，显示水的流动情况。

通常水流指示器设在喷水灭火系统的分区配水管上，当喷头开启时，向消防中控室指示开启喷头所处的位置分区，有时也可设在水箱的出水管上，一旦系统开启，水箱中的水流出，水流指示器可以发出电信号通过消防中控室或直接启动水泵供水灭火。在设置闭式自动喷水灭火系统的建筑内，每个防火分区和每个楼层均应设置水流指示器。

（2）延迟器

延迟器是一个罐式容器，安装在报警阀与水力警铃之间，在准工作状态下，可防止因压力波动而产生误报警。当配水管道发生渗漏时，有可能引起湿式报警阀阀瓣的微小开启，使水进入延迟器。但是，由于水的流量小会从延迟器底部的节流孔排出，使延迟器无法充满水，更不能从出口流向压力开关和水力警铃。只有当湿式报警阀开启，经报警通道进入延迟器的水流将其注满并由出口溢出时，才能驱动水力警铃和压力开关。

（3）水力警铃

报警阀开启后，水流进入水力警铃并形成一股高速射流，冲击水轮带动铃锤快速旋转，敲击铃盖发出声响警报。

（4）压力开关

压力开关是将水压波动转换成电信号，送至消防中控室，或直接发出电信号开启水泵或报警，如图 3-31 所示。报警阀开启后，报警管道充水，压力开关受到水压的作用后接通电触点，输出报警阀开启及供水泵启动的信号，报警阀关闭时电触点断开。

图 3-30　水流指示器

图 3-31　压力开关

压力开关安装在延迟器出口后的报警管道上。自动喷水灭火系统应采用压力开关控制稳压泵，并应能调节启停稳压泵的压力。雨淋系统和防火分隔水幕，其水流报警装置宜采用压力开关。

4. 末端试水装置

末端试水装置是安装在系统管网或分区管网的末端，检验系统启动、报警及联动等功能的装置。自动喷水灭火系统最不利点喷头处应设置末端试水装置，其他防火分区和楼层应设置直径为 25 mm 的试水阀。末端试水装置和试水阀应设在便于操作的部位，且应配备有足够排水能力的排水设施。

末端试水装置一般包括压力表、闸阀或电磁阀和试水孔口，孔口直径应与喷头相同。末端试水装置的出水，应采用孔口出流的方式排入排水管道。

3.4 气体灭火系统

教师任务：通过视频、结合实例讲解等方式，引导学生熟悉气体灭火系统的分类、灭火原理及适用范围等，火灾防护区的设置，二氧化碳系统的设计内容。

学生任务：分组探讨，参与讲解，通过自行设计实训项目进行模拟实训，完成任务单，如表 3-14 所示。

表 3-14　任务单

序号	项　　目	内　　容
1	气体灭火系统分类和组成	
2	气体灭火系统灭火原理与系统适用范围	
3	气体灭火系统工作原理及控制方式	
4	防护区的设置及安全要求	
5	二氧化碳灭火系统设计	

3.4.1　气体灭火系统的分类和组成

气体灭火系统是指平时灭火剂以液体、液化气体或气体状态存储于压力容器内，灭火时以气体（包括蒸气、气雾）状态喷射作为灭火介质的灭火系统。由于很多场所不适合用水作为灭火介质，如重要的图书馆档案馆、计算机机房、移动通信基站、电气设备房、发电机房等，一般采用气体灭火系统。

1. 系统分类

（1）按使用的灭火剂分类

① 七氟丙烷灭火系统。

七氟丙烷灭火系统是以七氟丙烷作为灭火介质的气体灭火系统。七氟丙烷灭火剂属于卤代烷灭火剂系列，灭火剂具有灭火能力强、灭火剂性能稳定的特点，而且与卤代烷 1211 型、1301 型灭火剂相比不会破坏大气环境，但七氟丙烷灭火剂及其分解产物对人有毒性危害，一旦使用人要立即撤离。七氟丙烷灭火系统可分为内储压和外储压两种，内储压七氟丙烷气体灭火系统，其输送距离为 30 m 以内，外储压七氟丙烷气体灭火系统，其输送距离可以达到 150 m。

② 二氧化碳灭火系统。

二氧化碳灭火系统是以二氧化碳作为灭火介质的气体灭火系统。二氧化碳是一种惰性气体，在常温和高温下不会与一般的物质发生化学反应，对燃烧能起到良好的窒息和冷却作用，而且具有毒性低、不污损设备、绝缘性能好、灭火能力强等特点。

二氧化碳灭火系统按灭火剂储存压力不同可分为高压系统（指灭火剂在常温下储存的系

统）和低压系统（指将灭火剂在–20～–18℃低温下储存的系统）两种应用形式。

③ 惰性气体灭火系统。

惰性气体灭火系统是由氮气、氩气和二氧化碳气体按一定的比例混合而成的气体，包括IG-01（氩气）灭火系统、IG-100（氮气）灭火系统、IG-55（氮气、氩气）混合灭火系统、IG-541（氮气、氩气、二氧化碳）灭火系统。由于惰性气体纯粹来自自然，使用后对大气臭氧层没有损耗，但有很大的温室效应，是一种无毒、无色、无味、惰性及不导电的纯“绿色”压缩气体，灭火效果较好。

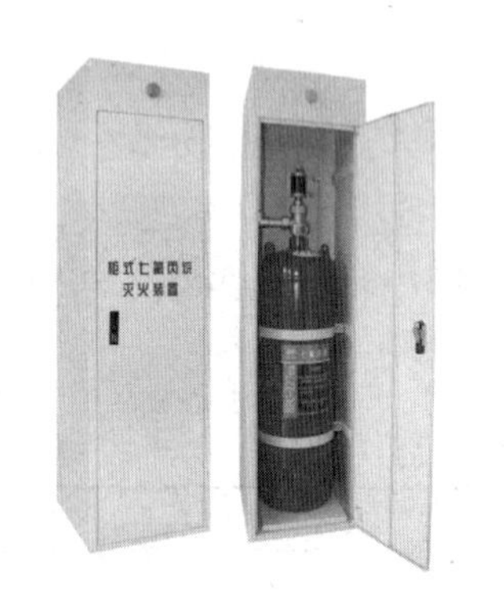

图 3-32　柜式气体灭火装置

（2）按系统的结构特点分类

① 无管网灭火系统。

无管网灭火系统是指按一定的应用条件，将灭火剂储存装置和喷放组件等预先设计、组装成套且具有联动控制功能的灭火系统，又称预制灭火系统。此系统又分为柜式气体灭火装置和悬挂式气体灭火装置两种类型，其适用于较小的、无特殊要求的防护区，如图 3-32 所示。

② 管网灭火系统。

管网灭火系统是指按一定的应用条件进行计算，将灭火剂从储存装置经由干管、支管输送至喷放组件实施喷放的灭火系统。

管网系统又可分为组合分配系统和单元独立系统。组合分配系统是指用一套灭火系统储存装置同时保护两个或两个以上防护区或保护对象的气体灭火系统，如图 3-33 所示。组合分配系统的灭火剂设计用量是按最大的一个防护区或保护对象来确定的。这种灭火系统的优点是储存容器数和灭火剂用量可以大幅度减少，有较高应用价值。单元独立系统是指用一套灭火剂储存装置保护一个防护区的灭火系统。

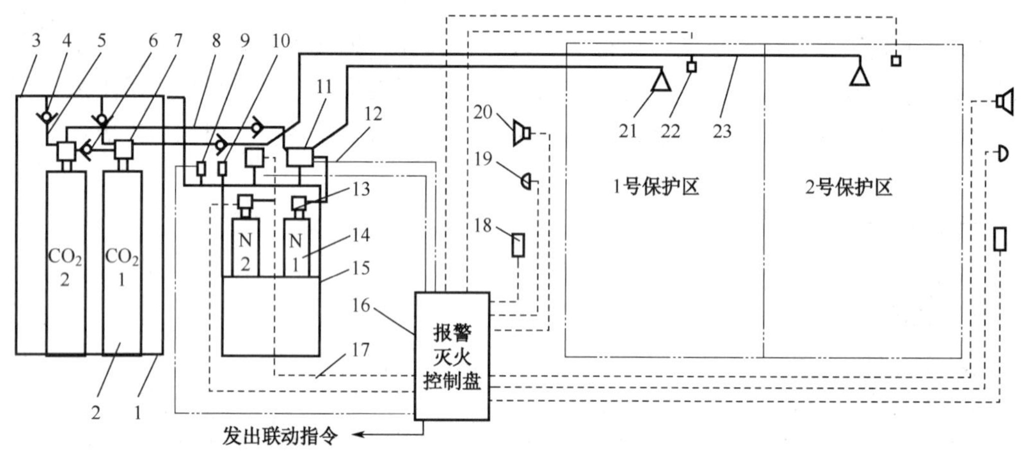

1—XT灭火剂储瓶框架；2—灭火剂储瓶；3—集流管；4—液流单向阀；5—软管；6—气流单向阀；7—瓶头阀；8—启动管道；9—压力信号器；10—安全阀；11—选择阀；12—信号反馈线路；13—电磁阀；14—启动钢瓶；15—QXT启动瓶框架；16—报警灭火控制盘；17—控制线路；18—手动控制盒；19—光报警器；20—声报警器；21—喷嘴；22—火灾探测器；23—灭火剂输送管道

图 3-33　组合分配系统示意图

（3）按应用方式分类

① 全淹没灭火系统。

全淹没灭火系统是指在规定的时间内，向防护区喷射一定浓度的气体灭火剂，并使其均匀地充满整个防护区的灭火系统。全淹没灭火系统的喷头均匀布置在防护区的顶部，火灾发生时，灭火剂会释放到整个防护区，并保持灭火剂浓度一段时间，通过灭火剂气体将封闭空间淹没实施灭火。

② 局部应用灭火系统。

局部应用灭火系统是指在规定的时间内，向保护对象以设计喷射率直接喷射气体，在保护对象周围形成局部高浓度，并持续一定时间的灭火系统。局部应用灭火系统的喷头均匀布置在保护对象的四周，在其周围局部范围内达到较高的灭火剂气体浓度实施灭火。

（4）按加压方式分类

① 自压式气体灭火系统是指灭火剂无须加压而是依靠自身饱和蒸汽压力进行输送的灭火系统。

② 内储压式气体灭火系统是指灭火剂在瓶组内用惰性气体进行加压储存，系统动作时灭火剂靠瓶组内的充压气体进行输送的灭火系统。

③ 外储压式气体灭火系统是指系统动作时，灭火剂由专设的充压气体瓶组按照设计压力对其进行充压的灭火系统。

3.4.2　气体灭火系统灭火原理及适用范围

1. 七氟丙烷灭火系统

（1）系统灭火原理

该灭火剂为洁净药剂，释放后不含有粒子或油状的残余物，且不会污染环境和被保护的精密设备。七氟丙烷灭火主要在于去除热量的速度快及灭火剂会分散和消耗氧气。一方面，七氟丙烷灭火剂是以液态的形式喷射到保护区内的，在喷出喷头时，液态灭火剂迅速转变成气态需要吸收大量的热量，降低了保护区和火焰周围的温度。另一方面，七氟丙烷灭火剂是由大分子组成的，灭火时分子中的一部分键断裂需要吸收热量。另外，保护区内灭火剂的喷射和火焰的存在降低了氧气的浓度，从而降低了燃烧的速度。

（2）适用范围

七氟丙烷灭火系统的适用范围：电气火灾；液体表面火灾或可熔化的固体火灾；固体表面火灾；灭火前可切断气源的气体火灾。

不适于用于扑救下列物质的火灾：含氧化剂的化学制品及混合物，如硝化纤维、硝酸钠等；活泼金属，如钾、钠、镁、钛、锆、铀等；金属氢化物，如氰化钾、氢化钠等；能自行分解的化学物质，如过氧化氢、联氨等。

2. 二氧化碳灭火系统

（1）系统灭火原理

二氧化碳灭火的原理主要是窒息，其次是冷却。在灭火过程中，一方面，二氧化碳从储存气瓶中释放出来，压力骤然下降，使得二氧化碳由液态转变成气态，分布于燃烧物的周围，稀释空气中的氧含量。氧含量降低会使燃烧时热的产生率减小，而当热产生率减小到低于热散失率的程度时，燃烧就会停止。这是二氧化碳所产生的窒息作用。另一方面，二氧化碳释放时又因焓降的关系，温度急剧下降，形成细微的固体干冰粒子，干冰吸取其周围的热量而升华，即能产生冷却燃烧物的作用。

（2）适用范围

二氧化碳灭火系统的适用范围是：灭火前可切断气源的气体火灾；液体火灾或石蜡、沥青等可熔化的固体火灾；固体表面火灾及棉毛、织物、纸张等部分固体深位火灾；电气火灾。

不适于用于扑救下列物质的火灾：硝化纤维、火药等含氧化剂的化学制品火灾，钾、钠、镁、钛、锆等活泼金属火灾，氢化钾、氢化钠等金属氢化物火灾。

3. IG-541 混合气体灭火系统

（1）系统灭火原理

IG-541 混合气体灭火剂是由氮气、氩气和二氧化碳气体按一定比例混合而成的气体，因此它对大气层臭氧没有损耗，也不会加剧地球的“温室效应”，更不会产生具有长久影响大气的化学物质。IG-541 混合气体灭火属于物理灭火方式。混合气体释放后把氧气浓度降低到不能支持燃烧来扑灭火灾。灭火系统中当灭火设计浓度不大于 43%时，该系统对人体是安全无害的。

（2）适用范围

可用于扑救电气火灾、液体火灾或可溶化的固体火灾，固体表面火灾及灭火前能切断气源的气体火灾，但不可用于扑救 D 类活泼金属火灾。

4. 其他气体灭火系统

其他气体灭火系统适用于扑救电气火灾、固体表面火灾、液体火灾和灭火前能切断气源的气体火灾。

其他气体灭火系统不适用于扑救下列火灾：硝化纤维、硝酸钠等氧化剂或含氧化剂的化学制品火灾；钾、镁、钠、钛、锆、铀等活泼金属火灾；氢化钾、氢化钠等金属氢化物火灾；过氧化氢、联氨等能自行分解的化学物质火灾；可燃固体物质的深位火灾。

3.4.3 气体灭火系统工作原理及控制方式

气体灭火系统一般由报警主机、驱动装置、管网、集流管、喷嘴、储存容器、容器阀、选择阀和单向阀等组成。气体灭火系统工作原理因其灭火剂种类、灭火方式、结构特点、加压方式和控制方式的不同而各不相同。

1. 气体灭火系统工作原理

（1）气体灭火系统主要有七氟丙烷灭火系统、二氧化碳灭火系统和混合气体灭火系统

火灾发生时，燃烧产生的烟雾、高温和光辐射使感烟、感温、感光等探测器探测到火灾信号，探测器将火灾信号转变为电信号传送到报警灭火控制器，控制器自动发出声光报警并经逻辑判断后，启动联动装置，经过一段时间延时，发出系统启动信号，启动驱动气体瓶组上的容器阀释放驱动气体，打开通向发生火灾防护区的选择阀，同时打开灭火剂瓶组的容器阀，各瓶组的灭火剂经连接管汇集到集流管，通过选择阀到达安装在防护区内的喷头进行喷放灭火，同时安装在管道上的信号反馈装置动作，将信号传送到控制器，由控制器启动防护区外的释放警示灯和警铃。

（2）外储压式七氟丙烷灭火系统

控制器发出系统启动信号，启动驱动气体瓶组上的容器阀释放驱动气体，打开通向发生火灾防护区的选择阀，同时打开加压单元气体瓶组的容器阀，加压气体经减压进入灭火剂瓶组，加压后的灭火剂经连接管汇集到集流管，通过选择阀到达安装在防护区内的喷头进行喷

放灭火。

2. 系统控制方式

气体灭火系统主要有自动、手动、机械应急启动和紧急启动/停止四种控制方式，其具体控制过程如图 3-34 所示。

（1）自动控制方式

灭火控制器配有感烟火灾探测器和定温式感温火灾探测器。控制器上有控制方式选择锁，当将其置于“自动”位置时，灭火控制器处于自动控制状态。当只有一种探测器发出火灾信号时，控制器即发出火警声光信号，通知有异常情况发生，而不启动灭火装置释放灭火剂。当确定需要启动灭火装置灭火时，可以按下“紧急启动按钮”，即可启动灭火装置释放灭火剂，实施灭火。当两种探测器同时发出火灾信号时，控制器发出火灾声光信号，通知有火灾发生，有关人员应撤离现场，并发出联动指令，关闭风机、防火阀等联动设备，经过一段时间延时后，即发出灭火指令，打开电磁阀，启动气体打开容器阀，释放灭火剂，实施灭火；如在报警过程中发现不需要启动灭火装置，可按下保护区外的或控制操作面板上的“紧急停止按钮”，即可终止控制灭火指令的发出。

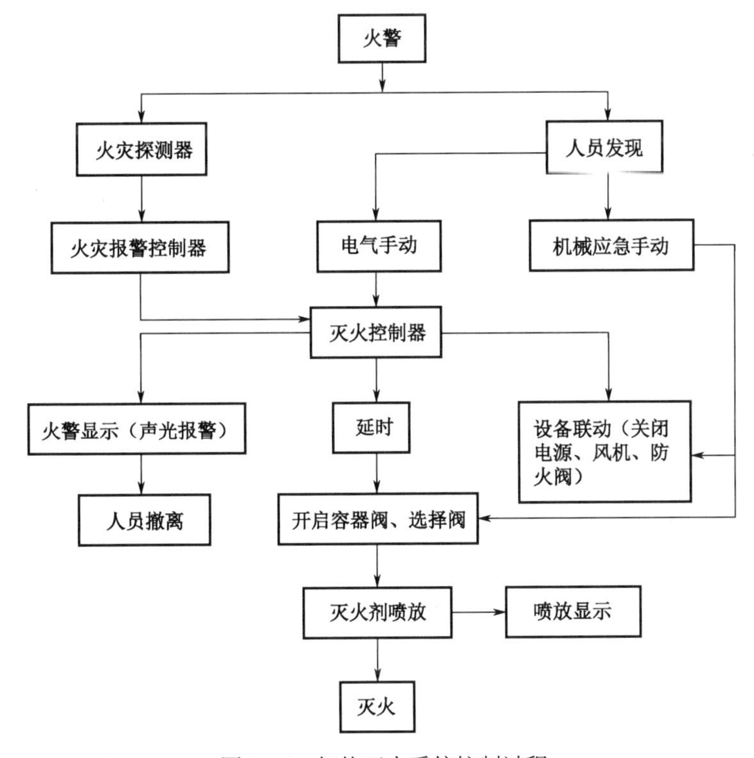

图 3-34 气体灭火系统控制过程

（2）手动控制方式

将控制器上的控制方式选择锁置于“手动”位置时，灭火控制器处于手动控制状态。这时，当火灾探测器发出火警信号时，控制器即发出火灾声光报警信号，而不启动灭火装置，需经人员观察，确认火灾已发生时，可按下保护区外或控制器操作面板上的“紧急启动”按钮，即可启动灭火装置，释放灭火剂，实施灭火，但报警信号仍然存在。无论装置处于自动或手动状态，按下任何紧急启动按钮，均可启动灭火装置，释放灭火剂，实施灭火，同时控制器立即进入灭火报警状态。

（3）机械应急启动工作方式

在控制器失效且职守人员判断为火灾时，应立即通知现场所有人员撤离，在确定所有人员撤离现场后，方可按以下步骤实施应急机械启动：手动关闭联动设备并切断电源；打开对应保护区选择阀；成组或逐个打开对应保护区储瓶组上的容器阀，即刻实施灭火。

（4）紧急启动 / 停止工作方式

此种方式一般用于紧急状态。第一种情况，当职守人员发现火情而气体灭火控制器未发出声光报警信号时，应立即通知现场所有人员撤离，在确定所有人员撤离现场后，方可按下“紧急启动 / 停止”按钮，系统立即实施灭火操作；第二种情况，当气体灭火控制器发出声光报警信号并正处于延时阶段，如发现为误报火警时可立即按下“紧急启动 / 停止”按钮，系统将停止实施灭火操作，避免不必要的损失。

3.4.4 防护区的设置及安全要求

1. 防护区的设置要求

（1）防护区的划分

根据封闭空间的结构特点和位置，防护区的划分应符合下列规定：

① 防护区宜以单个封闭空间划分，当同一区间的吊顶层和地板下需同时保护时，可合为一个防护区；

② 采用管网灭火系统时，一个防护区的面积不宜大于 800 m^2，且容积不宜大于 3600 m^3；

③ 采用预制灭火系统时，一个防护区的面积不宜大于 500 m^2，且容积不宜大于 1600 m^3。

（2）环境温度

防护区的最低环境温度不应低于–10℃。

（3）耐火性能

① 防护区围护结构及门窗的耐火极限均不应低于 0.5 h；吊顶的耐火极限不应低于 0.25 h。

② 全淹没灭火系统防护区建筑物构件耐火时间（一般为 30 min）应包括探测火灾时间、延时时间、释放灭火剂时间及保持灭火剂设计浓度的浸渍时间。延时时间为 30 s，释放灭火剂时间对于扑救表面火灾应不大于 1 min，对于扑救固体深位火灾不应大于 7 min。

（4）耐压性能

在全封闭空间释放灭火剂时，空间内的压强会迅速增加，如果超过建筑构件承受能力，防护区就会遭到破坏，从而造成灭火剂流失、灭火失败和火灾蔓延的严重后果。防护区围护结构承受内压的允许压强不宜低于 1.2 kPa。

（5）封闭性能

防护区灭火时应能保持封闭，不宜在防护区的围护构件上设置敞开孔洞，否则将会造成灭火剂流失。当必须设置敞开孔洞时，应设置能手动和自动关闭的装置。在喷放灭火剂前，除泄压口以外的其他开口均应能自动关闭。

（6）泄压能力

对于全封闭的防护区，应设置泄压口，设置在外墙上的泄压口应位于防护区净高的 2/3 以上。泄压装置不应设置门和窗，对于设有防爆泄压设施或门窗缝隙未设密封条的防护区可不设泄压口。

2. 安全要求

① 设置气体灭火系统的防护区应设置疏散通道和安全出口，保证防护区内所有人员能在 30 s 内撤离完毕。

② 防护区内的疏散通道及出口，应设消防应急照明灯具和疏散指示标志灯。防护区内应设置火灾声音报警器，必要时，可增设闪光报警器。防护区的入口处应设置火灾声光报警器和灭火剂喷放指示灯，以及防护区采用的相应气体灭火系统的永久性标志牌。灭火剂喷放指示灯信号，应保持到防护区通风换气后，以手动方式解除。

③ 防护区的门应向疏散方向开启，并能自行关闭；用于疏散的门必须能从防护区内打开。

④ 灭火后的防护区应通风换气，地下防护区和无窗或设置固定窗扇的地上防护区，应设置机械排风装置，排风口宜设在防护区的下部并应直通室外。通信机房、电子计算机房等场所的通风换气次数应不小于每小时 5 次。

⑤ 储瓶间的门应向外开启，储瓶间内应设置应急照明；储瓶间应有良好的通风条件，地下储瓶间应设机械排风装置，排风口应设在下部，室内气体可通过排风管排至室外。

⑥ 经过有爆炸危险和变电、配电场所的管网，以及布设在以上场所的金属箱体等，应设防静电接地。

⑦ 有人工作防护区的灭火设计浓度或实际使用浓度，不应大于有毒性反应浓度。

⑧ 防护区内设置的预制灭火系统的充压压力不应大于 2.5MPa。

⑨ 灭火系统的手动控制与应急操作应有防止误操作的警示显示与措施。

⑩ 设有气体灭火系统的场所，宜配置空气呼吸器。

3.4.5　二氧化碳灭火系统设计

二氧化碳灭火系统一般为管网灭火系统，管网灭火系统由灭火剂储存装置、容器阀、选择阀、喷头、压力开关、安全阀、管道及其附件等组件组成。

1. 二氧化碳灭火系统组件及其设置

（1）灭火剂储存装置

目前我国二氧化碳储存装置均为储存压力 5.17 MPa 规格，储存装置为无缝钢质容器，它由容器阀、连接软管、钢瓶组成，耐压值为 22.05 MPa。二氧化碳高压系统储存装置规格有 32L、40L、45L、50L、82.5L。

高压系统的储存装置应符合下列规定：储存容器的工作压力不应小于 15 MPa，储存容器或容器阀上应设泄压装置，其泄压动作压力应为 19 MPa±0.95 MPa；储存容器中二氧化碳的充装系数应按国家现行《气瓶安全监察规程》执行；储存装置的环境温度应为 0～49℃。

低压系统的储存装置应符合下列规定：储存容器的设计压力不应小于 2.5 MPa，并应采取良好的绝热措施。储存容器上至少应设置两套安全泄压装置，其泄压动作压力应为 2.38MPa ±0.12MPa；储存装置的高压报警压力设定值应为 2.2MPa，低压报警压力设定值应为

1.8MPa；储存容器中二氧化碳的装置系数应按国家现行《压力容器安全技术监察规程》执行；容器阀应能在喷出要求的二氧化碳量后自动关闭；储存装置应远离热源，其位置应便于再充装，其环境温度宜为-23～49℃；储存容器中充装的二氧化碳应符合《二氧化碳灭火剂》（GB 4396—2005）的规定；储存装置应设称重检漏装置。当储存容器中充装的一氧化碳量损失 10%时，应及时补充；储存装置的布置应方便检查和维护，并应避免阳光直射；储存装置宜设在专用的储存容器间内。局部应用灭火系统的储存装置可设置在固定的安全围栏内。专用的储存容器间的设置应符合下列规定：应靠近防护区，出口应直接通向室外或疏散走道；耐火等级不应低于二级；室内应保持干燥和良好通风；设在地下的储存容器间应设机械排风装置，排风口应通向室外。

（2）容器阀

容器阀按其结构形式，可分为差动式和膜片式两种。容器阀的启动方式一般有手动启动、气启动、电磁启动和电爆启动等方式。与之对应的启动装置有手动启动器、气启动器、电磁启动器、电爆启动器。

（3）选择阀

在多个保护区域的组合分配系统中，每个防护区或保护对象在集流管上的排气支管上应当设置与该区域对应的选择阀。选择阀的位置宜靠近储存容器，并应便于手动操作，方便检查维护。选择阀上应设有标明防护区的铭牌。

选择阀可采用电动、气动或机械操作方式。选择阀的工作压力：高压系统不应小于 12 MPa，低压系统不应小于 2.5 MPa。

当系统启动时，选择阀应当在容器阀动作之前或同时打开。

（4）喷头

二氧化碳灭火系统的喷头安装在管网的末端，用于向防护区喷洒灭火剂。喷头是用来控制灭火剂的流速和喷射方向的组件。全淹没灭火系统的喷头布置应当使防护区内二氧化碳分布均匀，喷头应接近顶棚或屋顶安装。

设置在粉尘或喷漆作业等场所的喷头，应当增设不影响喷射效果的防尘罩。

（5）压力开关

压力开关可以将压力信号转换成电气信号，一般设置在选择阀前后，以判断各部位的动作正确与否。

（6）安全阀

安全阀一般设置在储存容器的容器阀上及组合分配系统中的集流管部分。在组合分配系统的集流管部分，由于选择阀平时处于关闭状态，在容器阀的出口处至选择阀的进口端之间形成了一个封闭的空间，因而在此空间内容易形成一个危险的高压区。为了防止储存器发生误喷射，因此在集流管末端设置一个安全阀或泄压装置，当压力值超过规定值时，安全阀自动开启泄压以保证管网系统的安全。

（7）管道

高压系统管道及其附件应能承受最高环境温度下二氧化碳的储存压力，低压系统管道及其附件应能承受 4 MPa 的压力，并应符合下列规定：管道应采用符合《输送流体用无缝钢管》（GB/T 8163—2008）的规定，并应进行内外表面镀锌防腐处理。对镀锌层有腐蚀的环境，管道可采用不锈钢管、铜管或其他抗腐蚀的材料。挠性连接的软管必须能承受系统的工作压力和温度，并宜采用不锈钢软管。低压系统的管网中应采取防膨胀收缩措施。在可能产生爆炸的场所，管网应吊挂安装并采取防晃措施。管道可采用螺纹连接、法兰连接或焊接。公称直径等于或小于 80 mm 的管道，宜采用螺纹连接；公称直径大于 80 mm 的管道，宜采用法兰连接。管网中阀门之间的封闭管段应设置泄压装置，其泄压动作压力：高压系统应为 15 MPa±0.75 MPa，低压系统应为 2.38 MPa±0.12 MPa。

2. 二氧化碳灭火系统的设计

二氧化碳灭火系统按应用方式可分为全淹没灭火系统和局部应用灭火系统。全淹没灭火系统适用于扑救封闭空间内的火灾，局部应用灭火系统适用于扑救不需封闭空间条件的具体保护对象的非深位火灾。

（1）采用全淹没灭火系统的防护区，应符合下列规定。

① 对气体、液体、电气火灾和固体表面火灾，在喷放二氧化碳前不能自动关闭的开口，其面积不应大于防护区总内表面积的 3%，且开口不应设在底面。

② 对固体深位火灾，除泄压口以外的开口，在喷放二氧化碳前应自动关闭。

③ 防护区的围护结构及门窗的耐火极限不应低于 0.5 h，吊顶的耐火极限不应低 0.25 h；围护结构及门窗的允许压强不宜小于 1200 Pa。

④ 防护区用的通风机和通风管道中的防火阀，在喷放二氧化碳前应自动关闭。

（2）采用局部应用灭火系统的保护对象，应符合下列规定。

① 保护对象周围的空气流动速度不宜大于 3 m/s。必要时应采取挡风措施。

② 在喷头与保护对象之间，喷头喷射角范围内不应有遮挡物。

③ 当保护对象为可燃液体时，液面至容器缘口的距离不得小于 150 mm。

启动释放二氧化碳之前或同时，必须切断可燃、助燃气体的气源。

组合分配系统的二氧化碳储存量，不应小于所需储存量最大的一个防护区域或保护对象的储存量。

当组合分配系统保护 5 个及以上的防护区或保护对象，或者在 48h 内不能恢复时，二氧化碳应有备用量，备用量不应小于系统设计的储存量。对于高压系统和单独设置备用储存容器的低压系统，备用量的储存容器应与系统管网相连，应能与主储存容器切换使用。

3. 其他气体灭火系统设置要求

管网系统的储存装置宜设在专用储瓶间内。储瓶间宜靠近防护区，并应符合建筑物耐火等级不低于二级的有关规定及有关压力容器存放的规定，且应有直接通向室外或疏散走道的出口。

组合分配系统中的每个防护区应设置控制灭火剂流向的选择阀，选择阀的位置应靠近储存容器且便于操作。选择阀应设有标明其工作防护区的永久性铭牌。

采用气体灭火系统的防护区，应设置火灾自动报警系统，其设计应符合《火灾自动报警系统设计规范》（GB 50116—2013）的规定，并应选用灵敏度级别高的火灾探测器。

管网灭火系统应设自动控制、手动控制和机械应急操作三种启动方式。预制灭火系统应设自动控制和手动控制两种启动方式。

实训3　消防系统灭火功能实训

1. 实训目的

① 掌握消防灭火系统的工作原理；

② 掌握消防灭火系统主要设施的设置及应用方法。

2. 实训要求

① 对消防灭火系统设备有整体的认知，要求能够掌握设备的工作原理及功能设置的使用方法；

② 遵守操作规程，遵守实验实训纪律规范；

③ 小组合作。

3. 实训设备及材料

智能消防系统实训装置，包含灭火器、喷淋系统等。设备有消防水泵、喷淋泵、洒水뢰头、压力开关、水流指示器、消防按钮、消防管网、水龙带、水枪、蓄水池等。

4. 实训内容

① 熟悉消防灭火系统设备的安装位置；

② 灭火器的使用；

③ 喷淋系统的使用。

5. 实训步骤

（1）认识消防灭火系统设备，熟悉各设备的安装位置

（2）灭火器的使用

① 观察灭火器的存放地点。

② 检查灭火器的压力情况，如果压力指针低于绿色区域，即处于红色区域时，需送正规的专业单位进行维修或再充装处理；如果开启过了也需送维修单位。

③ 使用步骤。

步骤1：摇晃一下灭火器，使内部粉松动，拔出灭火器的保险插销；

步骤2：按下手把灭火器的压把。注：有的灭火器是手轮式的，带着长管的，启用前先去掉铅封，则左手拿长管子，右手压着扶把，将扶把上的鸭嘴压下即可。

步骤3：人站在风的上口，灭火器的出口对准火源的根部，人离火源约3 m，压下压把。

注意：灭火时注意自身安全，站在风的上口，不要站在下口；灭完火后，再检查一下有无残火隐藏；若发现有，则继续喷几下，以防死灰复燃；用过的灭火器一定要专业单位重新充气，平时注意检查压力情况

（3）喷淋系统的使用

步骤 1：设置喷淋系统的启动方式，此处将自动启动状态设置为禁止，手动状态设置为允许。

步骤 2：报警后，值班室的工作人员去现场或通过监控录像查看是否真的发生火灾，此时，火灾显示盘上也会显示相应的火灾报警信息，如图3-35所示。

图 3-35　火灾报警显示

步骤 3：确认发生火灾后，值班人员启动消防水泵、喷淋泵灭火。

首先，在系统运行正常的条件下，按下键盘区的【功能】键，然后设置键选择“手动启停设备”，这时，系统会提示选择“地址”，数字键盘输入联动地址然后按【确认】键；这时，联动开始，既有报警声又有联动设备（消防水泵 / 喷淋泵）的响应；操作完毕后请按【复位】键，系统又回到“运行正常”的状态下。

如果选择的联动地址为喷淋泵，则喷淋灭火装置启动。

步骤 4：如果没有发生火灾，只是误报，值班人员则会按火灾报警控制器键盘区的【消音】键取消报警。

6. 实训报告

① 写出消防灭火系统主要设备的原理和用途；
② 画出喷淋系统工作原理图；
③ 写出实训体会和操作技巧。

7. 实训考核

① 消防灭火系统的操作应用能力；
② 小组合作情况；
③ 个人参与情况。

知识梳理

消防安全离不开消防灭火系统，不同的消防灭火系统根据其组成及工作原理适用于不同的场所。

本模块共为四部分，主要介绍了消防灭火系统的概念、分类及工作原理和使用范围等内容，通过本模块的学习，应理解消防灭火系统的概念及基本知识，了解消防给水系统的主要构成和系统的类型，熟悉对室内外消火栓的工作原理及设置内容，对自动喷水灭火系统的分类与组成、工作原理与适用范围等应能熟练掌握，掌握各类气体灭火系统的组件、工作原理、适用范围及灭火原理等内容，并通过设计参数的学习具备一定的消防系统设计技术。

练习与思考

1. 选择题

（1）下列建筑中，室内采用临时高压消防给水系统时，必须设置高位消防水箱的建筑是（　　）。

A.建筑面积为 5000 m^2 的单层丙类厂房　　B.建筑面积为 40 000 m^2 的 4 层丁类厂房

C.建筑面积为 5000 m^2 的 2 层办公楼　　D.建筑面积为 30 000 m^2 的 3 层商业中心

（2）某商业建筑，东西长为 100 m，南北宽为 60 m，建筑高度 26 m，室外消火栓设计流量为 40L/s，南北布置消防扑救面。沿该建筑南侧消防扑救面设置的室外消火栓数量，不宜少于（　　）个。

A.1　　B.3　　C.2　　D.4

（3）下列室外消火栓的设置中，符合现行国家标准的有（　　）。

A.保护半径 150 m　　B.间距 120 m

C.距离路边 0.5 m　　D.距离建筑外墙 2 m

（4）某家有 3100 个座位的大剧院，地下车库采用预作用自动喷水灭火系统，演员化妆间等采用湿式自动喷水灭火系统，舞台葡萄架下采用雨淋系统，舞台口采用防护冷却水幕系统。该建筑的自动喷水灭火系统应选用（　　）种报警阀组。

A.1　　B.3　　C.2　　D.4

（5）自动喷水灭火系统设置场所的危险等级应根据建筑规模、高度及火灾危险性、火灾荷载和保护对象的特点等确定。下列建筑中，自动喷水灭火系统设置场所的火灾危险等级为中危险级 I 级的是（　　）。

A.建筑高度为 23 m 的四星级旅馆　　B.2000 个座位剧场的舞台

C.建筑高度为 50 m 的办公楼　　D.总建筑面积 5600 m^2 的商场

（6）某地下车库，设置的自动喷水灭火系统采用直立型喷头。下列关于喷头溅水盘与车库顶板的垂直距离的说法，符合规定的有（　　）。

A.喷头无障碍物遮挡时，不应小于 25 mm，不应大于 150 mm

B.喷头无障碍物遮挡时，不应小于 75 mm，不应大于 150 mm

C.喷头有障碍物遮挡时，不应大于 850 mm

D.喷头有障碍物遮挡时，不应大于 650 mm

E.喷头有障碍物遮挡时，不应大于 550 mm

（7）下列哪种系统用的是开式洒水喷头（　　）。

A.湿式自动喷水灭火系统　　B.干式自动喷水灭火系统

C.雨淋自动喷水灭火系统　　D.预作用自动喷水灭火系统

（8）某 5 层数据计算机房，层高 5 m，每层有 1200 m^2 的大空间计算机用房，设置 IG-541 组合分配气体灭火系统保护。该建筑的气体灭火系统防护区最少应划分为（　　）个。

A.5　　B.6　　C.8　　D.10

2. 思考题

（1）室外消火栓的水压如何计算？

（2）简述预作用系统的动作过程。

（3）设置自动喷水灭火系统报警阀组应注意哪些问题？

第4章 建筑防火与减灾系统

教学过程建议

学习内容

- 4.1 防火防烟分区的划分与分隔措施
- 4.2 防排烟系统的选择与设置
- 4.3 安全疏散的设计与设施布置
- 4.4 消防救援设施的设置
- 实训4 防火防排烟设施及广播系统操作训练

学习目标

- 知晓消防联动控制系统的组成和分类
- 具有消防控制室的管理、消防设备的供电控制、消防联动系统的设计及要求
- 知晓系统安装、调试、检测和维护的相关要求
- 能将建筑物内各种建筑消防系统及设施规模化、区域化管理，将火灾探测报警、消防设施监管、消防通信指挥和灭火应急救援等有机结合起来

技术依据

- 《建筑设计防火规范》（GB 50016—2006）
- 《建筑设计防火规范》（GB 50016—2014）
- 《高层民用建筑设计防火规范》（GB 50045-95—2005）
- 《火灾自动报警系统设计规范》（GB 50116—2013）
- 《人民防空地下室设计规范》（GB 50038—2005）
- 《汽车库、修车库、停车场设计防火规范》（GB 50067—2014）
- 《防火卷帘》（GB 14102—2005）
- 《防火门》（GB 12955—2008）
- 《公共广播系统工程技术规范》（GB 50526—2010）

教学设计

- 现场调研、给出工程图纸→布置查找各防火防烟分隔设施、防排烟设施、安全疏散设施、消防救援设施等→引出建筑防火与减灾系统→分组学习研讨

4.1 防火防烟分区的划分与分隔措施

教师任务：通过讲授、查阅文件及现场参观等形式，了解建筑分类和耐火等级，建筑平面布局等基本要素，确定防火分区、防烟分区的划分是否符合现行国家工程建设消防技术标准检测要求，了解建筑内各分隔构件的安装位置、选型、数量等数据，引导学生开展现场检查。

学生任务：通过学习、研讨、了解建筑分类和耐火等级、建筑平面布局等基本要素，确定防 火分区、防烟分区的划分标准，并能结合实际情况综合应用，完成任务单，如表 4-1 所示。

表 4-1　任务单

序号	项　目	内　容
1	划分防火分区应考虑的因素	
2	防火分区分隔构件	
3	划分防烟分区应考虑的因素	
4	防烟分区分隔构件	

4.1.1　防火分区

1. 防火分区的概念

防火分区是指在建筑内部采用防火墙和楼板及其他防火分隔设施分隔而成，能在一定时间内阻止火势向同一建筑的其他区域蔓延的防火单元。防火分区的划分主要是控制火灾的蔓延、设定人员安全疏散区域。

2. 民用建筑的防火分区

不同类别的建筑其防火分区的划分有不同的标准。表4-2 给出了不同耐火等级民用建筑防火分区的最大允许建筑面积。

表 4-2　不同耐火等级民用建筑防火分区的最大允许建筑面积

<table>
<tr><th>名　称</th><th>耐火等级</th><th>防火分区的最大允许建筑面积（m²）</th><th>备　注</th></tr>
<tr><td>高层民用建筑</td><td>一级、二级</td><td>1500</td><td rowspan="2">对于体育馆、剧场的观众厅，防火分区的最大允许建筑面积可适当增加</td></tr>
<tr><td rowspan="3">单层、多层民用建筑</td><td>一级、二级</td><td>2500</td></tr>
<tr><td>三级</td><td>1200</td><td>—</td></tr>
<tr><td>四级</td><td>600</td><td>—</td></tr>
<tr><td>地下或半地下建筑（室）</td><td>一级</td><td>500</td><td>设备用房的防火分区最大允许建筑面积不应大于 1000 m²</td></tr>
</table>

当建筑内设置自动灭火系统时，防火分区最大允许建筑面积可按表4-2 所示的规定增加 1 倍；局部设置时，防火分区的增加面积可按该局部面积的 1 倍计算。裙房与高层建筑主体之

间设置防火墙，墙上开口部位采用甲级防火门分隔时，裙房的防火分区可按单层、多层建筑的要求确定。

一级、二级耐火等级建筑内的营业厅、展览厅，当设置自动灭火系统和火灾自动报警系统并采用不燃或难燃装修材料时，每个防火分区的最大允许建筑面积可适当增加，并且应符合下列规定。

① 设置在高层建筑内时，不应大于 4000 m^2。

② 设置在单层建筑内或仅设置在多层建筑的首层内时，不应大于 10 000 m^2。

③ 设置在地下或半地下时，不应大于 2000 m^2。

总建筑面积大于 20 000 m^2 的地下或半地下商店，应采用无门、窗、洞口的防火墙、耐火极限不低于 2 h 的楼板分隔为多个建筑面积不大于 20 000 m^2 的区域。相邻区域确需局部连通时，应采用符合规定的下沉式广场等室外开敞空间、防火隔间、避难走道、防烟楼梯间等方式进行连通。

4.1.2　防火分隔

1. 防火分区分隔

为保证建筑物防火安全，防止火势蔓延，用防火墙、防火门、楼板等构件，把建筑空间分隔成若干较小的防火空间，这些防火空间即为防火分区。划分防火分区，应考虑水平方向的划分和垂直方向的划分。

水平防火分区，即采用一定耐火极限的墙、楼板、门窗等防火分隔物进行分隔的空间。

按垂直方向划分的防火分区也称竖向防火分区，主要采用具有一定耐火极限的楼板做分隔构件。

每个楼层可根据面积要求划分成多个防火分区，高层建筑在垂直方向一般以每个楼层为单元划分防火分区，所有建筑物的地下室，在垂直方向尽量以每个楼层为单元划分防火分区。

2. 功能区域分隔

（1）歌舞娱乐放映游艺场所

歌舞娱乐放映游艺场所相互分隔的独立房间，如卡拉 OK 的每间包房、桑拿浴的每间按摩房或休息室等房间应是独立的防火分隔单元。

当其布置在地下或四层及以上楼层时，一个厅、室的建筑面积不应大于 200 m^2，即使设置自动喷水灭火系统，面积也不能增加，以便将火灾限制在该房间内。

厅、室之间及与建筑的其他部位之间，应采用耐火极限不低于 2 h 的防火隔墙和 1 h 的不燃性楼板分隔，设置在厅、室墙上的门和该场所与建筑内其他部位相通的门均应采用乙级防火门。

单元之间或与其他场所之间的分隔构件上应无任何门、窗、洞口。

（2）人员密集场所

会议厅、多功能厅等人员密集的厅、室布置在四层及以上楼层时，一个厅、室的疏散门不应少于 2 个，建筑面积不宜大于 400 m^2；设置在高层建筑内时，应设置火灾自动报警系统和自动喷水灭火系统等消防设施。

剧场、电影院、礼堂设置在一级、二级耐火等级的其他民用建筑内时，应采用耐火极限不低于 2 h 的防火隔墙和甲级防火门与其他区域分隔；布置在四层及以上楼层时，一个厅、室的疏散门不应少于 2 个且每个观众厅的建筑面积不宜大于 400 m^2；设置在三级耐火等级的建筑内时，不应布置在三层及以上楼层；设置在地下或半地下时，宜设置在地下一层，不应设置在地下三层及以下楼层；设置在高层建筑内时应设置自动喷水灭火系统和火灾自动报警系统等消防设施。

（3）医院、疗养院建筑

医院、疗养院建筑是指医院或疗养院内的病房楼、门诊楼、手术部或疗养楼、医技楼等直接为病人提供诊查、治疗和休养服务的建筑。

医院和疗养院的病房楼内相邻护理单元之间应采用耐火极限不低于 2 h 的防火隔墙分隔，隔墙上的门应采用乙级防火门，设置在走道上的防火门应采用常开防火门。

（4）住宅建筑

住宅建筑与其他使用功能的建筑合建时，应符合下列规定。

① 居住部分与非居住部分之间，应采用耐火极限不低于 1.5 h 的不燃性楼板和耐火极限不低于 2 h 且无门、窗、洞口的防火隔墙完全分隔；当为高层建筑时，应采用耐火极限不低于 2 h 的不燃性楼板和无门、窗、洞口的防火墙完全分隔，居住部分与非居住部分相接处上、下层开口之间应设置高度不小于 1.2 m 的实体墙或挑出宽度不小于 1 m、长度不小于开口宽度的防火挑檐；当室内设置自动喷水灭火系统时，上、下层开口之间的实体墙高度不应小于 0.8 m。

② 设置商业服务网点的住宅建筑，居住部分与商业服务网点之间应采用耐火极限不低于 1.5 h 的不燃性楼板和耐火极限不低于 2 h 且无门、窗、洞口的防火隔墙完全分隔，居住部分和商业服务网点部分的安全出口和疏散楼梯应分别独立设置。

③ 商业服务网点中每个分隔单元之间应采用耐火极限不低于 2 h 且无门、窗、洞口的防火隔墙相互分隔。

3. 设备用房分隔

设备用房分隔应符合下列规定。

① 附设在建筑内的消防控制室、灭火设备室、消防水泵房和通风空气调节机房、变配电室等，应采用耐火极限不低于 2 h 的防火隔墙和不低于 1.5 h 的楼板与其他部位分隔。设置在丁、戊类厂房内的通风机房应采用耐火极限不低于 1 h 的防火隔墙和不低于 0.5 h 的楼板与其他部位分隔。通风空气调节机房和变配电室开向建筑内的门应采用甲级防火门，消防控制室和其他设备房开向建筑内的门应采用乙级防火门。

② 锅炉房、变压器室等与其他部位之间应采用耐火极限不低于 2 h 的防火隔墙和不低于 1.5 h 的不燃性楼板分隔。在隔墙和楼板上不应开设洞口，必须在隔墙上开设门、窗时，应设置甲级防火门、窗。

③ 锅炉房内设置的储油间，其总储存量不应大于 1 m^3，并且储油间应采用耐火极限不低于 3 h 的防火隔墙与锅炉间分隔；必须在防火隔墙上开门时，应设置甲级防火门；变压器室之间、变压器室与配电室之间，应设置耐火极限不低于 2 h 的防火隔墙；油浸变压器、多油开关室、高压电容器室，应设置防止油品流散的设施。油浸变压器下面应设置能储存变压器全部油量的事故储油设施。

④ 布置在民用建筑内的柴油发电机房应采用耐火极限不低于 2 h 的防火隔墙和不低于 1.5 h 的不燃性楼板与其他部位分隔，门应采用甲级防火门；机房内设置储油间时，其总储存

量不应大于 1 m^3，储油间应采用耐火极限不低于 3 h 的防火隔墙与发电机间分隔；必须在防火墙上开门时，应设置甲级防火门。

4. 中庭防火分隔

中庭是建筑中由上、下楼层贯通而形成的一种共享空间，如图 4-1 所示。

图 4-1　中庭

（1）中庭火灾的危险性。

设计中庭的建筑最大问题是发生火灾时，其防火分区被上、下贯通的大空间破坏，其危险性主要体现在如下几个方面。

① 火灾不受限制地急剧扩大。中庭空间一旦失火，属于“燃料控制型”燃烧，容易使火势迅速扩大。

② 烟气迅速扩散。由于中庭空间形似烟囱，因此易产生烟囱效应。

③ 疏散危险。烟气在多层楼迅速扩散，人们争先恐后地夺路逃命，极易出现伤亡。

④ 自动喷水灭火系统难启动。中庭空间的顶棚很高，火灾探测和自动喷水灭火装置不能达到早期探测和初期灭火的效果。

⑤ 灭火和救援活动可能受到影响。

（2）中庭火灾的防火设计要求

在建筑内设置中庭时，防火分区的建筑面积应按上/下层相连通的建筑面积叠加计算。当中庭相连通的建筑面积之和大于一个防火分区的最大允许建筑面积时，应符合下列规定。

① 中庭应与周围相连通的空间进行防火分隔。

② 采用防火隔墙时，其耐火极限不应低于 1 h。

③ 采用防火玻璃墙时，其耐火隔热性和耐火完整性不应低于 1 h，采用耐火完整性不低于 1 h 的非隔热性防火玻璃墙时，应设置自动喷水灭火系统。

④ 采用防火卷帘时，其耐火极限不应低于 3 h，并应符合卷帘分隔的相关规定。

⑤ 与中庭相连通的门、窗，应采用火灾时能自行关闭的甲级防火门、窗。

⑥ 高层建筑内的中庭回廊应设置自动喷水灭火系统和火灾自动报警系统。

⑦ 中庭应设置排烟设施。

⑧ 中庭内不应布置可燃物。

5. 幕墙防火分隔

幕墙的防火措施有以下几个方面的要求。

① 应在每层楼板外沿设置高度不低于 1.2 m 的实体墙或挑出宽度不小于 1 m、长度不小于开口宽度的防火挑檐；当室内设置自动喷水灭火系统时，该部分墙体的高度不应小于 0.8 m。当上、下层开口之间设置实体墙确有困难时，可设置防火玻璃墙，高层建筑的防火玻

璃墙的耐火完整性不应低于 1 h，多层建筑的防火玻璃墙的耐火完整性不应低于 0.5 h，外窗的耐火完整性不应低于防火玻璃墙的耐火完整性要求。

② 住宅建筑外墙上相邻户开口之间的墙体宽度不应小于 1 m；小于 1 m 时，应在开口之间设置凸出外墙不小于 0.6 m 的隔板。

③ 为了阻止发生火灾时火焰和烟气通过幕墙与楼板、隔墙之间的空隙蔓延，幕墙与每层楼板交界处的水平缝隙和隔墙处的垂直缝隙，应用防火封堵材料严密填实。

需要注意的是，当玻璃幕墙遇到防火墙时，应遵循防火墙的设置要求。防火墙不应与玻璃直接连接，而应与其框架连接，如图 4-2 所示。

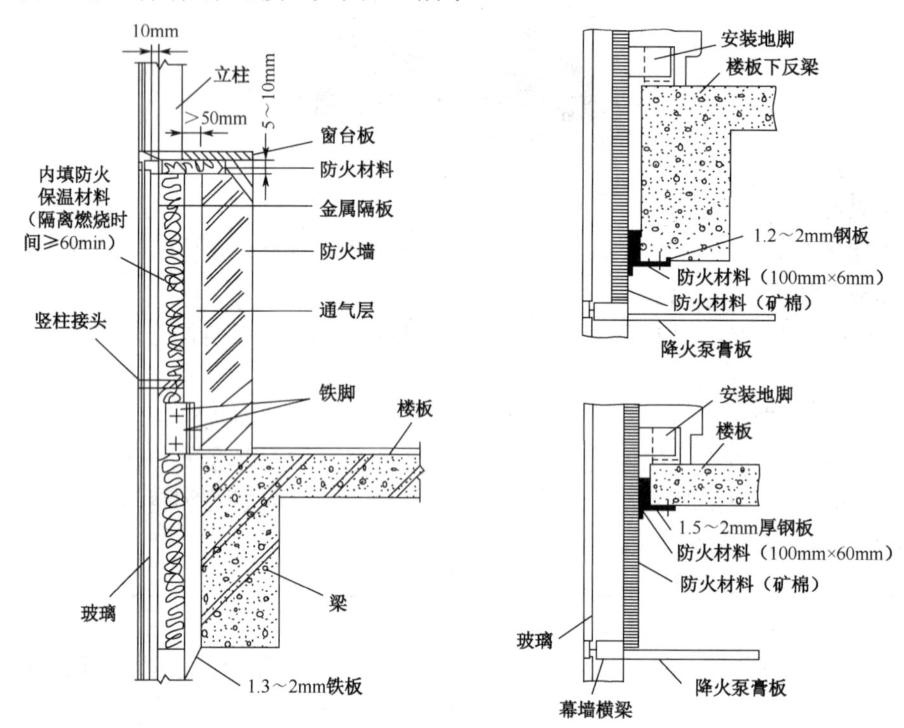

图 4-2　玻璃幕墙防火构造

6. 竖井防火分隔

高层建筑各种竖井的防火设计构造要求如表 4-3 所示。

表 4-3　竖井的防火设计构造要求

名　　称	防 火 要 求
电梯井	① 应独立设置； ② 井内严禁敷设可燃气体和甲、乙、丙类液体管道，并不应敷设与电梯无关的电缆、电线等； ③ 井壁应为耐火极限不低于 2 h 的不燃性墙体； ④ 井壁除开设电梯门、安全逃生门和通气孔洞外，不应开设其他洞口
电缆井 管道井 排烟道 排气道	① 这些竖井应分别独立设置； ② 井壁应为耐火极限不低于 1 h 的不燃性墙体； ③ 墙壁上的检查门应采用丙级防火门； ④ 电缆井、管道井应每层在楼板处用相当于楼板耐火极限的不燃材料或防火材料封堵实

续表

名　称	防 火 要 求
垃圾道	① 宜靠外墙独立设置，不宜设置在楼梯间内； ② 垃圾道排气口应直接开向室外； ③ 垃圾斗宜设置在垃圾道前室内，前室门应采用丙级防火门； ④ 垃圾斗应用不燃材料制作并能自动关闭

7. 变形缝防火分隔

电线、电缆，可燃气体和甲、乙、丙类液体的管道穿过建筑内的变形缝时，应在穿过处加设不燃材料制作的套管或采取其他防变形措施，并应采用防火封堵材料封堵。

4.1.3　防火分隔设施与措施

对建筑物进行防火分区的划分是通过防火分隔构件来实现的。通过防火分隔构件能在一定时间内阻止火势蔓延，且能把建筑内部空间分隔成若干较小的防火空间。

防火分隔构件可分为固定式和可开启关闭式两种。固定式包括普通砖墙、楼板、防火墙等，可开启关闭式包括防火门、防火窗、防火卷帘、防火阀等。

1. 防火墙

防火墙是防止火灾蔓延至相邻区域且耐火极限不低于 3 h 的不燃性墙体。

在设置防火墙时应满足下列要求。

① 防火墙应直接设置在基础或框架、梁等承重结构上，框架、梁等承重结构的耐火极限不应低于防火墙的耐火极限。防火墙应从楼地面基层隔断至梁、楼板或屋面板的底面基层。当高层厂房（仓库）屋顶承重结构和屋面板的耐火极限低于 1 h，其他建筑屋顶承重结构和屋面板的耐火极限低于 0.5 h 时，防火墙应高出屋面 0.5 m 以上，如图 4-3 所示。

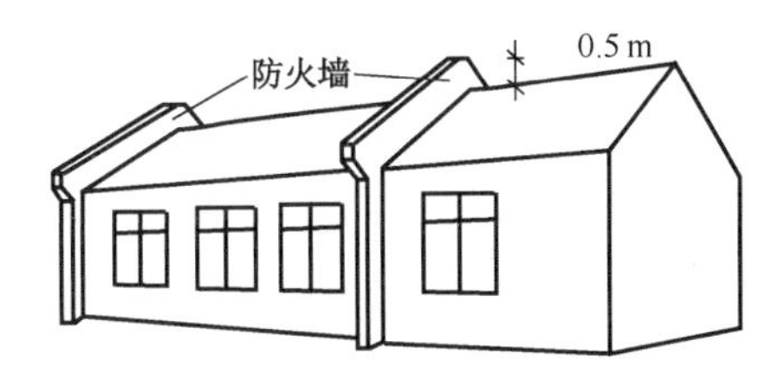

图 4-3　防火墙应高出屋面距离

② 当防火墙横截面中心线水平距离天窗端面小于 4 m，且天窗端面为可燃性墙体时，应采取防止火势蔓延的措施。

③ 建筑外墙为难燃性或可燃性墙体时，防火墙应凸出墙的外表面 0.4 m 以上，且防火墙两侧的外墙均应为宽度不小于 2 m 的不燃性墙体，其耐火极限不应低于外墙的耐火极限，如图 4-4 所示。

建筑外墙为不燃性墙体时，防火墙可不凸出墙的外表面，紧靠防火墙两侧的门、窗、洞口之间最近边缘的水平距离不应小于 2 m；当采取设置乙级防火窗等防止火灾水平蔓延的措施时，该距离不限，如图 4-5 所示。

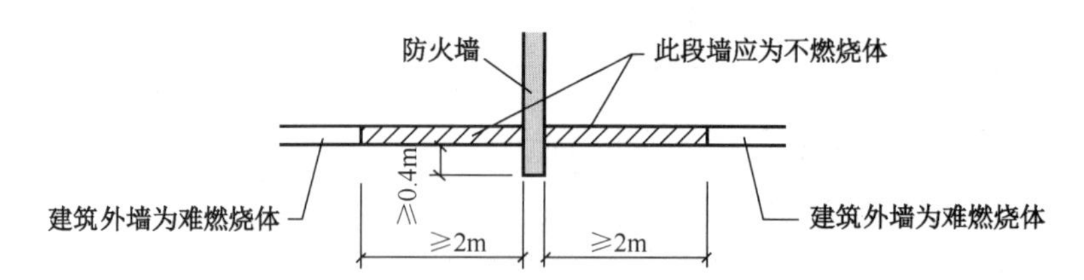

图 4-4　建筑外墙为难燃性或可燃性墙体

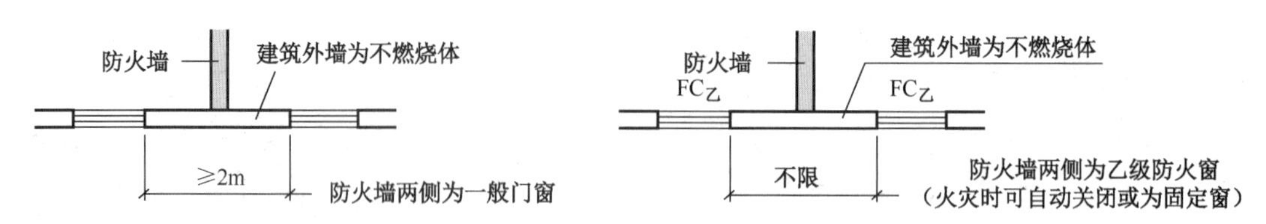

图 4-5　建筑外墙为不燃性墙体

④ 防火墙上不应开设门、窗、洞口，确需开设时，应设置不可开启或发生火灾时能自动关闭的甲级防火门、窗。

可燃气体和甲、乙、丙类液体的管道严禁穿过防火墙，其他管道不宜穿过防火墙，确需穿过时，应采用防火封堵材料将墙与管道之间的空隙紧密填实，穿过防火墙处的管道保温材料应采用不燃材料。当管道为难燃及可燃材料时，应在防火墙两侧的管道上采用防火措施，防火墙内不应设置排气道。

⑤ 建筑内的防火墙不宜设置在转角处，确需设置时，内转角两侧墙上的门、窗、洞口之间最近边缘的水平距离不应小于 4 m；采取设置乙级防火窗等防止火灾水平蔓延的措施时，该距离不限，如图 4-6 所示。

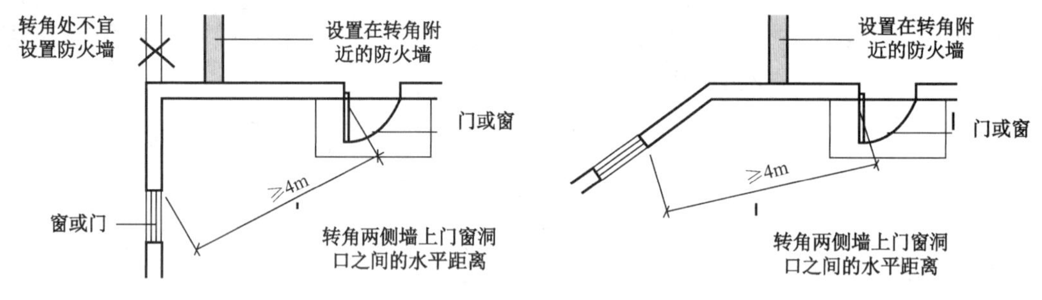

图 4-6　建筑转角

⑥ 防火墙的构造应能在防火墙任意一侧的屋架、梁、楼板等受到火灾的影响而被破坏时，不会导致防火墙倒塌。

2. 防火卷帘

防火卷帘主要用于需要进行防火分隔的墙体，特别是因生产、使用等需要开设较大开口而又无法设置防火门时的防火分隔，它是一种适用于建筑物较大洞口处的防火、隔热设施，如图 4-7 所示。

防火卷帘帘面通过传动装置和控制系统控制卷帘的升降，在一定的时间内，连同框架能满足耐火稳定性和完整性要求的卷帘，将钢板、铝合金板等金属板材，用扣环或铰接的方法组成可卷绕的链状平面，平时卷起放在门、窗上口的转轴箱中，起火时放下展开，防止火势从门窗洞口蔓延。

图 4-7　防火卷帘

（1）防火卷帘的设置部位

防火卷帘主要用于大型超市（大卖场）、大型商场、大型专业材料市场、大型展馆、厂房、仓库等有消防要求的公共场所。当火情发生时，防火卷帘在消防中央控制系统的控制下，按预先设定的程序自动放下（下行），从而达到阻止火焰向其他范围蔓延的作用，为实施消防灭火争取宝贵的时间。

防火卷帘一般设置在电梯厅、自动扶梯周围，中庭与楼层走道、过厅相通的开口部位，生产车间中大面积洞口及设置防火墙有困难的部位。

防火卷帘除设置在防火墙外，在两个防火分区之间没有防火墙的也应设置防火卷帘，一般设置在以下部位。

① 封闭疏散楼梯，通向走道；封闭电梯间，通向前室及前室通向走道的门。

② 电缆井、管道井、排烟道、垃圾道等竖向管道井的检查门。

③ 划分防火分区，控制分区建筑面积所设防火墙和防火隔墙上的门。当建筑物设置防火墙或防火门有困难时，要用防火卷帘代替，同时必须用水幕保护。

（2）防火卷帘的布置要求

布置防火卷帘时应符合以下规定。

① 除中庭外，当防火分隔部位的宽度不大于 30 m 时，防火卷帘的宽度不应大于 10 m；当防火分隔部位的宽度大于 30 m 时，防火卷帘的宽度不应大于该部位宽度的 1/3，且不应大于 20 m。

② 防火卷帘应具有火灾时靠自重自动关闭的功能；不应采用水平、侧向防火卷帘。

③ 除另有规定外，防火卷帘的耐火极限不应低于规范对所设置部位墙体的耐火极限要求。

当防火卷帘的耐火极限符合现行国家标准有关耐火完整性和耐火隔热性的判定条件时，可不设置自动喷水灭火系统保护。

当防火卷帘的耐火极限仅符合现行国家标准有关耐火完整性的判定条件时，应设置自动喷水灭火系统。

④ 防火卷帘应具有防烟性能，与楼板、梁、墙、柱之间的空隙应采用防火封堵材料封堵。

⑤ 需在火灾时自动降落的防火卷帘，应具有信号反馈的功能。

⑥ 其他要求应符合《防火卷帘》（GB 14102　2005）的规定。

3. 防火门

防火门是指在一定时间内能满足耐火稳定性、完整性和隔热性要求的门。它是设在防火分区间、疏散楼梯间、垂直竖井等具有一定耐火性的防火分隔物。

防火门除具有普通门的作用外，更具有阻止火势蔓延和烟气扩散的作用，可在一定时间内阻止火势的蔓延，确保人员疏散。

建筑中设置的防火门，应保证门的防火和防烟性能符合现行国家标准的规定。

（1）防火门的分类

① 按耐火极限分类。

防火门可分为隔热防火门（A 类）、部分隔热防火门（B 类）、非隔热防火门（C 类），如表 4-4 所示。

表 4-4 防火门按耐火极限分类

<table>
<tr><th>名　称</th><th colspan="2">耐 火 性 能</th><th>代　号</th></tr>
<tr><td rowspan="5">隔热防火门
（A 类）</td><td colspan="2">耐火隔热性≥0.5 h
耐火完整性≥0.5 h</td><td>A0.5（丙级）</td></tr>
<tr><td colspan="2">耐火隔热性≥1 h
耐火完整性≥1 h</td><td>A1（乙级）</td></tr>
<tr><td colspan="2">耐火隔热性≥1.5 h
耐火完整性≥1.5 h</td><td>A1.5（甲级）</td></tr>
<tr><td colspan="2">耐火隔热性≥2 h
耐火完整性≥2 h</td><td>A2</td></tr>
<tr><td colspan="2">耐火隔热性≥3 h
耐火完整性≥3 h</td><td>A3</td></tr>
<tr><td rowspan="4">部分隔热防火门
（B 类）</td><td rowspan="4">耐火隔热性≥
0.5 h</td><td>耐火完整性≥1 h</td><td>B1</td></tr>
<tr><td>耐火完整性≥1.5 h</td><td>B1.5</td></tr>
<tr><td>耐火完整性≥2 h</td><td>B2</td></tr>
<tr><td>耐火完整性≥3 h</td><td>B3</td></tr>
<tr><td rowspan="3">非隔热防火门
（C 类）</td><td colspan="2">耐火完整性≥1 h</td><td>C1</td></tr>
<tr><td colspan="2">耐火完整性≥1.5 h</td><td>C1.5</td></tr>
<tr><td colspan="2">耐火完整性≥2 h</td><td>C2</td></tr>
<tr><td></td><td colspan="2">耐火完整性≥3 h</td><td>C3</td></tr>
</table>

② 按材料分类。

防火门可分为木质防火门、钢质防火门、钢木质防火门、其他材质防火门等。

木质防火门：用难燃木材或难燃木材制品制作门框、门扇骨架、门扇面板，门扇内若填充材料，则应填充对人体无毒无害的防火隔热材料，并配以防火五金配件所组成的具有一定耐火性能的门。

钢质防火门：用钢质材料制作门框、门扇骨架和门扇面板，门扇内若填充材料，则填充对人体无毒无害的防火隔热材料，并配以防火五金配件所组成的具有一定耐火性能的门。

钢木质防火门：用钢质和难燃木质材料或难燃木材制品制作门框、门扇骨架、门扇面板，门扇内若填充材料，则应填充对人体无毒无害的防火隔热材料，并配以防火五金配件所组成的具有一定耐火性能的门。

其他材质防火门：采用除钢质、难燃木材或难燃木材制品之外的无机不燃材料或部分采用钢质、难燃木材、难燃木材制品制作门框、门扇骨架、门扇面板，门扇内若填充材料，则应填充对人体无毒无害的防火隔热材料，并配以防火五金配件所组成的具有一定耐火性能的门。

③ 按开启状态分类。

防火门可分为常闭防火门和常开防火门。

常闭防火门一般由防火门扇、门框、闭门器、密封条等组成，双扇或多扇常闭防火门还装有顺序器。常闭防火门通常不需要电气专业提供自控设计，但也有特殊情况，如疏散通道上的常闭防火门，当一些大型建设方有防盗等管理上的要求时应由电气专业配合设计，尽可能全面地降低安全隐患。

常开防火门除具有常闭防火门的所有配件外，还增加了防火门释放开关，而且必须由电气专业提供自控设计。它通常会在人流、物流较多的疏散通道上应用。

另外，防火门还可按使用功能分为门禁防火门、室内防火门等；按技术分为电子防火门等。

（2）防火门的设置要求

防火门除具备普通门的作用外，还具有防火、隔烟、抑制火灾蔓延、保护人员疏散的特殊功能，防火门一般设在以下部位。

① 封闭疏散楼梯，通向走道；封闭电梯间，通向前室及前室通向走道的门。

② 电缆井、管道井、排烟道、垃圾道等竖向管道井的检查门。

③ 划分防火分区，控制分区建筑面积所设防火墙和防火隔墙上的门。当建筑物设置防火墙或防火门有困难时，要用防火卷帘门代替，同时必须用水幕保护。

设置防火门时，应符合以下规定。

① 疏散通道上的防火门应向疏散方向开启，并在关闭后应能从任意一侧手动开启。

② 除管井检修门和住宅的户门外，防火门应能自动关闭；双扇防火门应具有按顺序关闭的功能。

③ 除允许设置常开防火门的位置外，其他位置的防火门均应采用常闭防火门。常闭防火门应在门扇的明显位置设置“保持防火门关闭”等提示标志。在发生火灾时，常开防火门应具有自动关闭和信号反馈功能，如设置与报警系统联动的控制装置和闭门器等。

④ 为保证分区间的相互独立，设在变形缝附近的防火门，应设在楼层较多的一侧，并保证防火门开启时门扇不跨越变形缝，防止烟火通过变形缝蔓延。

⑤ 防火门关闭后应具有防烟性能。

⑥ 甲、乙、丙级防火门应符合《防火门》（GB 12955—2008）的规定。

4. 防火窗

防火窗按照安装方法可分为固定窗扇与活动窗扇两种。

防火窗的耐火极限与防火门相同。

设置在防火墙、防火隔墙上的防火窗应采用不可开启的窗扇或具有火灾时能自行关闭的功能。

5. 防火阀

防火阀是用于管道内阻火的活动式封闭装置。

防火阀平时处于开启状态，发生火灾时，当管道内烟气温度达到 70℃时，熔断片就会熔断，防火阀会自动关闭。

（1）防火阀的设置部位

① 穿越防火分区处。

② 穿越通风、空气调节机房的房间隔墙和楼板处。

③ 穿越重要或火灾危险性大的房间隔墙和楼板处。

④ 穿越防火分隔处的变形缝两侧。

⑤ 竖向风管与每层水平风管交接处的水平管段上。但当建筑内每个防火分区的通风、空气调节系统均独立设置时，水平风管与竖向总管的交接处可不设置防火阀。

⑥ 公共建筑的浴室、卫生间和厨房的竖向排风管，应采取防止回流措施或在支管上设置公称动作温度为 70℃的防火阀。公共建筑内厨房的排油烟管道宜按防火分区设置，且在与竖向排风管连接的支管处应设置公称动作温度为 150℃的防火阀。

（2）防火阀的设置要求

① 防火阀可与通风机、排烟风机连锁。

② 阀门的操作机构一侧应有不小于 200 mm 的净空间便于检修。

③ 安装阀门前必须检查阀门的操作机构是否完好，动作是否灵活有效。

④ 防火阀应安装在紧靠墙或楼板的风管管段中，防火分区隔墙两侧的防火阀距墙表面不应大于 200 mm，防火阀两侧各 2 m 范围内的管道及其绝热材料应采用不燃材料。

⑤ 防火阀应单独设置支吊架，以防止发生火灾时管道变形影响其性能。

⑥ 防火阀的熔断片应装在朝向火灾危险性较大的一侧。

4.1.4 防烟分区与分隔措施

为有利于建筑内人员安全疏散与有组织排烟，用挡烟垂壁、挡烟梁、挡烟隔墙等防烟分区分隔设施（挡烟设施），把烟气限制在一定范围的空间区域内，通过排烟设施将烟气排至室外。这里的空间区域即为防烟分区。防烟分区是在建筑内部采用挡烟设施分隔而成的，划分防烟分区的目的：一是将烟气控制在一定范围内；二是提高排烟口的排烟效果。

1. 防烟分区的面积划分

设置排烟系统的场所或部位应划分防烟分区。防烟分区不宜大于 2000 m^2，长边不应大于 60 m。当室内高度超过 6 m 且具有对流条件时，长边不应大于 75 m。设置防烟分区应满足以下几个要求。

① 防烟分区应采用挡烟垂壁、隔墙、结构梁等划分。

② 防烟分区不应跨越防火分区。

③ 每个防烟分区的建筑面积不宜超过规范要求。

④ 采用隔墙等形成封闭的分隔空间，宜作为一个防烟分区。

⑤ 储烟仓高度不应小于空间净高的 10%，且不应小于 500 mm，同时应保证疏散所需的清晰高度；最小清晰高度应由计算确定。

⑥ 有特殊用途的场所应单独划分防烟分区。

2. 防烟分区的分隔措施

划分防烟分区的构件主要有挡烟垂壁、隔墙、防火卷帘、建筑横梁等。

（1）挡烟垂壁

挡烟垂壁是人防高层民用建筑的地下与大空间排烟系统中用于烟区分隔的装置。挡烟垂壁由不燃材料制成，垂直安装在建筑顶棚、横梁或吊顶下，能在火灾时形成一定蓄烟空间的挡烟分隔装置。

当消防控制中心发出火警信号或直接接收“烟感”信号后，置于吊顶上方的软质挡烟垂壁迅速垂落至设定高度，形成烟区分隔，由排烟风机将高温烟气排出室外，为火警区人员救生和疏散争取时间。

挡烟垂壁常设置在烟气扩散流动的路线上（烟气控制区域的分界处），和排烟设备配合进行有效排烟。其从顶棚下垂的高度一般应距顶棚面 50 cm 以上，称之为有效高度。

① 挡烟垂壁的分类。

挡烟垂壁按结构分：固定式挡烟垂壁、活动式挡烟垂壁（卷筒式、翻板式）。

挡烟垂壁按材料分：夹丝防火玻璃、双层夹胶防火玻璃或单片防火玻璃；阻燃硅胶挡烟布；硅钙板等无机防火板、涂炭金刚砂板。

如图 4-8 所示为固定式挡烟垂壁，玻璃材质，灵活性差。

如图 4-9 所示为活动式挡烟垂壁，火灾时通过感烟、感温或其他控制设备的作用而自动下垂。

图 4-8　固定式挡烟垂壁

图 4-9　活动式挡烟垂壁

如图 4-10 所示为单片防火玻璃型挡烟垂壁，其最大的特点就是美观度好。它广泛地使用在人流、物流不大，但对装饰要求很高的场所（如高档酒店、会议中心、文化中心、高档写字楼等），其缺点就是挡烟垂壁遇到外力冲击发生意外时，整个挡烟垂壁会垮塌，击伤或击毁下方的人员或设备。

如图 4-11 所示为双层夹胶防火玻璃型挡烟垂壁，它综合了单片防火玻璃型和夹丝防火玻璃型的优点。它是由两片单片防火玻璃中间夹一层进口胶片制成，既有单片防火玻璃型的美观度又有夹丝防火玻璃型的安全性，是一种比较完美的固定式挡烟垂壁，但其缺点是单价较高。

图 4-10　单片防火玻璃型挡烟垂壁

双层夹胶防火玻璃型

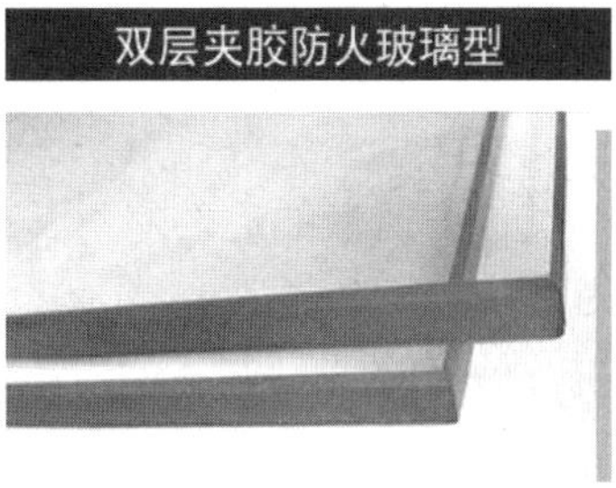

图 4-11　双层夹胶防火玻璃型挡烟垂壁

② 挡烟垂壁的工作原理。

挡烟垂壁可按一个单元或多个单元制作安装，控制机构装于墙面或柱面上，当发生火灾时，控制中心输出信号，使电动机或执行机构启动，挡烟垂壁开始工作（也可用手动按钮控制或烟传感器控制)，形成一个高 500～800 mm 的挡烟垂壁。展开、收回相关设备联动也可实现自动控制。

(2) 建筑横梁

横者为梁，竖者为柱，建筑横梁承担着建筑的质量。当建筑横梁的高度超过 50 cm 时，该横梁可作为挡烟设施使用。

4.2 防排烟系统的选择与设置

教师任务：通过讲授、研讨、查阅消防设计文件等方式，根据建筑的结构和使用功能识别防排烟系统，使学生了解防排烟系统的原理，掌握防排烟系统的选择和设计参数的计算方法，熟悉防排烟系统组件及其设置方式。

学生任务：通过学习、研讨、查阅消防设计文件，了解防排烟系统的原理，掌握防排烟系统的选择和设计参数的计算方法，熟悉防排烟系统组件及其设置方式，完成任务单，如表 4-5 所示。

表 4-5 任务单

序号	项　目	内　容
1	自然排烟原理	
2	机械加压送风原理	
3	机械排烟原理	
4	防排烟系统选择及应考虑的因素	
5	开窗有效面积的计算方法	
6	防排烟系统组件及其设置方式	

在发生火灾的过程中，会产生大量的烟气，一些装修材料经过燃烧后产生的烟气带有大量的有毒物质，会导致人员中毒或窒息身亡，在建筑内设置防排烟系统可减少烟气对人类的危害。

防排烟系统主要设置在高层建筑内，根据建筑内部排风结构来设计防排烟系统。防排烟系统一般使用在地下停车场、酒店、商场、写字楼等场所。

4.2.1 认识防排烟系统

防排烟系统是防烟系统和排烟系统的总称。防烟系统采用机械加压送风方式或自然通风方式，防止烟气进入疏散通道的系统；排烟系统采用机械排烟方式或自然通风方式，将烟气排至建筑外的系统。

1. 防排烟系统的分类

防排烟系统可分为机械防排烟系统和自然防排烟系统。

(1) 机械防排烟系统

机械防排烟系统由送排风管道、管井、防火阀、门开关设备、送/排风机等设备组成。消防控制中心收到火灾信号时，联动防排烟风机控制柜启动风机并打开排烟阀，将室内烟气从风管中向室外排放，达到排烟效果。机械防排烟系统的排烟量与防烟分区有着直接的关系。

（2）自然防排烟系统

当室内达到自然防排烟条件时可不需要安装机械防排烟系统。

防烟楼梯间前室或合用前室，利用敞开的阳台、凹廊或前室内不同朝向的可开启外窗自然排烟时，该楼梯间可不设排烟设施。利用建筑的阳台、凹廊或在外墙上设置便于开启的外窗或排烟时，可进行无组织的自然排烟方式。

自然排烟应设置于房间的上方，宜设置在距顶棚或顶板下 800mm 以内，其间距以排烟口的下边缘计。自然进风应设置于房间的下方，设置于房间净高的 1/2 以下，其间距以进风口的上边缘计。内走道和房间的自然排烟口，至该防烟分区最远点应在 30 m 以内。自然排烟窗、排烟口、送风口应设开启方便、灵活的装置。

2. 防烟设施的分类

高层建筑的防烟设施应分为机械加压送风防烟和自然排烟。

（1）机械加压送风防烟

采用机械加压送风的方式防烟，简称加压防烟，就是用风机把一定量的室外空气送入房间或通道内，使室内保持一定压力或门洞处有一定的流速，以避免烟气侵入。

如图 4-12 所示为机械加压送风防烟的两种情况，其中，图 4-12（a）所示是当门关闭时，房间内保持一定正压值，空气从门缝或其他缝隙处流出，防止烟气侵入；图 4-12（b）所示是当门开启时，送入加压区的空气以一定的风速从门洞流出，防止烟气流入。当烟气流速较低时，烟气可能从上部流入室内。根据以上两种情况的分析可知，为了防止烟气流入被加压的房间，当门开启时，门洞必须有一定向外的风速；当门关闭时，房间内必须有一定的正压值。

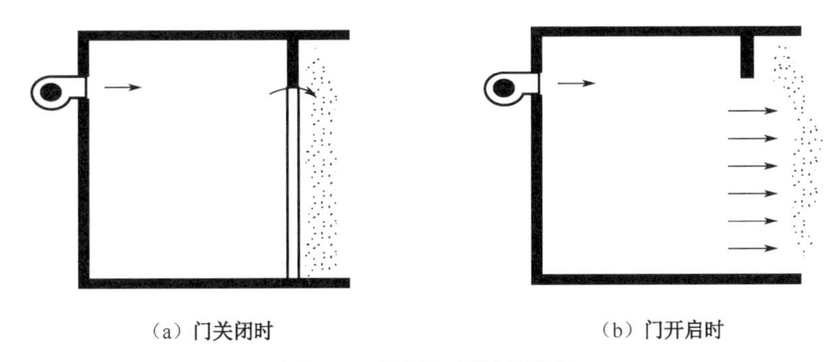

（a）门关闭时　　　　（b）门开启时

图 4-12　机械加压送风防烟

（2）自然排烟

自然排烟有两种方式，一种是利用外窗或专设的排烟口排烟，另一种是利用竖井排烟，如图 4-13 所示。其中，图 4-13（a）所示是利用可开启的外窗进行排烟，如果外窗不能开启或无外窗，可以专设排烟口进行自然排烟；图 4-13（b）所示是利用专设的竖井进行排烟，即相当于专设一个烟囱，各层房间设排烟风口与其连接，当某层起火有烟时，排烟风口自动或人工打开，热烟气即可通过竖井排到室外。

3. 排烟设施的分类

高层建筑的排烟设施应分为机械排烟和可开启外窗的自然排烟。

高层建筑在机械排烟的同时还要向房间内补充室外的新风，送风方式有两种：机械排烟、机械送风和机械排烟、自然进风。

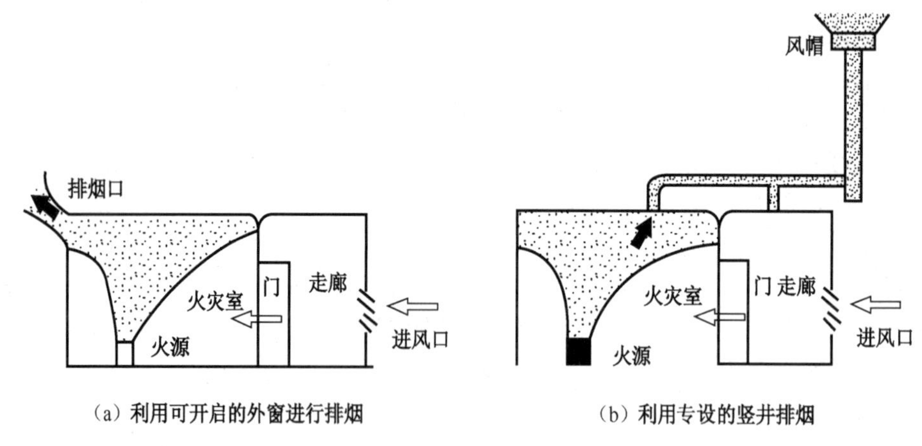

(a) 利用可开启的外窗进行排烟　　(b) 利用专设的竖井排烟

图 4-13　自然排烟

(1) 机械排烟、机械送风

利用设置在建筑最上层的排烟风机，通过设置在防烟楼梯间、前室或消防电梯前室上部的排烟口及与其相连的排烟竖井排至室外，或者通过房间（或走廊）上部的排烟口排至室外；由室外送风机通过竖井和设置于前室（或走廊）下部的送风口向前室（或走廊）补充室外的新风。各层的排烟口及送风口的开启与排烟风机及室外送风机相连，如图 4-14 所示。

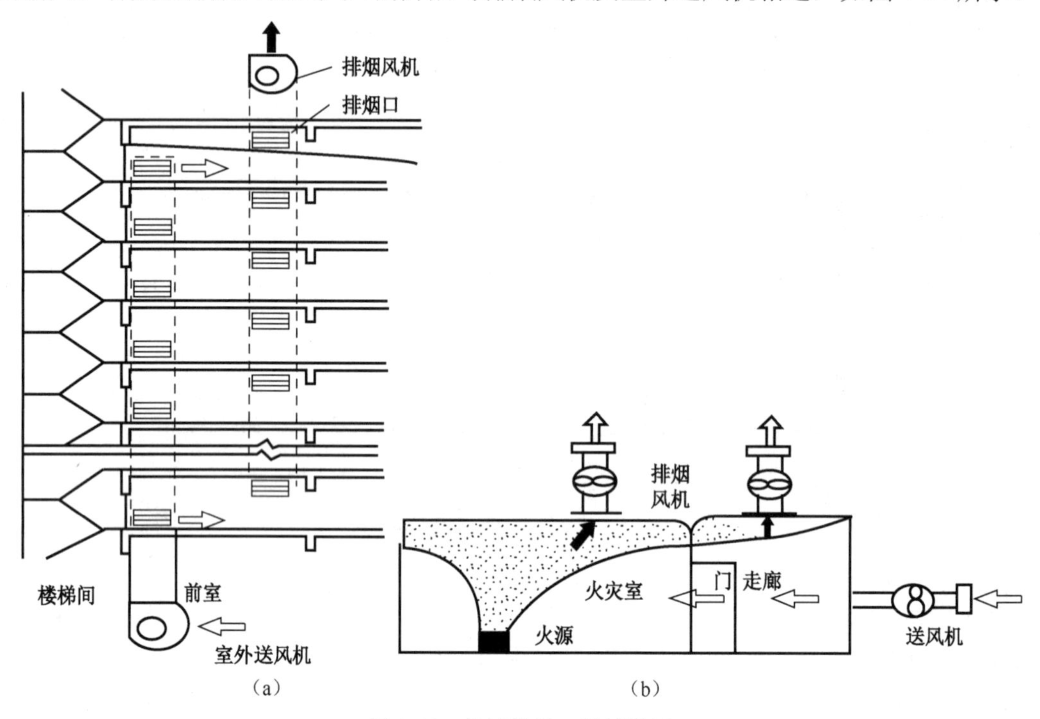

图 4-14　机械排烟、机械送风

(2) 机械排烟、自然进风

利用设置在建筑物最上层的排烟风机，通过设置在防烟楼梯间、前室或消防电梯前室上部的排烟口及与其相连的排烟竖井排至室外，或者通过房间（或走廊）上部的排烟口排至室外；通过自然进风竖井和进风口向前室（或走廊）补充室外的新风，如图 4-15 所示。

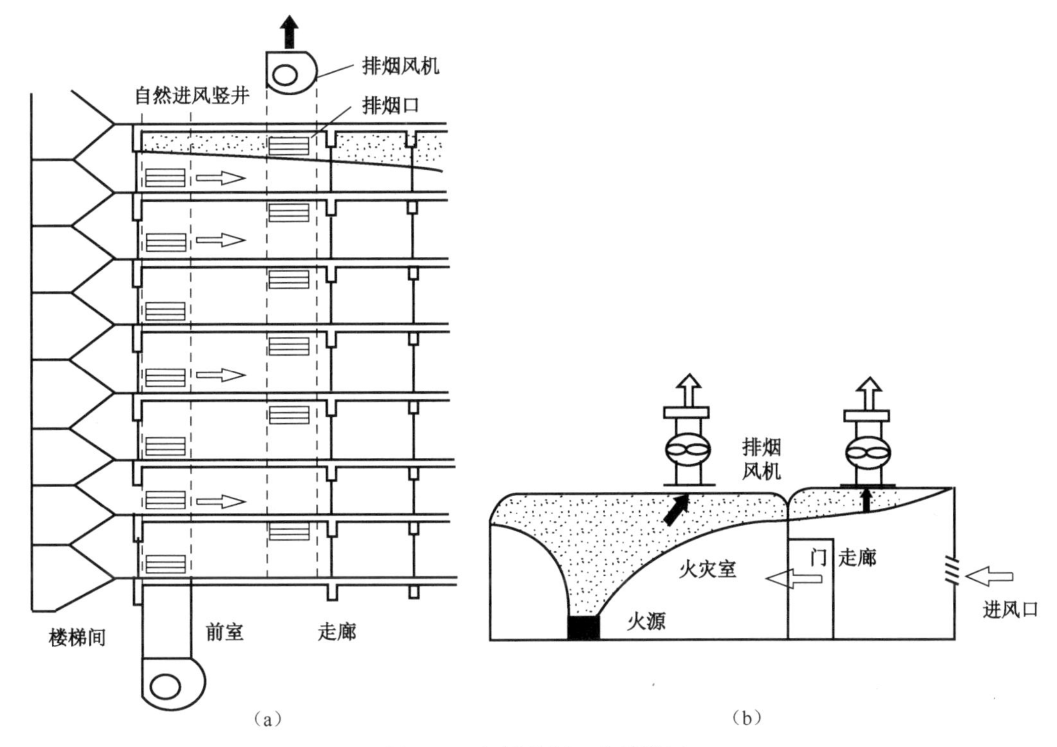

图 4-15　机械排烟、自然进风

4. 防排烟设施的设置范围

(1) 防烟设施的设置

建筑的下列场所或部位应设置防烟设施。

① 防烟楼梯间及其前室。

② 消防电梯间前室或合用前室。

③ 避难走道的前室。

④ 避难层（间）。

建筑高度≤50 m 的公共建筑、厂房、仓库和建筑高度≤100 m 的住宅建筑，当其防烟楼梯间的前室或合用前室符合下列条件之一时，楼梯间可不设置防烟系统：

① 前室或合用前室采用敞开的阳台、凹廊。

② 前室或合用前室具有不同朝向的可开启外窗，且可开启外窗的面积满足自然排烟口的面积要求。

高层建筑的下列部位应设置独立的机械加压送风设施。

① 不具备自然排烟条件的防烟楼梯间，消防电梯间前室或合用前室。

② 采用自然排烟措施的防烟楼梯间，其不具备自然排烟条件的前室。

③ 封闭避难层（间）。

④ 建筑高度＞50 m 的一类公共建筑和建筑高度＞100 m 居住建筑的防烟楼梯间及其前室、消防电梯前室或合用前室。

(2) 排烟设施的设置

民用建筑的下列场所或部位应设置排烟设施。

① 设置在一、二、三层且房间建筑面积大于 100 m^2 的歌舞娱乐放映游艺场所；设置在

四层及以上或地下、半地下的歌舞娱乐放映游艺场所。

② 中庭。

③ 公共建筑中建筑面积大于 100 m^2，且经常有人停留的地上房间。

④ 公共建筑中建筑面积大于 300 m^2，且可燃物较多的地上房间。

⑤ 建筑中长度大于 20 m 的疏散走道。

地下或半地下建筑（室）、地上建筑内的无窗房间，当总建筑面积大于 200 m^2 或一个房间建筑面积大于 50 m^2，且经常有人停留或可燃物较多时，应设置排烟设施。

4.2.2 自然通风与自然排烟

1. 自然通风

自然通风是利用自然风压、空气温差、空气密度差等对室内、矿井或井巷等区域进行通风输气的方式。

（1）自然通风的形式

自然通风依靠室外风力造成的风压和室内/外空气温度差造成的热压，促使空气流动，使建筑室内/外空气交换。自然通风可以保证建筑室内获得新鲜空气，带走多余的热量，又不需要消耗动力，可以节省能源，节省设备投资和运行费用，因此而是一种经济有效的通风方法。

不同建筑设计形成的自然通风形式有：贯流通风、单面通风和风井或中庭通风。

① 贯流通风。

贯流通风，俗称穿堂风。通常是指建筑迎风一侧和背风一侧均有开口，且开口之间有顺畅的空气通路，从而使自然风能够直接穿过整个建筑。如果进出口间有阻隔或空气通路曲折，通风效果就会变差。这是一种主要依靠风压进行的通风形式。

② 单面通风。

当自然风的入口和出口在建筑的同一个外表面上，这种通风方式被称为单面通风。单面通风靠室外空气湍流脉动形成的风压和室内/外空气温差的热压进行室内/外空气的交换。在风口处设置适当的导流装置，可提高通风效果。

③ 风井或中庭通风。

风井或中庭通风主要是利用热压进行自然通风的一种方法，通过风井或中庭中热空气上升的烟囱效应作为驱动力，把室内热空气通过风井和中庭顶部的排气口排向室外。在实际设计中，往往利用太阳能热作用来增强热压。

（2）自然通风的设置

设置自然通风方式时应注意以下几点。

① 消除建筑物余热、余湿的通风设计，应优先利用自然通风。

② 厨房、厕所、盥洗室和浴室等，民用建筑卧室、起居室（厅）及办公室等，宜采用自然通风。

③ 对于建筑高度≤50 m 的公共建筑、工业建筑和建筑高度≤100 m 的住宅建筑，其防烟楼梯间、独立前室、合用前室及消防电梯前室宜采用自然通风系统。

④ 采用敞开的凹廊、阳台作为防烟楼梯间的前室、合用前室及消防电梯前室（见图 4-16），或者防烟楼梯间前室、合用前室及消防电梯前室具有两个不同朝向的可开启外窗，且可

开启窗面积符合规定时（见图 4-17），前室或合用前室可采用自然通风系统。

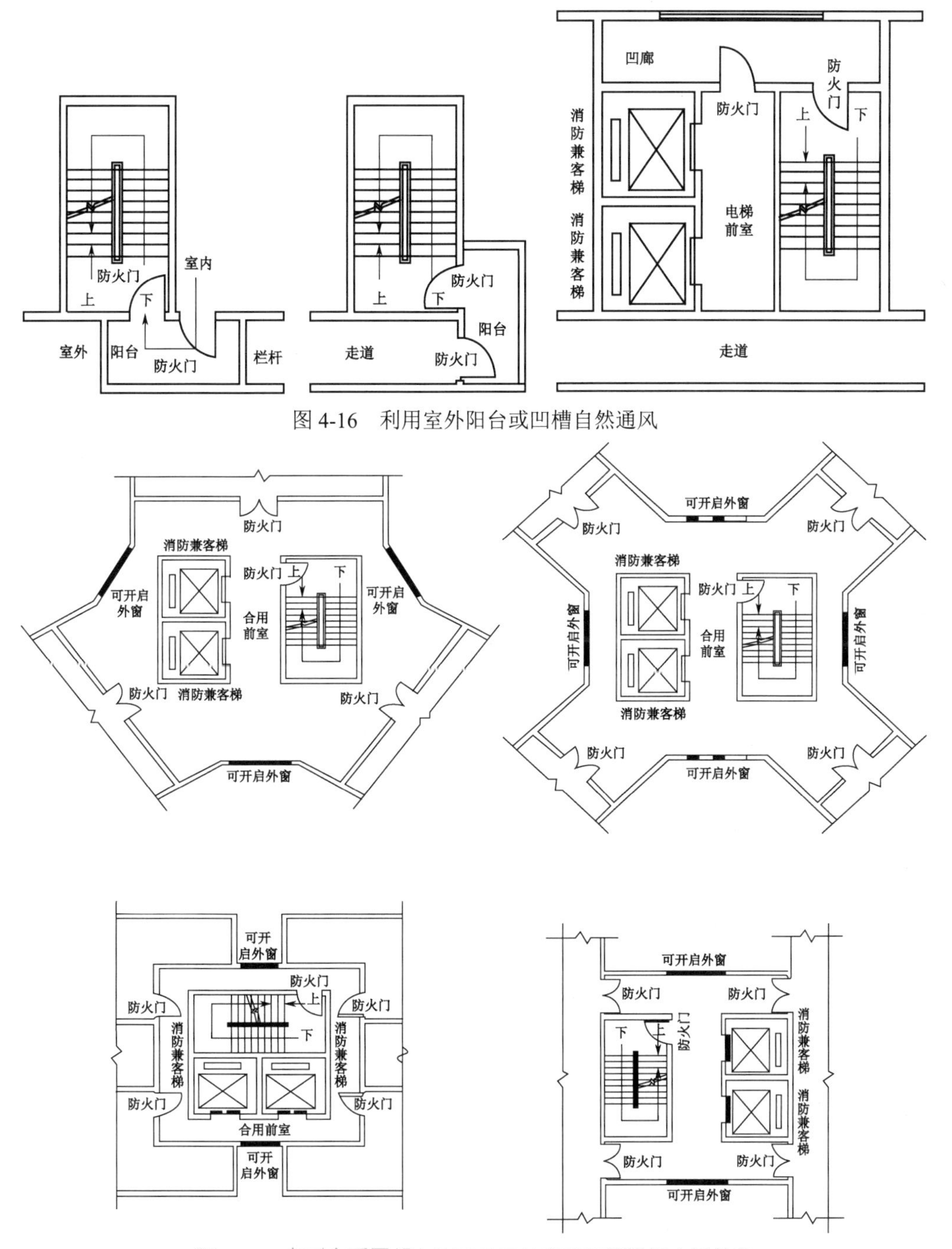

图 4-16　利用室外阳台或凹槽自然通风

图 4-17　有两个不同朝向的可开启外窗防烟楼梯间合用前室

⑤ 加压送风口设置在独立前室、合用前室及消防电梯前室顶部或正对前室入口的墙面时，楼梯间可采用自然通风系统。

（3）自然通风的设计

自然通风的设计要求如下。

① 封闭和防烟的楼梯间，应在最高部位设置面积不小于 1 m^2 的可开启外窗或开口。

② 当建筑高度大于 10 m 时，应在楼梯间的外墙上每 5 层内设置总面积不小于 2 m^2 的可开启外窗或开口，且宜每隔 2～3 层设置一次，若设置条件不能满足要求，则应设置机械加压送风系统。

③ 防烟楼梯间前室、消防电梯前室可开启外窗或开口的有效面积不应小于 2 m^2，合用前室不应小于 3 m^2。

④ 采用自然通风方式的避难层（间）应设有不同朝向的可开启外窗，其有效面积不应小于该避难层（间）地面面积的 1%，且每个朝向的有效面积不应小于 2 m^2。

⑤ 可开启外窗应方便开启；设置在高处的可开启外窗应设置距地面高度为 1.3～1.5 m 的开启装置。

2. 自然排烟

（1）自然排烟的工作原理

自然排烟是利用火灾产生热烟气流的浮力和外部风力作用，通过建筑的开口如外窗、阳台、凹廊或专用排烟口、竖井等将烟气排至室外的排烟方式，如图 4-18 所示。

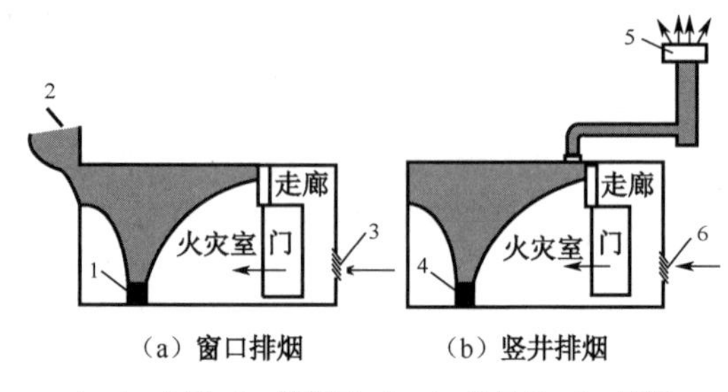

1、4—火源；2—排烟口；3、6—进风口；5—风帽

图 4-18　自然排烟的方式

着火区排烟的目的是将火灾发生的烟气（包括空气受热膨胀的体积）排到室外，降低着火区的压力，不使烟气流向非着火区，同时也排走燃烧产生的热量，以利于着火区的人员疏散及救火人员的扑救。

自然排烟不需要电源和风机设备，可兼作平时通风用，避免设备的闲置，且设施简单，投资少，日常维护工作少，操作容易。但是它也有缺陷，如当开口部位在迎风面时，不仅降低排烟效果，有时还可能使烟气流向其他房间。虽然如此，在符合条件时仍宜优先采用。

（2）自然排烟的形式

自然排烟有两种形式：利用可开启的外窗或专设的排烟口排烟和利用竖井排烟。

利用可开启的外窗进行排烟，外窗不能开启或无外窗时应专设排烟口进行自然排烟。

利用竖井排烟，专设的竖井相当于专设一个烟囱。各层房间设置排烟风口与之相连接，当某层起火有烟时，排烟风口自动或人工打开，热烟气即可通过竖井排到室外。这种排烟方式实质上是利用烟囱效应的原理。在竖井的排出口设置风帽，还可以利用风压的作用。但由于烟囱效应产生的热压很小，而排烟量又大，因此需要竖井的截面和排烟风口的面积都很大，因此我国并不推荐使用这种排烟方式。

（3）自然排烟的设置

设置自然排烟时应注意以下几点。

① 除建筑高度超过 50 m 的一类公共建筑和建筑高度超过 100 m 的居住建筑外，靠外墙的防烟楼梯间及其前室、消防电梯间前室和合用前室及净空高度小于 12 m 的中庭均宜用自然排烟方式。

② 当自然排烟口的总面积大于人民防空地下室防烟分区面积的 2%时，宜采用自然排烟方式。

③ 敞开式汽车库及建筑面积小于 1000 m^2 的地下一层汽车库和修车库，其汽车进出口可直接排烟，且不大于一个防烟分区，可以不设排烟系统，但汽车库和修车库内最不利点至汽

车坡道口不应大于 30 m。

（4）自然排烟的设计

排烟窗应设置在排烟区域的顶部或外墙，并应符合下列设计要求。

① 当设置在外墙上时，排烟窗应在储烟仓以内或室内净高度的 1/2 以上，并应沿火灾烟气的气流方向开启；当房间高度小于 3 m 时，排烟口下边缘应离顶棚面 80 cm 以内；当房间高度在 3～4 m 时，排烟口下边缘应在离地板面 2.1 m 以上的部位；而当房间高度大于 4 m 时，排烟口下边缘在房间总高度一半以上的位置即可，如图 4-19 所示。

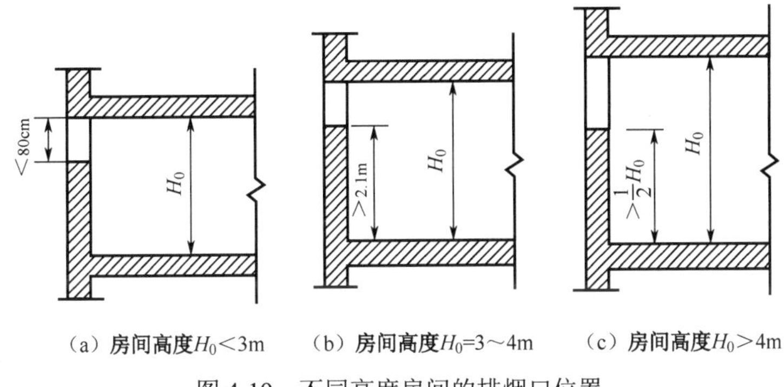

（a）房间高度H_0<3m　（b）房间高度H_0=3～4m　（c）房间高度H_0>4m

图 4-19　不同高度房间的排烟口位置

② 宜分散均匀布置，每组排烟窗的长度不宜大于 3 m。

③ 设置在防火墙两侧的排烟窗之间的水平距离不应小于 2 m。

④ 自动排烟窗附近应同时设置便于操作的手动开启装置，手动开启装置距地面高度应为 1.3～1.5 m。

⑤ 走道设有机械排烟系统的建筑物，当房间面积不大于 200 m^2 时，除排烟窗的设置高度及开启方向可不限外，其余仍按上述要求执行。

⑥ 室内或走道的任意一点至防烟分区内最近的排烟窗的水平距离不应大于 30 m，当公共建筑室内高度超过 6 m，且具有自然对流条件时，其水平距离可增加 25%。当工业建筑采用自然排烟方式时，其水平距离不应大于建筑内空间净高的 2.8 倍。

当公共建筑中的营业厅、展览厅、观众厅、多功能厅及体育馆、客运站、航站楼，以及类似建筑中高度超过 9 m 的中庭等公共场所采用自然排烟方式时，应采取下列措施之一。

① 有火灾自动报警系统的应设置自动排烟窗。

② 无火灾自动报警系统的应设置集中控制的手动排烟窗。

③ 常开排烟口。

4.2.3　机械加压送风系统

1. 机械加压送风系统的工作原理

机械加压送风系统是通过送风机所产生的气体流动和压力差来控制烟气流动的，即在建筑内发生火灾时，对着火区以外的有关区域进行送风加压，使其保持一定的正压，以防止烟气侵入的防烟方式，如图 4-20 所示。

发生火灾时，从安全性的角度出发，高层建筑内可分为四个安全区：防烟楼梯间、避难层（间）；防烟楼梯间前室、消防电梯间前室或合用前室；走道；房间。依据上述原则，加压送风时应使防烟楼梯间压力>前室压力>走道压力>房间压力，同时还要保证各部分之间的压差不要过大，以免造成开门困难，从而影响疏散。

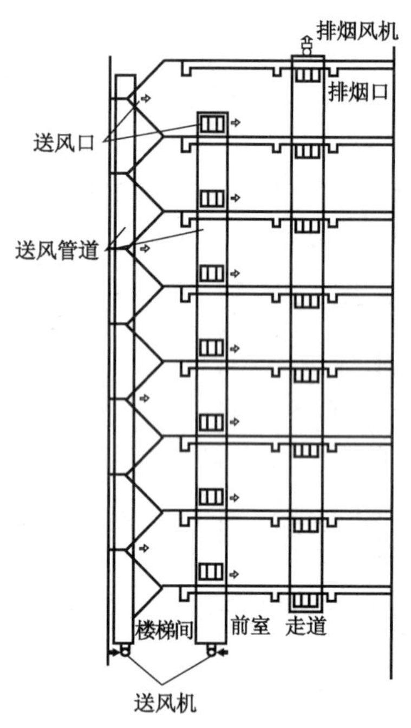

图 4-20　机械加压送风系统

2. 机械加压送风系统的设置

高层建筑以下部位需要设置机械加压送风系统。

① 不具备自然排烟条件的防烟楼梯间、消防电梯间前室或合用前室。

② 可开窗自然排烟的楼梯间但不具备自然排烟条件的前室。

③ 封闭式避难层（间）。

自然排烟方式与机械加压送风方式，这两种排烟方式不能共用，因此，在具体设置时，应根据实际情况选择使用，以下情况需注意：

① 建筑高度≤50 m 的公共建筑、工业建筑和建筑高度≤100 m 的住宅建筑，当前室或合用前室采用机械加压送风系统，且其加压送风口设置在前室的顶部，形成有效阻隔烟气的风幕或正对前室入口的墙面上以正面阻挡烟气侵入时，楼梯间可采用自然排烟方式。

当前室的加压送风口的设置不符合上述规定时，防烟楼梯间应采用机械加压排烟系统。

② 建筑高度>50 m 的公共建筑、工业建筑和建筑高度>100 m 的住宅建筑，其防烟楼梯间、消防电梯前室应采用机械加压送风系统。

③ 当防烟楼梯间采用机械加压送风系统时，楼梯间应设置机械加压送风设施，独立前室可不设置机械加压送风设施，但合用前室应设置机械加压送风设施。防烟楼梯间与合用前室的机械加压送风系统应分别独立设置。剪刀楼梯的两个楼梯间、独立前室、合用前室的机械加压送风系统应分别独立设置。

④ 当地下室、半地下室楼梯间与地上部分楼梯间均需设置机械加压送风系统时，宜分别独立设置。当受建筑条件限制且地下部分为汽车库或设备用房时，可与地上部分的楼梯间公用机械加压送风系统，但应分别计算地上、地下部分的加压送风量，相加后作为公用加压送风系统风量，且应采取有效措施以满足地上、地下部分的送风量的要求。

⑤ 当地上部分楼梯间利用可开启外窗进行自然排烟时，地下部分不能采用自然排烟的防烟楼梯间应采用机械加压送风系统。

当地下室层数为 3 层及以上，或者室内地面与室外出入口地坪高差大于 10m 时，按规定应设置防烟楼梯间，并设有机械加压送风，当其前室为独立前室时，前室可不设置防烟系统，否则前室也应按要求采取机械加压送风方式的防烟措施。

⑥ 避难层（间）应设置直接对外的可开启外窗或独立的机械防烟设施，外窗应采用乙级防火窗或耐火极限不低于 1 h 的 C 类防火窗。设置机械加压送风系统的避难层（间），应在外墙设置固定窗，且面积不应小于该层（间）面积的 1%，每个窗的面积不应小于 2 m^2。除长度小于 60 m 两端直通室外的避难走道外，避难走道的前室应设置机械加压送风系统。

⑦ 建筑高度>100 m 的高层建筑，其送风系统应竖向分段设计，且每段高度不应超过

100 m。

⑧ 人防工程的下列位置应设置机械加压送风系统。

a. 防烟楼梯间。

b. 其前室或合用前室。

c. 避难走道的前室。

⑨ 建筑高度＞32 m 的高层汽车库、室内地面与室外出入口地坪的高差大于 10 m 的地下汽车库，应采用防烟楼梯间。

3. 机械加压送风系统的组件与设计

机械加压送风系统的组件主要有加压送风机、加压送风口、送风管道、余压阀等。

（1）加压送风机

加压送风机安装位置应符合下列要求。

① 送风机的进风口宜直通室外。

② 送风机的进风口宜设置在机械加压送风系统的下部，且应采取防止烟气侵袭的措施。

③ 送风机的进风口不应与排烟风机的出风口设置在同一层面；当必须设置在同一层面时，送风机的进风口与排烟风机的出风口应分开布置；竖向布置时，送风机的进风口应设置在排烟风机出风口的下方，其两者边缘最小垂直距离不应小于 3 m；水平布置时，两者边缘最小水平距离不应小于 10 m。

④ 送风机应设置在专用机房内，该房间应采用耐火极限不低于 2 h 的隔墙和 1.5 h 的楼板及甲级防火门与其他部位隔开。

⑤ 当在送风机出风管或进风管上安装单向风阀或电动风阀时，应采取火灾时阀门自动开启的措施。

（2）加压送风口

加压送风口作为机械加压送风系统的风口，具有赶烟和防烟的作用。加压送风口分常开式和常闭式两种。常闭式风口靠感烟（温）信号控制开启，也可手动（或远距离缆绳）开启，风口可输出动作信号，联动送风机开启。风口可设置 280℃重新关闭装置。加压送风口安装时应符合下列要求。

① 除直灌式送风方式外，楼梯间宜每隔 2～3 层设置一个常开式百叶送风口。

② 分别设置井道的剪刀楼梯的两个楼梯间应分别每隔一层设一个常开式百叶送风口。

③ 前室、合用前室应每层设置一个常闭式加压送风口，并应设置手动开启装置。

④ 送风口的风速不宜大于 7 m/s。

⑤ 送风口不宜设置在被门挡住的部位。

⑥ 采用机械加压送风的场所不应设置百叶窗，不宜设置可开启外窗。

（3）送风管道

送风管道安装时应符合下列要求。

① 送风管道应采用不燃烧材料制作，且宜优先采用光滑管道，不宜采用土建井道。

② 送风管道应独立设置在管道井内，当必须与排烟管道布置在同一管道井内时，排烟管道的耐火极限不应小于 2 h。

③ 管道井应采用耐火极限不小于 1 h 的隔墙与相邻部位分隔，当墙上必须设置检修门时应采用乙级防火门。

④ 未设置在管道井内的加压送风管，其耐火极限不应小于 1.5 h。

⑤ 为便于工程设计，加压送风管道断面积可以根据加压风量和控制风速确定，如表 4-6 所示。

表 4-6　加压送风管道断面积

风道断面积（m^2）	风　速（m/s）								
	12	13	14	15	16	17	18	19	20
0.2	8640	9360	10 080	10 800	11 520	12 240	12 960	13 680	14 400
0.3	12 960	14 040	15 120	16 200	17 280	18 360	19 440	20 520	21 600
0.4	17 280	18 720	20 160	21 600	23 040	24 480	25 920	27 360	28 800
0.5	21 600	23 400	25 200	27 000	28 800	30 600	32 400	34 200	36 000
0.6	25 920	28 080	30 240	32 400	34 560	36 720	38 880	41 040	43 200
0.7	30 240	32 760	35 280	37 800	40 320	42 840	45 360	47 880	50 400
0.8	34 560	37 440	40 320	43 200	46 060	48 960	51 840	54 720	57 600
0.9	38 880	42 120	45 360	48 600	51 840	55 090	58 320	61 560	64 800
1.0	43 200	46 800	50 400	54 000	57 600	61 200	64 800	68 400	72 000
1.1	47 520	51 480	55 440	59 400	63 360	63 720	71 280	75 240	
1.2	51 840	56 160	60 480	64 800	69 120	73 440			
1.3	56 160	60 840	65 520	70 200	74 800				
1.4	60 480	65 520	70 560						
1.5	64 800	70 200							
1.6	69 120	74 880							

（4）余压阀

余压阀是控制压力差的阀门。为了保证防烟楼梯间及其前室、消防电梯间前室和合用前室的正压值，防止正压值过大而导致疏散门难以推开，应在防烟楼梯间与前室、前室与走道之间设置余压阀，控制余压阀两侧正压间的压力差不超过 50 Pa。

4.2.4　机械排烟系统

1. 机械排烟系统的组成

当建筑内发生火灾时，在不具备自然排烟条件下，机械排烟系统能将建筑中房间、走道的烟气和热量排出建筑，为人员安全疏散和灭火救援行动创造有利条件。

机械排烟系统是由挡烟垂壁、排烟口、排烟防火阀、排烟道、排烟风机和排烟出口组成的。

2. 机械排烟系统的工作原理

当采用机械排烟系统时，通常由火场人员手动控制或由感烟探测器将火灾信号传递给防排烟控制器，开启活动的挡烟垂壁将烟气控制在发生火灾的防烟分区内，并打开排烟口及与排烟口联动的排烟防火阀，同时关闭空调系统和送风管道内的防火调节阀以防止烟气从空调、通风系统蔓延到其他非着火房间，最后由设置在屋顶的排烟风机将烟气排至室外，如图 4-21 所示。

常用的方式有机械排烟与自然补风组合、机械排烟与机械补风组合、机械排烟与排风组合、机械排烟与通风空调系统组合等形式，一般要求如下。

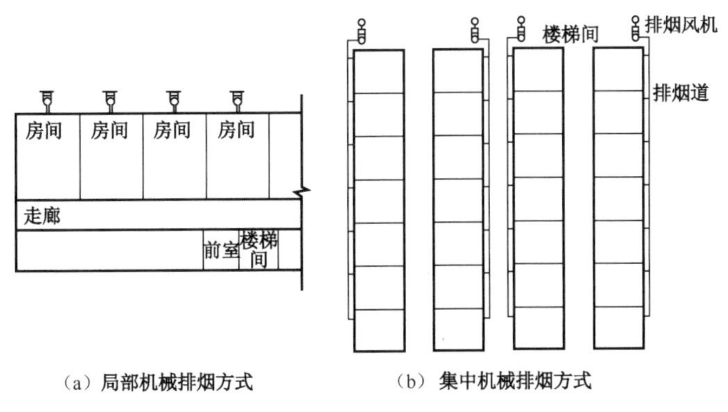

（a）局部机械排烟方式　　（b）集中机械排烟方式

图 4-21　机械排烟方式

① 机械排烟系统与通风、空气调节系统宜分开设置。

② 走道的机械排烟系统宜竖向设置；房间的机械排烟系统宜按防烟分区设置。

③ 排烟风机的全压应按排烟系统最不利环管道进行计算，其排烟量应增加漏风系数。

④ 人防工程机械排烟系统宜单独设置或与工程排风系统合并设置。当合并设置时，必须采取在火灾发生时能将排风系统自动转换为排烟系统的措施。

⑤ 车库机械排烟系统可与人防、卫生等排气、通风系统合用。

3. 机械排烟系统的设置

设置机械排烟系统时应注意以下几点。

① 建筑内应设排烟设施，当设置排烟设施的场所不具备自然排烟条件时，应设置机械排烟设施。高层建筑主要受自然条件（如室外风速、风压、风向等）的影响较大，一般采用机械排烟方式较多。

② 人防工程以下位置应设置机械排烟设施。

a. 建筑面积大于 50 m^2，且经常有人停留或可燃物较多的房间和大厅。

b. 丙、丁类生产车间。

c. 总长度大于 20 m 的疏散走道。

d. 电影放映间和舞台等。

③ 除敞开式汽车库、建筑面积小于 1000 m^2 的地下一层汽车库和修车库外，汽车库和修车库应设置排烟系统（可选机械排烟系统）。

④ 建筑高度超过 50 m 的公共建筑和建筑高度超过 100 m 的住宅排烟系统应竖向分段独立设置，且公共建筑每段高度不宜超过 50 m，住宅建筑每段高度不宜超过 100 m；竖向穿越防火分区时，垂直排烟管道宜设置在管井内。

⑤ 机械排烟系统横向应按每个防火分区独立设置。

⑥ 在地下建筑和地上密闭场所中设置机械排烟系统时，应同时设置补风系统。当设置机械补风系统时，其补风量不宜小于排烟量的 50%。

⑦ 在同一个防烟分区内不应同时采用自然排烟方式和机械排烟方式，因为这两种方式相互之间对气流会造成干扰，影响排烟效果。

4. 机械排烟系统的组件与设置要求

（1）排烟风机

排烟风机的排烟量不应小于表 4-7 所示的规定。

① 担负一个防烟分区排烟或净空高度不大于 6 m 的不划防烟分区的房间时，应按每平方米面积不小于 60 m^3/h 计算。

② 担负两个或两个以上防烟分区排烟时，应按最大防烟分区面积每平方米不小于 120 m^3/h。

③ 中庭体积小于 17 000 m^3 时，其排烟量按其体积的 6 次/h 换气计算；中庭体积大于 17 000 m^3 时，其排烟量按其体积的 4 次/h 换气计算，但最小排烟量不应小于 102 000 m^3/h。

表 4-7　机械排烟系统的最小排烟量

条件和部位		单位排烟量（m^3/h·m^2）	换气次数（次/h）	备　注
担负一个防烟分区		60	—	单台风机排烟量不应小于 7200m^3/h
室内净高大于 6 m 且不划分防烟分区的空间				
担负两个及两个以上防烟分区		120	—	应按最大的防烟分区面积确定
中庭	体积小于或等于 17 000m^3	—	6	体积大于 17 000 m^3 时，排烟量不应小于 102 000 m^3/h
	体积大于 17 000m^3	—	4	

排烟风机的设置应符合下列规定。

① 排烟风机可采用离心式或轴流排烟风机，应能满足在 280℃的环境下连续工作 30 min。

② 排烟风机入口处应设置 280℃能自动关闭的排烟防火阀，该阀应与排烟风机连锁，当该阀关闭时，排烟风机应能停止运转。

③ 排烟风机宜设置在排烟系统的顶部，烟气出口宜朝上，并应高于加压送风机和补风机的进风口，两者垂直距离或水平距离应符合：竖向布置时，送风机的进风口应设置在排烟机出风口的下方，其两者边缘最小垂直距离不应小于 3 m；水平布置时，两者边缘最小水平距离不应小于 10 m。

④ 排烟风机应设置在专用机房内，该房间应采用耐火极限不低于 2 h 的隔墙和 1.5 h 的楼板及甲级防火门与其他部位隔开。风机两侧应有 600 mm 以上的空间。

⑤ 排烟风机与排烟管道上不宜设有软接管。当排烟风机及系统中设有软接头时，该软接头应能在 280℃的环境条件下连续工作不少于 30 min。

⑥ 排烟风机的全压应满足排烟系统最不利环路的要求，其排烟量应考虑 10%～20%的漏风量。

（2）排烟口、排烟阀和排烟防火阀

机械排烟系统中的排烟口、排烟阀和排烟防火阀的设置应符合下列规定。

① 排烟口或排烟阀应按防烟分区设置。排烟口或排烟阀应与排烟风机连锁，当任意一排烟口或排烟阀开启时，排烟风机应能自行启动。

② 排烟口或排烟阀平时为关闭时，应设置手动和自动开启装置。

③ 排烟口应设置在顶棚或靠近顶棚的墙面上，且与附近安全出口沿走道方向相邻边缘之间的最小水平距离不应小于 1.5 m。设在顶棚上的排烟口，距可燃构件或可燃物的距离不应小于 1 m。

④ 设置机械排烟系统的地下、半地下场所，除歌舞娱乐放映游艺场所和建筑面积大于 50 m² 的房间外，排烟口可设置在疏散走道。

⑤ 防烟分区内的排烟口距最远点的水平距离不应超过 30 m；排烟支管上应设置当烟气温度超过 280℃时能自行关闭的排烟防火阀。

⑥ 排烟口的风速不宜大于 10 m/s。

（3）挡烟垂壁

挡烟垂壁是为了阻止烟气沿水平方向流动而垂直向下吊装在顶棚上的挡烟构件，其有效高度不小于 500 mm。

挡烟垂壁可采用固定式或活动式，当建筑物净空较高时可采用固定式，将挡烟垂壁长期固定在顶棚上；当建筑物净空较低时，宜采用活动式。挡烟垂壁应使用不燃烧材料制作。

活动式的挡烟垂壁应由感烟探测器控制，或者与排烟口联动，或者受消防控制中心控制，但同时应能就地手动控制。当活动式挡烟垂壁落下时，其下端距地面的高度应大于 1.8 m。

5. 补风系统

对于建筑地上部分的机械排烟走道、小于 500 m^2 的房间，可以不设置补风系统。除这些场所以外的排烟系统均应设置补风系统。

补风系统应直接从室外引入空气，补风量不应小于排烟量的 50%。

在人防工程中，当补风通路的空气阻力不大于 50 Pa 时，可自然补风；当补风通路的空气阻力大于 50 Pa 时，应设置火灾时可转换成补风的机械送风系统或单独的机械补风系统，补风量不应小于排烟量的 50%。

4.3 安全疏散的设计与设施布置

教师任务：通过讲授、现场调研及查阅消防设计文件等形式，了解建筑高度、使用功能和耐火等级等，根据建筑的使用功能、结构特性等确定安全疏散的主要参数，识别安全疏散的各类设施，并能核实安全疏散设施的布置是否均匀、合理。

学生任务：通过学习、研讨、参与讲解，能计算安全疏散的主要参数，识别安全疏散的各类设施，熟悉并能判断安全疏散设施的布置情况，完成任务单，如表 4-8 所示。

表 4-8　任务单

序号	项　　目	内　　容
1	安全疏散的基本原则	
2	安全疏散的基本参数及计算方法	
3	安全出口、疏散门、疏散出口、避难走道、避难层（间）的概念	
4	应急照明、疏散指示标志的设置	
5	消防通信系统的设置	

当建筑发生火灾时，需引导人们向不受火灾威胁的地方撤离。为了保证安全撤离危险区域，建筑应设置必要的安全疏散设施，如安全出口、疏散走道、疏散楼梯、应急照明、疏散指示标志及消防通信系统等。

4.3.1　安全疏散的基本原则及参数

要做好安全疏散，应事先制定疏散计划，研究疏散方案和疏散路线，如撤离时途经的门、走道、楼梯等；确定建筑内某点至安全出口的时间和距离；计算疏散流量和全部人员撤出危险区域的疏散时间，保证走道和楼梯等的通行能力；还必须设置指示人们疏散、离开危险区的视听信号等；需遵守安全疏散的基本原则，按安全疏散的基本参数如人员密度、疏散宽度指标、疏散距离指标等做好规划、设计，以保证安全疏散的顺利实施。

1. 安全疏散的基本原则

安全疏散是指发生火灾时，在火灾初期阶段，建筑内所有人员及时撤离建筑到达安全地点的过程。能否实现安全疏散，取决于许多因素，但从建筑本身的构造来说，应坚持以下基本原则。

（1）合理布置疏散路线

所谓合理的安全疏散路线，是指发生火灾时紧急疏散的路线要越来越安全。也就是说，应做到人们从着火房间或部位跑到公共走道，再由公共走道到达疏散楼梯间，然后由疏散楼梯间到室外或其他安全处，不能产生“逆流”。

（2）疏散楼梯的数量要足够，位置要得当

为了保证人们能顺利疏散，高层建筑至少应设置两个疏散楼梯，并且设置在两个不同的方向上，最好是在靠近主体建筑标准层或防火分区的两侧设置。这是因为人们在火灾时往往是冲向熟悉的楼梯或出口，但若遇到烟、火阻碍就会掉头寻找出路，只有一个疏散路线是不安全的。两个疏散楼梯过于集中也不利于疏散。

（3）疏散顺序

疏散顺序是指先疏散哪部分人员，后疏散哪部分人员。这是制定疏散预案首先要考虑的。一般原则是先疏散着火层，然后是着火层以上的楼层，最后是着火层以下的楼层。

（4）疏散路线

疏散路线应选择离安全出口、疏散楼梯最近的路线，一般是沿疏散指示标志所指的方向疏散。但如果是着火层，应考虑着火的位置。着火房间附近的人，应向着火相反的方向疏散。竖向疏散一般先考虑向地面疏散，因为疏散到地面是最安全的。但也要考虑到竖向通道万一被封堵，也可以向楼顶疏散。设有避难层（间）的高层建筑，可考虑向避难层（间）疏散。

（5）疏散指挥

整个疏散过程必须在统一指挥下，按照预定的顺序、路线进行，否则，就可能造成混乱，影响疏散。总指挥应当在消防控制室，各楼层或防火分区要有现场指挥员。现场指挥员要及时向总指挥报告疏散情况。

（6）避免设置袋形走道

袋形走道的致命弱点是只有一个疏散路线（或出口）。发生火灾时，一旦这个出口被火封住，处在这部分的人员就会陷入“死胡同”而难以脱险。因此，高层建筑应尽量不设置袋形走道。

（7）辅助安全疏散设施要安全可靠，方便使用

消防安全疏散设施不完善往往影响疏散，因此，高层建筑应根据需要，除设置疏散楼梯外，还应增设相应的辅助安全疏散设施，如救生软梯、救生绳、救生袋、缓降器等。这些辅助安全疏散设施要构造简单，方便操作，安全可靠。

2. 人员密度计算

（1）办公建筑

人员密度按普通办公室每人使用面积为 4m^2，设计绘图室每人使用面积为 6m^2，研究工作室每人使用面积为 5 m^2。会议室分中、小会议室和大会议室，中、小会议室每人使用面积：有会议桌的不应小于 1.8 m^2，无会议桌的不应小于 0.8 m^2。

（2）商场

商店的疏散人数应按每层营业厅的建筑面积乘以表 4-9 所示规定的人员密度进行计算。对于建材商店、家具和灯饰展示建筑，其人员密度可按表 4-9 中规定值的 30%确定。

表 4-9　商店营业厅内的人员密度（单位：人/m^2）

楼 层 位 置	地下第二层	地下第一层	地上第一、二层	地上第三层	地上第四层及以上各层
人员密度	0.56	0.60	0.42～0.60	0.39～0.54	0.30～0.42

（3）歌舞娱乐放映游艺场所

录像厅的疏散人数应根据厅、室的建筑面积按不小于 1 人/m^2 计算；其他歌舞娱乐放映游艺场所的疏散人数应根据厅、室的建筑面积按不小于 0.5 人/m^2 计算。

3. 疏散宽度指标

我国现行规范根据允许疏散时间来确定疏散通道的百人宽度指标，从而计算出安全出口的总宽度，即实际需要设计的最小宽度。

（1）百人宽度指标

百人宽度指标是指每百人在允许疏散时间内，以单股人流形式疏散所需的疏散宽度，如式（4-1）所示。

$$\text{百人宽度指标}=\frac{\text{单股人流宽度}\times 100}{\text{疏散时间}\times\text{每分钟每股人流通过人数}} \tag{4-1}$$

一级、二级耐火等级建筑疏散时间控制为 2 min，三级耐火等级建筑疏散时间控制为 1.5 min，根据式（4-1）可以计算出不同建筑每百人所需宽度。

影响安全出口宽度的因素有很多，如建筑的耐火等级与层数、使用人数、允许疏散时间、疏散路线是平地还是阶梯等。

（2）疏散宽度

① 高层民用建筑的疏散宽度。

高层民用建筑的疏散外门、走道和楼梯的各自总宽度，应按 1 m/百人计算确定。

公共建筑内安全出口和疏散门的净宽度不应小于 0.9 m，疏散走道和疏散楼梯的净宽度不应小于 1.1 m。

高层公共建筑的疏散楼梯和首层楼梯间的疏散门、首层疏散外门和疏散走道的最小净宽度应符合表 4-10 所示的要求。

② 体育馆的疏散宽度。

体育馆供观众疏散的所有内门、外门、楼梯和走道的各自总宽度，应按表 4-11 所示的规定计算确定。

表 4-10　高层公共建筑的疏散楼梯和首层楼梯间的疏散门、首层疏散外门和疏散走道的最小净宽度（单位：m）

建筑类别	楼梯间的首层疏散门、首层疏散外门	走道宽度		疏散楼梯
		单面布房	双面布房	
高层医疗建筑	1.3	1.4	1.5	1.3
其他高层公共建筑	1.2	1.3	1.4	1.2

表 4-11　体育馆每百人所需最小疏散净宽度（单位：m）

观众厅座位数（座）			3000～5000	5001～10000	10001～20000
疏散部位	门和走道	平坡地面	0.43	0.37	0.32
		阶梯地面	0.50	0.43	0.37
	楼梯		0.50	0.43	0.37

③ 电影院、礼堂、剧场的疏散宽度。

电影院、礼堂、剧场等公共场所的疏散走道、疏散楼梯、疏散出口或安全出口的各自总宽度应根据其通过人数和表 4-12 所示的疏散净宽度指标计算确定，并应符合下列规定。

表 4-12　电影院、礼堂、剧场等场所所需最小疏散净宽度（单位：m）

观众厅座位数（座）			≤2500	≤1200
耐火等级			一级、二级	三级
疏散部位	门和走道	平坡地面	0.65	0.85
		阶梯地面	0.75	1.00
	楼梯		0.75	1.00

观众厅内疏散走道的净宽度，应按每百人不小于 0.6 m 计算，且不应小于 1 m；边走道的净宽度不宜小于 0.8 m。

在布置疏散走道时，横走道之间的座位排数不宜超过 20 排；纵走道之间的座位数，剧院、电影院、礼堂等每排不宜超过 22 个，体育馆每排不宜超过 26 个，前后排座椅的排距不小于 0.9 m 时，可增加 1 倍，但不得超过 50 个，仅一侧有纵走道时，座位数应减少一半。

④ 其他民用建筑。

除剧场、电影院、礼堂、体育馆外的其他公共建筑，其每层的房间疏散门、安全出口、疏散走道和疏散楼梯的各自总宽度，应根据疏散人数按每百人的最小疏散净宽度不小于表 4-13 所示的规定计算确定。当每层疏散人数不等时，疏散楼梯的总净宽度可分层计算，地上建筑内下层楼梯的总净宽度应按该层及以上疏散人数最多一层的人数计算；地下建筑内上层楼梯的总净宽度应按该层及以下疏散人数最多一层的人数计算。

地下或半地下楼层人员密集的厅、室和歌舞娱乐放映游艺场所，其房间疏散门、疏散走道、安全出口和疏散楼梯的各自总宽度，应按每百人不小于 1 m 计算确定。

表 4-13　每层的房间疏散门、安全出口、疏散走道和疏散楼梯所需要最小疏散净宽度（单位：m）

建筑层数		建筑的耐火等级		
		一级、二级	三级	四级
地上楼层	一层、二层	0.65	0.75	1
	三层	0.75	1	—
	≥四层	1	1.25	—
地下楼层	与地面出入口地面的高差$\Delta H \leqslant 10$ m	0.75	—	—
	与地面出入口地面的高差$\Delta H > 10$ m	1	—	—

4. 安全疏散距离指标

安全疏散距离包括两部分：一是房间内最远点到房门的疏散距离；二是从房门到疏散楼梯间或外部出口的距离。

（1）公共建筑的安全疏散距离

直通疏散走道的房间疏散门至最近安全出口的距离应符合表 4-14 所示的规定。

表 4-14　直通疏散走道的房间疏散门至最近安全出口的距离（单位：m）

名称		位于两个安全门之间的疏散门			位于袋形走道两侧或尽端的疏散门		
		耐火等级			耐火等级		
		一级、二级	三级	四级	一级、二级	三级	四级
托儿所、幼儿园、老年人建筑		25	20	15	20	15	12
歌舞娱乐游戏场所		25	20	15	9	—	—
医院、疗养院	单层、多层	35	30	25	20	15	10
	病房部分	24	—	—	12	—	—
	其他部分	30	—	—	15	—	—
教学建筑	单层、多层	35	30	25	22	20	10
	高层	30	—	—	15	—	—
高层旅馆、展览建筑		30	—	—	15	—	—
其他建筑	单层、多层	40	35	25	22	20	15
	高层	40	—	—	20	—	—

按规定执行时，以下几项需要注意。

① 建筑中开向敞开式外廊的房间疏散门至安全出口的距离可按规定增加 5 m。

② 直通疏散走道的房间疏散门至最近未封闭的楼梯间的距离，当房间位于两个楼梯间之间时，应按规定减少 5 m；当房间位于袋形走道两侧或尽端时，应按规定减少 2 m。

③ 楼梯间应在首层直通室外，确有困难时，可在首层采用扩大的封闭楼梯间或防烟楼梯间前室。当层数不超过四层且未采用扩大的封闭楼梯间或防烟楼梯间前室时，可将直通室外的门设置在离楼梯间不大于 15 m 处。

④ 房间内任意一点至该房间直通疏散走道的疏散门的距离，不应大于规定的袋形走道两侧或尽端的疏散门至最近安全出口的距离。

⑤ 一级、二级耐火等级建筑内疏散门或安全出口不少于 2 个的观众厅、展览厅、多功能

厅、餐厅、营业厅，其室内任意一点至最近疏散门或安全出口的距离不应大于 30 m；当该疏散门不能直通室外地面或疏散楼梯间时，应采用长度不大于 10 m 的疏散走道通至最近的安全出口。当该场所设置自动喷水灭火系统时，室内任意一点至最近安全出口的安全疏散距离可增加 25%。

⑥ 其他建筑包括住宅、办公建筑等。

（2）住宅建筑安全疏散距离

住宅建筑直通疏散走道的户门至最近安全出口的距离应符合表 4-15 所示的规定。

表 4-15　住宅建筑直通疏散走道的户门至最近安全出口的距离（单位：m）

名　称	位于两个安全出口之间的户门			位于袋形走道两侧或尽端的户门		
	耐火等级			耐火等级		
	一级、二级	三级	四级	一级、二级	三级	四级
单层或多层	40	35	25	22	20	15
高　层	40	—	—	20	—	—

按规定执行时，以下几项需要注意。

① 设置敞开式外廊的建筑，开向该外廊的房间疏散门至安全出口的最大距离可按规定增加 5 m。

② 建筑内全部设置自动喷水灭火系统时，其安全疏散距离可比规定值增加 25%。

③ 直通疏散走道的户门至最近未封闭楼梯间的距离，当房间位于两个楼梯之间时，应按规定减少 5 m；当房间位于袋形走道两侧或尽端时，应按规定减少 2 m。

④ 跃廊式住宅户门至最近安全出口的距离，应从户门算起，小楼梯的一段距离可按其 1.5 倍水平投影计算。

4.3.2　安全出口与疏散出口

1. 安全出口与疏散出口的定义

在建筑防火设计时，必须设置足够数量的安全出口和疏散出口，并分散布置、易于寻找。

安全出口是指供人员安全疏散用的楼梯间、室外楼梯的出/入口或直通室内/外安全区域的出口，保证在火灾时能够迅速安全地疏散人员和抢救物资，减少人员伤亡，降低火灾损失。

疏散出口包括安全出口和疏散门。疏散门是直接通向疏散走道的房间门、直接开向疏散楼梯间的门（如住宅的户门）或室外的门，不包括套间内的隔间门或住宅内的房间门。安全出口是疏散出口的一个特例。

2. 疏散出口设置的基本要求

民用建筑应根据建筑的高度、规模、使用功能和耐火等级等因素合理设置安全疏散设施，基本要求如下。

① 建筑内的安全出口和疏散门应分散布置，并应符合双向疏散的要求。

② 公共建筑内各房间疏散门的数量应经计算确定且不应少于 2 个，每个房间相邻 2 个疏散门最近边缘之间的水平距离不应小于 5 m。

③ 除托儿所、幼儿园、老年人建筑、医疗建筑、教学建筑内位于走道尽端的房间外，符合下列条件之一的房间可设置 1 个疏散门。

a. 位于 2 个安全出口之间或袋形走道两侧的房间，对于托儿所、幼儿园、老年人建筑，建筑面积不大于 50 m^2；对于医疗建筑、教学建筑，建筑面积不大于 75 m^2；对于其他建筑或场所，建筑面积不大于 120 m^2。

b. 位于走道尽端的房间，建筑面积小于 50 m^2 且疏散门的净宽度不小于 0.9 m，或者由房间内任意一点至疏散门的距离不大于 15 m、建筑面积不大于 200 m^2 且疏散门的净宽度不小于 1.4 m。

c. 歌舞娱乐放映游艺场所内建筑面积不大于 50 m^2 且经常停留人数不超过 15 人的厅、室或房间。

d. 建筑面积不大于 200 m^2 的地下或半地下设备间；建筑面积不大于 50 m^2 且经常停留人数不超过 15 人的其他地下或半地下房间。

④ 对于一些人员密集的场所，如剧院、电影院和礼堂的观众厅，其疏散出口数目应经计算确定，且不应少于 2 个。为保证安全疏散，应控制通过每个安全出口的人数，即每个疏散出口的平均疏散人数不应超过 250 人；当容纳人数超过 2000 人时，其超过 2000 人的部分，每个疏散出口的平均疏散人数不应超过 400 人。

⑤ 体育馆的观众厅，其疏散出口数目应经计算确定，且不应少于 2 个，每个疏散出口的平均疏散人数不宜超过 700 人。

⑥ 高层建筑内设有固定座位的观众厅、会议厅等人员密集场所，观众厅每个疏散出口的平均疏散人数不宜超过 250 人。

3. 安全出口设置的要求

（1）安全出口设置的基本要求

建筑内的安全出口和疏散门应分散布置，每座建筑或每个防火分区的安全出口数目不应少于 2 个，且建筑内每个防火分区或 1 个分区的每个楼层、每个住宅单元每层相邻 2 个安全出口及每个房间相邻 2 个疏散门最近边缘之间的水平距离不应小于 5 m。

一级、二级耐火等级公共建筑内，当 1 个防火分区的安全出口全部直通室外确有困难时，符合下列规定的防火分区可利用通向相邻防火分区的甲级防火门作为安全出口。

① 应采用防火墙与相邻防火分区进行分隔。

② 建筑面积大于 1000 m^2 的防火分区，直通室外的安全出口数量不应少于 2 个；建筑面积小于或等于 1000 m^2 的防火分区，直通室外的安全出口数量不应少于 1 个。

③ 该防火分区通向相邻防火分区的疏散净宽度，不应大于计算所需总净宽度的 30%。

（2）公共建筑安全出口的设置要求

除歌舞娱乐放映游艺场所外的公共建筑，当符合下列条件之一时，可设置1个安全出口。

① 除托儿所、幼儿园外，建筑面积不大于 200 m^2 且人数不超过 50 人的单层建筑或多层建筑的首层。

② 除医疗建筑、老年人建筑及托儿所、幼儿园的儿童用房和儿童游乐厅等儿童活动场所及歌舞娱乐放映游艺场所等外，应符合表 4-16 所示规定的二、三层建筑安全出口条件。

③ 一级、二级耐火等级公共建筑，当设置不少于 2 个疏散楼梯且顶层局部升高层数不超过 2 层、人数之和不超过 50 人、每层建筑面积不大于 200 m^2 时，该局部高出部位可设置一

部与下部主体建筑楼梯间直接连通的疏散楼梯，但至少应另设置一个直通主体建筑上人平屋面的安全出口，该出口应符合人员安全疏散要求，如图 4-22 所示。

表 4-16 公共建筑可设置 1 个安全出口的条件

耐火等级	最多层数	每层最大建筑面积（m^2）	人数
一级、二级	3 层	200	第二层和第三层的人数之和不超过 50 人
三级	3 层	200	第二层和第三层的人数之和不超过 25 人
四级	3 层	200	第二层的人数之和不超过 15 人

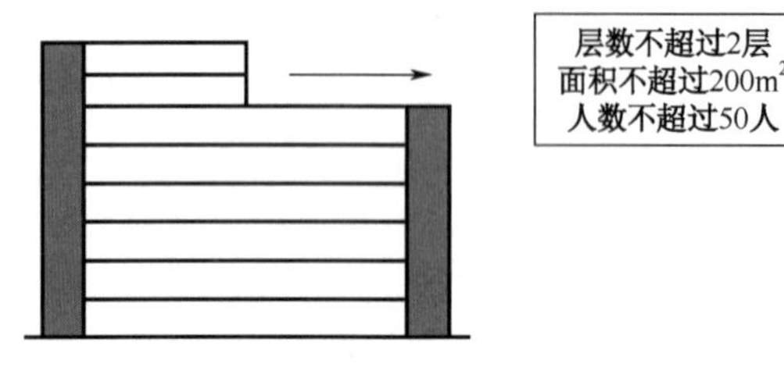

图 4-22 局部升高部分楼梯的设置

④ 相邻 2 个防火分区（除地下室外），当防火墙上有防火门连通，且 2 个防火分区的建筑面积之和不超过规范规定的 1 个防火分区面积 1.4 倍的公共建筑。

⑤ 公共建筑中位于 2 个安全出口之间的房间，当其建筑面积不超过 60 m^2 时，可设置 1 个门，门的净宽度不应小于 0.9 m；公共建筑中位于走道尽端的房间，当其建筑面积不超过 75 m^2 时，可设置 1 个门，门的净宽度不应小于 1.4 m。

（3）住宅建筑安全出口的设置要求

住宅建筑安全出口的设置应符合下列规定。

① 建筑高度不大于 27 m 的建筑，当每个单元任意一层的建筑面积大于 650 m^2，或者任意一户门至最近安全出口的距离大于 15 m 时，每个单元每层的安全出口不应少于 2 个。

② 建筑高度大于 27 m、不大于 54 m 的建筑，当每个单元任意一层的建筑面积大于 650 m^2，或者任意一户门至最近安全出口的距离大于 10 m 时，每个单元每层的安全出口不应少于 2 个。

③ 建筑高度大于 54 m 的建筑，每个单元每层的安全出口不应少于 2 个。

④ 建筑高度大于 27 m、不大于 54 m 的住宅建筑，每个单元设置 1 个疏散楼梯时，疏散楼梯应通至屋面，且单元之间的疏散楼梯应能通过屋面连通，户门应采用乙级防火门。当不能通至屋面或不能通过屋面连通时，应设置 2 个安全出口。

4. 疏散门的设置要求

疏散门是人员安全疏散的主要出口，其设置应满足下列要求。

① 疏散门应向疏散方向开启，但人数不超过 60 人的房间且每个门的平均疏散人数不超过 30 人时，其门的开启方向不限（除甲、乙类生产车间外）。

② 民用建筑及厂房的疏散门应采用向疏散方向开启的平开门，不应采用推拉门、卷帘门、吊门、转门和折叠门。但丙、丁、戊类仓库首层靠墙的外侧可采用推拉门或卷帘门。

③ 当开向疏散楼梯或疏散楼梯间的门完全开启时，不应减小楼梯平台的有效宽度。

④ 人员密集场所内平时需要控制人员随意出入的疏散门和设置门禁系统的住宅、宿舍、公寓建筑的外门，应保证发生火灾时不需要使用钥匙等任何工具即能从内部打开，并应在显著位置设置具有使用提示的标志。

⑤ 人员密集的公共场所、观众厅的入场门、疏散出口不应设置门槛，且紧靠门口内/外

各 1.4 m 范围内不应设置台阶，疏散门应为推闩式外开门。

⑥ 高层建筑直通室外的安全出口上方，应设置挑出宽度不小于 1 m 的防护挑檐。

4.3.3　疏散走道与避难走道

疏散走道和避难走道贯穿整个安全疏散体系，是确保人员安全疏散的重要因素，其设计应简单明了，便于寻找、辨别，避免布置成“S”形、“U”形或袋形。

1. 疏散走道与避难走道的定义

疏散走道是指发生火灾时，建筑内人员从火灾现场逃往安全场所的通道。疏散走道是需要计入疏散距离的，到达疏散走道并不是到达安全出口。

避难走道是指采用防烟措施且两侧设置耐火极限不低于 3 h 的防火隔墙，用于人员安全通行至室外的走道。避难走道是作为室内安全区域的，到达避难走道即认为已到达安全出口。

疏散走道与避难走道的防排烟设计要求不同。避难走道应设置防烟设施；对于疏散走道而言，公共建筑中长度大于 20 m 的内走道、其他建筑中地上长度大于 40 m 的疏散走道应设排烟设施。

疏散走道与避难走道的围护结构要求不同。疏散走道的隔墙要求比避难走道要求低，疏散走道两侧的隔墙要求为耐火极限不低于 1 h 的不燃烧体；避难走道作为独立的防火分区，其隔墙应为防火墙，即为耐火极限不低于 3 h 的不燃烧体；另外，设置避难走道时，为避免层与层之间的相互影响，在每层下侧应设置隔热层。

疏散走道与避难走道的入口设置要求不同。避难走道的入口处应设置前室，且其前室要求有甲级防火门；疏散走道的入口没有特殊要求。

疏散走道与避难走道的内部装修要求不同。地上建筑的水平疏散走道顶棚装饰材料应采用 A 级装修材料，其他部位应采用不低于 B1 级的装修材料，地下民用建筑的疏散走道顶棚、墙面和地面的装修材料应采用 A 级装修材料；避难走道的装修材料燃烧性能等级必须为 A 级。

疏散走道与避难走道的应急照明要求不同。避难走道不仅要求有火灾疏散照明（包括火灾疏散照明灯和火灾疏散指示灯），还要求有火灾备用照明，但其防烟前室只要求有火灾疏散照明；疏散走道不要求有火灾备用照明，只要求有火灾疏散照明。

2. 疏散走道设置的基本要求

疏散走道设置的基本要求如下。

① 在 1.8 m 高度内不宜设置管道、门垛等凸出物，走道中的门应向疏散方向开启。

② 尽量避免设置袋形走道。

③ 疏散走道在防火分区处应设置常开甲级防火门。

3. 避难走道设置的基本要求

避难走道设置的基本要求如下。

① 避难走道楼板的耐火极限不应低于 1.5 h。

② 避难走道直通地面的出口不应少于 2 个，并应设置在不同方向；当避难走道仅与 1 个防火分区相通且该防火分区至少有 1 个直通室外的安全出口时，可设置 1 个直通地面的出口。

③ 避难走道的净宽度不应小于任意 1 个防火分区通向走道的设计疏散总净宽度。

④ 避难走道内部装修材料的燃烧性能应为 A 级。

⑤ 避难防火分区至避难走道入口处应设置防烟前室，防烟前室的使用面积不应小于 6 m^2，开向防烟前室的门应采用甲级防火门，防烟前室开向避难走道的门应采用乙级防火门。

⑥ 避难走道内应设置消火栓、消防应急照明、应急广播和消防专线电话。

4.3.4 疏散楼梯与楼梯间

1. 疏散楼梯的一般要求

疏散楼梯是相对于带有电梯的建筑而言的，是在发生紧急情况下用来疏散人群的。不可以在通道内摆设物品，更不能将通道的出入口封闭，要保持通道的畅通，在没有电梯的建筑，通用的楼梯就是疏散楼梯，也是不可以在通道内摆设物品的。

根据建筑物的使用性质、高度、层数，正确运用规范，选择符合防火要求的疏散楼梯，为安全疏散创造有利条件。

疏散楼梯的平面设置应满足下列防火要求。

① 疏散楼梯宜设置在标准层（或防火分区）的两端，以便于进行双向疏散，提高疏散的安全可靠性。

② 疏散楼梯宜靠近电梯设置。发生火灾时，人们习惯于利用经常走的疏散路线进行疏散。靠近电梯间设置疏散楼梯，可将经常用的疏散路线和紧急疏散路线集合起来，有利于引导人们快速而安全地疏散；如果电梯厅为开敞式时，两者之间应有一定的分隔，以免电梯井道引起烟、火蔓延而切断通向楼梯的通道。

③ 疏散楼梯宜靠外墙设置。这种设置方式有利于采用安全性高、经济性好、带开敞前室的疏散楼梯间形式，同时，也便于自然采光、通风和进行火灾扑救。

作为竖向疏散通道的室内/外楼梯，是建筑物中的主要垂直交通枢纽，是安全疏散的重要通道。疏散楼梯的竖向布置，应满足下列防火要求。

① 疏散楼梯应保持上、下畅通。高层建筑的疏散楼梯宜通至平屋顶，通向屋面的门或窗应向外开启。

② 应避免不同的人流路线相互交叉。高层部分的疏散楼梯不应和低层公共部分（如裙房）的交通大厅、楼梯间、自动扶梯混杂交叉，以免紧急疏散时两部分人流发生冲撞拥挤，引起堵塞造成伤亡。

另外，疏散楼梯应设置明显指示标志并宜设置在易于寻找的位置；普通楼梯不能作为疏散楼梯；疏散楼梯的多少可按宽度指标结合疏散路线的距离、安全出口的数目确定。

2. 楼梯间的一般要求

楼梯间广泛出现在工业和民用建筑里，作为连接上、下交通的枢纽。需要楼梯的地方大多数有楼梯间，但少数情况也会不建造，如室外的钢架楼梯等。楼梯间是指楼梯所占用的一个空间，分为敞开楼梯间、封闭楼梯间和防烟楼梯间等几种。国家现有建筑法规明确规定各种楼梯间所适用的建筑。

楼梯间的一般要求如下。

① 楼梯间应能天然采光和自然通风，并宜靠外墙设置。靠外墙设置时，楼梯间及合用前室的窗口与两侧门、窗洞口最近边缘之间的水平距离不应小于 1 m。

② 楼梯间内不应设置烧水间、可燃材料储藏室、垃圾道。

③ 楼梯间内不应有影响疏散的凸出物或其他障碍物。

④ 封闭楼梯间、防烟楼梯间及其前室，不应设置卷帘。

⑤ 楼梯间内不应敷设或穿越甲、乙、丙类液体的管道。

⑥ 公共建筑的楼梯间内不应敷设或穿越可燃气体管道；居住建筑的楼梯间内不宜敷设或穿越可燃气体管道，不宜设置可燃气体计量表；当必须设置时，应采用金属配管和设置切断气源的装置等保护措施。

⑦ 疏散用楼梯和疏散通道上的阶梯不宜采用螺旋楼梯和扇形踏步。

⑧ 除住宅建筑套内的自用楼梯外，地下、半地下室与地上层不应公用楼梯间，必须公用楼梯间时，在首层应采用耐火极限不低于 2 h 的不燃烧体隔墙和乙级防火门将地下、半地下部分与地上部分的连通部位完全分隔，并应有明显标志。

3. 敞开楼梯间

敞开楼梯间的典型特征是，楼梯与走廊或大厅直接相通，未进行分隔，在发生火灾时不能阻挡烟气进入，而且可能成为向其他楼层蔓延的主要通道。敞开楼梯间适用于低层、多层的居住建筑和公共建筑中，主要有以下两种情况。

① 主要用于低层和多层住宅，复式住宅室内楼梯，各类没有特殊要求的低层、多层工业和民用建筑。

② 应设置封闭楼梯间或防烟楼梯间的建筑，当其疏散楼梯数量满足规范要求，其任意相邻层面积不超过一个防火分区面积要求时，可设置敞开楼梯供经营使用。

4. 封闭楼梯间

封闭楼梯间是指在楼梯间入口处设置门，以防止火灾的烟和热气进入的楼梯间，如图 4-23 所示。封闭楼梯间有墙和门与走道分隔，比敞开楼梯间安全。但因其只设有一道门，在火灾情况下进行人员疏散时难以保证不使烟气进入楼梯间，所以应对封闭楼梯间的使用范围加以限制。

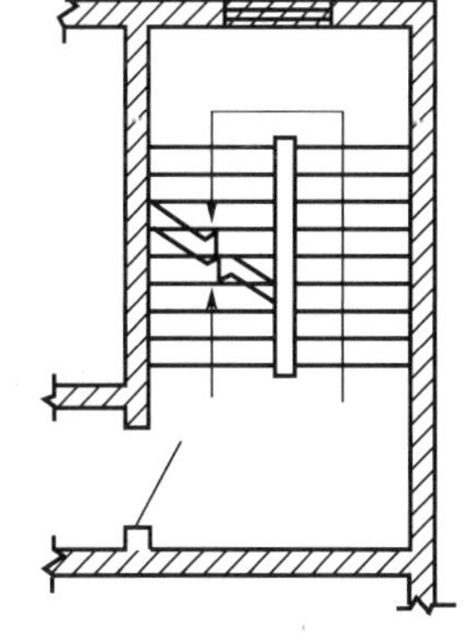

图 4-23　封闭楼梯间

（1）封闭楼梯间的适用范围

多层公共建筑的疏散楼梯，除与敞开式外廊直接相连的楼梯间外，均应采用封闭楼梯间，具体内容如下。

① 医疗建筑、旅馆、老年人建筑及类似使用功能的建筑，不包括学校、幼儿园。

② 设置歌舞娱乐放映游艺场所的建筑。

③ 商店、图书馆、展览建筑、会议中心及类似使用功能的建筑。

④ 6 层及以上的其他建筑。

高层建筑的裙房、建筑高度不超过 32 m 的二类高层建筑、建筑高度大于 21 m 且不大于 33 m 的住宅建筑，应采用封闭楼梯间。当住宅建筑的户门为乙级防火门时，可不设置封闭楼梯间。

高层厂房和甲、乙、丙类多层厂房的疏散楼梯应采用封闭楼梯间或室外楼梯。

（2）封闭楼梯间的设置要求

封闭楼梯间除应满足楼梯间的设置要求外，还应满足以下几个方面的要求。

① 不能自然通风或自然通风不能满足要求时，应设置机械加压送风系统或采用防烟楼梯间。

② 除楼梯间的出入口和外窗外，楼梯间的墙上不应开设其他门、窗、洞口。

③ 高层建筑、人员密集的公共建筑、人员密集的多层丙类厂房，以及甲、乙类厂房，其封闭楼梯间的门应采用乙级防火门，并应向疏散方向开启；其他建筑可采用双向弹簧门。

④ 楼梯间的首层可将走道和门厅等包括在楼梯间内形成扩大的封闭楼梯间，但应采用乙级防火门等与其他走道和房间分隔。

5. 防烟楼梯间

防烟楼梯间是指在楼梯间入口处设置防烟的前室、敞开式阳台或凹廊（统称前室）等设施，且通向前室和楼梯间的门均为防火门，以防止火灾的烟和热气进入楼梯间。防烟楼梯间是高层建筑中常用的楼梯间形式。

（1）防烟楼梯间的类型

防烟楼梯间可分为带敞开前室的防烟楼梯间和带封闭前室的防烟楼梯间。

① 带敞开前室的防烟楼梯间。

带敞开前室的防烟楼梯间的特点是，以阳台或凹廊作为前室，疏散人员必须通过敞开的前室和两道防火门，才能进入封闭的楼梯间内。其优点是自然风力能将随人流进入阳台的烟气迅速排走，同时转折的路线也使烟火很难窜入楼梯中间，无须再设置其他的排烟装置。因此，这是安全性最好和最为经济的一种类型。但是，它只有当楼梯间靠外墙时才有可能采用，故有一定的局限性。如图 4-24 所示为带阳台的防烟楼梯间，如图 4-25 所示为带凹廊的防烟楼梯间。

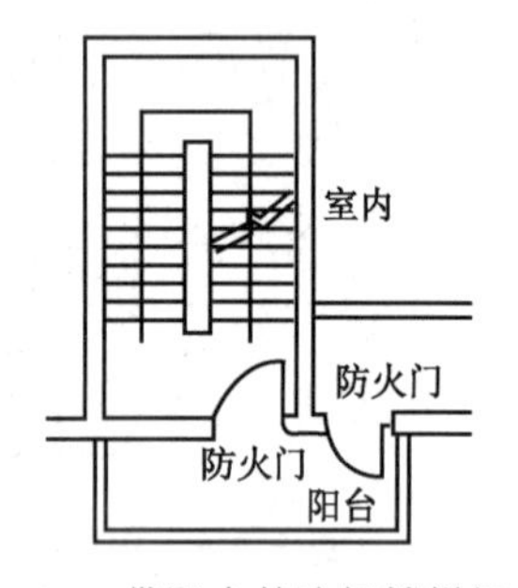

图 4-24　带阳台的防烟楼梯间

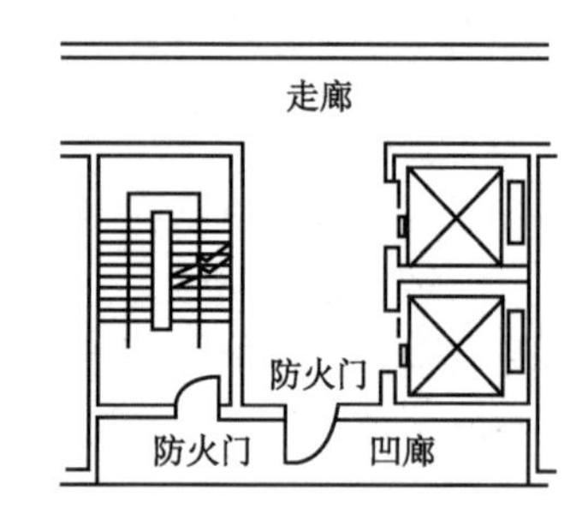

图 4-25　带凹廊的防烟楼梯间

② 带封闭前室的防烟楼梯间。

带封闭前室的防烟楼梯间的特点是，前室是采用具有一定防火性能的墙和乙级防火门封闭起来的。其优点是既可靠外墙设置，也可设置在建筑物内部，平面布置十分灵活且形式多样；缺点是排烟比较困难，位于内部的前室和楼梯间必须设排烟装置，以此来排除侵入的烟气，不但设备复杂、经济性差，而且效果不易完全保证。

带封闭前室的防烟楼梯间可分为利用自然排烟的防烟楼梯间和采用机械防烟的楼梯间。

利用自然排烟的防烟楼梯间。在平面布置时，设靠外墙的前室，并在外墙上设有开启面积不小于 2 m^2 的窗户，平时可以是关闭状态，但发生火灾时窗户应全部开启。由走道进入前室和由前室进入楼梯间的门必须是乙级防火门，平时及火灾时乙级防火门处于关闭状态，如图 4-26 所示。

采用机械防烟的楼梯间。楼梯间位于建筑物的内部，为防止发生火灾时烟气侵入，采用机械加压方式进行防烟，如图 4-27 所示。分别对楼梯间和前室加压，如图 4-27（a）所示；

加压有不同方式，仅给楼梯间加压，如图 4-27（b）所示；仅对前室或合用前室加压，如图 4-27（c）所示。

（2）防烟楼梯间的适用范围

发生火灾时，防烟楼梯间能够保障所在楼层人员安全疏散，是高层和地下建筑中常用的楼梯间形式。在下列情况下应设置防烟楼梯间。

① 一类高层建筑及建筑高度大于 32 m 的二类高层建筑。

② 建筑高度大于 33 m 的住宅建筑。

③ 建筑高度大于 32 m 且任意一层人数超过 10 人的高层厂房。

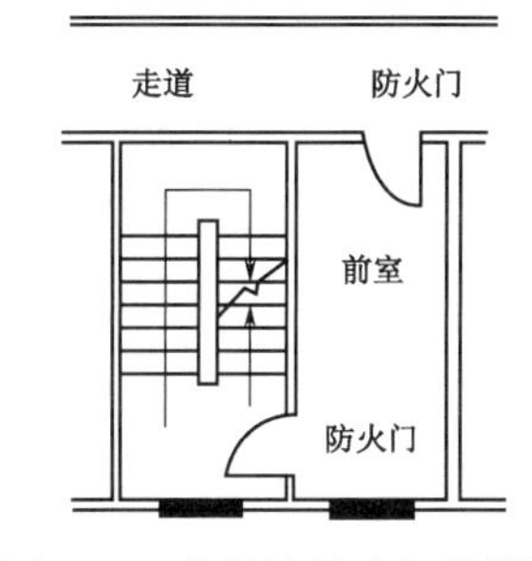

图 4-26　靠外墙的防烟楼梯间

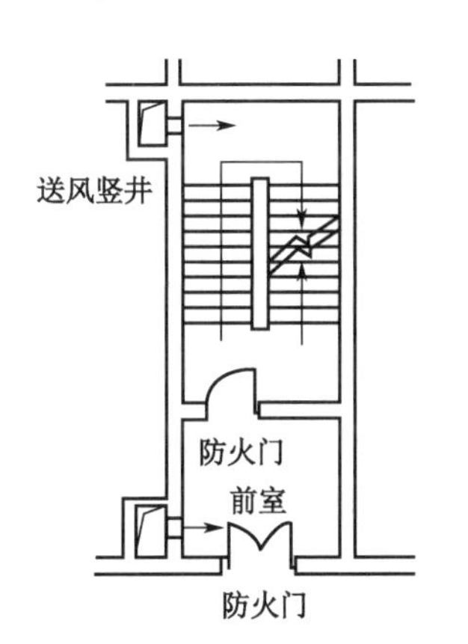

（a）分别对楼梯间和卧室加压

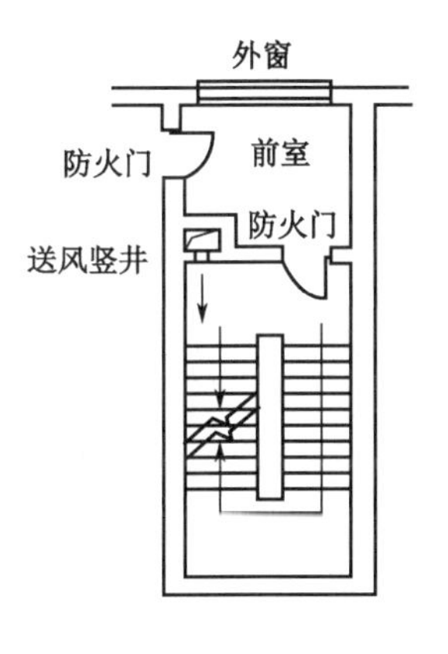

（b）仅给楼梯间加压

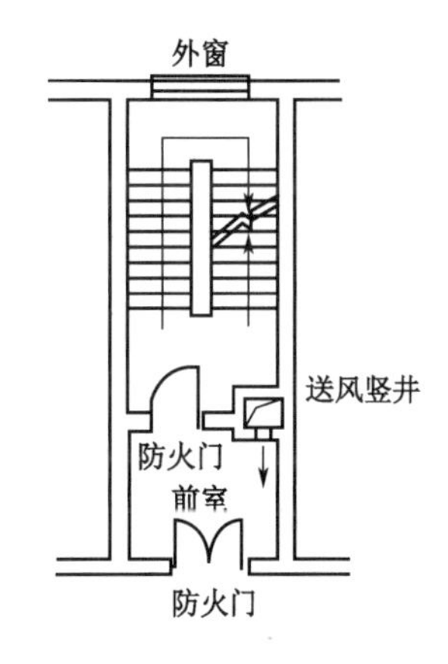

（c）仅对前室或合用前室加压

图 4-27　采用机械防烟的楼梯间

④ 当地下层数为三层及三层以上，以及地下室内地面与室外出入口地坪高差大于 10 m 时。

（3）防烟楼梯间的设置要求

防烟楼梯间除应满足疏散楼梯间的设置要求外，还应满足以下几个方面的要求。

① 防烟楼梯间应按规定设置防烟设施。

② 在楼梯间入口处应设置防烟前室、敞开式阳台或凹廊等。前室可与消防电梯间的前室合用。

③ 前室的使用面积：公共建筑不应小于 6 m^2，住宅建筑不应小于 4.5 m^2。与消防电梯间前室合用时，合用前室的使用面积：公共建筑不应小于 10 m^2，住宅建筑不应小于 6 m^2。

④ 疏散走道通向前室及前室通向楼梯间的门应采用乙级防火门，并应向疏散方向开启。

⑤ 除楼梯间和前室的出入口、楼梯间和前室内设置的正压送风口和住宅建筑的楼梯间前室外，防烟楼梯间及其前室的内墙上不应开设其他门、窗、洞口。

⑥ 楼梯间的首层可将走道和门厅等包括在楼梯间前室内，形成扩大的前室，但应采用乙级防火门等与其他走道和房间分隔。

6. 室外疏散楼梯

室外疏散楼梯是指用耐火结构与建筑物分隔，设在墙外的楼梯。室外疏散楼梯主要用于应急疏散，可作为辅助防烟楼梯使用。在建筑的外墙上设置全部敞开的室外楼梯，不易受烟、火的威胁，防烟效果较好。

（1）室外疏散楼梯的适用范围

在下列情况下可设置室外疏散楼梯。

① 甲、乙、丙类厂房。

② 建筑高度大于 32 m 且任意一层人数超过 10 人的厂房。

③ 辅助防烟楼梯。

（2）室外疏散楼梯的设置要求

室外疏散楼梯应满足以下几个方面的要求。

① 楼梯的最小净宽度不应小于 0.9 m，栏杆扶手高度不应小于 1.1 m。

② 倾斜角一般不宜大于 45°。

③ 梯段及每层出口平台应用不燃材料制作，平台的耐火极限不应低于 1 h，楼梯段的耐火极限不应低于 0.25 h。

④ 疏散门应采用乙级防火门，并应向外开启。

⑤ 除疏散门外，在楼梯周围 2 m 范围内的墙上不应开设其他门、窗、洞口，疏散门不应正对梯段。

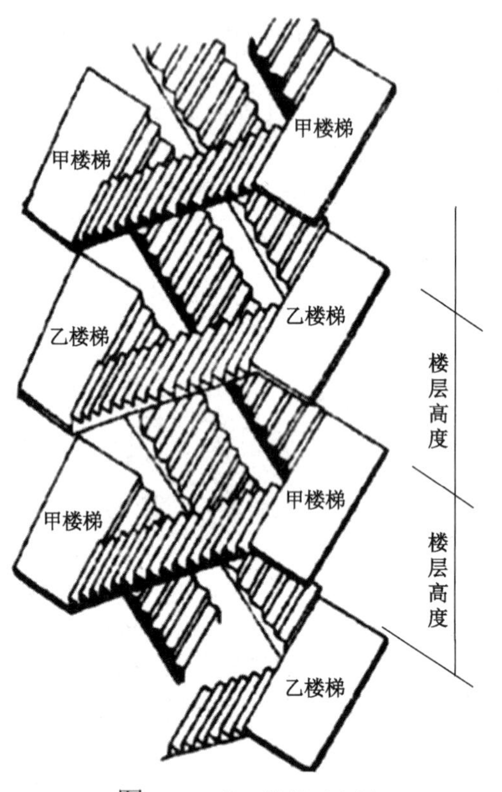

图 4-28　剪刀楼梯示意图

7. 剪刀楼梯

剪刀楼梯是一种每层有两个出入口实现可上又可下的消防楼梯，属特种楼梯，其好处是输出量倍增，保证意外逃生输出量，如图 4-28 所示。剪刀楼梯的特点：一个楼梯间内设有两部疏散楼梯，并构成两个出口，有利于在较为狭窄的空间内组织双向疏散。

（1）剪刀楼梯间的适用范围

高层公共建筑（或住宅单元）的疏散楼梯，当分散设置确有困难时，可采用剪刀楼梯间，但要求从任意一个疏散门（或任意一个户门）至最近疏散楼梯间入口的距离不大于 10 m。

（2）剪刀楼梯的设置

剪刀楼梯应采取下列防火措施。

① 剪刀楼梯应具有良好的防火、防烟能力，应采用防烟楼梯间，并分别设置前室。

② 为确保剪刀楼梯两条疏散通道的功能，其梯段之间应设置耐火极限不低于 1 h 的实体墙分隔。

③ 楼梯间内的加压送风系统不应合用。

高层公共建筑设置剪刀楼梯时应注意。

① 楼梯间应为防烟楼梯间。

② 梯段之间应设置耐火极限不低于 1 h 的防火隔墙。

③ 楼梯间前室应分别设置。

住宅建筑设置剪刀楼梯时应注意以下几点。

① 楼梯间应为防烟楼梯间。

② 梯段之间应设置耐火极限不低于 1 h 的防火隔墙。

③ 前室不宜公用，如果公用，前室使用面积≥6 m^2。

④ 前室或公用前室不宜与消防电梯前室合用，如合用，合用前室使用面积≥12 m^2，且短边≥2.4 m。

剪刀楼梯间实际上就是两个合起来的防烟楼梯间，在高层公共建筑和住宅中的主要区别就是两个防烟楼梯间前室能不能合用的问题，在高层公共建筑里边前室是不能合用的。

4.3.5　避难层与避难间

避难层是超高层建筑中专供发生火灾时人员临时避难使用的楼层。如果作为避难使用的只有几个房间，则这几个房间称为避难间。通过避难层的防烟楼梯应在避难层分隔、同层错位或上下层断开，但人员均必须经避难层方能上下。使人们在遇到危险时能够安全逃生。

1. 避难层的设置

建筑高度超过 100 m 的公共建筑和住宅建筑，应设置避难层，并应符合下列规定。

① 从首层到第一个避难层之间的高度不应大于 50 m，两个避难层之间的高度不应大于 50 m。

② 避难层的净面积应能满足设计避难人数避难的要求，并宜按 5 人/m^2 计算。

③ 避难层可兼作设备层，但设备管道宜集中布置。

④ 避难层应设置消防电梯出口。

⑤ 避难层应设置消防专线电话，并应设置消火栓和消防卷盘。

⑥ 避难层应设置直接对外的可开启窗口或独立的机械防烟设施，外窗应采用乙级防火窗。

⑦ 避难层应设置应急广播和应急照明，其供电时间不应小于 1 h，照度不应低于 1 Lx。

2. 避难层的防火构造要求

避难层的防火构造要求如下。

① 为保证避难层具有较长时间抵抗火烧的能力，避难层的楼板宜采用现浇钢筋混凝土楼板，其耐火极限不应低于 2 h。

② 为保证避难层下部楼层起火时不致使避难层地面温度过高，在楼板上宜设隔热层。

③ 避难层四周的墙体及避难层内的隔墙，其耐火极限不应低于 3 h，隔墙上的门应采用甲级防火门。

④ 避难层可与设备层结合布置。易燃、可燃液体或气体管道，排烟管道应集中布置，并采用防火墙与避难区分隔；管道井、设备间应采用耐火极限不低于 2 h 的防火隔墙与避难区分隔，管道井和设备间的门不应直接开向避难区；确需直接开向避难区时，与避难区出入口的距离不应小于 5m，且应采用甲级防火门。

3. 避难层的安全疏散

为保证避难层在建筑物起火时能正常发挥作用，避难层应至少有两个不同的疏散方向可供疏散。通向避难层的疏散楼梯应在避难层分隔、同层错位或上下层断开，这样楼梯间里的人都要经过避难层才能上楼或下楼，为疏散人员提供了继续疏散还是停留避难的选择机会。同时，上下层楼梯间不能相互贯通，减弱了楼梯间的“烟囱”效应。楼梯间的门宜向避难层开启，在避难层进入楼梯间的入口处应设置明显的指示标志。

为了保障人员安全，消除或减轻人们的恐惧心理，在避难层应设应急照明，其供电时间不应小于 1 h，照度不应低于 1 Lx。除避难间外，避难层应设置消防电梯出口。消防电梯是供消防人员灭火和救援使用的设施，在避难层必须停靠；而普通电梯因不能阻挡烟气进入，则严禁在避难层开设电梯门。

4.3.6 逃生疏散引导及辅助设施

逃生疏散引导及辅助设施包括应急照明、疏散指示标志及消防通信系统（如消防应急广播、消防专用电话等）。

1. 应急照明

现代建筑的层数越来越高，占地面积越来越大，内部设施越来越完善，功能越来越齐全，所用设备和材料越来越新。一座建筑包括水平交通、垂直交通的内部流量也越来越大。这些建筑（包括地下部分）应不间断供电，当发生灾害时，正常电源往往发生故障或必须断开电源，这时正常照明全部熄灭。为了保障人员及财产的安全，并对进行的生产、工作及时操作和处理，有效地制止灾害或事故的蔓延，这时应随即投入应急照明。

（1）应急照明的设置场所

除单层、多层住宅外，民用建筑、厂房和丙类仓库的下列部位，应设置疏散应急照明灯具。

① 封闭楼梯间、防烟楼梯间及其前室、消防电梯间的前室或合用前室和避难层。

② 消防控制室、消防水泵房、自备发电机房、配电室、防排烟机房及发生火灾时仍需正常工作的其他房间。

③ 观众厅、展览厅、多功能厅和建筑面积超过 200 m^2 的营业厅、餐厅、演播室等人员密集的场所。

④ 建筑面积超过 100 m^2 的地下、半地下公共活动场所。

⑤ 公共建筑中的疏散走道。

⑥ 人员密集厂房内的生产场所及疏散走道。

（2）应急照明的设置要求

消防应急照明灯具宜设置在墙面的上部、顶棚上或出口的顶部；应设置玻璃或其他不燃烧材料制作的保护罩；备用电源的连续供电时间，对于高度超过 100 m 的民用建筑不应少于 1.5 h，对于医疗建筑、老年人建筑、总建筑面积大于 100 000 m^2 的公共建筑和总建筑面积大于 20 000 m^2 的地下、半地下建筑不应少于 1 h，对于其他建筑不应少于 0.5 h。

建筑内消防应急照明灯具的照度应符合下列规定。

② 疏散走道的地面最低水平照度不应低于 1 Lx。

② 人员密集场所、避难层内的地面最低水平照度不应低于 3 Lx；病房楼或手术部的避难间，地面最低水平照度不应低于 10 Lx。

③ 楼梯间、前室或合用前室、避难走道的地面最低水平照度不应低于 5 Lx。

④ 消防控制室、消防水泵房、自备发电机房、配电室、防排烟机房，以及发生火灾时仍

需正常工作的其他房间的消防应急照明，仍应保证正常照明的照度。

2. 疏散指示标志

疏散指示标志的合理设置，对人员安全疏散具有重要作用。研究表明，在疏散走道和主要疏散路线的地面上或靠近地面的墙上设置发光疏散指示标志，对安全疏散起到很好的作用，可以更有效地帮助人们在浓烟弥漫的情况下，及时识别疏散位置和方向，迅速沿发光疏散指示标志顺利疏散，避免造成伤亡事故。

（1）疏散指示标志的设置场所

公共建筑、建筑高度大于 54 m 的住宅建筑，高层厂房（仓库）及甲、乙、丙类单层、多层厂房，应沿疏散走道和在安全出口、人员密集场所的疏散门正上方设置灯光疏散指示标志。

下列建筑或场所应在其内疏散走道和主要疏散路线的地面上，增设能保持视觉连续的灯光疏散指示标志或蓄光疏散指示标志。

① 总建筑面积超过 8000 m^2 的展览建筑。

② 总建筑面积超过 5000 m^2 的地上商店。

③ 总建筑面积超过 500 m^2 的地下、半地下商店。

④ 歌舞、娱乐、放映、游艺场所。

⑤ 座位数超过 1500 个的电影院、剧院；座位数超过 3000 个的体育馆、会堂或礼堂。

（2）疏散指示标志的设置要求

疏散指示标志的设置要求如下。

① 安全出口和疏散门的正上方应采用“安全出口”作为指示标志。

② 沿疏散走道设置的灯光疏散指示标志，应设置在疏散走道及其转角处距地面高度 1 m 以下的墙面上，且灯光疏散指示标志间距不应大于 20 m；对于袋形走道，不应大于 10 m；在走道转角区，不应大于 1 m。

③ 灯光疏散指示标志应设置玻璃或其他不燃烧材料制作的保护罩。

④ 疏散指示标志备用电源的连续供电时间，对于高度超过 100 m 的民用建筑不应少于 1.5 h，对于医疗建筑、老年人建筑、总建筑面积大于 100 000 m^2 的公共建筑和总建筑面积大于 20 000 m^2 的地下、半地下建筑不应少于 1 h，对于其他建筑不应少于 0.5 h。

3. 消防广播系统

消防广播系统也称应急广播系统，是火灾逃生疏散和灭火指挥的重要设备，在整个消防控制管理系统中起着极其重要的作用。在发生火灾时，应急广播信号通过音源设备发出，经过功率放大后，由广播切换模块到广播指定区域的音箱实现应急广播。一般的广播系统主要由主机端设备（音源设备、广播功率放大器、联动型火灾报警控制器等）及现场设备（输出模块、音箱）构成。许多公共场所火灾应急广播与公共广播合用。火灾应急广播是公共广播的一种比较特殊的形式。

（1）消防广播系统的基本功能

消防广播系统实现的基本功能如下。

① 为了便于使用和操作，在我国境内使用的消防广播设备的指示灯（器）、操作按键、调节旋钮等的功能标注和显示的信息均应采用中文，并有故障报警功能和自检功能。

② 消防广播设备应设置工作状态、应急广播状态和故障状态指示灯（器），在不同的状态下，相应指示灯应点亮；当消防广播设备进行应急广播时，应通过显示器或指示灯（器）等方式显示当前处于应急广播状态的广播分区。

③ 消防广播设备应能同时向一个或多个指定区域广播信息，并应具有广播监听功能。

④ 有的消防广播设备具有非应急广播功能，如在一些宾馆、酒店等公共场所合用的广播设备。当有应急广播启动信号时，消防广播设备应能自动停止，由非应急广播直接进入应急广播状态。

⑤ 消防广播设备应能分别通过手动和自动控制实现启动或停止应急广播、选择广播分区等功能，且手动操作优先。

⑥ 消防广播设备进入应急广播状态后，应在 3s 内发出广播信息，且声频功率放大器的输出功率应不能被改变，设备中任意一个扬声器故障不应影响其他扬声器的应急广播功能。

⑦ 消防广播设备应能够根据建筑物的结构及用途等实际使用情况，在投入使用前设置适宜的应急广播信息。为确保信息源稳定、可靠，要求这些应急广播信息储存在适宜的存储器中，而不能储存在光盘、磁带等临时性存储设备中。

⑧ 消防广播设备应能通过传声器进行应急广播，并能自动对广播内容进行录音，录音时间不应少于 30 min。当使用传声器进行应急广播时，应自动中断其他信息广播、故障声信号和广播监听；停止使用传声器进行应急广播后，消防广播设备应在 3 s 内自动恢复到传声器广播前的状态。

⑨ 声频功率放大器应满足：失真限制的有效频率范围为 125 Hz~6.3 kHz，总谐波失真不大于 5%，信噪比不小于 70 dB。

⑩ 消防应急广播设备主电源应采用 220 V、50 Hz 交流电源，电源线输入端应设置接线端子；应具有备用电源或备用电源接口；消防广播设备应能够实现主、备电源自动转换，并有主、备电源工作状态指示，主、备电源转换不应影响设备的功能。

（2）消防广播系统的设置

消防广播系统扬声器的设置，应符合下列规定。

① 民用建筑内扬声器应设置在走道和大厅等公共场所。每个扬声器的额定功率不应小于 3 W，其数量能保证从一个防火分区内的任何部位到最近一个扬声器的直线距离不大于 25 m，走道末端距最近的扬声器距离不应大于 12.5 m。

② 在环境噪声大于 60 dB 的场所设置的扬声器，在其播放范围内最远点的播放声压级应高于背景噪声 15 dB。

③ 客房设置专用扬声器时，其功率不宜小于 1 W。

④ 壁挂扬声器的底边距地而高度应大于 2.2 m。

4. 消防电话系统

消防电话系统是消防通信的专用设备，当发生火灾报警时，它可以提供方便快捷的通信手段，是消防控制及其报警系统中不可缺少的通信设备，消防电话系统有专用的通信线路，现场人员可以通过现场设置的固定电话和消防控制室进行通话，也可以用便携式电话插入插孔与控制室直接进行通话。

消防电话系统的设置应符合下列规定。

① 消防专用电话网络应为独立的消防通信系统。

② 消防控制室应设置消防专用电话总机且宜选择共电式电话总机或对讲通信电话设备，消防控制室、消防值班室或企业消防站等处，应设置可直接报警的外线电话。

③ 下列部位应设置消防专用电话分机。

消防水泵房、发电机房、配变电室、计算机网络机房、主要通风和空调机房、防排烟机房、灭火控制系统操作装置处或控制室、企业消防站、消防值班室、总调度室、消防电梯机房及其他与消防联动控制有关的且经常有人值班的机房。

④ 消防专用电话分机应固定安装在明显且便于使用的部位，并应有区别于普通电话的标志。

⑤ 设有手动火灾报警按钮或消火栓按钮等处，宜设置电话插孔，并宜选择带有电话插孔的手动火灾报警按钮。

⑥ 各避难层应每隔 20 m 设置一个消防专用电话分机或电话插孔。

⑦ 电话插孔在墙上安装时，其底边距地面高度宜为 1.3～1.5 m。

4.4　消防救援设施的设置

教师任务：讲解，案例分析，引导学生通过查阅消防设计文件、建筑平面图、剖面图，了解建筑高度，了解消防救援设施设置情况，检查消防救援设施，核实消防救援设施的设置是否符合现行国家工程建设消防技术标准的要求。

学生任务：小组研讨，分析，现场检查、测算，了解消防救援设施的设置情况，检查消防救援设施，核实消防救援设施的设置是否符合现行国家工程建设消防技术标准的要求，完成任务单，如表 4-17 所示。

表 4-17　任务单

序号	项　目	内　容
1	消防车道的设置目的及要求	
2	消防登高面的设置目的及要求	
3	救援窗的设置目的及要求	
4	直升机停机坪的设置目的及要求	
5	消防电梯的设置目的及要求	

消防救援设施是在发生火灾的情况下，保障消防人员通过利用、使用这些设施，能够更加便捷、高效地实施灭火和救援的工作。

4.4.1　消防车道

消防车道是供消防车灭火时通行的道路。设置消防车道的目的在于，一旦发生火灾，可确保消防车畅通无阻，迅速到达火场，为及时灭火创造条件。

1. 消防车道的设置要求

（1）基本要求

消防车道的设置应满足以下基本要求。

① 街区内的道路应考虑消防车的通行，室外消火栓的保护半径为 150 m 左右，一般按规定设在城市道路两旁，故将道路中心线间的距离设定为不宜大于 160 m。

② 消防车道的设置应根据当地消防部队使用消防车辆的外形尺寸、载重、转弯半径等消防车技术参数，以及建筑物的体量大小、周围通行条件等因素确定。

③ 消防车道可以利用交通道路，但在通行的净高度、净宽度、地面承载力、转弯半径等方面应满足消防车通行与停靠的需求，并保证畅通。

④ 当建筑和场所的周边受地形环境条件限制，难以设置环形消防车道或与其他道路连通的消防车道时，可设置尽头式消防车道。

⑤ 供消防车取水的天然水源和消防水池应设置消防车道。消防车道边缘距离取水点不宜大于 20 m。

（2）环形消防车道

以下情况应设置环形消防车道。

① 对于那些高度高、体量大、功能复杂、扑救困难的建筑应设置环形消防车道。高层民用建筑、超过 3000 个座位的体育馆、超过 2000 个座位的会堂、占地面积大于 3000m^2 的商店建筑、展览建筑等单层或多层公共建筑的周围应设置环形消防车道，若确有困难时，可沿建筑的两个长边设置消防车道。对于高层住宅建筑和山坡地或河道边临空建造的高层民用建筑，可沿建筑的一个长边设置消防车道，但该长边所在建筑立面应为消防车登高操作面。沿街的高层建筑，其街道的交通道路，可作为环形车道的一部分，如图 4-29 所示。

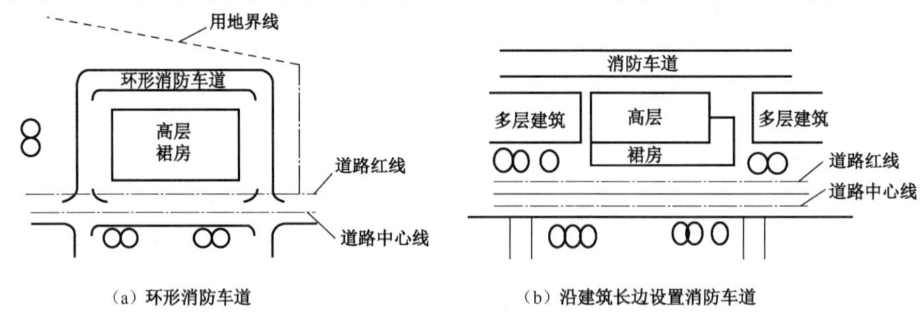

（a）环形消防车道　　（b）沿建筑长边设置消防车道

图 4-29　消防车道示意图

② 高层厂房、占地面积大于 3000 m^2 的甲、乙、丙类厂房和占地面积大于 1500 m^2 的乙、丙类仓库，应设置环形消防车道，若确有困难时，可沿建筑物的两个长边设置消防车道。

设置环形消防车道应注意：至少应有两处与其他车道连通，必要时还应设置与环形车道相连的中间车道，且道路设置应考虑大型车辆的转弯半径。

（3）穿过建筑的消防车道

以下情况应在适当位置设置穿过建筑的消防车道。

① 对于一些使用功能多、面积大、建筑长度长的建筑，如 L 形、U 形、口形建筑，当其沿街长度超过 150 m 或总长度大于 220 m 时，应在适当位置设置穿过建筑的消防车道。

② 为了日常使用方便和消防人员快速便捷地进入建筑内院救火，有封闭内院或天井的建筑，当其短边长度大于 24 m 时，宜设置进入内院或天井的消防车道，如图 4-30 所示。

有封闭内院或天井的建筑沿街时，应设置连通街道和内院的人行通道（可利用楼梯间），其间距不宜大于 80 m，如图 4-31 所示。

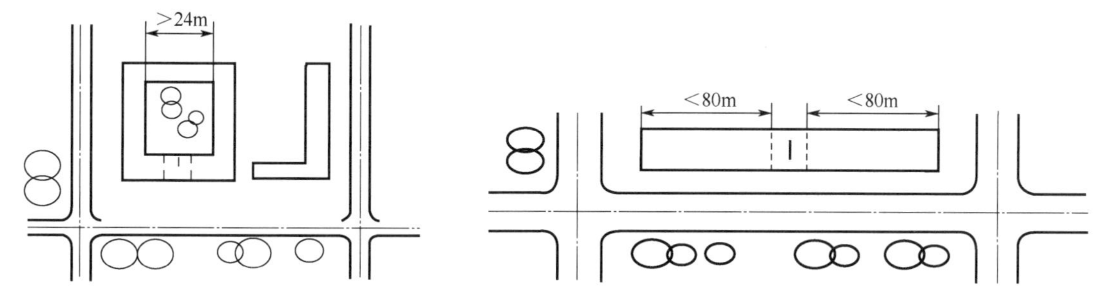

图 4-30　穿过建筑进入内庭院的消防车道示意图

图 4-31　穿过建筑的人行通道示意图

在穿过建筑或进入建筑内院的消防车道两侧，不应设置影响消防车通行或人员安全疏散的设施。

2. 消防车道的技术要求

（1）消防车道的净宽度和净高度

消防车道一般按单行线考虑，为便于消防车顺利通过，消防车道的净宽度和净高度均不应小于 4 m；消防车道的坡度不宜大于 8%。

（2）消防车道的荷载

轻、中系列消防车最大总质量不超过 11 t，重系列消防车的总质量为 15~50 t。作为车道，不管是市政道路还是小区道路，一般都应能满足大型消防车的通行。消防车道的路面、救援操作场地及消防车道下面的管道和暗沟等，应能承受重型消防车的压力，且应考虑建筑物的高度、规模及当地消防车的实际参数。

（3）消防车道的最小转弯半径

车道转弯处应考虑消防车的最小转弯半径，以便于消防车顺利通行。消防车的最小转弯半径是指消防车回转时其前轮外侧循圆曲线行走轨迹的半径。轻系列消防车转弯半径大于或等于 7 m，中系列消防车的大于或等于 9 m，重系列消防车的大于或等于 12 m。弯道外侧需要保留一定的空间，保证消防车紧急通行，停车场或其他设施不能侵占消防车道的宽度，以免影响扑救工作。

（4）消防车道的回车场

尽头式车道应根据消防车辆的回转需要设置回车道或回车场。回车场的面积不应小于 12 m×12 m。

对于高层建筑，回车场的面积不宜小于 15 m×15 m；供重型消防车使用时，回车场面积不宜小于 18 m×18 m。

（5）消防车道的间距

室外消火栓的保护半径为 150 m 左右，按规定一般设置在城市道路两旁，故消防车道的间距应为 160 m。

4.4.2　消防登高面、消防救援场地和救援窗

建筑的消防登高面消防救援场地和救援窗是发生火灾时进行有效灭火救援行动的重要设施。

1. 消防登高面的设置要求

建筑的消防登高面也称建筑的消防扑救面，它是登高消防车能够靠近高层主体建筑，便于消防车作业和消防人员进入高层建筑进行抢救人员和扑救火灾的建筑立面。

对于高层建筑，应根据建筑的立面和消防车道等情况，合理确定建筑的消防登高面，设置要求如下。

① 根据消防登高车的变幅角范围及实地作业，进深不大于 4 m 的裙房不会影响举高车的操作。因此，高层建筑应至少沿一条长边或周边长度的 1/4 且不小于一条长边长度的底边连续布置消防车登高操作场地，该范围内的裙房进深不应大于 4 m。

② 建筑高度不大于 50 m 的建筑，连续布置消防车登高操作场地有困难时，可间隔布置，但间隔距离不宜大于 30 m，且消防车登高操作场地的总长度仍应符合上述规定。

③ 建筑与消防车登高操作场地相对应的范围内，应设置直通室外的楼梯或直通楼梯间的入口，方便救援人员快速进入建筑展开灭火和救援。

2. 消防救援场地的设置要求

在高层建筑的消防登高面一侧，地面必须设置消防车道和供消防车停靠并进行灭火救援的作业场地，该场地称为消防救援场地或消防车登高操作场地。

设置消防救援场地时，需要综合考虑最小操作场地面积、场地与建筑的距离、操作场地荷载计算、操作空间控制等因素。

（1）最小操作场地面积

消防登高场地应结合消防车道设置。考虑到举高车的支腿横向跨距不超过 6 m，同时考虑普通车（宽度为 2.5 m）的交会及消防队员携带灭火器具的通行，一般以 10 m 为宜。根据登高车的车长 15 m 及车道的宽度，最小操作场地长度和宽度不宜小于 15 m×10 m。

对于建筑高度大于 50 m 的建筑，操作场地的长度和宽度分别不应小于 20 m×10 m，且场地的坡度不宜大于 3%。

（2）场地与建筑的距离

根据火场经验和登高车的操作，一般距建筑 5 m，最大距离可由建筑高度、举高车的额定工作高度确定。如果扑救 50 m 以上的建筑火灾，在 5~13m 内登高车可达其额定高度，为方便布置，登高场地距建筑外墙不宜小于 5 m，且不应大于 10 m。

（3）操作场地荷载计算

作为消防车登高操作场地，由于需承受 30～50 t 举高车的质量，对中后桥的荷载也需 26 t，故从结构上考虑应做局部处理。场地及其下面的建筑结构、管道和暗沟等，应能承受重型消防车的压力，为安全起见，不宜把上述地下设施布置在消防登高操作场地内。同时在地下建筑上布置消防登高操作场地时，地下建筑的楼板荷载应按承载大型重系列消防车计算。

（4）操作空间控制

应根据高层建筑的实际高度，合理控制消防登高场地的操作空间，场地与建筑之间不应设置妨碍消防车操作的架空高压电线、树木、车库出入口等障碍，如图 4-32 所示，同时要避开地下建筑内设置的危险场所等的泄爆口。

3. 救援窗的设置要求

在高层建筑的消防登高面一侧外墙上，设置有供消防人员快速进入建筑主体且便于识别的救援窗口。

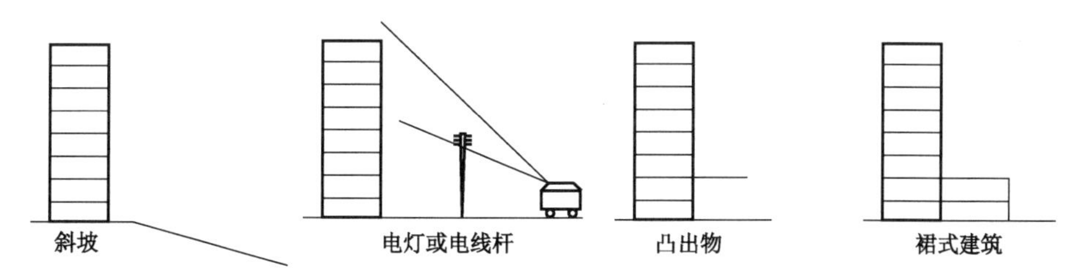

图 4-32　消防车工作空间示意图

救援窗的设置要求如下。

① 厂房、仓库、公共建筑的外墙应每层设置可供消防救援人员进入的窗口。

② 窗口的净高度和净宽度均不应小于 1 m，下沿距室内地面不宜大于 1.2 m，间距不宜大于 20 m，且每个防火分区不应少于 2 个，设置位置应与消防车登高操作场地相对应。

③ 窗口的玻璃应易于破碎，并应设置可在室外识别的明显标志。

4.4.3　消防电梯

对于高层建筑，设置消防电梯能节省消防员的体力，使消防员能快速接近着火区域，提高战斗力和灭火救援效果。高层建筑和埋深较大的地下建筑应设置供消防员专用的消防电梯。符合消防电梯要求的客梯或工作电梯，可以兼作消防电梯。

1. 消防电梯的设置范围

符合下列条件的建筑需设置消防电梯。

① 建筑高度大于 33 m 的住宅建筑。

② 一类高层公共建筑和建筑高度大于 32 m 的二类高层公共建筑。

③ 设置消防电梯建筑的地下或半地下室，埋深大于 10 m 且总建筑面积大于 3000 m^2 的其他地下或半地下建筑（室）。

符合下列条件的建筑可不设置消防电梯。

① 建筑高度大于 32 m 且设置电梯，任意一层工作平台上的人数不超过 2 人的高层塔架。

② 局部建筑高度大于 32 m，且局部高出部分的每层建筑面积不大于 50 m^2 的丁、戊类厂房。

2. 消防电梯的设置要求

建筑中的消防电梯设置时应符合如下要求。

① 消防电梯应分别设置在不同的防火分区内，且每个防火分区不应少于 1 台。

② 建筑高度大于 32 m 且设置电梯的高层厂房（仓库），每个防火分区内宜设置 1 台消防电梯。

③ 消防电梯应具有防火、防烟、防水功能。

④ 消防电梯井、机房与相邻电梯井、机房之间应设置耐火极限不低于 2 h 的防火隔墙，隔墙上的门应采用甲级防火门。

⑤ 为了满足消防扑救的需要，消防电梯载重量一般不应小于 800 kg，且轿厢尺寸不宜小于 1.5 m×2 m；电梯轿厢内部应设置专用消防对讲电话，方便队员与控制中心联络；对于医院建筑等的类似建筑，消防电梯轿厢内的净面积尚需考虑病人、残障人员等的救援及方便对外联络的需要。

⑥ 消防电梯要层层停靠，包括地下室各层；消防电梯的行驶速度从首层至顶层的运行时间不宜大于 60 s；在首层的消防电梯入口处应设置供消防队员专用的操作按钮，使之能快速回到首层或到达指定楼层。

⑦ 消防电梯的供电应为消防电源并设置备用电源，在末级配电箱自动切换，动力与控制电缆、电线、控制面板应采取防水措施；电梯轿厢的内部装修应采用不燃材料。

⑧ 在消防电梯的井底应设置排水设施，排水井的容量不应小于 2 m^3，排水泵的排水量不应小于 10 L/s，且消防电梯间前室的门口宜设置挡水设施。

⑨ 消防电梯应设置前室或与防烟楼梯间合用的前室。设置在仓库连廊、冷库穿堂或谷物筒仓工作塔内的消防电梯，可不设置前室。

消防电梯前室应符合以下要求。

① 前室宜靠外墙设置，并应在首层直通室外或经过长度不大于 30 m 的通道通向室外。

② 前室的使用面积公共建筑不应小于 6 m^2，住宅建筑不应小于 4.5 m^2；与防烟楼梯间合用的前室，公共建筑不应小于 10 m^2，住宅建筑不应小于 6 m^2。

③ 前室或合用前室的门应采用乙级防火门，不应设置卷帘。

4.4.4 直升机停机坪

对于建筑高度大于 100 m 的高层建筑，建筑中部需设置避难层，当建筑某楼层着火导致人员难以向下疏散时，往往需到达上一个避难层或屋面等待救援。在这种情况下，仅靠消防队员利用云梯车或地面登高施救条件有限，利用直升机营救被困于屋顶的避难者就比较快捷。

1. 直升机停机坪的设置范围

建筑高度大于 100 m 且标准层建筑面积大于 2000 m^2 的公共建筑，其屋顶宜设置直升机停机坪或供直升机救助的设施。

2. 直升机停机坪的设置要求

（1）起降区

① 起降区面积的大小。

当采用圆形与方形平面的停机坪时，其直径或边长尺寸应等于直升机机翼直径的 1.5 倍；当采用矩形平面时，其短边尺寸应大于或等于直升机机翼直径的长度，如图 4-33 所示。在停机坪外 5 m 范围内，不应设置设备机房、电梯机房、水箱间、公用天线、旗杆等凸出物，如图 4-34 所示。

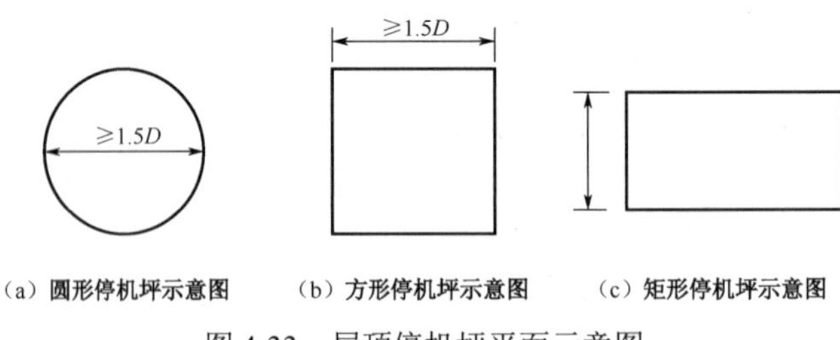

图 4-33　屋顶停机坪平面示意图

② 起降区场地的耐压强度。

由直升机的动荷载、静荷载及起落架的构造形式决定，同时考虑冲击荷载的影响，以防直升机降落控制不良，导致建筑物被破坏。通常，按所承受集中荷载不大于直升机总质量的75 %来考虑。

③ 起降区的标志。

停机坪四周应设置航空障碍灯，并应设置应急照明。特别是当一幢大楼的屋顶层局部为停机坪时，设置停机坪标志尤为重要。停机坪起降区常用符号“H”表示，如图 4-35 所示，符号所用的颜色为白色，需与周围地区取得较好对比时也可采用黄色，在浅色地面上可加黑色边框，使之更为醒目。

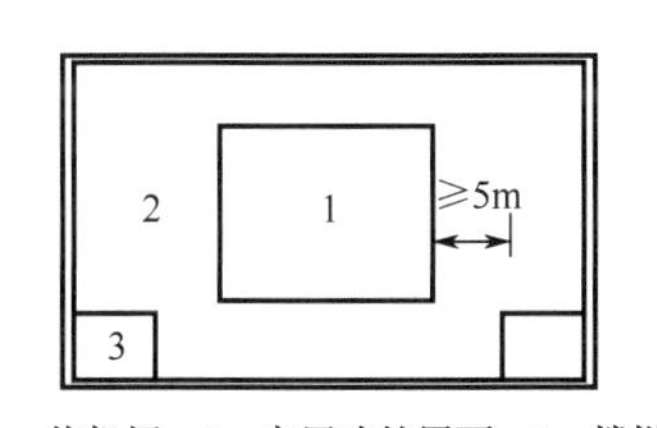

图 4-34 屋顶停机坪与其他凸出物的尺寸示意图

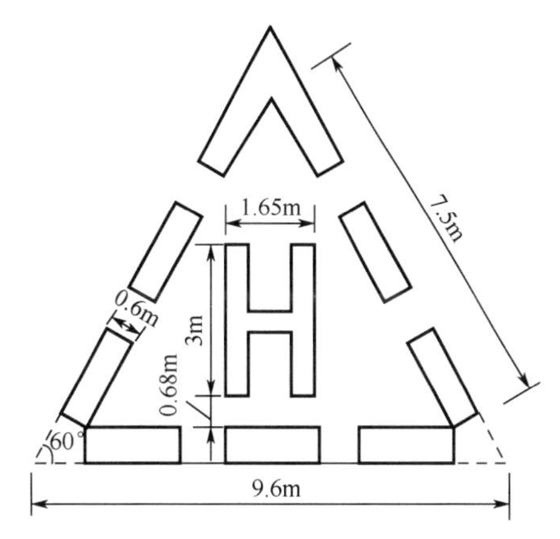

图 4-35 停机坪常用符号示意图

（2）设置待救区与出口

设置待救区，以容纳疏散到屋顶停机坪的避难人员。用钢制栅栏等与直升机起降区分隔，防止避难人员涌至直升机处，延误营救时间或造成事故。待救区应设置不少于 2 个通向停机坪的出口，每个出口的宽度不宜小于 0.9 m，其门应向疏散方向开启。

（3）夜间照明

停机坪四周应设置航空障碍灯，并应设置夜间照明，以保障夜间的起降。

（4）设置灭火设备

在停机坪的适当位置应设置消火栓，用于扑救避难人员携带来的火种，以及直升机可能发生的火灾。

关于直升机停机坪的其他设置要求应符合国家现行航空管理有关标准的规定。

实训 4 防火防排烟设施及广播系统操作训练

1. 实训目的

① 熟悉防火排烟设施及广播系统的安装位置及作用；

② 掌握防火卷帘、防排烟系统的操作方法；

③ 掌握广播系统的操作控制方法。

2. 实训要求

① 对建筑防火与减灾系统有整体的认知，要求能够掌握系统的组成、分类、工作原理及操作控制方法；

② 遵守操作规程，遵守实验实训纪律规范；
③ 小组合作。

3. 实训设备及材料

防火卷帘及防排烟设施、广播扬声器、扩音器、广播通信控制柜、电话分机、对讲分机、电话插孔等。

4. 实训内容

① 观察防火、防排烟设施、消防广播设备的安装位置；
② 防火卷帘、防排烟系统的操作方法；
③ 广播系统的调试方法。

5. 实训步骤

① 观察防火卷帘、防排烟设施、消防广播及通信设备的安装位置；
② 触发火灾探测器，观察防火卷帘的下降方式；
③ 触发感烟探测器，观察防排烟设施，如排烟阀、排烟风机等是否动作；
④ 广播系统的调试。

功放调试：将功放高音和低音调节旋钮调到合适位置，将线路输入调节旋钮调到合适位置；

无线话筒调试：将无线话筒接收机音量调节旋钮拧到合适位置；打开无线话筒开关，话筒电源指示灯指示绿色；对话筒说话，可见接收机音频信号等闪烁。

调音台调试：调音台通道可独立控制其音色音量输出，推至合适位置，得到清晰无杂声的音频输出。

（5）完成实训记录表，撰写实训报告，实训记录表如表 4-18 所示。

表 4-18　实训记录表

序　号	设备类型	设备名称	正常状态	火灾状态	备　注

6. 实训报告

① 画出系统操作控制流程图；
② 观察操作过程及结果；
③ 写出实训体会和操作技巧。

7. 实训考核

① 对防火、防排烟设施及广播系统设备的应用能力；
② 小组合作情况；
③ 个人参与情况。

知识梳理

当发生火灾时，建筑防火与减灾系统能及时控制火灾、烟气的蔓延，为人员和物质的安全疏散、撤离及实施灭火救援行动提供可靠的保证。

本模块是智能建筑消防系统其他模块的必要补充，对建筑防火与减灾系统进行了综合介绍，共分为四部分：了解防火分区、防烟分区划分应考虑的因素和常用的防火防烟分隔构件及使用场景，掌握防火墙、防火卷帘、防火门、防火阀、挡烟垂壁的概念及设置要求；熟悉自然通风与自然排烟的选择与设置，熟悉机械加压送风系统和机械排烟系统的原理、组成、设计及布置；熟悉用建筑安全疏散距离的要求，熟悉安全出口、疏散门、疏散出口、避难走道、避难层的概念及设置要求，应急照明、疏散指示标志、通信系统的设置场所及设置要求，掌握楼梯间的形式及防火设计要求；了解消防车道、消防登高面、救援窗及直升机停机坪的设置目的、作用和设置要求。能具有防烟、防火分区的划分及防排烟设施的识别及检查能力，具有防排烟系统的设计与布置能力，具有安全疏散设计及实施能力，具有消防救援系统的设备和设施的使用、选择和布置能力。

练习与思考

1. 选择题

（1）对建筑划分防烟分区时，在下列构件和设施中，不应用作防烟分区分隔构件和设施的是（　　）。

A.防火水幕　　　　B.特级防火卷帘

C.防火隔墙　　　　D.高度不小于 50 cm 的建筑结构梁

（2）某建筑采用防火墙划分防火分区，在下列防火墙的设置中，错误的是（　　）。

A.输送柴油（闪点高于 60℃）的管道穿过该防火墙，穿墙管道四周缝隙采用防火堵料严密封堵

B.防火墙直接采用加气混凝土砌块砌筑，耐火极限为 4 h

C.防火墙直接设置在耐火极限为 3 h 的框架梁上

D.防火墙上设置敞开的甲级防火门，发生火灾时能够自行关闭

（3）建筑内发生火灾时，烟气的危害非常大，故设置排烟系统非常有必要，其中高层建筑一般多采用（　　）方式。

A.自然排烟　　B.机械排烟　　C.自然通风　　D.机械送风

（4）某建筑高度为 24 m 的 5 层商业建筑，长度为 100 m，宽度为 50 m，每层建筑面积为 5000 m^2，设置有自动喷水灭火系统、火灾自动报警系统和防排烟系统等消防设施。在下列关于机械排烟系统应满足要求的说法中，不正确的是（　　）。

A.排烟口应设置现场手动开启装置

B.应在火灾确认后 60s 内自动关闭与排烟无关的通风空调系统

C.采用的排烟风机应能在 280℃时连续工作 30 min

D.发生火灾时应由火灾自动报警系统联动开启排烟口

（5）观众厅内疏散走道的净宽度，应按每百人不小于 0.6 m 计算，且不应小于（　　）；边走道的净宽度不宜小于（　　）。

A.1.0 m　　B.1.2 m　　C.0.6 m　　D.0.8 m

（6）某高度为 120 m 的高层办公建筑，其消防应急照明备用电源的连续供电时间不应低于（　　）min。

A.20　　B.30　　C.90　　D.60

（7）楼梯间是重要的竖向安全疏散设施。下列建筑设置的楼梯间，不符合相关防火规范要求的是（　　）。

A.建筑高度 30 m 的写字楼，设置封闭楼梯间

B.地上 10 层的医院病房楼，设置防烟楼梯间

C.一类高层公共建筑的裙房，设置封闭楼梯间

D.地上 2 层的内廊式老年人公寓，设置敞开楼梯间

（8）某建造在山坡上的办公楼，建筑高度为 48 m，长度和宽度分别为 108 m 和 32 m，地下设置了 2 层汽车库，建筑的背面和两侧无法设置消防车道。下列该办公楼消防车登高操作场地的设计，符合规范要求的有（　　）。

A.消防车登高操作场地靠建筑正面一侧的边缘与建筑外墙的距离为 5～7 m

B.消防车登高操作场地的宽度为 12 m

C.消防车登高操作场地设置在建筑的正面，因受大门雨篷的影响，在大门前不能连续布置

D.消防车登高操作场地的坡度为 1%

E.消防车登高操作场地位于可承受重型消防车压力的地下室上部

2. 思考题

某多层大型购物中心，地上 6 层，地下 1 层，地下 1 层的主要使用功能为设备用房及物业管理用房（建筑面积为 2000 m^2，按建筑面积不大于 1000 m^2 划分为两个防火分区）和商店营业厅（建筑面积为 2.20 m^2，采用不开设门窗洞口的防火墙分隔成 10 000 m^2 和 12 000 m^2 两部分，并采用下沉式广场将其局部连通；按建筑面积不大于 2000 m^2 划分为 11 个防火分区）；地上 1 层至地上 6 层每层的使用功能均为商店营业厅（每层建筑面积均为 20 000 m^2，均按建筑面积不大于 5000 m^2 划分为 4 个防火分区）。该建筑按有关国家工程建设消防技术标准配置了自动喷水灭火系统、排烟设施和火灾自动报警系统等消防设施及器材。

（1）该建筑地上 2 层至地上 6 层疏散楼梯的最小设计总宽度分别不应小于多少？

（2）该商店建筑首层直通室外疏散门的最小设计总宽度不应小于多少？

第5章 消防联动系统

教学过程建议

学习内容

- 5.1 消防联动控制系统的认知
- 5.2 消防控制室的管理
- 5.3 消防设备的供电控制
- 5.4 消防联动系统的设计要求
- 5.5 城市消防远程监控系统
- 实训5 消防联动控制设置实训

学习目标

- 明白消防联动控制系统的组成和分类
- 具有消防控制室的管理、消防设备的供电控制及消防联动系统的设计能力
- 知晓系统安装、调试、检测和维护的相关要求
- 能将建筑内各种建筑消防系统及设施规模化、区域化管理，将火灾探测报警、消防设施监管、消防通信指挥和灭火应急救援等有机结合起来

技术依据

- 《火灾自动报警系统设计规范》（GB 50116—2013）
- 《城市消防远程监控系统》（GB 26875—2011）
- 《消防控制室通用技术要求》（GB 25506）
- 《民用建筑电气设计规范》（JGJ 16—2008）
- 《建筑设计防火规范》（GB 50016—2014）
- 《消防联动控制系统》（GB 16806）
- 《消防控制室通用技术要求》（GB 25506）
- 《建筑消防设施的维护管理》（GB 25201—2010）

教学设计

- 演示消防事件联动案例→播放消防录像动画→给出工程图→现场调研→方案设计→检查实施

5.1 消防联动控制系统的认知

教师任务：通过讲授、视频录像、动画播放及现场参观等形式认知消防联动控制系统组成、分类等，观察消防联动控制系统设备的性能特征，让学生对消防电、消防水、消防设备等的关联性有初步的认识。

学生任务：通过学习、研讨、参与讲解，熟悉消防联动控制系统组成、分类及设备的性能特征，完成任务单，如表 5-1 所示。

表 5-1　任务单

序号	项　　目	内　　容
1	消防联动控制系统的组成	
2	消防联动控制系统的分类	
3	消防联动控制系统设备的主要部件	

5.1.1　消防联动控制系统的组成

智能建筑消防系统需要消防的各类设施包括消防电、消防水、消防设备等的协同运行。消防联动控制系统为保障协同正常运行起到重要作用。消防联动控制系统接收火灾报警控制器发出的火灾报警信号，按照预设逻辑完成各种消防功能。消防联动控制系统由消防联动控制器、消防控制室图形显示装置、消防电气控制装置（防火卷帘控制器、气体灭火控制器等）、消防电动装置、消防联动模块、消火栓按钮、消防应急广播设备、消防电话等设备和组件组成。消防联动控制系统的组成如图 5-1 所示。

在火灾发生时，联动控制器按设定的控制逻辑准确发出联动控制信号给消防水泵、喷淋泵、防火门、防火阀、防排烟阀和通风等消防设备，完成对灭火系统、疏散指示系统、防排烟系统及防火卷帘等其他有关消防设备的控制功能。

当消防设备动作后将动作信号反馈给消防控制室并显示，实现对建筑消防设施的状态监视功能，即接收来自消防联动现场设备及火灾自动报警系统以外的其他系统的火灾信息或其他信息的触发和输入功能。

1. 消防联动控制器

消防联动控制器是消防联动控制系统的核心组件。它通过接收火灾报警控制器发出的火灾报警信息，按预设逻辑对建筑中设置的自动消防系统（设施）进行联动控制。消防联动控制器可直接发出控制信号，通过驱动装置控制现场的受控设备；对于控制逻辑复杂且在消防联动控制器上不便实现直接控制的情况，可通过消防电气控制装置（如防火卷帘控制器、气体灭火控制器等）间接控制受控设备，同时接收自动消防系统（设施）动作的反馈信号。

2. 消防控制室图形显示装置

消防控制室图形显示装置用于接收并显示保护区域内的火灾探测报警及联动控制系统、消火栓系统、自动灭火系统、防排烟系统、防火门及卷帘系统、电梯、消防电源、消防应急照明和疏散指示系统、消防通信等各类消防系统及系统中的各类消防设备（设施）运行的动态信息和消防管理信息，同时还具有信息传输和记录功能。

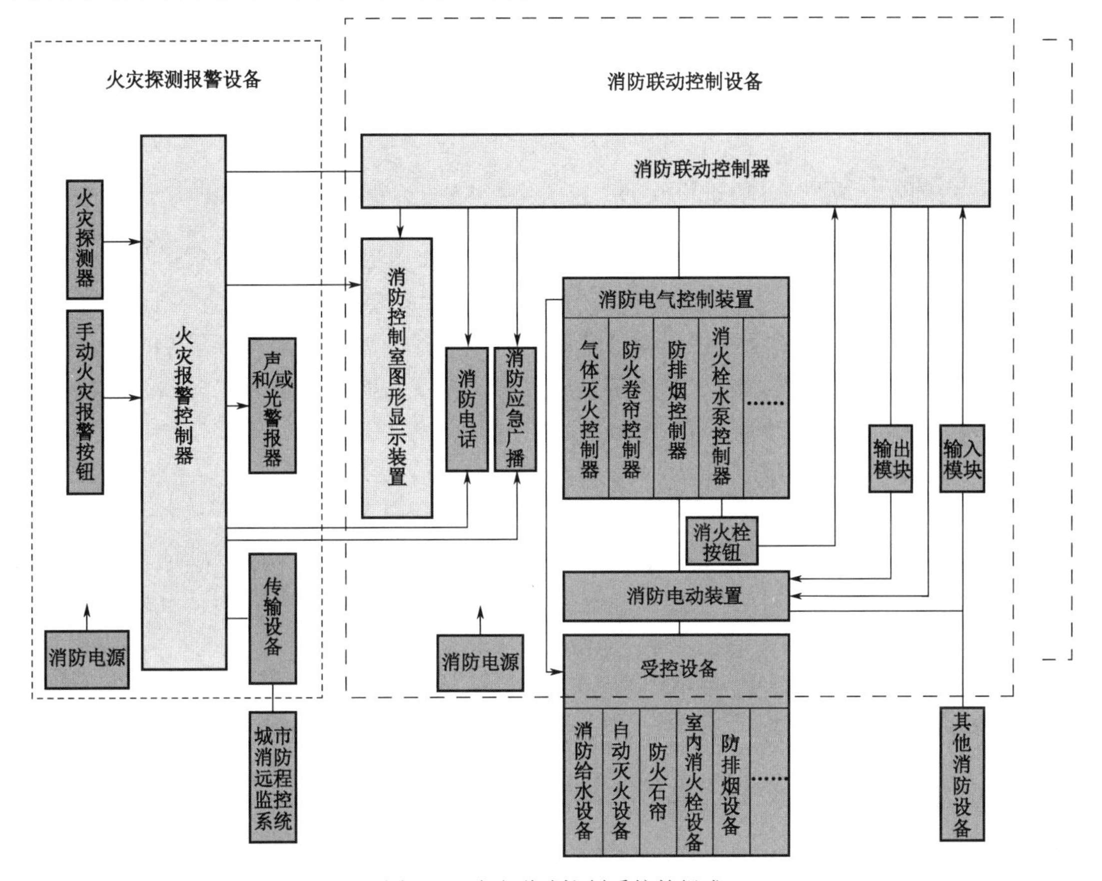

图5-1　消防联动控制系统的组成

3. 消防电气控制装置

消防电气控制装置的功能是控制各类消防电气设备，它一般通过手动或自动的工作方式来控制各类消防水泵、防烟和排烟风机、电动防火门、电动防火窗、防火卷帘、电动阀等各类电动消防设施的控制装置及双电源互换装置，并将相应设备的工作状态反馈给消防联动控制器进行显示。

4. 消防电动装置

消防电动装置的功能是电动消防设施的电气驱动或释放，它是包括电动防火门窗、电动防火阀、电动防烟和排烟阀、气体驱动器等电动消防设施的电气驱动或释放装置。

5. 消防联动模块

消防联动模块是消防联动控制器和其所连接的受控设备或部件之间传输信号的设备，分为输入模块、输出模块和输入输出模块三种类型。输入模块的功能是接收受控设备或部件的信号反馈并将信号输入到消防联动控制器中进行显示，输出模块的功能是接收消防联动控制器的输出信号并发送到受控设备或部件。输入输出也可作为一个模块同时具备输入模块和输出模块的功能。

6. 消火栓按钮

消火栓按钮是手动启动消火栓系统的控制按钮。

7. 消防应急广播设备

消防应急广播设备由控制和指示装置、声频功率放大器、传声器、扬声器、广播分配装置、电源装置等部分组成，是在火灾或意外事故发生时通过控制功率放大器和扬声器进行应急广播的设备，它的主要功能是向现场人员通报火灾发生，指挥并引导现场人员疏散。

5.1.2 消防联动控制系统的分类

消防联动控制系统一般可分为集中控制、分散控制与集中控制相结合两种形式，其控制方式有联动（自动）控制、非联动（手动）控制和联动与非联动相结合三种。

集中控制系统是一种将系统中所有的消防设施都通过消防控制室进行集中控制、显示、统一管理的系统。这种系统适用于总线制系统及实施数字控制、通信方式的系统，特别适用于采用计算机控制的楼宇自动化管理系统。

分散控制与集中控制相结合的系统适用于控制点数特别多且很分散的场合，这样可以相对简化控制系统，减少控制信号的部位显示和控制线的数目。通常是将消防水泵、送风机、防烟和排烟风机、部分防火卷帘门及自动灭火控制装置等，在消防控制室进行集中控制，统一管理；对数量大而分散的控制系统如防烟和排烟风机、防火门释放器等，可采用现场分散控制。

不管哪种控制系统，都应将被控制对象执行机构的动作信号送到消防控制室集中显示。容易造成混乱带来严重后果的被控制对象（如电梯、非消防电源等）应由消防控制室集中管理。

5.1.3 消防联动控制系统设备的操作功能要求

1. 消防联动控制系统设备的操作级别

消防联动控制系统各类设备的操作功能应符合表 5-2 所示规定的操作级别要求。

表 5-2 操作级别划分表

序号	操 作 项 目	Ⅰ	Ⅱ	Ⅲ	Ⅳ
1	查询信息	M	M	M	M
2	消除声信号	O	M	M	M
3	复位	P	M	M	M
4	手动操作	P	M	M	M
5	进入自检、屏蔽和解除屏蔽等工作状态	P	M	M	M
6	调整计时装置	P	M	M	M
7	开、关电源	P	M	M	M
8	输入或更改数据	P	P	M	M
9	延时功能设置	P	P	M	M
10	报警区域编程	P	P	M	M
11	修改或改变软、硬件	P	P	P	M

注：1）P—禁止；O—可选择；M—本级人员可操作。

2）进入Ⅱ、Ⅲ级操作功能状态应采用钥匙、操作号码，用于进入Ⅲ级操作功能状态的钥匙或操作号码可用于进入Ⅱ级操作功能状态，但用于进入Ⅱ级操作功能状态的钥匙或操作号码不能用于进入Ⅲ级和Ⅳ级操作功能状态。

2. 消防联动控制系统设备的主要部件性能要求

消防联动控制系统各类设备的主要部件，如指示灯、数字显示器、音响器件、熔断器、接线端子及保护接地、备用电源及蓄电池、开关和按键（钮）、导线及线槽等，应采用符合国家有关标准的定型产品，同时应满足对应要求。

（1）指示灯

指示灯应满足如下要求。

① 指示灯应以颜色标注，红色指示火灾报警、设备动作反馈、启动和延时等；黄色指示故障、屏蔽、回路自检等；绿色表示主电源和备用电源工作。

② 指示灯应标注功能。

③ 在 5～500 Lx 环境光条件下，指示灯应在正前方 22.5° 视角范围内 3 m 处清晰可见。

④ 采用闪动方式的指示灯每次点亮时间不应小于 0.25 s，其启动信号指示灯闪动频率不应小于 1 Hz，故障指示灯闪动频率不应小于 0.2 Hz。

⑤ 用一个指示灯同时显示故障、屏蔽和自检三项功能时，故障指示应为闪亮，屏蔽和自检指示灯应为常亮。

（2）字母（符）

字母（符）即数字显示器，应满足如下要求。

① 在 5～500 Lx 环境光条件下，显示字符应在正前方 22.5° 视角范围内 0.8 m 处可读。

② 采用视窗显示信息的消防联动控制器应至少有一个视窗。当消防联动控制器仅有一个视窗时，应将该视窗至少分为 2 个界限分明的显示区域。

（3）音响器件

音响器件应满足如下要求。

① 在正常工作条件下，音响器件在其正前方 1 m 处的声压级应大于 65 dB，小于 115 dB。

② 在 85% 额定工作电压供电条件下应能发出声响。

（4）熔断器

熔断器应满足如下要求。

① 用于电源线路的熔断器或其他过流保护器件，其额定电流值一般应不大于最大工作电流的 2 倍。

② 当最大工作电流大于 6 A 时，熔断器电流值可取其 1.5 倍。

③ 在靠近熔断器或其他过流保护器件处应清楚地标注其参数值。

（5）接线端子及保护接地

接线端子及保护接地应满足如下要求。

① 每一个接线端子上都应清晰、牢固地标注标号或符号，相应用途应在有关文件中说明。

② 采用交流供电的消防联动控制系统各类设备应有保护接地。

（6）备用电源及蓄电池

备用电源及蓄电池应满足如下要求。

① 电源正极连接导线应为红色，负极连接导线应为黑色或蓝色。

② 在不超过生产厂商规定的极限放电的情况下，应能将蓄电池在 24 h 内充至额定容量的 80%以上，再充 48 h 后应能充满。

③ 蓄电池应能保证消防联动控制系统各类设备的应急工作时间不低于额定应急工作时间，且应满足电池各类性能要求。

（7）开关和按键（钮）

开关和按键（钮）（或靠近位置）上应清楚地标注功能。

（8）导线及线槽

导线及线槽应满足如下要求。

① 消防联动控制系统各类设备的主电路配线应采用工作温度参数大于 105℃的阻燃导线（或电缆），且接线牢固。

② 连接线槽应选用不燃材料或难燃材料（氧指数不小于 28）制造。

（9）元件温升

元件温升应满足如下要求。

① 消防联动控制系统各类设备内部主要电子、电气元器件的最大温升不应大于 60℃。

② 环境温度为（25±3）℃条件下的内置变压器、镇流器等发热元部件的表面最大温度不应超过 90℃。

③ 电池周围（不触及电池）环境最高温度不应超过 45℃。

（10）使用说明书

消防联动控制系统各类设备应有相应的中文说明书，说明书的内容应满足 GB 9969.1 的要求，并与产品性能一致。

5.2 消防控制室的管理

教师任务：模拟消防控制室，引导学生绘制消防控制室结构图，说明设置原因及注意事项，编制及填写消防控制室的日常管理表格。

学生任务：通过学习、研讨、参与任务，完成消防控制室结构图，说明设置原因及注意事项，编制及填写消防控制室的日常管理表格，结合设计，完成任务单，如表 5-3 所示。

表 5-3 任务单

序号	项 目	内 容
1	消防控制室的位置选择	
2	消防控制室的设备布置	
3	消防控制室的控制及显示要求	
4	消防控制室设备的监控要求	
5	消防控制室的管理要求	

5.2.1 消防控制室的位置选择

为了便于控制和管理，设有消防报警及联动系统的建筑内应设消防控制室。消防控制室宜设置在首层主要出入口附近，可与经常有人值班的部门合并设置。消防控制室的位置选择要求如下。

① 附设在建筑内的消防控制室，宜设置在建筑内首层的靠外墙部位，也可设置在建筑物

的地下一层，但应采用耐火极限不低于 2 h 的隔墙和不低于 1.5 h 的楼板与其他部位隔开，并应设置直通室外的安全出口。

② 消防控制室的门应向疏散方向开启，且入口处应设置明显的标志，以使内部和外部的消防人员能够尽快找到。

③ 消防控制室不应设置在电磁场干扰较强及其他影响消防控制室设备工作的设备用房附近，不应设置在厕所、锅炉房、浴室、汽车库、变压器室等隔壁和上下层及对应的房间。

④ 在条件允许的情况下，消防控制室宜与防灾监控、广播、通信设施等用房相邻近。

⑤ 应适当考虑长期值班人员房间的朝向。

⑥ 根据工程规模的大小，应适当考虑与消防控制室相配套的其他房间，如电源室、维修室和值班休息室等，应保证有容纳消防控制设备和值班、操作、维修工作所需的空间。

⑦ 消防控制室内不应有穿过与消防控制无关的电气线路及其他管道，也不可装设与消防控制室无关的其他设备。

⑧ 为保证设备的安全运行，室内应有适宜的温度、湿度和清洁条件；根据建筑物的设计标准，可对应地采取独立通风或空调系统；如果与邻近系统混用，则消防控制室的送、回风管在其穿墙处应设置防火阀。

⑨ 单独建造的消防控制室，其耐火等级不应低于二级。

⑩ 消防控制室的土建要求应符合国家有关建筑设计防火规范的规定。

5.2.2　消防控制室的设备布置

消防控制室内设置的消防设备应包括火灾报警控制器、消防联动控制器、消防控制室图形显示装置、消防电话、消防应急广播设备、消防应急照明和疏散指示系统控制装置、消防电源监控器等设备或具有相应功能的组合设备，应设有用于火灾报警的外线电话，同时还需配有相应的竣工图纸、各分系统控制逻辑关系说明、设备使用说明书、系统操作规程、应急预案、值班制度、维护保养制度及值班记录等文件资料。

1. 消防控制室的设备布置的一般规定

消防控制室的设备布置应符合下列规定。

① 设备面盘前操作距离：单列布置时不应小于 1.5 m，双列布置时不应小于 2 m，但在值班人员经常工作的一面，设备面盘到墙的距离不应小于 3 m。

② 设备面盘后的维修距离不宜小于 1 m。

③ 设备面盘的排列长度大于 4 m 时，其两端应设置宽度小于 1 m 的通道。

④ 与建筑其他弱电系统合用的消防控制室内，消防设备应集中设置，并应与其他设备有明显的间隔。

⑤ 消防控制室内设置的自动报警、消防联动控制、显示等不同电流类别的屏（台），宜分开设置；若不同电流类别的屏（台）同屏（台）布置时，应采取安全隔离措施或将不同用途的端子板分开设置。

⑥ 消防控制室的显示与控制、信息记录、信息传输应符合《消防控制室通用技术要求》（GB 25506）的有关规定。

2. 消防控制盘和集中火灾报警控制器的布置

消防控制盘和集中火灾报警控制器是消防控制室的主要设备，它们可以组合在一起设置，也可以分开设置。当集中火灾报警控制器和消防控制盘分开设置时，消防控制盘有控制柜式和控制屏台式两种。控制柜式显示部分在柜的上半部，操作部分在柜的下半部；控制屏台式的显示部分设于屏面上，而操作部分设于台面上。消防控制盘和集中火灾报警控制器的布置需满足消防控制室内设备布置的一般规定，集中报警控制器或火灾报警控制器安装在墙上时，其底边距地面高度应为 1.3～1.5 m，控制器靠近门轴的侧面距墙不应小于 0.5 m，正面操作距离不应小于 1.2 m。

3. 显示装置的布置

消防控制室内应有显示被保护建筑的重点部位、疏散通道及消防设备所在位置的平面图或模拟图，以及报警、灭火、疏散等信号和操作指令反馈信号显示盘等。消防控制室图形显示装置应设置在消防控制室内，并应符合火灾报警控制器的安装设置要求；火灾报警控制器、消防联动控制器、电气火灾监控器、可燃气体报警控制器等消防设备之间应采用专用线路连接。

一旦发生火情并经确认后，消防控制室将按预定的消防程序发出相应的防灾、灭火、疏散操作指令。上述指令的执行情况应由执行机构的反馈信号来显示，显示的方式是使用信号灯。显示装置按信号灯的呈现方式分有窗口式和模拟式两种，其中模拟式是比较直观的，它实际上就是整个建筑各层消防设置的竖向模拟显示，使消防人员一目了然地了解火情的发展趋势，有利于开展指挥灭火工作。

5.2.3 消防控制室的控制及显示要求

消防联动控制设备能够将各类消防设施及其设备的状态信息传输到图形显示装置；能够控制和显示各类消防设施的电源工作状态、各类设备及其组件的启/停等运行状态和故障状态，显示具有控制功能、信号反馈功能的阀门、监控装置的正常工作状态和动作状态，能够控制具有自动控制、远程控制功能的消防设备的启/停，并接收其反馈信号。

1. 消防联动控制器的技术要求

消防联动控制器需满足的基本要求如下。

① 消防联动控制器应能为其连接的部件供电，直流工作电压应符合 GB156—2003 的规定，可优先采用直流 24 V。

② 消防联动控制器的电源部分应具有主电源和备用电源转换装置，主电源应采用 220 V、50 Hz 交流电源，电源线输入端应设置接线端子。

③ 消防联动控制器应具有中文功能标注，用文字显示信息时应采用中文。

④ 消防联动控制器应能设定或按设定的逻辑手动或自动（直接或间接）控制其连接的各类受控消防设备，并设置独立的启动总指示灯；只要受控设备启动信号发出，该启动总指示灯应点亮。

⑤ 消防联动控制器应设置独立的故障总指示灯，该故障总指示灯在有故障存在时应点亮；发生故障时发出的声光报警信号应与火灾报警信号有明显的区别，响应时间与持续时间按规范执行；故障排除后，可以手动或自动复位。

⑥ 消防联动控制器应具备自检功能，在执行自检期间，其受控设备均不应动作；自检时间超过 1 min 或不能自动停止自检功能时，消防联动控制器自检功能应不影响非自检部位的正常工作。

2. 消防电气控制装置的技术要求

消防电气控制装置应设置绿色主电源指示灯、红色启动指示灯、绿色自动/手动工作状态指示灯、黄色故障指示灯，具有延时启动功能的消防电气控制装置应设置红色延时指示灯。消防电气控制装置的技术要求如下。

① 消防电气控制装置应具有手动和自动控制方式，并能接收来自消防联动控制器的联动控制信号，在自动工作状态下，执行预订的动作，控制受控设备进入预订的工作状态。

② 配接启动器件的消防电气控制装置应能接收启动器件的动作信号，并在 3 s 内将启动器件的动作信号发送给消防联动控制器。

③ 消防电气控制装置应能以手动方式控制受控设备进入预定的工作状态，在自动工作状态下或延时启动期间，手动插入控制应优先。

④ 消防电气控制装置应能接收受控设备的工作状态信号，并在 3 s 内将信号传递给消防联动控制器。

⑤ 消防电气控制装置在接收到控制信号后，应在 3 s 内执行预定的动作，控制受控设备进入预定的功能（有延时要求的除外）。

⑥ 消防电气控制装置在自动工作状态下可设置延时功能，延时时间应不大于 10 min，延时期间应有延时灯光指示。

⑦ 采用三相交流电源供电的消防电气控制装置在电源缺相、错相时应发出故障声、光信号；具备自动纠相功能的消防电气控制装置，在电源错相能自动完成纠相时，可不发出故障声光信号。消防电气控制装置在电源发生缺相、错相时不应使受控设备产生误动作。

⑧ 如果受控设备为一用、一备相互切换设备，在用的受控设备发生故障时，消防电气控制装置应能在 3 s 内自动切换至备用设备，同时发出相应的指示信号。

3. 消防控制室图形显示装置的技术要求

采用中文标注和中文界面的消防控制室图形显示装置，其界面对角线长度不得小于 430 mm。消防控制室图形显示装置应按照下列要求显示相关信息。

① 能够显示消防控制室台账档案所涉及的资料及符合规定的消防安全管理信息。

② 能够用同一界面显示建（构）筑物周边消防车通道、消防登高车操作场地、消防水源位置，以及相邻建筑的防火间距、建筑面积、建筑高度、使用性质等情况。

③ 能够显示消防系统及设备的名称、位置和消防控制器、消防联动控制设备（含消防电话、消防应急广播、消防应急照明和疏散指示系统、消防电源等控制装置）的动态信息。

④ 有火灾报警信号、监管报警信号、反馈信号、屏蔽信号、故障信号输入时，具有相应状态的专用指示，在总平面布局图中应显示输入信号所在的建（构）筑物的位置，在建筑平面图上应显示输入信号所在的位置和名称，并记录时间、信号类别和部位等信息。

⑤ 10 s 内能够显示输入的火灾报警信号和反馈信号的状态信息，100 s 内能够显示其他输入信号的状态信息。

⑥ 能够显示可燃气体探测报警系统、电气火灾监控系统的报警信息、故障信息和相关联动反馈信息。

5.2.4 消防控制室的设备监控要求

消防控制室配备的消防设备需要具备下列监控功能。

① 消防控制室设置的消防设备能够监控和显示消防设施运行状态信息，并能够向城市消防远程监控中心传输相应信息。

② 根据建筑（单位）规模及其火灾危险性特点，消防控制室内需要保存必要的文字、电子资料，存储相关的消防安全管理信息，并能够及时向监控中心传输消防安全管理信息。

③ 大型建筑群要根据其不同建筑功能需求、火灾危险性特点和消防安全监控需要，设置两个及两个以上的消防控制室，并确定主消防控制室、分消防控制室，以实现分散与集中相结合的消防安全监控模式。

④ 主消防控制室的消防设备能够对系统内公用消防设备进行控制，显示其状态信息，并能够显示各个分消防控制室内消防设备的状态信息，具备对分消防控制室内消防设备及其所控制的消防系统、设备的控制功能。

⑤ 各个分消防控制室的消防设备之间，可以互相传输、显示状态信息，但不能互相控制消防设备。

5.2.5 消防控制室的管理要求

1. 消防控制室台账档案管理

（1）消防控制室台账档案的建立

消防控制室至少保存有下列纸质台账档案和电子资料。

① 建（构）筑物竣工后的总平面布局图、消防设施平面布置图和系统图，以及安全出口布置图、重点位置图等。

② 消防安全管理规章制度、应急灭火预案、应急疏散预案等。

③ 消防安全组织结构图，包括消防安全责任人、管理人、专职、义务消防人员等内容。

④ 消防安全培训记录、灭火和应急疏散预案的演练记录。

⑤ 值班情况、消防安全检查情况及巡查情况等记录。

⑥ 消防设施一览表，包括消防设施的类型、数量、状态等内容。

⑦ 消防联动系统控制逻辑关系说明、设备使用说明书、系统操作规程、系统及设备的维护保养制度和技术规程等。

⑧ 设备运行状况、接报警记录、火灾处理情况、设备检修检测报告等资料。

上述台账、资料按照档案建立与管理的要求，定期归档保存。

（2）建筑消防设施档案的内容

建筑消防设施档案至少包含下列内容。

① 消防设施基本情况。主要包括消防设施的验收意见和产品、系统使用说明书、系统调试记录、消防设施平面布置图、系统图等原始技术资料。

② 消防设施动态管理情况。主要包括消防设施的值班记录、巡查记录、检测记录、故障维修记录，以及维护保养计划表、维护保养记录、消防控制室值班人员基本情况档案及培训记录等。

（3）保存期限

档案的保存期限要求如下。

① 消防设施施工安装、竣工验收及验收技术检测等原始技术资料应长期保存。

②《消防控制室值班记录表》《建筑消防设施巡查记录表》的存档时间不少于 1 年。

③《建筑消防设施检测记录表》《建筑消防设施故障维修记录表》《建筑消防设施维护保养计划表》《建筑消防设施维护保养记录表》的存档时间不少于 5 年。

2. 消防控制室值班要求

消防控制室值班要求如下。

① 实行每日 24 h 专人值班制度，每班不少于 2 人，值班人员持有规定的消防专业技能鉴定证书。

② 消防设施日常维护管理应符合《建筑消防设施的维护管理》（GB 25201—2010）的相关规定。

③ 确保火灾自动报警系统、固定灭火系统和其他联动控制设备处于正常工作状态，不得将应处于自动控制状态的设备设置在手动控制状态。

④ 确保高位消防水箱、消防水池、气压水罐等消防储水设施水量充足，确保消防水泵出水管阀门、自动喷水灭火系统管道上的阀门常开；确保消防水泵、防烟和排烟风机、防火卷帘等消防用电设备的配电柜控制装置处于自动控制位置（或通电状态）。

3. 消防控制室应急处置程序

火灾发生时，消防控制室的值班人员应按照下列应急程序处置火灾。

① 接到火灾警报后，值班人员立即以最快的方式确认火灾。

② 火灾确认后，值班人员立即将火灾报警联动控制开关转入自动状态（自动状态的除外），同时拨打“119”报警电话准确报警；报警时需要说明着火单位地点、着火部位、着火物种类、火势大小、报警人姓名和联系电话等。

③ 值班人员立即启动单位应急疏散和初期火灾扑救灭火预案，同时报告单位消防安全负责人。

5.3 消防设备的供电控制

教师任务：通过讲授、研讨，探讨不同类型建筑消防设备的供电控制应注意的问题。

学生任务：通过学习、研讨、参与讲解，探讨不同类型建筑消防设备的供电控制应注意的问题，完成任务单，如表 5-4 所示。

表 5-4　任务单

序号	项　目	内　容
1	系统供电的一般规定及系统接地要求	
2	消防用电负荷等级	
3	供配电系统的设置	
4	防火封堵的检查部位	
5	防火封堵的检查内容	

5.3.1 消防设备供电

1. 系统供电的一般规定

系统供电的一般规定如下。

① 火灾自动报警系统应设置交流电源和备用电源。

② 火灾自动报警系统的交流电源应采用消防电源，备用电源可采用火灾报警控制器和消防联动控制器自带的蓄电池电源或消防设备应急电源。

③ 当备用电源采用消防设备应急电源时，火灾报警控制器和消防联动控制器应采用单独的供电回路，并应保证在系统处于最大负载状态下不影响火灾报警控制器和消防联动控制器的正常工作。

④ 消防控制室图形显示装置、消防通信设备等的电源，宜由 UPS 电源装置或消防设备应急电源供电。

⑤ 火灾自动报警系统主电源不应设置剩余电流动作保护和过负荷保护装置。

⑥ 消防设备应急电源输出功率应大于火灾自动报警及联动控制系统全负荷功率的120%，蓄电池的容量应保证火灾自动报警及联动控制系统在火灾状态同时工作负荷条件下连续工作 3 h 以上。

⑦ 消防用电设备应采用专用的供电回路，其配电设备应设有明显标志，其配电线路和控制回路应按防火分区划分。

2. 系统接地

系统接地要求如下。

① 火灾自动报警系统采用共用接地装置时，接地电阻值不应大于 1 Ω，采用专用接地装置时，接地电阻值不应大于 4 Ω。

② 消防控制室内的电气和电子设备的金属外壳、机柜、机架和金属管、槽等，应采用等电位连接。

③ 由消防控制室接地板引至各消防电子设备的专用接地线应选用铜芯绝缘导线，其线芯截面面积不应小于 4 mm^2。

④ 消防控制室接地板与建筑接地体之间，应采用线芯截面面积不小于 25mm^2 的铜芯绝缘导线连接。

5.3.2 消防用电与负荷等级

1. 负荷等级

电力负荷应根据对供电可靠性的要求及中断供电在政治、经济上所造成损失或影响的程度分成一级、二级、三级负荷，并应符合相应的规定。

（1）一级负荷

符合下列情况之一的应为一级负荷。

① 中断供电将造成人身伤亡。

② 中断供电将在政治、经济上造成重大损失。如重大设备损坏、重大产品报废、用重要原料生产的产品大量报废、国民经济中重点企业的连续生产过程被打乱需要长时间才能恢

复等。

③ 中断供电将影响有重大政治、经济意义的用电单位的正常工作。如重要交通枢纽、重要通信枢纽、重要宾馆、大型体育场馆、经常用于国际活动有大量人员集中的公共场所等用电单位中的重要电力负荷。

在一级负荷中，中断供电将发生中毒、爆炸和火灾等情况的负荷，以及特别重要的不允许中断供电的负荷，应视为特别重要的负荷。

一级负荷应由两个独立电源供电，每段电源来自不同的发电机，母线之间无联系，或虽有联系但当其中一段母线发生故障时，能自动断开联系，不影响其余母线供电；当不能获得两个电源时，应设置自备应急电源；一级负荷中特别重要的负荷，除由两路相互独立的电源供电外，应增设应急电源，并严禁将其他负荷接入应急供电系统。

（2）二级负荷

符合下列情况之一的应为二级负荷。

① 中断供电将在政治、经济上造成较大损失。如主要设备损坏、大量产品报废、连续生产过程被打乱需较长时间才能恢复、重点企业大量减产等。

② 中断供电将影响重要用电单位的正常工作。如交通枢纽、通信枢纽等用电单位中的重要电力负荷，以及中断供电将造成大型影剧院、大型商场等较多人员集中的重要公共场所秩序混乱。

二级负荷由双回路供电，尽可能引自不同的变压器或母线段，并在末级配电箱处自动切换。当取得双回路确有困难时，允许由一回路专用架空线路供电，然后以低压侧引两条回路，到末级配电箱自动切换。

（3）三级负荷

不属于一级、二级负荷性质的用电应为三级负荷，如工业企业的辅助车间、小型手工业、一般农村用电及一般公用照明供电等。

三级负荷供电无特殊要求，最好有两台变压器，一用、一备。

2. 消防负荷分级原则

消防用电是指消防控制室、消防水池、消防水泵、消防电梯、防排烟设施、火灾自动报警、自动灭火装置、火灾事故照明、灯光疏散标志和电动的防火门窗、阀门等消防设备的输配电。划分消防负荷等级并确定其供电方式需考虑建筑的结构、使用性质、火灾危险性、疏散和扑救难度、事故后果等，同时参照电力负荷分级原则。消防用电设备负荷等级规定如下。

① 一类高层民用建筑的消防控制室、火灾自动报警及联动控制装置、火灾应急照明及疏散指示标志、防排烟设施、自动灭火系统、消防电梯及其排水泵、电动的防火卷帘及门窗等消防用电应按一级负荷要求供电，二类高层民用建筑内的上述消防用电应为二级负荷。

② 特、甲级剧场，消防用电应为一级负荷；乙、丙级剧场应为二级负荷。

③ 特级体育场馆的应急照明为一级负荷中的特别重要负荷；甲级体育场馆的应急照明应为一级负荷。

④ 超过 1000 个座位的影剧院、超过 3000 个座位的体育馆、每层面积超过 3000 m^2 的百货楼、展览楼和室外消防用水量超过 25 L/s 的其他公共建筑，应按二级负荷供电。

⑤ 按一级负荷供电的建筑，当供电不能满足要求时，应设自备发电设备。

5.3.3 供配电系统的设置

为确保消防作业人员和其他人员的人身安全，以及消防用电设备运行的可靠性，消防用电设备的供配电系统应作为独立系统进行设置。当建筑内设有变电所时，要在变电所处开始自成系统；当建筑为低压进线时，要在进线处开始自成系统。

1. 配电装置的设置

消防用电设备的配电装置，应设置在建筑的电源进线处或变电所处，应急电源配电装置要与主电源配电装置分开设置。如果受地域限制，无法分开设置而需要并列布置时，其分界处要设置防火隔断。

2. 启动装置的设置

在普通民用建筑中，采用自备发电机组作为应急电源的现象十分普遍。消防用电按一级、二级负荷供电的建筑，当采用自备发电设备作为备用电源时，自备发电设备应设置自动和手动启动装置。当采用自动启动方式时，应能保证在 30 s 内供电。

3. 自动切换功能的设置

消防控制室、消防水泵房、防烟和排烟风机房的消防用电设备及消防电梯等的供电设备，应在其配电线路的末级配电箱处设置自动切换装置。水泵控制柜、风机控制柜等消防电气控制装置不应采用变频启动方式。

除消防水泵、消防电梯、防烟和排烟风机等消防用电设备外，各防火分区的其他消防用电设备应由消防电源中的双电源或双回线路电源供电，末端配电箱要设置双电源自动切换装置，并将配电箱安装于所在防火分区内，再由末端配电箱配出引至相应的消防设备。

5.3.4 消防用电设备供电线路的敷设和防火封堵措施

1. 消防用电设备供电线路的敷设

消防用电设备的供电线路采用不同的电线电缆时，供电线路的敷设应满足相应的要求。

① 当采用矿物绝缘电缆时，可直接采用明敷设或在吊顶内敷设。

② 当采用难燃性电缆或有机绝缘耐火电缆时，在电气竖井内或电缆沟内敷设可不穿导管保护，但应采取与非消防用电缆隔离的措施。

③ 采用明敷设、吊顶内敷设或架空地板内敷设时，要穿金属导管或封闭式金属线槽保护，所穿金属导管或封闭式金属线槽要采用涂防火涂料等防火保护措施。

④ 当线路暗敷设时，要对所穿金属导管或难燃性刚性塑料导管进行保护，并要敷设在不燃烧结构内，保护层厚度应不小于 30 mm。

2. 消防用电设备供电线路的防火封堵措施

消防电源在火灾时要持续为消防设备供电，为防止火灾通过消防用电设备供电线路传输，应对消防用电设备供电线路采取防火封堵措施。

（1）防火封堵的检查部位

消防用电设备供电线路在电缆隧道、电缆桥架、电缆竖井、封闭式母线、线槽安装等处时，下列情况应采取防火封堵措施。

① 穿越不同的防火分区。

② 沿竖井垂直敷设穿越楼板处。

③ 管线进出竖井处。

④ 电缆隧道、电缆沟、电缆间的隔墙处。

⑤ 穿越建筑的外墙处。

⑥ 至建筑的入口处，至配电间、控制室的沟道入口处。

⑦ 电缆引至配电箱、柜或控制屏、台的开孔部位。

（2）防火封堵的检查内容

① 电缆隧道。

有人通过的电缆隧道，应在预留孔洞的上部采用膨胀型防火钢板进行加固；预留的孔洞过大时，应采用槽钢或角钢进行加固，将孔洞缩小后方可加装防火封堵系统；防火密封胶直接接触电缆时，封堵材料不得含有腐蚀电缆表皮的化学元素；无机堵料封堵应表面光洁，无粉化、硬化、开裂等缺陷；防火涂料表面应光洁，厚度应均匀。

② 电缆竖井。

电缆竖井应采用矿棉板加膨胀型防火堵料组合成的防火封堵系统，防火封堵系统的耐火极限不应低于楼板的耐火极限；封堵处应采用角钢或槽钢托架进行加固，应能承载检修人员的荷载，角钢或槽钢托架应采用防火涂料处理；封堵垂直段竖井时，在封堵处上方，应使用密度为 160 kg/m^3 以上的矿棉板，并在矿棉板上开好电缆孔，防火封堵系统与竖井之间应采用膨胀型防火密封胶封边，与电缆的其他空间之间应采用膨胀型防火密封胶封堵，密封胶厚度凸出防火封堵系统面应不小于 13 mm，贯穿电缆横截面应小于贯穿孔洞的 40%。

③ 电气柜孔。

电气柜孔应采用矿棉板加膨胀型防火堵料组合的防火封堵系统，先根据需封堵孔洞的大小估算出密度为 160 kg/m^3 以上的矿棉板使用量，并根据电缆数量裁出适当大小的孔；孔的底部应敷设厚度为 50 mm 的矿棉板，孔隙口及电缆周围应填塞矿棉，并应采用膨胀型防火密封胶进行密实封堵。固定矿棉板、矿棉板与楼板之间应采用弹性防火密封胶封边，防火封堵系统与电缆之间应采用膨胀型防火密封胶封堵，密封胶厚度凸出防火封堵系统面应不小于 13 mm。封堵完成后，在封堵层两侧电缆上涂刷防火涂料，长度为 300 mm，干涂层厚度为 1 mm。电气柜底部空隙处应填塞矿棉，并用防火密封胶严密封实，密封胶厚度凸出防火封堵系统面不应小于 13 mm，面层应平整。

④ 无机堵料。

无机堵料应用于电缆沟、电缆隧道由室外进入室内处。电缆穿的阻火墙应为防火灰泥加膨胀型防火堵料组合的。

采用无机堵料（防火灰泥或耐火砖）堆砌，其厚度应不小于 200 mm（根据产品的性能而定）；阻火墙内部的电缆周围必须采用不小于 13 mm 的防火密封胶进行包裹，阻火墙底部必须留有 2 个排水孔洞，排水孔洞处可利用砖块砌筑；阻火墙两侧的电缆周围应采用防火密封胶进行密实分隔包裹，其两侧厚度应大于阻火墙表层 13 mm，阻火墙外侧电缆用防火涂料涂刷，涂刷长度为 1 m。

⑤ 电缆涂料。

防火封堵系统两侧电缆应采用电缆涂料，电缆涂料的涂覆位置应在阻火墙两端和电力电缆接头两侧长度为 1～2 m 的区段；使用燃烧等级为非 A 级电缆的隧道（沟），在封堵完成后，孔洞两侧电缆涂刷防火涂料长度应不小于 1 m，干涂层厚度应不小于 1 mm。使用燃烧等级为非 A 级电缆的竖井，每层均应封堵。竖井穿楼板时应先在穿楼板处进行封堵，并应无缝隙。在常温条件下或火灾温度达到 200℃时，烟雾渗透应小于 28.3185 L/min。施工前，应清除电缆表面灰尘、油污。涂料应在搅拌均匀后涂刷，涂料不宜太稠；水平敷设的电缆，应沿电缆走向进行均匀涂刷；垂直敷设的电缆应自上而下涂刷。涂刷的次数、厚度及间隔时间要符合产品的要求。

5.4 消防联动系统的设计要求

教师任务：通过讲授、视频录像、动画播放及现场参观等形式认知消防联动系统的设计要求，让学生对几个典型系统的联动设计有明确的了解。

学生任务：通过学习、研讨、参与讲解，熟悉典型系统的联动设计的要求，完成任务单，如表 5-5 所示。

表 5-5　任务单

序号	项　目	内　容
1	消防联动系统的设计原则	
2	消防联动系统主要设备的设计容量	
3	灭火系统的联动控制设计	
4	防排烟系统的联动控制设计	
5	防火门及防火卷帘系统的联动控制设计	
6	火灾警报和消防应急广播系统的联动控制设计	
7	消防应急照明和疏散指示系统的联动控制设计	
8	电梯的联动控制设计	
9	控制中心报警系统的组成及特点	

5.4.1 消防联动系统的设计原则及基本要求

1. 消防联动系统的设计原则

消防联动系统的设计应遵循以下原则。

① 贯彻国家有关工程设计的政策和法令，符合现行的国家标准和规范，遵循行业、部门和地区的工程设计规程及规定。

② 结合我国实际情况，采用先进技术，掌握设计标准，采取有效措施以保障电气安全，节约能源，保护环境。设备布置应便于施工、管理，设备材料选择应考虑一次性投资与经常性运行费用等综合经济效益。

③ 设计过程中要与建筑、结构、给排水、暖通等工作密切配合。

2. 消防联动系统设计的基本要求

按照国家规范，消防联动控制设置的基本要求如下。

① 在火灾报警后经逻辑确认（或人工确认），消防联动控制器应在 3 s 内按设定的控制逻辑准确发出联动控制信号给相应的消防设备，当消防设备动作后将动作信号反馈给消防控

制室并显示。

② 消防联动控制器的电压控制输出应采用直流 24 V，其电源容量应满足受控消防设备同时启动且维持工作的控制容量要求，当线路压降超过 5%时，其直流 24 V 电源应由现场提供。

③ 消防联动控制器与各个受控设备之间的接口参数应能够兼容和匹配。

④ 消防水泵、防烟和排烟风机的控制设备，除应采用联动控制方式外，还应在消防控制室设置手动直接控制装置；消防水泵、防烟和排烟风机等消防设备的手动直接控制应通过火灾报警控制器（联动型）或消防联动控制器的手动控制盘实现，盘上的启停按钮应与消防水泵、防烟和排烟风机的控制箱（柜）直接用控制线或控制电缆连接。

⑤ 应根据消防设备的启动电流参数，结合设计的消防供电线路负荷或消防电源的额定容量，分时启动电流较大的消防设备。

⑥ 需要火灾自动报警系统联动控制的消防设备，其联动触发信号应采用两个独立的报警触发装置报警信号的“与”逻辑组合。

除以上一般规定外，消防联动控制器还应具有切断火灾区域及相关区域非消防电源的功能，当需要切断正常照明时，应在自动喷淋系统、消火栓系统动作前切断；应具有自动打开涉及疏散的电动栅杆等的功能，应开启相关区域安全技术防范系统的摄像机监视火灾现场；应具有打开疏散通道上由门禁系统控制的门和庭院电动大门的功能，并应具有打开停车场出入口挡杆的功能。结合灭火系统、防烟排烟系统、防火门及防火卷帘系统、火灾警报和消防应急广播系统、消防应急照明和疏散指示系统，联动控制设计也对应有不同的规定。

3. 消防联动系统主要设备的设计容量

（1）火灾报警控制器的设计容量

任意一台火灾报警控制器所连接的火灾探测器、手动火灾报警按钮和模块等设备总数和地址总数，均不应超过 3200 点，其中每个总线回路连接设备的总数不宜超过 200 点，且应留有不少于额定容量 10%的裕量。

（2）消防联动控制器的设计容量

任意一台消防联动控制器的地址总数或火灾报警控制器（联动型）所控制的各类模块总数不应超过 1600 点，每个联动总线回路连接设备的总数不宜超过 100 点，且应留有不少于额定容量 10%的裕量。

（3）总线短路隔离器的设计参数

系统总线上应设置总线短路隔离器，每个总线短路隔离器保护的火灾探测器、手动火灾报警按钮和模块等消防设备的总数不应超过 32 点；总线穿越防火分区时，应在穿越处设置总线短路隔离器。

5.4.2　灭火系统的联动控制设计

1. 消火栓系统的联动控制设计

消火栓系统是建筑内最基本的消防设备，该系统由消防给水设备和电控部分组成。消防设备通过电气柜实现对消火栓系统的如下控制：消防水泵启动、停止，以及显示启泵按钮位及显示消防水泵工作、故障状态，如图 5-2 所示。

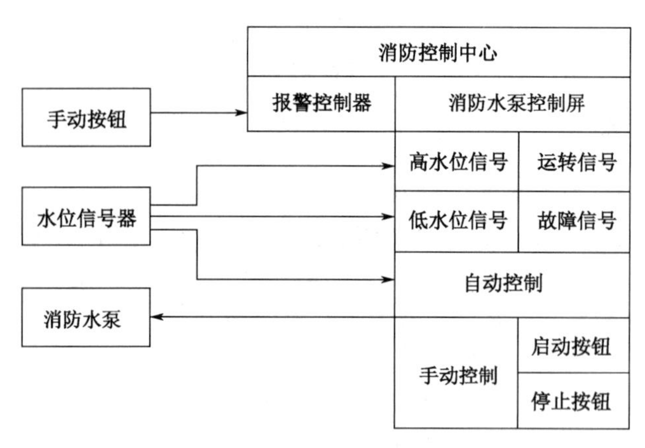

图 5-2　消火栓系统联动控制

联动控制方式，应由消火栓系统出水干管上设置的低压压力开关、高位消防水箱出水管上设置的流量开关或报警阀压力开关等信号作为触发信号，直接控制启动消防水泵，联动控制不应受消防联动控制器处于自动或手动状态影响。当建筑内设置火灾自动报警系统时，消防水泵按钮的动作信号作为报警信号及启动消防水泵的联动触发信号，消防联动控制器在收到满足逻辑关系的联动触发信号后，联动控制消防水泵的启动。消防水泵按钮的动作信号加上感烟探测器报警信号，才能启动消防水泵。

手动控制方式，应将消防水泵控制箱（柜）的启动、停止按钮用专用线路直接连接至设置在消防控制室（中心）内的消防联动控制器的手动控制盘，并应直接手动控制消防水泵的启动、停止。

消防水泵的动作信号应反馈至消防联动控制器。

2. 自动喷水灭火系统的联动控制设计

自动喷水灭火系统按喷头形式，可分为闭式、开式两种系统；闭式系统有湿式系统、干式系统和预作用系统；开式系统有雨淋系统和水幕系统。自动喷水灭火系统工作进程如图 5-3 所示。

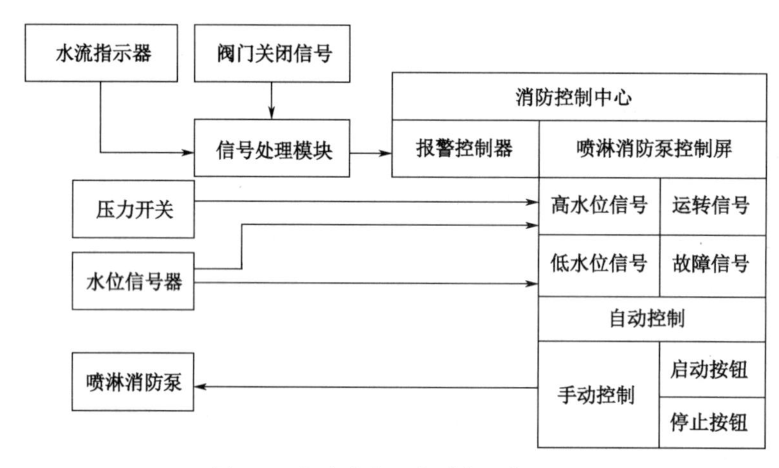

图 5-3　自动喷水灭火系统工作进程

（1）湿式系统和干式系统的联动控制设计

联动控制方式，应由湿式报警阀压力开关的动作信号作为触发信号，直接控制启动喷淋消防泵，联动控制不应受消防联动控制器处于自动或手动状态影响。

手动控制方式，应将喷淋消防泵控制箱（柜）的启动、停止按钮用专用线路直接连接至设置在消防控制室（中心）内的消防联动控制器的手动控制盘，直接手动控制喷淋消防泵的启动、停止。

水流指示器、阀门关闭信号、压力开关、喷淋消防泵的启动和停止的动作信号应反馈至消防联动控制器。

（2）预作用系统的联动控制设计

联动控制方式，应由同一报警区域内两个及以上独立的感烟火灾探测器或一个感烟火灾探测器与一个手动火灾报警按钮的报警信号，作为预作用阀组开启的联动触发信号。由消防联动控制器控制预作用阀组的开启，使系统转变为湿式系统；当系统设有快速排气装置时，应联动控制排气阀前的电动阀开启。转变为湿式系统后，其联动控制设计应符合湿式系统联动控制设计的规定。

手动控制方式，应将喷淋消防泵控制箱（柜）的启动和停止按钮、预作用阀组和快速排气阀入口前电动阀的启动和停止按钮，用专用线路直接连接至设置在消防控制室（中心）内的消防联动控制器的手动控制盘，直接手动控制喷淋消防泵的启动、停止及预作用阀组和电动阀的开启。

水流指示器、阀门关闭信号、压力开关、喷淋消防泵的启动和停止的动作信号，有压气体管道气压状态信号和快速排气阀入口前电动阀的动作信号应反馈至消防联动控制器。

（3）喷淋系统的联动控制设计

联动控制方式，应由同一报警区域内两个及以上独立的感温火灾探测器或一个感温火灾探测器与一个手动火灾报警按钮的报警信号，作为喷淋阀组开启的联动触发信号。由消防联动控制器控制喷淋阀组的开启。

手动控制方式，应将喷淋消防泵控制箱（柜）的启动和停止按钮、喷淋阀组的启动和停止按钮，用专用线路直接连接至设置在消防控制室（中心）内的消防联动控制器的手动控制盘，直接手动控制喷淋消防泵的启动、停止及喷淋阀组的开启。

水流指示器、压力开关、喷淋阀组、喷淋消防泵的启动和停止的动作信号应反馈至消防联动控制器。

（4）自动控制水幕系统的联动控制设计

联动控制方式，当自动控制水幕系统用于防火卷帘的保护时，应由防火卷帘下落到楼板面的动作信号与本报警区域内任意一个火灾探测器或手动火灾报警按钮的报警信号作为水幕阀组启动的联动触发信号，并应由消防联动控制器联动控制水幕系统相关控制阀组的启动；仅用水幕系统作为防火分隔时，应由该报警区域内两个独立的感温火灾探测器的火灾报警信号作为水幕阀组启动的联动触发信号，并应由消防联动控制器联动控制水幕系统相关控制阀组的启动。

手动控制方式，应将水幕系统相关控制阀组和消防水泵控制箱（柜）的启动、停止按钮用专用线路直接连接至设置在消防控制室（中心）内的消防联动控制器的手动控制盘，并应直接手动控制消防泵的启动、停止及水幕系统相关控制阀组的开启。

压力开关、水幕系统相关控制阀组和消防水泵的启动、停止的动作信号，应反馈至消防联动控制器。

3. 气体（泡沫）灭火系统的联动控制设计

气体（泡沫）灭火装置启动及喷放各阶段的联动控制及系统的反馈信号，应反馈至消防联动控制器。系统的联动反馈信号应包括气体（泡沫）灭火控制器直接连接的火灾探测器的报警信号、选择阀的动作信号和压力开关的动作信号。

在防护区域内设有手动与自动控制转换装置的系统，其手动或自动控制方式的工作状态应在防护区内、外的手动和自动控制状态显示装置上显示，该状态信号应反馈至消防联动控制器。气体（泡沫）灭火系统的工作控制过程如图 5-4 所示。

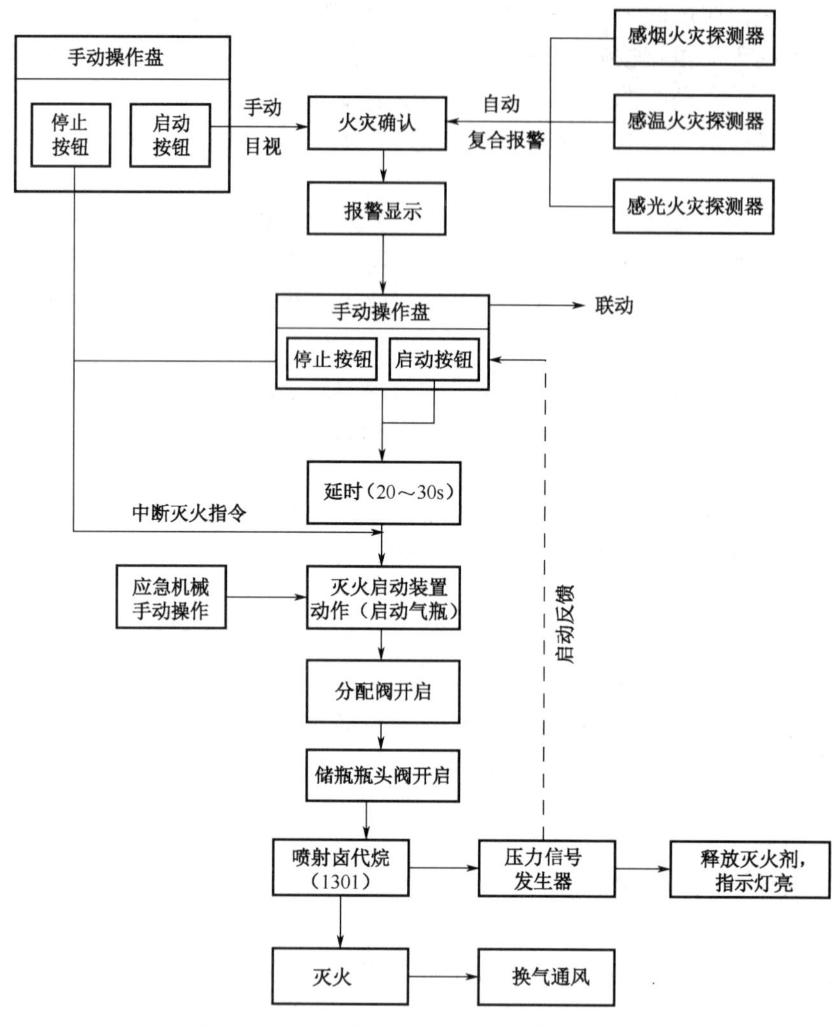

图 5-4　气体（泡沫）灭火系统工作控制过程

（1）灭火控制器直接连接火灾探测器的自动控制方式

气体（泡沫）灭火系统应分别由专用的气体（泡沫）灭火控制器控制。

气体（泡沫）灭火控制器直接连接火灾探测器时，气体（泡沫）灭火系统的自动控制方式应符合下列规定。

① 应由同一防护区域内两只独立的火灾探测器的报警信号、一个火灾探测器与一个手动火灾报警按钮的报警信号或防护区外的紧急启动信号，作为系统的联动触发信号，探测器的组合宜采用感烟火灾探测器和感温火灾探测器，各类探测器应按相关规定分别计算保护面积。

② 任一防护区域内设置的感烟火灾探测器、其他类型火灾探测器或手动火灾报警按钮的首次报警信号作为系统的首个联动触发信号，气体（泡沫）灭火控制器在收到首个联动触发信号后，启动设置在该防护区内的火灾声光警报器。

③ 同一防护区域内与首次报警的火灾探测器或手动火灾报警按钮相邻的感温火灾探测

器、火焰探测器或手动火灾报警按钮的报警信号作为系统的后续联动触发信号，气体（泡沫）灭火控制器在收到后续联动触发信号后，执行联动操作：关闭防护区域的送排风机及送排风阀门；停止通风和空气调节系统及关闭设置在该防护区域的电动防火阀；联动控制防护区域开口封闭装置的启动，包括关闭防护区域的门、窗；启动气体（泡沫）灭火装置，气体（泡沫）灭火控制器可设定不大于 30 s 的延迟喷射时间。

④ 平时无人工作的防护区，可设置为无延迟的喷射，气体（泡沫）灭火控制器在收到满足联动逻辑关系的首个联动触发信号后按第③条规定执行除启动气体（泡沫）灭火装置外的联动控制；在收到满足联动逻辑关系的后续联动触发信号后，应启动气体（泡沫）灭火装置。

⑤ 气体灭火防护区出口外上方应设置表示气体喷洒的火灾声光警报器，指示气体释放的声信号应与该保护对象中设置的火灾声警报器的声信号有明显区别。启动气体（泡沫）灭火装置的同时，应启动设置在防护区入口处表示气体喷洒的火灾声光警报器；组合分配系统应首先开启相应防护区域的选择阀，然后启动气体灭火装置、泡沫灭火装置。

（2）灭火控制器不直接连接火灾探测器的自动控制方式

气体（泡沫）灭火控制器不直接连接火灾探测器时，气体（泡沫）灭火系统的自动控制方式应符合下列规定。

① 气体（泡沫）灭火系统的联动触发信号应由火灾报警控制器或消防联动控制器发出。

② 气体（泡沫）灭火系统的联动触发信号和联动控制均应符合灭火控制器直接连接火灾探测器的自动控制方式的相关规定。

（3）手动控制方式

气体（泡沫）灭火系统的手动控制方式应符合下列规定。

① 在防护区疏散出口的门外应设置气体（泡沫）灭火装置的手动启动和停止按钮，手动启动按钮按下时，气体（泡沫）灭火控制器应执行联动操作，即关闭防护区域的送排风机及送排风阀门；停止通风和空气调节系统及关闭设置在该防护区域的电动防火阀；联动控制防护区域开口封闭装置的启动，包括关闭防护区域的门、窗；启动设置在防护区入口处表示气体喷洒的火灾声光警报器。手动停止按钮按下时，气体（泡沫）灭火控制器应停止正在执行的联动操作。

② 气体（泡沫）灭火控制器应设置对应于不同防护区的手动启动和停止按钮，手动启动按钮按下时，气体（泡沫）灭火控制器应执行联动操作，包括关闭防护区域的送排风机及送排风阀门；停止通风和空气调节系统及关闭设置在该防护区域的电动防火阀；联动控制防护区域开口封闭装置的启动，包括关闭防护区域的门、窗；启动设置在防护区入口处表示气体喷洒的火灾声光警报器。手动停止按钮按下时，气体（泡沫）灭火控制器应停止正在执行的联动操作。

③ 气体（泡沫）灭火装置启动、喷放各阶段的联动控制及系统的反馈信号应反馈至消防联动控制器。系统的联动反馈信号包括气体（泡沫）灭火控制器直接连接的火灾探测器的报警信号、选择阀的动作信号、压力开关的动作信号。

5.4.3　防排烟系统的联动控制设计

1. 防烟系统的联动控制方式

防烟系统的联动控制方式应符合下列规定。

① 应由加压送风口所在防火分区内的两个独立的火灾探测器或一个火灾探测器与一个手动火灾报警按钮的报警信号，作为送风门开启和加压送风机启动的联动触发信号，并应由消防联动控制器联动控制相关层前室等需要加压送风场所的加压送风口开启和加压送风机启动。

② 应由同一防烟分区内且位于电动挡烟垂壁附近的两个独立的感烟火灾探测器的报警信号，作为电动挡烟垂壁降落的联动触发信号，消防联动控制器在收到满足逻辑关系的联动触发信号后，联动控制电动挡烟垂壁的降落。

2. 排烟系统的联动控制方式

排烟系统的联动控制方式应符合下列规定。

① 应由同一防烟分区内的两个独立的火灾探测器的报警信号，作为排烟口、排烟窗或排烟阀开启的联动触发信号，并应由消防联动控制器联动控制排烟口、排烟窗或排烟阀的开启，同时停止该防烟分区的空气调节系统。

② 应由排烟口、排烟窗或排烟阀开启的动作信号，作为排烟风机启动的联动触发信号，并应由消防联动控制器联动控制排烟风机的启动。

3. 防排烟系统的手动控制方式

防排烟系统的手动控制方式，应能在消防控制室内的消防联动拉制器上手动控制送风口、电动挡烟垂壁、排烟口、排烟窗、排烟阀的开启或关闭及防烟风机、排烟风机等设备的启动或停止，防烟、排烟风机的启动、停止按钮应采用专用线路直接连接至设置在消防控制室（中心）内的消防联动控制器的手动控制盘，并应直接手动控制防烟、排烟风机的启动、停止。

4. 防排烟系统相关设施的联动控制

送风口、排烟口、排烟窗或排烟阀开启和关闭的动作信号，防烟、排烟风机启动和停止及电动防火阀关闭的动作信号，均应反馈至消防联动控制器。

排烟风机入口处的总管上设置的 280℃排烟防火阀在关闭后应直接联动控制风机停止，排烟防火阀及风机的动作信号应反馈至消防联动控制器。

5.4.4 防火门及防火卷帘系统的联动控制设计

1. 防火门系统的联动控制设计

防火门系统的联动控制设计应符合下列规定。

① 应由常开防火门所在防火分区内的两个独立的火灾探测器或一个火灾探测器与一个手动火灾报警按钮的报警信号，作为常开防火门关闭的联动触发信号，联动触发信号应由火灾报警控制器或消防联动控制器发出，并应由消防联动控制器或防火门监控器联动控制防火门关闭。

② 疏散通道上各防火门的开启、关闭及故障状态信号应反馈至防火门监控器。

2. 防火卷帘系统的联动控制设计

防火卷帘的升降应由防火卷帘控制器控制。防火卷帘下降到楼板面的动作信号和防火卷帘控制器直接连接感烟、感温火灾探测器的报警信号，应反馈至消防联动控制器。防火卷帘在疏散通道和非疏散通道上的联动控制设置有所不同。

（1）疏散通道上设置的防火卷帘的联动控制设计

疏散通道上设置防火卷帘的联动控制设计应符合下列规定。

① 联动控制方式，防火分区内任意两个独立的感烟火灾探测器或任意一个专门用于联动防火卷帘的感烟火灾探测器的报警信号，应联动控制防火卷帘下降至距楼板面 1.8 m 处；任意一个专门用于联动防火卷帘的感温火灾探测器的报警信号应联动控制防火卷帘下降到楼板面；在防火卷帘的任意一侧距卷帘纵深 0.5～5 m 内应设置不少于 2 个专门用于联动防火卷帘的感温火灾探测器。

② 手动控制方式，应由防火卷帘两侧设置的手动控制按钮控制防火卷帘的升降。

（2）非疏散通道上设置防火卷帘的联动控制设计

非疏散通道上设置防火卷帘的联动控制设计应符合下列规定。

① 联动控制方式，应由防火卷帘所在防火分区内任意两个独立的火灾探测器的报警信号，作为防火卷帘下降的联动触发信号，并应联动控制防火卷帘直接下降到楼板面。

② 手动控制方式，应由防火卷帘两侧设置的手动控制按钮控制防火卷帘的升降，并应能在消防控制室内的消防联动控制器上手动控制防火卷帘的升降。

5.4.5　火灾警报和消防应急广播系统的联动控制设计

1. 火灾警报的联动控制设计

火灾警报的联动控制设计应符合下列规定。

① 火灾自动报警系统应设置火灾声光警报器，并应在确认火灾后启动建筑内的所有火灾声光警报器。

② 未设置消防联动控制器的火灾自动报警系统，火灾声光警报器应由火灾报警控制器控制；设置消防联动控制器的火灾自动报警系统，火灾声光警报器应由火灾报警控制器或消防联动控制器控制。

③ 公共场所应设置具有同一种火灾变调声的火灾声警报器；具有多个报警区域的保护对象，应选用带有语音提示的火灾声警报器；学校、工厂等各类日常使用电铃的场所，不应使用警铃作为火灾声警报器。

④ 火灾声警报器设置带有语音提示功能时，应同时设置语音同步器。

⑤ 同一建筑内设置多个火灾声警报器时，火灾自动报警系统应能同时启动和停止所有火灾声警报器工作。

⑥ 火灾声警报器单次发出火灾警报时间应为 8～20 s，同时设有消防应急广播时，火灾声警报应与消防应急广播交替循环播放。

2. 消防应急广播系统的联动控制设计

消防应急广播系统的联动控制设计应符合下列规定。

① 集中报警系统和控制中心报警系统应设置消防应急广播。

② 消防应急广播系统的联动控制信号应由消防联动控制器发出。当确认火灾后，应同时向全楼进行广播。

③ 消防应急广播的单次语音播放时间应为 10～30 s，应与火灾声警报器分时交替工作，可采取 1 次火灾声警报器播放、1 次或 2 次消防应急广播播放的交替工作方式循环播放。

④ 在消防控制室应能手动或按预设控制逻辑联动控制选择广播分区、启动或停止应急广播系统，并应能监听消防应急广播。在通过传声器进行应急广播时，应自动对广播内容进行录音。

⑤ 消防控制室内应能显示消防应急广播分区的工作状态。

⑥ 普通广播或背景音乐广播在使用时，消防应急广播应具有强制切入的功能。

5.4.6　消防应急照明和疏散指示系统的联动控制设计

当确认火灾后，由发生火灾的报警区域开始，顺序启动全楼疏散通道的消防应急照明和疏散指示系统，系统全部投入应急状态的启动时间不应大于 5 s。消防应急照明和疏散指示系统的联动控制设计应符合下列规定。

① 集中控制型消防应急照明和疏散指示系统，应由火灾报警控制器或消防联动控制器启动应急照明控制器实现。

② 集中电源非集中控制型消防应急照明和疏散指示系统，应由消防联动控制器联动应急照明集中电源和应急照明分配电装置实现。

③ 自带电源非集中控制型消防应急照明和疏散指示系统，应由消防联动控制器联动消防应急照明配电箱实现。

消防联动控制器应具有切断火灾区域及相关区域的非消防电源的功能，当需要切断正常照明时，宜在自动喷淋系统、消火栓系统动作前切断。

5.4.7　电梯的联动控制设计

消防联动控制器应具有发出联动控制信号强制所有电梯停于首层或电梯转换层的功能。电梯运行状态信息和停于首层或转换层的反馈信号，应传送给消防控制室显示，轿厢内应设置能直接与消防控制室通话的专用电话。

5.5　城市消防远程监控系统

教师任务：通过讲授、研讨，了解城市消防远程监控系统的组成与工作原理，掌握城市消防远程监控系统的设计和系统中主要组成设备的功能。

学生任务：通过学习、研讨、参与讲解，熟悉城市消防远程监控系统的组成与工作原理及其设计要求和主要组成设备的功能，完成任务单，如表 5-6 所示。

表 5-6　任务单

序号	项　　目	内　　容
1	城市消防远程监控系统的组成	
2	城市消防远程监控系统的主要设备	
3	城市消防远程监控系统的设计要求	
4	城市消防远程监控系统的主要设备功能	

城市消防远程监控系统为公安机关消防机构提供一个动态掌控社会各单位消防安全状况的平台；强化了对社会各单位消防安全的宏观监管、重点监管和精确监管的能力；通过对火

灾警情的快速确认，为消防部队的灭火救援行动提供信息支持，进一步提高了消防部队的快速反应能力。

5.5.1　系统组成与工作原理

1. 系统的组成

城市消防远程监控系统能够对联网用户的建筑消防设施进行实时状态监测，实现对联网用户的火灾报警信息、建筑消防设施运行状态及消防安全管理信息的接收、查询和管理，并为联网用户提供信息服务。该系统由用户信息传输装置、报警传输网络、监控中心及火警信息终端等几部分组成，如图 5-5 所示。

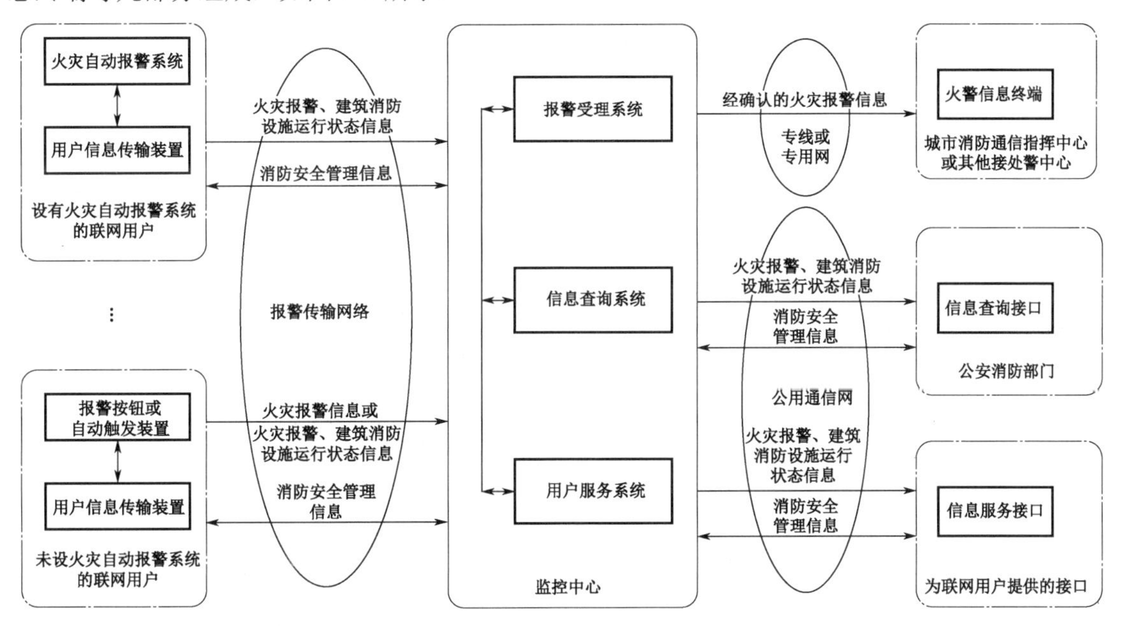

图 5-5　城市消防远程监控系统组成

用户信息传输装置作为城市消防远程监控系统的前端设备，设置在联网用户端，对联网用户内的建筑消防设施运行状态进行实时监测，并能通过报警传输网络，与监控中心进行信息传输。

报警传输网络是联网用户和监控中心之间的数据通信网络，一般依托公用通信网或专用通信网，进行联网用户的火灾报警信息、建筑消防设施运行状态信息和消防安全管理信息的传输。

火警信息终端设置在城市消防通信指挥中心或其他接处警中心，用于接收并显示监控中心发送的火灾报警信息。

监控中心作为城市消防远程监控系统的核心，是对远程监控系统中的各类信息进行集中管理的节点；监控中心的主要设备包括报警受理系统、信息查询系统、用户服务系统，同时还包括通信服务器、数据库服务器、网络设备、电源设备等；报警受理系统是用于接收和处理联网用户端的用户信息传输装置传输的火灾报警、建筑消防设施运行状态等信息，并能向城市消防通信指挥中心或其他接处警中心发送火灾报警信息的系统；信息查询系统能够为公安机关消防机构提供火灾报警、建筑消防设施运行状态、消防安全管理等信息查询；用户服务系统能够为联网用户提供火灾报警、建筑消防设施运行状态、消防安全管理等相关信息服务；通信服务器是监控中心和用户信息传输装置之间的信息桥梁，能够实现数据的接收转换和信息转发，通信服务器通过配接不同的通信接入设备，可以采用多种有线通信及无线通信方式与用户信息传输装置进行信息传输；数据库服务器用于存储和管理监控中心的各类信息数据，主要包括联网单位信息数据、消防设施数据、地理信息数据和历史记录数据等，为监控中心内各系统的运行提供数据支持。

2. 系统的分类

按信息传输方式，城市消防远程监控系统可分为有线城市消防远程监控系统、无线城市消防远程监控系统、有线和无线兼容城市消防远程监控系统。

按报警传输网络形式，城市消防远程监控系统可分为基于公用通信网的城市消防远程监控系统、基于专用通信网的城市消防远程监控系统、基于公用又专用兼容通信网的城市消防远程监控系统。

3. 系统的工作原理

城市消防远程监控系统能够对系统内各联网用户的火灾自动报警信息和建筑消防设施运行状态等信息进行数据采集、传输、接收、显示和处理，并能为公安机关消防机构和联网用户提供信息查询和信息服务。同时，城市消防远程监控系统也能提供联网用户对消防值班人员进行远程查岗功能。

（1）数据的采集和传输

城市消防远程监控系统通过设置在联网用户端的用户信息传输装置，实现火灾自动报警信息和建筑消防设施运行状态等信息的采集和传输。

通过连接建筑消防设施的状态输出通信接口或开关量状态输出接口，用户信息传输装置可实时监测所连接的火灾自动报警系统等建筑消防设施的输出数据和状态，通过数据解析和状态识别，准确获取建筑消防设施的运行工作状态。一旦建筑消防设施发出火警提示或设施运行状态发生改变，用户信息传输装置能够立即进行现场声光提示或信息指示，并按照规定的协议方式，对采集到的建筑消防设施运行状态信息进行协议编码，立即向监控中心传输数据。

在实际应用中，用户信息传输装置与监控中心的通信传输链路一般设置主、备两路，先选择主要传输链路进行信息传送，一旦主要传输链路发生故障或信息传输失败，用户信息传输装置能够自动切换至备用传输链路并向监控中心传送信息。

（2）信息的接收和显示

设置在监控中心的报警受理系统能够对用户信息传输装置发来的火灾自动报警信息和建筑消防设施运行状态信息进行接收和显示。

报警受理系统在收到报警监控信息后，按照不同信息类型，将数据存入数据库，同时数据也被传送到监控中心的监控受理座席，由监控受理座席进行相应警情的显示，并提示中心值班人员进行警情受理。监控受理座席的显示信息主要如下。

① 报警联网用户的详细文字信息，包括报警时间、报警联网用户名称、用户地址、报警点的建筑消防设施编码和实际安装位置、相关负责人、联系电话等。

② 报警联网用户的地理信息，包括报警联网用户在城市或企业平面图上的位置、联网用户建筑外景图、建筑楼层平面图、消火栓位置、逃生通道位置等，且可以在楼层平面图上定

位具体报警消防设施的位置、显示报警消防设施类型等。

（3）信息的处理

监控中心对收到的信息，按照不同的信息类型分别处理。

① 火灾报警信息处理。

监控中心收到联网用户的火灾报警信息后，由中心值班人员根据警情信息，同联网用户消防控制室值班人员联系，进行警情确认，一旦火灾警情被确认后，监控中心立即向设置在城市消防通信指挥中心的火警信息终端传送火灾报警信息。同时，监控中心通过移动电话、短信息或电子邮件方式发送，向联网用户的消防责任人或相关负责人发送火灾报警信息。

城市消防通信指挥中心通过火警信息终端，实时接收监控中心发送的联网单位火灾报警信息，并根据火警信息快速进行灭火救援力量的部署和调度。

② 其他建筑消防设施运行信息的处理。

监控中心将收到的建筑消防设施的故障及运行状态等信息通过短信息或电子邮件等方式发送给消防设施维护人员处理，同时也发送给联网用户的相关管理人员进行信息提示。

（4）信息查询和信息服务

监控中心在对联网用户的火灾自动报警信息、建筑消防设施运行状态信息和消防安全管理信息进行接收和存储处理后，一般通过双出服务方式，向公安机关消防机构和联网用户提供相应的信息查询和信息服务。公安机关消防机构和联网用户通过登录监控中心提供的网站入口，根据不同人员系统权限，进行相应的信息浏览、检索、查询、统计等操作。

（5）远程查岗

监控中心能够根据不同权限，为公安机关消防机构的监管人员或联网用户安全负责人提供远程查岗功能。监控中心通过信息服务接口收到远程查岗请求后，自动向相应被查询联网用户的用户信息传输装置发出查岗指令，用户信息传输装置立即发出查岗声和光指示，提示联网用户的值班人员进行查岗应答操作，并将应答信息传送至监控中心。监控中心再通过信息接口，向查岗请求人员进行应答信息的反馈。一旦在规定时间内，值班人员无应答，则监控中心将向查岗请求人员反馈脱岗信息。

5.5.2　系统的设计原则和要求

城市消防远程监控系统的设计应根据消防安全监督管理的应用需求，结合建筑消防设施的实际情况，按照《城市消防远程监控系统技术规范》（GB 50440—2007）及现行有关国家标准的规定进行，同时应与城市消防通信指挥系统和公共通信网络等城市基础设施建设发展相协调。

1. 系统的设计原则

城市消防远程监控系统的设计应能保证系统具有实时性、适用性、安全性和可扩展性。

（1）实时性

通过对建筑火灾自动报警系统等建筑消防设施运行情况的监控，及时、准确地将报警监控信息传送到监控中心，经监控中心确认后将火警信息传送到消防通信指挥中心，将故障信息等其他报警监控信息发送到相关部门。在处理报警信息过程中，应体现火警优先的原则。

（2）适用性

城市消防远程监控系统提供翔实的入网单位及其建筑消防设施信息，为消防部门防火及灭火救援提供有效服务。该系统对用户实施主动巡检，及时发现设备故障，并通知有关单位和消防部门。该系统可以为城市消防通信指挥系统、重点单位信息管理系统提供联网单位的动态数据。

（3）安全性

城市消防远程监控系统必须在合理的访问控制机制下运行。用户对该系统资源的访问，必须进行身份认证和授权，用户的权限分配应遵循最小授权原则并做到角色分离。对该系统的用户活动等安全相关事件做好日志记录并定期进行系统检查。

（4）可扩展性

城市消防远程监控系统的联网用户容量和监控中心的通信传输信道容量及信息存储能力等，应留有一定的裕量，具备可扩展性。

2. 系统功能与性能要求

城市消防远程监控系统通过对各建筑内火灾自动报警系统等建筑消防设施的运行实施进行远程监控，能够及时发现问题，实现快速处置，从而确保建筑消防设施正常运行，使其能够在火灾防控方面发挥重要作用。

（1）主要功能

能接收联网用户的火灾报警信息，向城市消防通信指挥中心或其他接处警中心传送经确认的火灾报警信息；能接收联网用户发送的建筑消防设施运行状态信息；能为公安机关消防机构提供查询联网用户的火灾报警信息、建筑消防设施运行状态信息及消防安全管理信息；能为联网用户提供自身的火灾报警信息、建筑消防设施运行状态信息查询和消防安全管理信息服务；能根据联网用户发送的建筑消防设施运行状态和消防安全管理信息进行数据的实时更新。

（2）主要性能要求

监控中心能同时接收和处理不少于 3 个联网用户的火灾报警信息；从用户信息传输装置获取火灾报警信息到监控中心接收显示的响应时间不大于 10 s；监控中心向城市消防通信指挥中心或其他接处警中心转发经确认的火灾报警信息的时间不大于 3 s；监控中心与用户信息传输装置之间的通信巡检周期不大于 2 h，并能够动态设置巡检方式和时间；监控中心的火灾报警信息、建筑消防设施运行状态信息等记录应备份，其保存周期不少于 1 年；按年度进行统计处理后，保存至光盘等存储介质上。

录音文件的保存周期不少于 6 个月；远程监控系统具有统一的时钟管理，累计误差不大于 5 s。

3. 信息传输要求

城市消防远程监控系统的联网用户是指将火灾报警信息、建筑消防设施运行状态信息和消防安全管理信息传送到监控中心，并能接收监控中心发送的相关信息的单位。设置火灾自动报警系统的单位，一般列为系统的主要联网用户；未设置火灾自动报警系统的单位，也可以作为系统的联网用户。

联网用户按表 5-7 所列内容将建筑消防设施运行状态信息实时发送至监控中心，联网用户按表 5-8 所列内容将消防安全管理信息发送至监控中心。其中日常防火巡查信息和消防设施定期检查信息应在检查完毕后的当日发送至监控中心，其他发生变化的消防安全管理信息应在 3 日内发送至监控中心。

表 5-7　火灾报警信息和建筑消防设施运行状态信息表

设施名称		信息内容
火灾探测报警系统		火灾报警信息、可燃气体探测报警信息、电气火灾监控报警信息、屏蔽信息、故障信息
消防联动控制系统	消防联动控制器	联动控制信息、屏蔽信息、故障信息、受控现场设备的联动控制信息和反馈信息
	消火栓系统	系统的手动、自动工作状态，消防水泵电源的工作状态，消防水泵的启停状态和故障状态，消防水箱（池）水位、管网压力报警信息
	自动喷水灭火系统、喷淋灭火系统	系统的手动、自动工作状态，喷淋泵电源工作状态、启停状态、故障状态，水流指示器、信号阀、报警阀、压力开关的正常状态、动作状态，消防水箱（池）水位报警、管网压力报警信息
	气体灭火系统	系统的手动、自动工作状态及故障状态，阀驱动装置的正常状态和动作状态，防护区域中的防火门窗、防火阀、通风空调等设备的正常工作状态和动作状态，系统的启停信息、延时状态信号、压力反馈信号，喷洒各阶段的动作状态
	泡沫灭火系统	系统的手动、自动工作状态，消防水泵、泡沫液泵电源的工作状态。系统的手动、自动工作状态及故障状态，消防水泵、泡沫液泵、管网电磁阀的正常工作状态和动作状态
	干粉灭火系统	系统的手动、自动工作状态及故障状态，阀驱动装置的正常状态和动作状态，延时状态信号、压力反馈信号，喷洒各阶段的动作状态
	防排烟系统	系统的手动、自动工作状态，防烟和排烟风机、防火阀、排烟防火阀、常闭送风口、排烟口、电控挡烟垂壁的工作状态、动作状态和故障状态
	防火门及卷帘系统	防火卷帘控制器、防火门监控器的工作状态和故障状态，用于公共疏散的各类防火门的工作状态和故障状态等动态信息
	消防电梯	消防电梯的停用和故障状态
	消防应急广播	消防应急广播的启动、停止和故障状态
	消防应急照明和疏散指示系统	消防应急照明和疏散指示系统的故障状态和应急工作状态信息
	消防电源	系统内各消防设备的供电电源（包括交流和直流电源）和备用电源工作状态信息

表 5-8　消防安全管理信息表

序号	项目		信息内容
1	基本情况		单位名称、编号、类别、地址、联系电话、邮政编码，消防控制室电话；单位职工人数、成立时间、上级主管（或管辖）单位名称、占地面积、总建筑面积、建筑总平面图（含消防车道、毗邻建筑等）；单位法人代表、消防安全责任人、消防安全管理人及专兼职消防管理人的姓名、身份证号码、电话
2	主要建（构）筑等信息	建（构）筑	建筑名称、编号、使用性质、耐火等级、结构类型、建筑高度、地上层数及建筑面积、地下层数及建筑面积，隧道高度及长度等、建造日期、主要储存物名称及数量、建筑物内最大容纳人数、建筑立面图及消防设施平面布置图消防控制室位置，安全出口的数量、位置及形式（指疏散楼梯），毗邻建筑的使用性质、结构类型、建筑高度、与本建筑的间距
		堆场	堆场名称、主要堆放物品名称、总储量、最大堆高、堆场平面图（含消防车道、防火间距）
		储罐区	储罐区名称、储罐类型（指地上、地下、立式、卧式、浮顶、固定顶等）、总容积、最大单罐容积及高度、储存物名称、性质和形态、储罐区平面图（含消防车道、防火间距）
		装置区	装置区名称、占地面积、最大高度、设计日产量、主要原料、主要产品、装置区平面图（含消防车道、防火间距）
3	单位（场所）内消防安全重点部位信息		重点部位名称、所在位置、使用性质、建筑面积、耐火等级、有无消防设施、责任人姓名、身份证号及电话
4	室内/外消防设施信息	火灾自动报警系统	设置部位、系统形式、维保单位名称、联系电话；控制器（含火灾报警、消防联动、可燃气体报警、电气火灾监控等）、探测器（含火灾探测、可燃气体探测、电气火灾探测等）、手动报警按钮、消防电气控制装置等的类型、型号、数量、制造商；火灾自动报警系统图
		消防水泵	市政给水管网形式（指环状、支状）及管径、市政管网向建（构）筑供水的进水管数量及管径、消防水池位置及容量、屋顶水箱位置及容量、其他水源形式及供水量、消防水泵房设置位置及水泵数量、消防给水系统平面布置图

续表

序号	项　　目	信 息 内 容	
4	室内/外消防设施信息	室外消火栓系统	室外消火栓管网形式（指环状、支状）及管径、消火栓数量、室外消火栓平面布置图
		室内消火栓系统	室内消火栓管网形式（指环状、支状）及管径、消火栓数量、水泵接合器位置及数量、有无与本系统相连的屋顶消防水箱
		自动喷水灭火系统（含喷淋、水幕）	设置部位、系统形式（指湿式、干式、预作用，开式、闭式等）、报警阀位置及数量、水泵接合器位置及数量、有无与本系统相连的屋顶消防火箱、自动灭火系统图
		水喷雾灭火系统	设置部位、报警阀位置及数量、水喷雾灭火系统图
		气体灭火系统	系统形式（指有管网、无管网，组合分配、独立式，高压、低压等）、系统保护的防护区数量及位置、手动控制装置的位置、钢瓶间位置、灭火剂类型、气体灭火系统图
		泡沫灭火系统	设置部位、泡沫种类（指低倍、中倍、高倍，抗溶、氟蛋白等）、系统形式（指液上、液下，固定、半固定等）、泡沫灭火系统图
		干粉灭火系统	设置部位、干粉储罐位置、干粉灭火系统图
		防排烟系统	设置部位、风机安装位置、风机数量、风机类型、防排烟系统图
		防火门及卷帘系统	设置部位和数量
		消防应急广播	设置部位和数量、消防应急广播系统图
		应急照明及疏散指示系统	设置部位和数量、应急照明及疏散指示系统图
		消防电源	设置部位、消防主电源在配电室是否有独立的配电相供电、备用电源形式（市电、发电机、EPS 等）
		灭火器	设置部位、配置类型（手提式、推车式等）、数量、生产日期、更换药剂日期
5	消防设施定期检查及维护保养信息	检查人姓名、检查日期、检查类别（日检、月检、季检、年检等）、检查内容（各类消防设施相关技术规范规定的内容）及处理结果，维护保养日期、内容	
6	防火巡检记录	值班人姓名、巡检时间、巡检内容（用火、用电有无违章，安全出口、疏散通道、消防车道是否畅通，安全疏散指示标志、应急照明是否完好，消防设施、器材和消防安全标志是否在位、完整。常闭式防火门是否处于关闭状态，防火卷帘下是否堆放物品影响使用，消防安全重点部位的人员是否在岗等）	
7	火灾信息	起火时间、起火部位、起火原因、报警方式（自动、人工等）、火灾方式（气体、喷淋、水喷雾、泡沫、干粉灭火系统，灭火器、消防队等）	

4. 报警传输网络与系统连接

城市消防远程监控系统的信息传输可采用有线通信或无线通信方式。报警传输网络可采用公用通信网或专用通信网构建。

（1）报警传输网络

① 当城市消防远程监控系统采用有线通信方式传输时，可选择以下接入方式：

用户信息传输装置和报警受理系统通过电话用户线或电话中继线接入公用电话网；

用户信息传输装置和报警受理系统通过电话用户线或光纤接入公用宽带网；

用户信息传输装置和报警受理系统通过模拟专线或数据专线接入专用通信网。

②当城市消防远程监控系统采用无线通信方式传输时，可选择以下接入方式：

用户信息传输装置和报警受理系统通过移动通信模块接入公用移动网；

用户信息传输装置和报警受理系统通过无线电收发设备接入无线专用通信网络；

用户信息传输装置和报警受理系统通过集群语音通路或数据通路接入无线电集群专用通信网络。

（2）系统连接与信息传输

为保证城市消防远程监控系统的正常运行，用户信息传输装置与监控中心应通过报警监控网络进行信息传输，其通信协议应满足《城市消防远程监控系统　第3部分：报警传输网络通信协议》（GB/T 26875.3—2011）的规定。设有火灾自动报警系统的联网用户，采用火灾自动报警系统向用户信息传输装置提供火灾报警信息和建筑消防设施运行状态信息；未设有火灾自动报警系统的联网用户，采用报警按钮或其他自动触发装置向用户信息传输装置提供火灾报警信息和建筑消防设施运行状态信息。

联网用户的建筑消防设施应采用数据接口的方式与用户信息传输装置连接，不具备数据接口的，可采用开关量接口方式进行连接。城市消防远程监控系统在城市消防通信指挥中心或其他接处警中心设置火警信息终端，以便指挥中心及时获取火警信息。火警信息终端与监控中心的信息传输应通过专线（网）进行。远程监控系统为公安机关消防机构设置信息查询接口，以便消防部门进行建筑消防设施运行状态信息和消防安全管理信息的查询。城市消防远程监控系统为联网用户设置信息服务接口。

5. 系统设置与设备配置

城市消防远程监控系统的设置，地级及以上城市应设置一个或多个远程监控系统，并且单个远程监控系统的联网用户数量不宜多于 5000 个。县级城市宜设置远程监控系统，或者与地级及以上城市远程监控系统合用。监控中心设置在耐火等级为一级、二级的建筑中，且宜设置在比较安全的位置；监控中心不能布置在电磁场干扰较强处或其他影响监控中心正常工作的设备用房周围。用户信息传输装置一般设置在联网用户的消防控制室内。当联网用户未设置消防控制室时，用户信息传输装置宜设置在有人员值班的场所。

6. 系统的电源要求

监控中心的电源应按所在建筑物的最高负荷等级配置，且不低于二级负荷，并应保证不间断供电。用户信息传输装置的主电源应有明显标志，且直接与消防电源连接，不应使用电源插头；与其他外接备用电源也应直接连接。

用户信息传输装置应有主电源与备用电源之间的自动切换装置。当主电源断电时，能自动切换到备用电源上；当主电源恢复时，也能自动切换到主电源上。主电源与备电源的切换不应使传输装置产生误动作。备用电源的电池容量应能保证传输装置在正常监视状态下工作不少于 8 h。

7. 系统的安全性要求

（1）网络安全要求

当各类系统接入城市消防远程监控系统时，能保证网络连接安全。对城市消防远程监控系统资源的访问要有身份认证和授权。建立网管系统，设置防火墙，对计算机病毒进行实时监控和报警。

（2）应用安全要求

数据库服务器有备份功能；监控中心有火灾报警信息的备份应急接收功能，有防止修改火灾报警信息、建筑消防设施运行状态信息等原始数据的功能，有系统运行记录。

5.5.3　系统的主要设备

城市消防远程监控系统的主要设备包括用户信息传输装置、报警受理系统、信息查询系统、用户服务系统、火警信息终端、通信服务器和数据库服务器等。

1. 用户信息传输装置

用户信息传输装置设置在联网用户端，是通过报警传输网络与监控中心进行信息传输的装置，应满足《城市消防远程监控系统　第1部分：用户信息传输装置》（GB 26875.1—2011）的要求。用户信息传输装置的主要功能如下。

（1）火灾报警信息的接收和传输功能

用户信息传输装置应能接收来自联网用户火灾探测报警系统的火灾报警信息，并在10 s内将信息传输至监控中心。用户信息传输装置在传输除火灾报警和手动报警信息之外的其他信息期间，以及在进行查岗应答、装置自检、信息查询等操作期间，如果火灾探测报警系统发出火灾报警信息，则传输装置应能优先接收和传输火灾报警信息。

（2）建筑消防设施运行状态信息的接收和传输功能

用户信息传输装置应能接收来自联网用户建筑消防设施的运行状态信息（火灾报警信息除外），并在10 s内将信息传输至监控中心。

（3）手动报警功能

用户信息传输装置应设置手动报警按键（钮），当其动作时，传输装置应能在10 s内将手动报警信息传送至监控中心。手动报警操作和传输应具有最高优先级。

（4）巡检和查岗功能

用户信息传输装置应能接收监控中心发出的巡检指令，并能根据指令要求将传输装置的相关运行状态信息传送至监控中心。同时，用户信息传输装置应能接收监控中心发送的值班人员查岗指令，并能通过设置的查岗应答按键（钮）进行应答操作。

（5）故障报警功能

用户信息传输装置应具有本机故障报警功能，并能将相应故障信息传输至监控中心。

（6）自检功能

用户信息传输装置应有手动检查本机面板所有指示灯、显示器、音响器件和通信链路是否正常的功能。

（7）主、备电源切换功能

用户信息传输装置应具有主、备电源自动切换功能；备用电源的电池容量应能保证用户信息传输装置连续正常工作不少于8 h。

2. 报警受理系统

报警受理系统设置在监控中心，是接收、处理联网用户按规定协议发送的火灾报警信息和建筑消防设施运行状态信息，并能向城市消防通信指挥中心或其他接处警中心发送火灾报警信息的设备。报警受理系统的软件功能应满足《城市消防远程监控系统　第5部分：受理软件功能要求》（GB 26875.5—2011）的要求。

报警受理系统的主要功能如下。

① 接收、处理用户信息传输装置发送的火灾报警信息显示报警联网用户的报警时间、名

称、地址、联系人电话、地理信息、内部报警点位置及周边情况等。

② 对火灾报警信息进行核实和确认，确认后应将报警联网用户的名称、地址、联系人电话、监控中心接警人员等信息向城市消防通信指挥中心或其他接处警中心的火警信息终端传送。

③ 接收、存储用户信息传输装置发送的建筑消防设施运行状态信息，对建筑消防设施的故障信息进行跟踪、记录、查询和统计，并发送至相应的联网用户。

④ 自动或人工对用户信息传输装置进行巡检测试；显示和查询过去的报警信息及相关信息；与联网用户进行语音、数据或图像通信。

⑤ 实时记录报警受理的语音及相应时间，且原始记录信息不能被修改。

⑥ 具有自检及故障报警功能；具有系统启、停时间的记录和查询功能。

⑦ 具有消防受理信息系统的基本功能。

3. 信息查询系统

信息查询系统是设置在监控中心为公安机关消防机构提供信息查询服务的设备，其软件功能应满足《城市消防远程监控系统　第 6 部分：信息管理软件功能要求》（GB 26875.6—2011）的要求。

信息查询系统的主要功能如下。

① 查询联网用户的火灾报警信息。

② 查询联网用户的建筑消防设施运行状态信息，其内容应符合表 5-7 所示的要求。

③ 存储、显示联网用户的建筑平面图、立面图，消防设施分布图、系统图，安全出口分布图，人员密集、火灾危险性较大场所等重点部位的所在位置和人员数量等基本情况。

④ 查询联网用户的消防安全管理信息；查询联网用户的日常值班、在岗等信息。

⑤ 对上述查询信息，能按日期、单位名称、单位类型、建筑物类型、建筑消防设施类型、信息类型等检索项进行检索和统计。

4. 用户服务系统

用户服务系统是设置在监控中心为联网用户提供信息服务的设备，其软件功能应满足《城市消防远程监控系统　第6部分：信息管理软件功能要求》（GB 26875.6—2011）的要求。

用户服务系统的主要功能如下。

① 为联网用户提供查询其自身的火灾报警、建筑消防设施运行状态信息、消防安全管理信息的服务平台。

② 对联网用户的建筑消防设施日常维护保养情况进行管理。

③ 为联网用户提供符合消防安全重点单位信息系统数据结构标准的数据录入和编辑服务。

④ 通过随机查岗，实现联网用户的消防负责人对值班人员日常值班工作的远程监督。

⑤ 为联网用户提供使用权限管理服务等。

5. 火警信息终端

火警信息终端设置在城市消防通信指挥中心或其他接处警中心，是接收并显示监控中心发送的火灾报警信息的设备。

火警信息终端的主要功能如下。

① 接收监控中心发送的联网用户火灾报警信息，向其反馈接收确认信号，并发出明显的声光提示信号。

② 显示报警联网用户的名称、地址、联系人电话、监控中心值班人员、火警信息终端警情接收时间等信息。

③ 具有自检及故障报警功能。

6. 通信服务器

通信服务器能够进行用户信息传输装置传送数据的接收转换和信息转发，其软件功能应满足《城市消防远程监控系统　第 2 部分：通信服务器软件功能要求》（GB 26875.2—2011）的要求。

通信服务器的主要功能如下。

① 能够按照《城市消防远程监控系统　第 3 部分：报警传输网络通信协议》（GB 26875.3—2011）规定的通信协议与用户信息传输装置进行数据通信。

② 能够监视用户信息传输装置、受理座席和其他连接终端设备的通信连接状态，并进行故障报警。

③ 具有自检功能。

④ 具有系统启、停时间的记录和查询功能。

7. 数据库服务器

数据库服务器用于存储和管理监控中心的各类信息数据，主要包括联网单位信息数据、消防设施数据、地理信息数据和历史记录数据等，为监控中心内各系统的运行提供数据支持。

实训 5　消防联动控制设置实训

1. 实训目的

① 掌握消防联动控制的工作原理；

② 掌握消防联动控制设置及使用。

2. 实训要求

① 对消防联动原理有整体的认知，熟练掌握消防联动设置方法和系统功能使用方法；

② 遵守操作规程，遵守实验实训纪律规范；

③ 小组合作。

3. 实训设备及材料

智能消防系统实训装置，包含火灾报警控制器及其联动设备。

4. 实训内容

火灾报警控制器的联动设置。

5. 实训步骤

（1）设置联动输出

总线联动是指通过总线输出模块控制防火阀门、广播音响切换、切断非消防电源、启动声光报警器等发生火情时预先设定需要启动的设备。

自动启动总线联动模块时必须将系统设置到自动允许状态；自动或手动启动时，只要输出模块动作，控制器即报联动声响，联动报警声使用火警声。

控制器回路中所带的输出模块在屏幕上显示为：联动地址号=128+输出模块编址号，如 1 号输出模块动作，屏幕显示为 129 号地址，以此类推。

当系统中同时存在火警、故障、联动等多种报警状态时，可通过屏幕下方按键切换报警类型的屏幕显示，如果报警信息过多可操作按键翻页查看同种类型的报警信息。

（2）系统编程

在“功能”菜单的“安装”选项输入密码“1111111111”后，主菜单中选择“设置联动编程”选项。

联动关系的编程设置如下。

选择“设置联动编程”选项，进入联动编程界面，编程结束后按【F5】键提示编程正确，按【复位】键退出；选择“设置联动编程”选项进行下一条联动关系编程；联动部件地址在回路地址汉字注释查询中查看；编程表达式为：联动模块地址号=A*m*（地址号范围）；A*m* 表示 1 组输入地址（表达式中括号内地址号范围的地址）中有 *m* 个以上报警时，联动 1 个输出模块（表达式中编程的联动地址号的输出模块）动作。

如：23=（112）表示 112#报警地址报警，联动 23#联动地址；20=A2（1–127）表示 1#～127#地址范围内任意 2 个以上报警，联动 20#联动地址；10=（1*2+3*4）表示 1#与 2#同时报警或 3#与 4#同时报警，联动 10#联动地址，如图 5-6 所示为控制器联动编程设置界面。

（3）查询联动编程

按【功能】键，选择“查询”选项，进入查询界面后选择查询联动编程，输入二级密码“1111111111”，控制器地址“00”，回路“01”，在数字键盘输入需要查询的联动关系的地址（如输入 130），查询联动编程关系，按【F6】键退出，如图 5-7 所示。

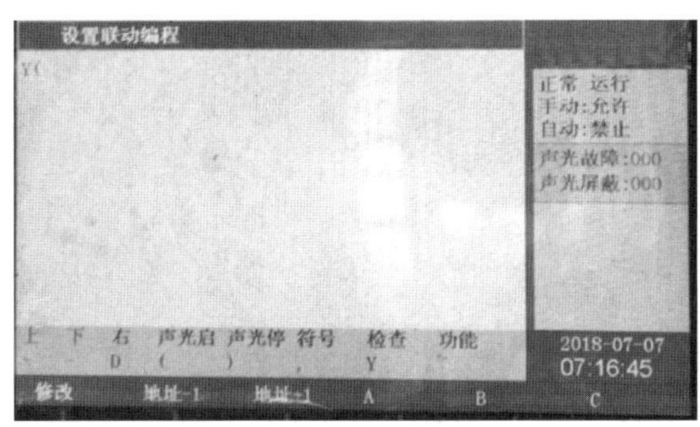

图 5-6　控制器联动编程设置界面

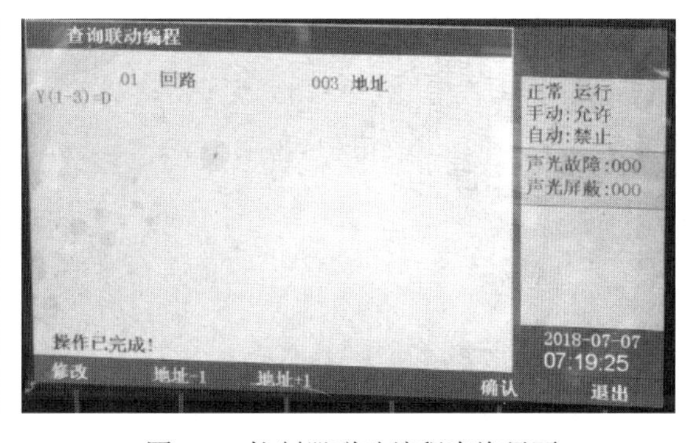

图 5-7　控制器联动编程查询界面

（4）清除联动关系

清除编辑的联动关系，选择“清除”选项，清除所有编辑的联动逻辑关系。

（5）部件的模拟报警及联动启停

进入菜单界面后，选择“安装”选项，输入二级密码进入安装菜单，选择部件模拟报警，输入回路地址“01”，部件地址“001～003，129.130”，输入正确后部件启动，如果要停止该部件，单击“修改”按钮，键盘输入要手动停止的输出模块的回路地址（地址范围与手动启动时相同），单击“停止”按钮即可停止该输出模块的启动，或者直接单击“复位”按钮，联动报警声（同火警声）消失，屏幕输出模块的启动信息消失，系统恢复正常运行状态。

6. 实训报告

① 熟悉消防联动系统的工作原理和相关技术原理；
② 写出消防联动系统的系统设置方法；
③ 写出实训体会和操作技巧。

7. 实训考核

① 消防联动系统的操作应用能力；
② 小组合作情况；
③ 个人参与情况。

知识梳理

智能建筑消防系统需要消防的各类设施包括消防电、消防水、消防设备等的协同运行。在火灾发生时联动控制器按设定的控制逻辑准确发出联动控制信号给消防水泵、喷淋泵、防火门、防火阀、防烟和排烟阀、通风等消防设备，完成对灭火系统、疏散指示系统、防排烟系统及防火卷帘等其他消防有关设备的控制功能；当消防设备动作后将动作信号反馈给消防控制室并显示，实现对建筑消防设施的状态监视功能，即接收来自消防联动现场设备及火灾自动报警系统以外的其他系统的火灾信息或其他信息的触发和输入功能。

本模块为智能建筑消防各系统协同运行提供保障，通过学习可了解消防联动控制系统的组成和分类、掌握消防控制室的管理、消防设备的供电控制及消防联动系统的设计及要求，同时了解城市消防远程监控系统的系统构成，掌握系统安装、调试、检测和维护的相关要求，实现对建筑物内各种建筑消防系统及设施规模化、区域化管理，将火灾探测报警、消防设施监管、消防通信指挥和灭火应急救援等有机结合起来，最大限度地减少火灾造成的人民生命和财产损失。

练习与思考

1. 选择题

（1）消防电气控制装置通过手动或自动的工作方式来控制各类电动消防设施的控制装置及双电源互换装置，并将相应设备的工作状态反馈给（　　）进行显示。

A.消防控制室图形显示装置　　B.消防联动控制器
C.消防联动模块　　D.消防电动装置

（2）指示灯应以颜色标识，（　　）指示火灾报警、设备动作反馈、启动和延时等。

A.红色　　B. 黄色　　C. 绿色　　D. 橙色

（3）任意一台消防联动控制器地址总数或火灾报警控制器（联动型）所控制的各类模块总数不应超过 1600 点，每个联动总线回路连接设备的总数不宜超过 100 点，且应留有不少于额定容量（　　）的裕量。

A. 10%　　B. 15%　　C. 20%　　D. 25%

（4）超过 1000 个座位的影剧院、超过 3000 个座位的体育馆、每层面积超过 3000 m^2 的百货楼、展览楼和室外消防用水量超过 25 L/s 的其他公共建筑，应按（　　）负荷供电。

A. 一级　　B. 二级　　C. 三级　　D. 四级

（5）根据《火灾自动报警系统设计规范》（GB 50116—2013）的规定，消防控制室内的设备面盘至墙的距离不应小于（　　）m。

A.1.5　　B.2　　C.3　　D.2.5

（6）某办公建筑设有火灾自动报警系统、自动喷水灭火系统、防排烟系统。建筑内下列消防系统中，启动联动控制不应受消防联动控制器处于自动或手动状态影响的有（　　）。

A.预作用式自动喷水灭火系统　　B.湿式自动喷水灭火系统

C.防排烟系统　　D.干式自动喷水灭火系统

E.湿式室内消火栓系统

（7）某单层洁净厂房，设有中央空调系统，用防火墙划分为两个防火分区，有一条输送带贯通两个防火分区，在输送带穿过防火墙处的洞口设有专用防火闸门，厂房内设置 IG541 组合分配灭火系统保护。下列关于该气体灭火系统启动联动控制的说法中，正确的有（　　）。

A.应由一个火灾探测器动作启动系统

B.应联动关闭输送带穿过防火墙处的专用防火闸门

C.应联动关闭中央空调系统

D.应联动打开气体灭火系统的选择阀

E.应联动打开空调系统穿越防火墙处的防火阀

（8）在某商业建筑内的疏散走道上设置的防火卷帘，其联动控制程序应是（　　）。

A.专门用于联动防火卷帘的感烟火灾探测器动作后，防火卷帘下降至距楼板面 1.8 m 处；专门用于联动防火卷帘的感温火灾探测器动作后，防火卷帘下降到楼板面

B.专门用于联动防火卷帘的感温火灾探测器动作后，防火卷帘下降至距楼板面 1.8 m 处；专门用于联动防火卷帘的感烟火灾探测器动作后，防火卷帘下降到楼板面

C.专门用于联动防火卷帘的感烟火灾探测器动作后，防火卷帘下降至距楼板面 1.5 m 处；专门用于联动防火卷帘的感温火灾探测器动作后，防火卷帘下降到楼板面

D.专门用于联动防火卷帘的感温火灾探测器动作后，防火卷帘下降至距楼板面 1.5 m 处；专门用于联动防火卷帘的感温火灾探测器动作后，防火卷帘下降到楼板面

2. 思考题

（1）请分析消防联动控制系统的控制方式。

（2）消防控制室需要配置哪些监控设备？这些设备配置能够实现哪些监控功能？

（3）简述城市消防远程监控系统主要组成设备的功能。

第6章 消防系统工程实施及维护案例

教学过程建议

学习内容

- 6.1 消防系统设计
- 6.2 消防系统的供电、安装、布线及接地
- 6.3 消防系统的调试及验收
- 6.4 消防系统的维护管理
- 实训6 消防系统的维护与保养

学习目标

- 具有消防系统设计内容及设计方法的能力
- 知道消防系统供电安装、布线及接地的设置要求
- 具有消防系统调试及验收的能力
- 具有维护管理的能力

技术依据

- 《建筑设计防火规范》(GB 50016—2014)
- 《民用建筑电气设计规范》(JGJ 16—2008)
- 《消防给水及消火栓系统技术规范》(GB 50974—2014)
- 《火灾自动报警系统施工及验收规范》(GB 50166—2007)

教学设计

- 分组分析招标公告，知识学习→讨论及实施→集中汇报与研讨→综合评价

6.1 消防系统设计

教师任务：通过案例导入法，结合讲授等方式，使学生完成对消防系统的设计内容、设计程序及设计方法的认识。

学生任务：通过学习、研讨，熟悉消防系统设计的条件及原则，熟悉消防联动控制系统及消防控制室的设置要求，完成任务单，如表 6-1 所示。

表 6-1　任务单

序号	项　目	内　容
1	消防系统设计	熟悉设计内容及设计原则
2	设计程序	了解设计的前提条件及设计程序
3	设计方法	掌握消防联动控制系统的设计要求、消防控制室的设置要求及平面图设计

案例导入：现代艺术博物馆消防工程招标公告

现代艺术博物馆消防工程招标公告（部分内容）

一、项目概况

1. 项目名称：现代艺术博物馆消防工程。

2. 项目发包内容：消防工程。

3. 工程规模：某现代艺术博物馆，由市政府为丰富市民的文化生活而投资兴建的大型综合类博物馆。整个建筑共 2 层，总建筑面积为 5157 m^2，建筑高度为 12.6 m。

4. 工程质量要求：国家验收规范合格标准。

二、投标人资格要求和条件

1. 在中华人民共和国境内注册的能够独立承担民事责任的企业法人资格。

2. 投标人须具有建设行政主管部门颁发的消防设施工程专业承包企业资质二级及以上或消防设施工程设计与施工资质二级及以上资质。

3. 具有有效的安全生产许可证。

4. 拟派本项目经理须具备二级及以上注册建造师（建筑或机电工程专业）执业资格，且未担任其他在施建设工程项目的项目经理。

5. 检察机关出具的行贿犯罪行为查询证明（开标前办理）。

6. 本次投标不接受联合体投标。

三、公告发布与投标报名截止时间

1. 招标公告发布时间：2016 年 6 月 22 日至 2016 年 6 月 28 日。

2. 投标报名截止时间：2016 年 6 月 28 日 17 时 00 分（北京时间）。

6.1.1　消防系统设计的内容及原则

消防系统的设计必须遵循国家有关方针、政策及各类规范，针对建筑物的防火等级和保护对象的特点，做到安全合理、技术先进、经济适用，因此，要设计出符合要求的消防系统方案，必须掌握设计的相关知识，包括设计的内容及原则、设计程序、设计方法等。

1. 消防系统设计的内容

建筑消防系统的作用就是能够及时发现火灾隐患并能采取有效控制手段，保证建筑物及人身和财产的安全，设计内容一般包括系统设计和平面设计两部分。

（1）系统设计

① 火灾自动报警装置与联动控制系统的三种形式，可根据实际情况进行选择。

a. 区域报警系统。一般适用于二级保护对象。

b. 集中报警系统。一般适用于一级、二级保护对象。

c. 控制中心报警系统。一般适用于特级、一级保护对象。

② 系统供电。为保证消防系统供电的可靠性和独立性，火灾自动报警系统应配备系统主电源和直流备用电源。

③ 系统接地。可采用专用接地装置或公用接地装置。

（2）平面设计

平面设计包括火灾报警系统和消防联动控制系统，设计要满足以下要求。

① 能满足设计要求和防火规范。

② 满足消防功能。

③ 技术先进、施工维护和管理方便。

④ 设计资料图纸齐全、准确无误，确保实施效果。

⑤ 投资合理，采取性价比高的设计方案。

2. 消防系统设计的原则

消防系统设计的最基本原则就是应符合现行的建筑设计消防法规的要求，应做到如下几点。

① 设计要符合现行建筑设计消防法律法规要求，保证做到依法设计。

② 详细了解建筑用途、保护对象综合情况及有关消防监督部门的审批意见。

③ 掌握建筑相关的各类设计标准、规范，以便于综合考虑后进行系统设计。

如果在执行法规时遇到矛盾，应按以下几点处理。

① 行业标准服从国家标准。

② 安全方面采用高标准。

③ 报请主管部门解决，包括国家公安部、住房和城乡建设部等规范制定的主管部门。

6.1.2 消防系统设计的程序及方法

1. 前提条件及专业配合

建筑的消防设计是各专业人员密切配合的产物，应在总防火规范指导下各专业人员密切配合，共同完成任务。设计前需做好前期的调研和资料准备工作。

① 全套土建图纸，包括风道（风口）、烟道（烟口）位置，防火卷帘樘数及位置等。

② 水暖通风专业给出的水流指示器、压力开关等。

③ 电力、照明给出的供电及有关配电箱的位置，如应急照明配电箱、空调配电箱、防烟

和排烟机配电箱及非消防电源切换箱等。

④ 确定防火类别及等级。

2. 设计程序

（1）初步设计

① 确定设计依据。

根据建筑物的特点、防火等级和现有相关规范进行设计，下面是部分相关规范。

《火灾自动报警系统规范》（GB 50116—2013）

《建筑设计防火规范》（GB 50016—2014）

《自动喷水灭火系统设计规范》（GB 50084—2001）（2005 年修订）

《火灾自动报警系统施工及验收规范》（GB 50166—2007）

② 方案确定。

合理设计消防系统是控制火灾警情的关键之处，应根据目标建筑的用途、特点及地理条件等作为设计的依据，系统的规模、建设的方式都需要与实际情况相结合，才能发挥最大的优势。

（2）施工图设计

① 计算。

按房间使用功能及层高计算布置设备包括探测器、手动报警按钮、区域报警器、楼层显示器、消火栓报警按钮、中继器、总线驱动器、总线隔离器、各种模块等。

② 施工图绘制。

施工图绘制包括平面图、系统图、施工详图的绘制，同时需编写设计说明书。绘制平面图时，参考产品样本中系统图对平面图进行布线、选线，并确定敷设、安装方式及加以标注；绘制系统图时，根据厂家产品样本所给的系统图结合平面图中的实际情况绘制，要求分层清楚、布线标注明确、设备符号与平面图一致、设备数量与平面图一致；施工详图包括消防控制室设备布置图及有关非标设备的尺寸及布置图等；编写设计总体说明包括设计依据、厂家产品的选择、消防系统的各子系统的工作原理、设备接线表、材料表、图例符号及总体方案的确定等。

3. 设计方法

（1）消防联动控制系统设计要求

消防联动控制系统设计的主要内容如下。

① 火灾自动报警系统，如图 6-1 所示。

② 自动灭火系统。

③ 室内消火栓系统。

④ 防排烟系统及空调通风系统。

⑤ 常开防火门、防火卷帘系统。

⑥ 电梯。

⑦ 火灾应急广播系统。

⑧ 火灾警报装置。

⑨ 火灾应急照明与疏散指示标志。

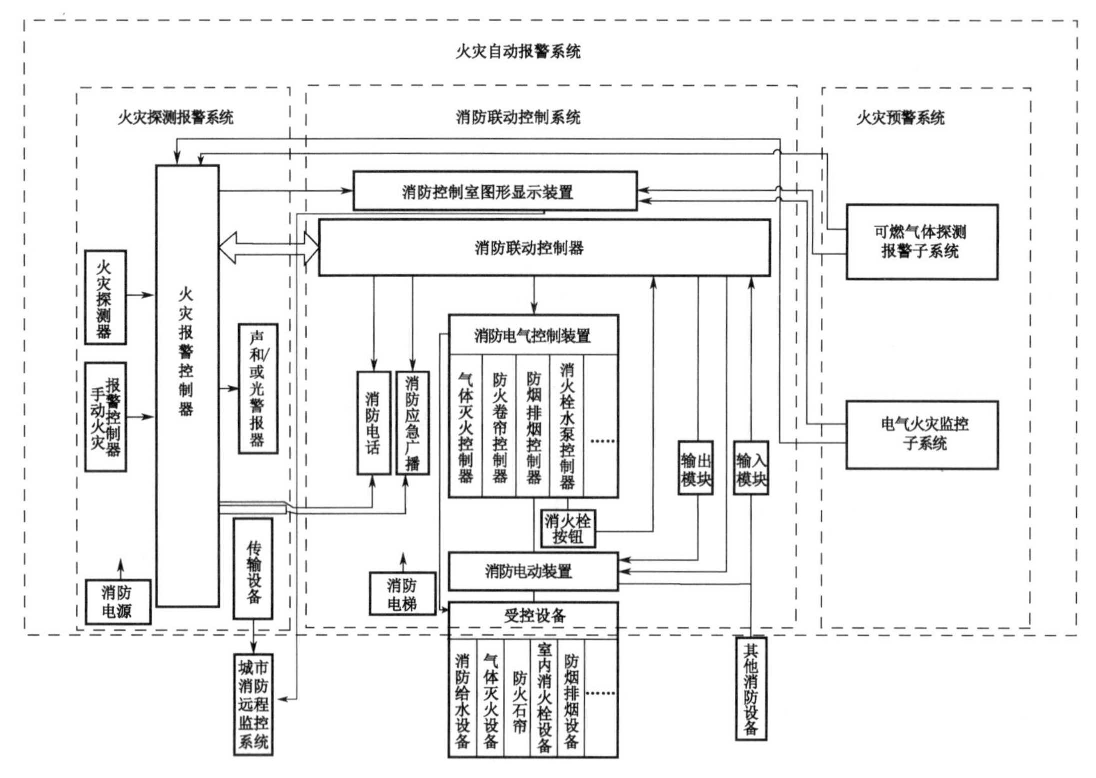

图 6-1　火灾自动报警系统图

（2）消防联动控制设备的功能

① 消防控制室的控制设备应有下列控制及显示功能。

a. 控制消防设备的启、停，并应显示其工作状态。

b. 消防水泵、防烟和排烟风机的启、停，除自动控制外，还应能手动直接控制。

c. 显示火灾报警、故障报警部位。

d. 显示保护对象的重点部位、疏散通道及消防设备所在位置的平面图或模拟图等。

e. 显示系统供电电源的工作状态。

f. 消防控制室应设置火灾警报装置与应急广播的控制装置，其控制程序应符合下列要求：二层及以上的楼房发生火灾，应先接通着火层及其相邻的上下层；首层发生火灾，应先接通本层、二层及地下各层；地下室发生火灾，应先接通地下各层及首层；含多个防火分区的单层建筑，应先接通着火的防火分区及其相邻的防火分区。

g. 消防控制室的消防通信设备，应符合消防电话的设置规定。

h. 消防控制室在确认火灾后，应能切断有关部位的非消防电源，并接通警报装置及火灾应急照明灯和疏散标志灯。

i. 消防控制室在确认火灾后，应能控制电梯全部停于首层，并接收其反馈信号。

② 消防控制设备对各系统的控制功能如表 6-2 所示。

（3）消防控制室的设置要求

① 消防控制室的门应向疏散方向开启，且入口处应设置明显的标志。

② 消防控制室的送、回风管在其穿墙处应设置防火阀。

③ 消防控制室内严禁与其无关的电气线路及管路穿过。

表 6-2　消防控制设备对各系统的控制功能

	系统分类	具体内容
消防控制设备对各系统的控制功能	对室内消火栓系统的控制及显示功能	① 控制消防水泵的启、停； ② 显示消防水泵的工作、故障状态； ③ 显示消火栓按钮的位置
	对自动喷水和水喷雾灭火系统的控制及显示功能	① 控制系统的启、停； ② 显示消防水泵的工作、故障状态； ③ 显示水流指示器、报警阀、安全信号阀的工作状态
	对管网气体灭火系统的控制及显示功能	① 显示系统的手动、自动工作状态； ② 在报警、喷射各阶段，控制室应有相应的声、光警报信号，并能手动切除声响信号； ③ 在延时阶段，应自动关闭防火门、窗，停止通风空调系统，关闭有关部位防火阀； ④ 显示气体灭火系统防护区的报警、喷射及防火门（帘）、通风空调等设备的状态
	对泡沫灭火系统的控制及显示功能	① 控制泡沫泵及消防水泵的启、停； ② 显示系统的工作状态
	对干粉灭火系统应有下列控制、显示功能	① 控制系统的启、停； ② 显示系统的工作状态
	对常开防火门的控制要求	① 门任意一侧的火灾探测器报警后，防火门应自动关闭； ② 防火门关闭信号应送到消防控制室
	对防火卷帘的控制要求	① 疏散通道上的防火卷帘两侧，应设置火灾探测器组及其警报装置，且两侧应设置手动控制按钮； ② 疏散通道上的防火卷帘，应按下列程序自动控制下降： a. 感烟探测器动作后，卷帘下降至距地（楼）面 1.8 m； b. 感温探测器动作后，卷帘下降到底。 ③ 用作防火分隔的防火卷帘，火灾探测器动作后，卷帘应下降到底； ④ 感烟、感温火灾探测器的报警信号及防火卷帘的关闭信号应送至消防控制室
	对防烟、排烟设施应有的控制及显示功能	① 停止有关部位的空调送风，关闭电动防火阀，并接收其反馈信号； ② 启动有关部位的防烟和排烟风机、排烟阀等，并接收其反馈信号； ③ 控制挡烟垂壁等防烟设施

④ 消防控制室周围不应布置电磁场干扰较强及其他影响消防控制设备工作的设备用房。

⑤ 消防控制室内设备的布置应符合下列要求。

设备面盘前的操作距离单列布置时不应小于 1.5 m，双列布置时不应小于 2 m；在值班人员经常工作的一面，设备面盘至墙的距离不应小于 3 m；设备面盘后的维修距离不应小于 1 m；设备面盘的排列长度大于 4 m 时，其两端应设置宽度不小于 1 m 的通道；集中火灾报警控制器或火灾报警控制器安装在墙上时，其底边距地面高度应为 1.3～1.5 m，其靠近门轴的侧面距墙不应小于 0.5 m，正面操作距离不应小于 1.2 m。

4. 平面图设备选择、布置及管线计算

（1）探测器的选择及布置

根据房间使用功能及层高确定探测器种类，量出平面图中所计算房间的地面面积，再考虑是否为重点保护建筑，还要看房顶坡度是多少，然后用公式

$$N \geqslant \frac{s}{k \cdot A}$$

分别算出每个探测区域内的探测器数量，再进行布置。

（2）消防系统接地

（3）布线及配管

（4）画出系统图及施工详图

设备、管线选好并在平面图中标注后，根据厂家产品样本，再结合平面图画出系统图，并进行相应的标注，如每处导线根数及走向、每个设备数量及所对应的层楼等。

5. 博物馆设计方案

根据招标公告的内容，以及对目标建筑的实地考察，结合该博物馆的建筑特点及对防火等级的要求，设计出最符合博物馆要求的消防系统方案。

（1）工程概况

某现代艺术博物馆，由市政府为丰富市民的文化生活而投资兴建的大型综合类博物馆。整个建筑共 2 层，总建筑面积为 5157 m^2，建筑高度为 12.6 m。预计全年常规接待观众能力为 60 万人次，日接待高峰将达 6000 人次。博物馆由珍品库区、陈列区、技术及办公用房、观众服务设施等部分组成。

博物馆是一级风险等级单位，消防系统方案应由火灾自动报警系统、应急广播系统、给排水及气体灭火系统构成，同时在一层设置消防控制室。

本系统采用蓝天 5Ei 系列消防产品，该产品经过大量工程实际应用，能保证整个系统长期稳定可靠运行。

（2）火灾自动报警系统

火灾自动报警系统探测火灾隐患，肩负安全防范重任，是保障整栋大楼人员和财产安全的重要设施，也是消防系统中重要且必不可少的组成部分。该消防报警系统设计按照一类建筑物防火标准，耐火等级为一级。

系统中的火灾探测部分由安装在现场的火灾探测报警装置组成，它担负着建筑物火灾早期报警的重要任务，尤其是能够探测到火灾初期阴燃时产生的烟气并报警，以便在火灾的萌芽阶段将其扑灭，使火灾造成的损失最小。

① 系统组成。

本系统由火灾自动探测、灭火联动及报警控制三大部分组成。

火灾自动探测。由智能光电感烟探测器、智能感温探测器、手动报警按钮、信号输入模块组成。

灭火联动。由控制模块和受其控制的各个相对独立的消防系统组成，包括消防电话系统、消防广播系统、消火栓灭火系统。

报警控制。由智能火灾报警控制柜（联动型）、消防广播前端和消防电话前端组成。

② 系统主要功能和特点。

a. 自动火灾报警功能。

分布于各楼层之内的探测器在火灾发生时发出火灾信号，通用型火灾报警控制器（联动型）接到火灾信号并确认后立即向各消防设施发出指令程序（自动状态时）。

b. 联动控制功能。

火灾发生后，消防控制中心可以第一时间通过各项子系统采取联动控制，使火灾问题能被及时处理。

灭火系统。各消火栓内设有消火栓按钮，发生火灾后，一方面，按下消火栓按钮，报警控制器接到信号后立即发出报警信号，指示动作按钮的具体位置。另一方面，消防值班人员接警后可手动直接启动消防水泵。

消防电话系统。当火灾发生时，消防控制中心人员根据火灾信息，通过消防电话与设置在有关层的消防电话分机进行通信，使有关人员可直接与中央控制室通话。

紧急广播系统。采用控制模块切换背景声响用于消防紧急广播。当收到探测器、手动报警按钮的报警信号，并经消防中心确认后启动相应层的消防广播，可通过消防广播控制器面板的开关打开对应层的消防广播，播出紧急疏散信息。

（3）紧急广播系统

① 紧急广播描述。

紧急广播系统与一般广播系统不同，是一个先进、复杂的综合性系统工程，必须从系统设计开始，包括施工、安装、调试直到最后验收的全过程，都应严格按照国家有关的标准和规范，做好系统的标准化设计和科学的管理工作。

② 广播系统功能说明。

建立以主控室为中心点的楼宇广播紧急控制室，这类广播主要是在楼宇有必要的情况下紧急播报，休闲时间广播音乐、新闻频道，创造一个幽雅的工作环境，系统可配置遥控话筒，可在不同区域分别进行业务，呼叫广播。

紧急广播为第一优先级，遥控话筒为第二优先级，公共广播为第三优先级。

根据需要配备相应的后台广播系统设施，并按广播专业理论布置室内/外的扬声设备，使楼宇广播在任意一点不会出现重音等互相干扰。

③ 广播系统分布要求。

公共广播系统的建设必须安全、可靠，本方案已充分考虑采用成熟的技术和产品，在设备选型和系统的设计中尽量减少故障的发生。从线路敷设、设备安装、系统调试及对甲方人员的技术培训等方面，都必满足可靠性的要求。

楼宇拟在特定地方设有广播控制室及专用机房，设备供电采用双回路供电且能自动切换。有线广播的功率馈送回路采用二线制，定压输出。广播系统应实现自动和手动分区控制，有功率分区的扬声器群组，在每个分区有独立的功率放大器连接扬声器，并具备火灾时能自动切换的功能。

④ 广播系统设计及原理。

背景音乐系统通过在大厅、走廊安装扬声器，在控制中心可进行紧急广播和传达，也可播放音乐。

系统要能进行分区广播，也可同时进行相同广播。既可定时自动播放音乐，也可进行紧急广播、CD 播放、调谐收音等功能。

（4）给排水系统设计

① 设计范围。本设计包括给排水系统、消火栓系统及自动喷水灭火系统。

② 给排水系统。给排水系统的主要内容是水源引入、污废水处理和雨水排放。

水源由市政引入两条 DN150 给水管，市政给水压力为 0.2 MPa 供各建筑生活及消防用水。

污废水处理设计为采用污水与废水合流，生活污水经室外化粪池处理，污水排放量为 2.25 m^3/d。排水立管采用伸顶透气管。

雨水排放设计为屋面雨水经雨水斗汇集后，通过雨水立管排至室外散水，屋面设 87 型雨水斗。

③ 消火栓系统。

a. 室外消火栓灭火系统。

室外消防用水量为 15 L/s。火灾延续时间为 3 h。

消防给水为两路引自市政的给水管，压力为 0.2 MPa，供给室外消防用水，室外管网布置成环状，沿线布置室外消火栓，其间距不超过 120 m。

b. 室内消火栓灭火系统。

室内消防用水量为 25 L/s。火灾延续时间为 3 h。

室内消火栓系统采用临时高压系统。在室外结合园林绿化设一座 400m 消防水池及消防泵房，供室内消防用水，消防水池由室外环网引入两条给水管，结合绿化设计再出图。

④ 自动喷水灭火系统。

本建筑自动喷用水量按中危险 I 级，延续时间 1 h 设计。系统设计所需的自动喷水量为 30 L/s。

本工程自动喷水灭火系统为常高压系统，在一层设置湿式报警阀一套。报警阀进水阀门设置信号阀，每个报警阀所带喷头数不超过 800 个。

每层每个防火分区均设置水流指示器和信号阀，当喷头喷水、管网水流动时，水流指示器动作，向每层区域报警盘和消防中心报警，表明着火部位，水流指示器前的控制阀门采用安全信号阀，其开关均有信号反馈到消防控制室。喷头动作后，由压力开关直接连锁自动启动喷洒泵。

（5）气体灭火系统设计

① 设计范围。珍品展示区及藏品库；防护区内应配备专用的空气呼吸器或氧气呼吸器。

② 系统原理。系统具有自动、手动及机械应急操作三种启动方式。在自动状态下，当防护区发生火警时，气体灭火控制器（以下简称控制器）收到防护区第一回路探测火灾信号时，启动防护区门口上方的消防警铃，发出铃声，通知值班人员马上赶到现场处理，如果火情继续蔓延，气体灭火控制器收到第二回路火灾信号时，启动防护区内的声光报警器，使其发出尖锐的警报声和闪烁的白光，通知工作人员马上撤离，同时发出联动信号关闭排风机及防火窗，为灭火做好准备。经过 30 s 时间延时，气体灭火控制器输出 24 V 直流电。启动灭火系统，控制器面板喷放指示灯亮，同时，气体灭火控制器接收压力信号器反馈信号。防护区内门灯显亮，避免人员误入。

当工作人员在防护区工作时，可以通过防护区门外的自动/手动转换器（防护区的主要出入口需安装自动/手动转换器、区域启动/停止盒），使系统从自动状态转换到手动状态，当防护区发生火警时，气体灭火控制器只发出报警信号，不输出动作信号。由值班人员确认火警，按下控制器面板或击碎防护区门外区域启动/停止盒，即可立即启动系统，喷放灭火剂。当自动、手动紧急启动都失灵时，可进入储瓶间内实现机械应急操作启动。只需拔出对应防护区启动瓶上的手动保险销，拍击手动按钮，即可完成整套系统的启动喷放工作，操作简单。

③ 系统设计参数。

气体灭火系统的设计参数如表 6-3 所示。

表 6-3　气体灭火系统设计参数

防护区	面积（m^2）	层高（m）	容积（m^3）	设计浓度（%）	设计用量（kg）	瓶数（个）	实际用量（kg）	总瓶数（个）	喷射时间（s）	浸渍时间（min）	泄压口面积（m^2）
珍品展示区 1	265.22	5.4	1432.2	10	1160.1	10	1250	11（150L）	10	10	0.30
珍品展示区 2	69	5.4	372.6	10	301.8	11	375				0.09
珍品展示区 3	306.72	5.4	1656.3	10	1341.6	3	1375				0.33
珍品库	80	3.4	272	10	220.4	2	226	2（120L）	10	10	0.06

④ 系统组件。

a. 灭火系统的储存量装置由储存容器、容器阀、单向阀、高压软管和集流管等组成，储存容器额定增压压力为 4.2 MPa。

b. 集流管上所设安全阀的动作压力为（6.8±0.4）MPa。

c. 在储存装置上设耐久的固定铭牌，标明每个容器的编号、皮重、灭火剂名称、充装量、充装日期和增压压力等。

d. 储瓶间室温应为-10～50℃。

e. 储存装置的布置，应便于操作、维修及防止阳光直接照射。操作面距墙面或两操作面之间的距离，不宜小于 1 m。

f. 采用径向射流型喷头，喷头型号根据厂家产品计算确定。

g. 输送灭火剂的管道采用镀锌无缝钢管，且内、外镀锌。各种管道规格如表 6-4 所示。

表 6-4　输送管道规格

通　径	DN150	DN125	DN100	DN80	DN65	DN50	DN40	DN32	DN25	DN20	DN15
外径×壁厚（mm）	168×10	140×8	114×6	89×5	76×5	60×5	48×5	42×4	34×4	27×3.5	22×3

（6）土建要求

① 防护区应有足够宽的疏散通道和出口，保证人员在 30 s 内能撤出防护区。

② 防护区及储瓶间的门应采用防火门，向外开启，并能自动关闭，保证在任何情况下可以从防护区内打开。

③ 防护区围护结构及门窗（包括玻璃墙、砖墙、玻璃门窗等）的耐火极限均不应低于 0.5 h；吊顶的耐火极限不应低于 0.25 h。

④ 防护区灭火时应保持封闭条件，除泄压口以外的开口，以及用于该防护区的通风机和通风管道中的防火阀等在喷放七氟丙烷前，应做到自动关闭。

⑤ 地下防护区及无窗或固定窗户的地上防护区应设置机械排风装置。

⑥ 储瓶间耐火等级不得低于二级，储瓶间内设置应急照明，地下储瓶间应设置机械排风装置。

⑦ 防护区围护结构及门窗的允许压强不宜小于 1.2 kPa。

（7）电气要求

① 在喷放灭火剂之前，应将防护区排风装置自动关闭。

② 防护区内设置火灾自动报警系统。

③ 火灾故障信号、喷放信号、动作信号应能反馈到消防控制中心。

6.2 消防系统的供电、安装、布线及接地

教师任务：结合实例，讲解消防供电的意义及设计要求，通过实验设备的演示，引导完成对消防系统探测器、火灾报警器等设备安装要求的认识，以及消防系统布线和接地要求的认识。

学生任务：通过分组学习、参与讲解，进行火灾探测器、火灾报警器等设备的安装设置，熟悉布线及接地方式，完成任务单，如表 6-5 所示。

表 6-5 任务单

序号	项 目	内 容
1	消防供电的重要意义	理解消防用电的意义及设计要求
2	消防系统的安装准备工作	熟悉施工的准备工作、施工管理机构的组建
3	消防系统的安装	掌握消防系统的安装要求、探测器的安装要求、手动火灾报警按钮的安装要求
4	消防系统的布线及接地	掌握消防系统的布线及接地要求

6.2.1 消防供电的重要意义

现代艺术博物馆属于博物馆类的建筑，场馆的安全保障、展品的收藏与展出及火警等灾害的预防都离不开电力，都需要有一个全面可靠的用电环境。

1. 消防用电的意义及设计要求

（1）消防用电

消防用电是指建筑、构筑物中的消防控制室照明、消防水泵、消防电梯、防排烟设施、火灾探测与报警系统、自动灭火系统或装置、疏散照明、疏散指示标志和电动的防火门窗、卷帘、阀门等设施、设备在正常和应急情况下的用电。

（2）消防设备供电设计要求

① 消防电源包括消防用电设备的主电源（工作电源）和备用电源。当工作电源因故障停电时，备用电源应继续连续供电，以确保建筑内消防应急照明和灯光疏散指示标志等各种消防设备和消防控制室的运行。

② 根据建筑的用途及扑救难易程度，火灾发生后可能产生的危害程度等，消防供电设计应按照我国电力负荷分级规定对建筑消防用电系统进行设计并供电。我国的消防用电负荷等级划分为一级负荷、二级负荷、三级负荷。不同的消防负荷等级主电源的供电要求也不同，其目

的是保证消防用电设备的正常工作，有效地发挥自动消防系统自动自救的作用。

③ 消防用电按一级、二级负荷供电的建筑，当采用自备发电设备为备用电源时，自备发电设备应设置自动和手动启动装置。当采用自动启动方式时，应能保证在 30 s 内供电。

④ 消防用电设备应采用专用的供电回路，当建筑内的生产、生活用电被切断时，应仍能保证消防用电。备用消防电源的供电时间和容量，应满足该建筑火灾延续时间内各消防用电设备的要求。

供电回路是指从低压总配电室或分配电室至消防设备或消防设备室（如消防水泵房、消防控制室、消防电梯机房等）末级配电箱的配电线路，应与一般配电线路严格分开，不能与其他动力、照明等共用回路。这不仅是指从配电室至消防控制室配电箱这一段要设置专用回路，其他各类设施如电动防火门、防火卷帘、排烟阀等都要设置专用回路。

⑤ 消防配电干线应按防火分区划分，消防配电支线不应穿越防火分区。

⑥ 消防控制室、消防水泵房、防烟和排烟风机房的消防用电设备及消防电梯等的供电，应在其配电线路的末级配电箱处设置自动切换装置。

⑦ 按一级、二级负荷供电的消防设备，其配电箱应独立设置；按三级负荷供电的消防设备，其配电箱应独立设置。消防配电设备应设置明显标志。

⑧ 消防控制室图形显示装置、消防通信设备等设备的电源、切换不能影响消防控制室图形显示装置、消防通信设备的正常工作。因此，电源装置的切换时间应非常短，所以建议选择 UPS 电源装置或消防设备应急电源供电。

2. 博物馆供电系统的设计思路

博物馆的供电系统是围绕能否有效保护藏品这一思路来设计的。为了珍贵藏品的安全，包括消防系统在内，安保系统、火灾应急照明、疏散指示标志库区照明、展品区空调及消防水泵设备等应采取一级负荷供电。

6.2.2　消防系统的安装、布线及接地

为了保证消防系统的安装质量，确保整个工程的顺利实施，按照消防系统的设计方案确定相应的施工组织设计方案，并严格按照方案执行。

1. 成立项目部，完成施工前的准备工作

（1）安装工程施工的准备工作

安装工程施工的准备工作主要包括技术准备、组织准备和供应准备。

① 技术准备。包括熟悉和审查工程施工图；施工前，应准备好各类图纸、国家标准图集和现行规范及技术标准等相关文件资料；确定施工方案；设计应采用标准图集，以便提高设计和施工质量，加快施工进度；掌握设计常用电气符号及文字符号；熟悉施工图；了解土建情况；熟悉规范。

② 组织准备。包括组建管理机构和向施工人员进行技术交底。

③ 供应准备。包括材料准备、施工机具准备和施工场地准备。

施工前需要具备的条件主要有以下几个方面：施工现场的水源、电源齐备，加工场所完善；工具、机具、仪器、仪表、特殊机具、材料及存放场所；有关建筑物和设备基础；工程需要的技术与安全措施；建筑安装综合进度安排和施工现场总平面布置。

（2）施工管理机构的组建

为了保证消防项目的顺利施工，应建立起一套高效高质的管理机构，一般会结合工程实际情况，组建消防系统施工项目部，采用项目经理负责的办法，积极有效地推进整个过程的实施。人员主要由公司内参加施工管理了多个消防系统工程项目的、有丰富施工经验的项目经理和技术人员组成。

① 以项目经理为核心，对工程全过程实施管理，包括进度控制、质量控制、成本控制和组织协调等内容。

② 项目部组织机构如图 6-2 所示。

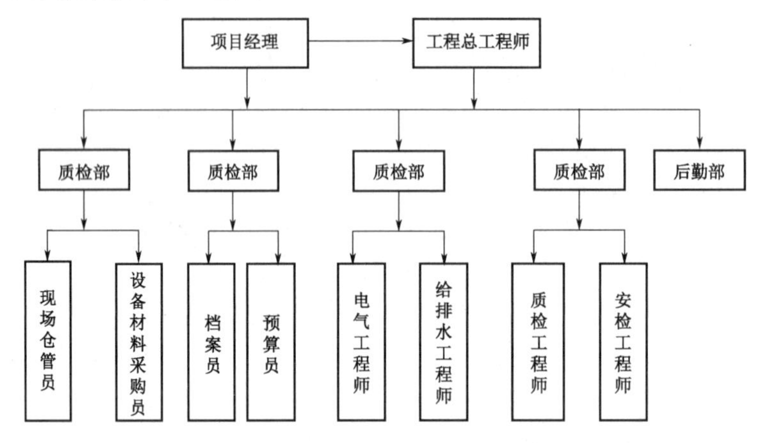

图 6-2　项目部组织机构

2. 消防系统的安装

（1）消防系统的安装要求

消防系统的安装一般要经过预埋、安装、接线三个阶段。具体内容包括依据施工组织设计、施工方案、施工图纸和技术文件的规定要求，按已确定的施工程序组织施工，并逐渐形成安装高峰期到联动调试和空载试运行完成的全过程施工活动。安装阶段不仅要能够把各种资源转换成项目产品，达到使用功能要求，还要具备交付竣工验收的条件。

（2）探测器的安装要求

① 探测器应安装在底座上，底座应固定牢固，其导线连接必须可靠压接或焊接。当采用焊接时，应使用带防腐剂的助焊剂，并注意不能有接错、短路、虚焊的情况。探测器在吊顶上的安装方式如图 6-3 所示。

② 探测器的确认灯应面向便于人员观察的主要入口方向。

③ 探测器导线应采用红、蓝导线。

④ 探测器底座的外接导线应留有不小于 15 cm 的裕量。

⑤ 探测器底座的穿线宜封堵，安装完毕后应采取保护措施（以防进水或污染）。

（3）手动火灾报警按钮的安装要求

① 手动火灾报警按钮应安装在明显和便于操作的部位。装设在墙上时，其底边距地面的高度应为 1.3～1.5 m。

② 手动火灾报警按钮应安装牢固，不应倾斜。

③ 手动火灾报警按钮的连接导线应留有不小于 15 cm 的裕量，且在其端部应有明显的标志。

（4）火灾报警控制器的安装要求

① 火灾报警控制器应安装牢固，不得倾斜；安装在轻质墙上时，应采取加固措施。

② 区域火灾报警控制器安装在墙上时，其底边距地面的高度不应小于 1.5 m。

③ 火灾报警控制器落地安装时，箱底应高出地坪 0.1～0.2 m。

④ 火灾报警控制器周围应留出适当空间，机箱两侧距墙或设备不应小于 0.5 m，正面操作距离不应小于 1.2 m。

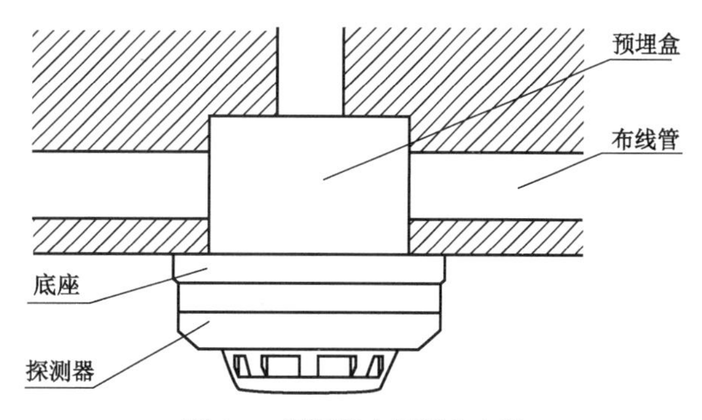

图 6-3　探测器在吊顶上安装

⑤ 盘、柜内配线整齐、清晰，绑扎成束，避免交叉；导线线号清晰，导线预留长度不小于 20 cm。报警线路连接导线清晰，端子板的每个端子其接线不得多于两根。

（5）消防控制设备的安装要求

① 消防控制设备在安装前，应进行功能检查，不合格的不得安装。

② 消防控制设备的外接导线，当采用金属软管做套管时，其长度不应大于 2 m，且应采用管卡固定，其固定点间距不应大于 0.5 m，金属软管与消防控制设备的接线盒（箱）应采用锁紧螺母固定，并应根据配管规定接地。

③ 消防控制设备外接导线和端部应有明显的标志。

④ 消防控制设备盘、柜内不同电压等级不同电流类的端子，应分开并有明显的标志。

3. 消防系统的布线及接地

（1）消防系统的布线要求

消防系统的布线除了按照规范要求实施，还应注重布局合理、牢固，连接安全可靠。系统布线的一般要求如下。

① 火灾自动报警系统的传输线路和 50 V 以下供电的控制线路，应采用电压等级不低于交流 300/500 V 的铜芯绝缘导线或铜芯电缆。使用交流 220/380 V 的供电和控制线路，应采用电压等级不低于交流 450/750 V 的铜芯绝缘导线或铜芯电缆。

火灾自动报警系统的传输线路应采用铜芯绝缘导线或铜芯电缆，其电压等级不应低于交流 250 V，线芯最小截面一般应符合表 6-6 所示的规定。

表 6-6　火灾自动报警系统用导线最小截面

类　别	线芯最小截面（mm^2）	备　注
穿管敷设的绝缘导线	1	
线槽内敷设的绝缘导线	0.75	
多芯电缆	0.5	
由探测器到区域报警器	0.75	
由区域报警器到集中报警器	1	多股铜芯耐热线
水流指示器控制线	1	单股铜芯线
湿式报警阀及信号阀	1	
排烟防火电源线	1.5	
电动卷帘门电源线	2.5	控制线＞1 mm^2
消火栓控制按钮线	1.5	控制线＞1.5 mm^2

② 火灾自动报警系统的传输线路应采用金属管、可挠（金属）电气导管、B1 级以上的钢性塑料管或封闭式线槽保护。

③ 火灾自动报警系统的供电线路、消防联动控制线路应采用耐火铜芯电线电缆，报警总线、消防应急广播和消防电话等传输线路应采用阻燃或阻燃耐火电线电缆。

④ 消防联动控制、自动灭火控制、事故广播、通信、应急照明等线路，当采用线路暗敷设时，应采用金属管、可挠（金属）电气导管或 B1 级以上的刚性塑料管保护，并应敷设在不燃烧体的结构层内，且保护层厚度不应小于 30 mm；当采用线路明敷设时，应采用金属管、可挠（金属）电气导管或金属封闭线槽保护。矿物绝缘类不燃性电缆可明敷。

⑤ 火灾自动报警系统用的电缆竖井，应与电力、照明用的低压配电线路电缆竖井分别设置。如受条件限制必须合用时，应将火灾自动报警系统用的电缆和电力、照明用的低压配线路电缆分别布置在竖井的两侧。

⑥ 不同电压等级的线缆不应穿入同一根保护管内，当合用同一线槽时，线槽内应有隔板分隔。采用穿管水平敷设时，除报警总线外，不同防火分区的线路不应穿入同一根管内。

⑦ 从接线盒、线槽等处引到探测器底座盒、控制设备盒、扬声器箱的线路，均应加金属保护管保护。

⑧ 火灾探测器的传输线路，应选择不同颜色的绝缘导线或电缆。正极“+”线应为红色，负极“-”线应为蓝色或黑色。同一工程中相同用途导线的颜色应一致，接线端子应有标号。

⑨ 横向敷设在建筑内的暗配管，钢管直径不应大于 25 mm^2；水平或垂直敷设在顶棚内或墙内的暗配管，钢管直径不应大于 20 mm^2。

（2）消防系统接地

为保障人身安全、供电的可靠性及用电设备的正常运行，现代智能建筑中越来越多的电子设备都要求必须有一个完整、可靠、有效的接地系统。为了保证消防系统的正常工作，对系统接地的规定如下。

① 火灾自动报警系统应在消防控制室设置专用接地装置，接地装置的接地电阻值应符合下列要求：当采用专用接地装置时，接地电阻值不应大于 4 Ω；当采用共用接地装置时，接地电阻值不应大于 1 Ω。

② 火灾报警系统应设有专用接地干线，并应在消防控制室设置专用接地板。专用接地干线应从消防控制室引至接地体。

③ 专用接地干线应采用铜芯绝缘导线或单芯电缆，其芯线截面积不应小于 16 mm^2，专用接地干线应穿硬质型塑料管埋设至接地体。

④ 由消防控制室接地板引至各消防电子设备的专用接地线应选用铜芯塑料绝缘导线，其芯线截面积不应小于 4 mm^2，穿入保护管后构成一个零电位的接地网络，以确保设备工作稳定可靠。

⑤ 消防电子设备凡采用交流供电时，设备金属外壳和金属支架等应进行保护接地，接地线应与电气保护接地干线（PE 线）相连接。

4. 博物馆消防系统的安装方案

（1）火灾自动报警系统

本方案中采用的探测器及手动报警按钮的安装应按照设计方案的要求及《火灾自动报警

系统施工及验收规范》（GB 50166—2007）的要求设计。

① 感烟探测器设置在建筑中各个房间、走道、公共场所等。

② 手动报警按钮设置在建筑中各公共场所的出入口处。

③ 消火栓按钮安装在各消火栓箱中。每层的消火栓按钮均自带编码，这样既节省设备又可达到规范中的要求。

④ 消防电话主机 1 台安装于消防监控中心；电话安装于各楼层。

⑤ 消防广播系统主控制器 1 台安装于消防监控中心。

（2）消防广播系统

消防广播系统的建设必须安全、可靠，线路敷设、设备安装等方面都必须满足可靠性的要求。

① 本工程广播扬声器的布置应均匀、分散地配置于广播服务区，其分散程度应保证服务区内的信噪比不小于 15 dB。

② 线路敷设应根据楼宇的具体情况进行布线工程设计，线的布局要做到安全、可靠、简洁、美观，通过实地考察广播区（点）的分布，合理分布楼宇广播，完全满足楼宇广播系统的要求。采用高抗干扰屏蔽线，以增强抗干扰能力，线缆使用专线构建。所有走线都从楼宇的弱电线路单独敷设，走道上和人可触到的地方用 1 mm 厚金属线桥架，其他地方用 1 mm 厚 PVC 线管。室外广播馈电线应采用控制电缆、均采用 U • PVC 管埋地敷设在道路的两侧。地下管道在拐角处、过路的两端和进出建筑的地方应设置人（手）孔，引入建筑的地下管不应少于两条，其中至少一条做备用。布线全部采用金属管，并与放大线箱、分支分配器箱、广播接线箱和用户功放暗盒等采用焊接连接。电源走线要结合设备放置位置布线到位。

③ 在设计中普遍采用 1 mm^2 的导线为平面传输导线，采用 2×2.5 mm^2 多股平衡线为垂直传输导线。接地广播控制室设置保护接地和工作接地。对单触设置专用装置，接地电阻不大于 4 Ω，对接至共同接地网，接地电阻值不大于 1 Ω。

（3）给排水系统安装

① 消火栓系统。

消防水泵房内设消火栓泵两台、自动喷洒泵两台，水泵出水管经由室外两路供到室内消防环状管道。

室内管道形成上下环状。消火栓布置保证有两支水枪的充实水柱同时到达室内任何部位。单出口消火栓箱：箱内设有 DN=65 mm 消火栓一个，水龙带一条，DN=19 mm 水枪一支及消防和指示灯。

消火栓栓口高度为地面上 1.1 m。

② 自动喷水灭火系统。

系统设计所需压力为 0.45 MPa，水力警铃安装在报警阀外走廊处。

室外设有两套消防水泵接合器，由室外管路统一设计布置。

喷头选用：有吊顶的房间用下垂型喷头，喷头温度为 68℃。喷头溅水盘与顶板的距离不小于 75 mm 且不大于 150 mm。

（4）气体灭火系统设计

① 管道安装，对于公称直径小于或等于 80 mm 的管道应采用螺纹连接，对于公称直径大于 80 mm 的管道应采用法兰连接。喷嘴或管线均不得置于或经过高压设备与线路的上方。

② 管道采用镀锌无缝钢管，所有管道沿梁底吊架固定，喷头垂直地面安装，其安装高度

应根据吊顶高度或实际情况而定。

③ 管道穿过墙壁、楼板处应安装套管，管道与套管间应用柔性不燃烧材料填塞充实。

④ 管道支、吊架距离应符合表 6-7 所示的要求。

表 6-7　支、吊架之间的最大间距

管道公称直径（mm）	15	20	25	32	40	50	65	80	100	150
最大间距（m）	1.5	1.8	2.1	2.4	2.7	3.4	3.5	3.7	4.3	5.2

⑤ 灭火剂输送管道安装完毕后，其表面应涂红色油漆，并应进行水压强度（或气压强度）试验，试验压力为 6.3 MPa（气压为 5MPa），保压 5 min，检查管道各连接处应无滴漏，目测管道应无变形。

⑥ 灭火剂输送管道水压强度试验合格后，应用氮气或压缩空气进行吹扫，直至无铁锈、尘土、水渍及其他脏物出现。

⑦ 吹扫完毕后的管道，应进行气密性试验，试验压力为 4.2 MPa，保压 3 min，管道内压力降不得超过试验压力的 10%，且用肥皂水检查防护区外的管道连接处，应无气泡产生。

其他设计按照《火灾自动报警系统施工及验收规范》（GB 50166—2007）的规定执行。

6.3 消防系统的调试及验收

教师任务：结合实例，讲解消防系统调试及验收的程序和内容。

学生任务：通过分组学习，利用实训设备设计调试及验收方案，熟悉消防系统调试及验收的条件和要求，完成任务单，如表 6-8 所示。

表 6-8　任务单

序号	项　　目	内　　容
1	消防系统调试及验收规定	熟悉系统调试、验收的概念及规定
2	消防系统调试	了解系统调试阶段，掌握各子系统调试的内容及方法
3	消防系统验收	熟悉验收条件及各类验收表格，熟悉各系统的验收要求

消防系统在施工安装完成后，应对系统进行相应的调试及验收，并办理竣工验收和消防许可手续，方能投入运行。消防系统的调试是指对已经安装完毕的各个消防子系统，按照国家的各类消防系统验收规范和设计方案进行设备参数及组件的调整，使其满足消防需求的过程。消防系统的验收是在系统调试结束后交付使用前进行的一项重要工作，消防系统交工技术保证资料必须符合要求。

6.3.1　消防系统的调试及验收概述

1. 消防系统调试的一般规定

消防系统调试是指对于已经安装完成的各个消防子系统，按照消防工程有关的国家规范及设备的具体情况，对相关组件和设施的参数进行调整，使其性能达到国家有关消防规范及使用的要求，以便确保火灾发生时有效发挥作用的工作过程。

① 火灾自动报警系统调试前应满足《火灾自动报警系统施工及验收规范》（GB 50166—2007）规定的相关条件及调试必需的其他文件。

② 系统的调试应在建筑内部装修和系统施工结束后进行。

③ 调试单位在调试前应编制调试方案，并应按照调试方案进行调整。

④ 调试负责人必须由有资格的专业技术人员担任，所有参加调试人员应职责明确，并应按照调试程序工作。

⑤ 调试人员应按《火灾自动报警系统施工及验收规范》（GB 50166—2007）的要求填写调试记录并形成报告。

2. 消防系统验收的一般规定

消防工程验收是在施工质量得到有效监控的前提下，通过整个消防喷淋系统、消火栓系统、消防报警系统、防排烟系统、消防电梯、防火卷帘等的调试和观感质量检查，将质量合格的工程移交建设单位的验收过程。

① 火灾自动报警系统竣工后，在交付使用之前，建设单位应负责组织施工、设计、监理等单位进行验收。验收不合格不得投入使用。

② 对于分步投入使用的公共建筑，建设单位可按照以下顺序依次进行验收。

a. 共用消防设施、疏散走道、楼梯间等公共部位、投入使用部位的火灾自动报警系统、系统的消防联动功能，以及建筑内的电气火灾安全系统应进行验收并符合设计要求。

b. 其余部位可根据相应使用性质和投入使用时间进行分步验收。

③ 消防系统各子系统及其他相关系统的联动控制，其验收应在各系统功能满足现行相关国家标准要求的条件下进行。

④ 按设计文件的各项系统功能进行验收。系统验收前，应依据设计文件的要求，对火灾自动报警系统设备的配置情况进行符合性检查，并按《火灾自动报警系统施工及验收规范》（GB 50166—2007）的要求填写相应的记录。

⑤ 各项检验项目中如有不合格的，应修复或更换，并进行复验。复验时，对有抽验比例要求的，应加倍检验，如表 6-9 所示。

表 6-9　消防验收抽检复查内容

序号	系统及内容	抽查比例		操作次数
1	火灾报警控制器	≥5 台	全部	1～2
		6～10 台	5 台	
		≤10 台	30%～50%，不少于 5 台	
2	火灾探测器	≥100 只	10 只	—
		≤100 只	5%～10%，不少于 10 只	
3	室内消火栓	工作泵、备用泵	全部	1～3
		控制室内操作启、停泵	全部	1～3
		消火栓按钮启动泵	5%～10%	—
4	自动喷水灭火系统	工作泵、备用泵	全部	1～3
		控制室内操作启、停泵	全部	1～3
		水流指示器	10%～30%	—

续表

序号	系统及内容	抽查比例		操作次数
5	气体或泡沫等系统	人工启动和紧急切断	20%～30%	1～3
		联动控制设备	20%～30%	1～3
		喷放试验	一个保护区	—
6	电动防火卷帘门		10%～20%	—
7	通风空调、防排烟设备		10%～20%	—
8	消防电梯自动和人工控制		全部	1～2
9	消防广播	消防控制室选层广播	10%～20%	—
		公用扬声器强行切换	10%～20%	—
		备用扩音机控制功能	10%～20%	—
10	消防通信设备	对讲电话	全部	1～3
		电话插孔	5%～10%	—
		外线电话与“119台”	全部	1～3

6.3.2 消防系统调试

1. 消防系统调试概述

（1）消防系统调试的两个阶段

第一个阶段，各系统单独调试。各子系统（如通风、排烟、消防水系统）分别按照国家有关消防规范对其性能、指标及参数进行调试，通过模拟火灾方式实际测量其系统参数，直至达到规范及使用的要求为止。

第二个阶段，在各子系统已经完成自身系统调试工作并达到规范及使用的要求后，以自动报警联动系统为中心，按规范使用要求进行消防系统自动功能整体调试。

消防系统调试应按照两个阶段的内容先后进行，第一个阶段完成各系统专业调试的同时为第二个阶段的调试做好准备，第二个阶段主要以电气专业为主进行联动关系调试，其他专业配合。

（2）系统调试的内容

为保证火灾报警与自动灭火系统能安全可靠地投入运行，性能达到设计的技术要求，要进行一系列的调整试验工作。主要内容为线路测试、报警与灭火设备的单体功能试验和整个系统的联动调试。

2. 火灾自动报警系统设备调试

（1）报警控制器的调试

报警控制器单机开通前，先使机器处于空载运行状态，确定该控制器是否在运输和安装过程中损坏。开机后检查该控制器能否与探测器建立正常的通信状态，若有问题，应确定是线路故障还是探测器故障。

采用模拟火灾的办法，向探测器发出火灾信号，观察火灾报警情况；如果发生火灾，探测器应发出报警信号并启动探测器确认灯，报警控制器应能收到火灾报警信号并发出声光报警信号。

检查报警控制器是否发生故障，可采用使该控制器与探测器之间的连线断路或短路的办法，该控制器应能在 100 s 内发出与火灾报警系统有明显区别的声光故障信号。

（2）火灾探测器的现场检测

火灾报警系统联调结束后，应采用专用的检测仪器或模拟火灾的方法，对探测器逐个检测，探测器应能发出火灾报警信号。对于感烟探测器可采用点型感烟探测器对其感烟功能进行测试。一般探测器在加烟后 30 s 内火灾确认灯亮，表示探测器工作正常，否则不正常。

（3）碎玻按钮的调试

使用专用测试钥匙分别插入每个手动报警器进行试验，系统应能正确收到动作报警信号。

（4）讯响器的调试

从系统发出声光讯响器的鸣响信号，其对应的设备应鸣响。

（5）插孔的调试

检查每个电话插孔和每个座机电话，保证均能与消防中心保持清晰通话。

3. 消防广播系统调试

对消防中心至各对讲插件的电源线、音频线、信号线进行检查，对消防中心至各楼层的火灾应急广播音频线进行检查，若有问题应及时排除。

检查各楼层的对讲插件编码值是否与设计的接线端子表的编号值一致，防止在安装过程中出现接线错误。

在消防控制室与所有消防电话、电话插孔之间互相呼叫与通话，总机应能显示每部分机或电话插孔的位置，检查话音质量，呼叫铃声和通话语音应清晰，如果音频在某段区域出现与电线共管的情况或是对讲插件的音频接线出现问题，则会出现背景噪声较大的现象，需要分段测试确定具体部位并排除。

以手动方式在消防控制室对所有广播分区进行选区广播，对所有共用扬声器进行强行切换试验；应急广播应以最大功率输出。

4. 火灾应急照明及安全疏散指示系统调试

① 检查火灾应急照明及疏散指示灯的应急转换功能。如果交流电源供电故障，转换为应急电源工作的时间不大于 5 s。

② 检查应急工作时间及充放电功能。转入应急状态后，用时钟记录应急工作时间，用数字万用表测量工作电压。应急工作时间应不小于 90 min，灯具电池放电终止电压应不低于额定电压的 80%，并有过充电、过放电保护。

③ 应急照明照度测试。在应急状态下使应急照明灯打开 20 min，用照度计在通道中心线任意一点及消防控制室和发生火灾后仍需工作的房间测其照度。应急疏散照明的照度应大于 0.5 Lx，消防控制室照度应大于 150 Lx，消防水泵房、防排烟机房、自备发电机房等房间照度应大于 20 Lx，电话总机房照度应大于 75 Lx，配电房照明度应大于 30Lx。

④ 检查疏散指示照度。用照度计在灯前 1 m 处的通道中心点测其照度，其值应不小于 1 Lx。

5. 防火卷帘门系统调试

（1）机械部分调试

检查各台防火卷帘门的限位装置设置是否准确。设定限位（一步降、二步降的停止位置）位置。两步降落的防火卷帘门的一步降位置应在距地面 1.8m 位置，降落到地面位置应保证帘板底边与地面最大间距不大于 20 mm。

手动速放装置的试验。通过手动速放装置拉链下放防火卷帘门，帘板下降应顺畅，速度均匀，一步降停到底。

手动提升装置试验。通过手动拉链拉起防火卷帘门，拉起全程应顺利，停止后防火卷帘门应当靠其自重下降到底。

（2）电动部分调试

机械部分调试完毕后，应对电动部分进行调试。用控制按钮手动控制卷帘门的上升、下降、停止等操作试验，观察防火卷帘门的上升和下降过程是否通畅无阻，下降至限位处（限制开关设置处）时是否能自动计时停运，降落到底后是否反馈落地信号。

（3）自动功能调试

防火卷帘门自动控制方式分有源启动和无源启动两种。

无源启动的防火卷帘门可利用短路线分别短接中限位和下限位的远程控制端子，观察其下落是否顺畅，悬停的位置准确与否。同时用万用表实测中限位和下限位电信号的无源回答端子是否导通。

有源启动方式的防火卷帘门在自动方式调试时需要 24V 电源（可以用 24V 电池代替）为其远程控制端子供电以启动防火卷帘门，观察其下落是否顺畅，悬停的位置准确与否。同时用万用表实测中限位和下限位电信号的无源回答端子是否导通。

6. 防排烟系统的调试

① 排烟阀（口）的调试。采用手动方式或电气操作及调试排烟阀（口），过程应顺畅无卡阻现象；打开与关闭过程无异常现象。

② 风机的调试。采用手动方式启、停防排烟系统的各类风机，操作及运行应正常。

③ 联动控制的调试。在防排烟分区的感烟探测器模拟火灾信号，排烟阀（口）应及时动作，并反馈动作信号，排烟阀（口）动作后应自动启动相关的排烟风机和正压风机，同时自动停运相关范围的空调系统及其他送、排风机，反馈其动作信号。

7. 自动喷水灭火系统的调试

（1）水源调试

① 用压力表、皮托式流速测定管测定，并计算室外水源管道的压力和流量，应符合设计要求。

② 核实消防水池的容积和重力水箱的容积是否符合有关规范规定，是否有保证消防需水量的技术措施。

③ 核实水泵接合器的数量和供水能力是否能满足系统灭火的要求，并通过移动式消防水泵的供水试验予以验证。

（2）水压强度调试

① 水压强度试验前应对不能参与试压的设备、仪表、阀门及附件进行隔离或拆除。对于加设临时盲板应准确，盲板的数量、位置应确定，以便试验结束后拆除。

② 当系统设计压力小于或等于 1 MPa 时，水压强度试验压力应为设计工作压力的 1.5 倍，并不应低于 1.4 MPa；当系统设计工作压力大于 1 MPa 时，水压强度试验压力应为工作压力加上 0.4 MPa。同时，水压实验时应考虑实验时的环境温度，如果环境温度低于 5℃，水压试验应采取防冻措施。

③ 水压强度试验的测试点应设置在系统管网的最低点。对管网注水时，应将管网内的空气排净，并应缓慢升压，达到试验压力后稳压 30 min，观察管网应无泄漏和无变形现象，且压力降不应大于 0.05 MPa。

（3）水压严密性调试

试验压力应为设计工作压力，稳压 24 h，应无泄漏现象。

（4）喷淋系统消防水泵的调试

① 喷淋泵功能调试。调试前应确保气压罐已安装、充气合格，远传压力表安装合格，控制线连接到位。

在消防水泵房内通过开闭阀门将喷淋泵出水和回水构成循环回路，保证试验时启动喷淋泵不会对管网造成超压。

将喷淋泵装置转换成手动状态，通过喷淋泵控制装置手动按钮启动主泵，通过钳型电流表测量启动电流，通过秒表记录水泵从启动到正常出水运行的时间，该时间不应大于 5 min。

主泵运行后观察主泵控制装置上的启动信号灯是否正常，水泵运行时是否有周期性噪声发出，水泵基础连接是否牢固，通过转速仪测量实际转速是否与水泵额定转速一致，通过喷淋泵控制装置上的停止按钮停止消防水泵。

备用泵的测试步骤同上。

② 备用泵自动投入试验。将启动主泵接触器的主触头电源摘除，启动主泵，观察主泵启动失败后备用泵是否自动投入启动直至正常运行。

③ 喷淋泵自动启动试验。备用泵自动启动试验结束后，将喷淋泵控制装置转换到自动状态。鉴于喷淋泵本身属于重要被控设备的性质，因此一般需要进行两路控制，即总线制控制（通过编码模块）和多线制直接启动。

总线制调试可利用 24 V 电源带动相应 24 V 中间继电器线圈，观察主继电器是否吸合，同时用万用表测量消防水泵控制柜中相应的泵运行信号回答端子（无源）是否导通；多线制直接启动调试可利用短路线短接消防水泵远程启动端子（注意强电 220 V），观察主继电器是否吸合，同时用万用表测量消防水泵直接启动信号回答端子（无源或有源 220 V）是否导通。

④ 备用电源切换试验，若主电源被切断，备用电源自动投入后，喷淋泵应在 1.5 min 内投入正常运行。

（5）报警阀性能调试

① 湿式报警阀。

调试湿式报警阀时，打开试水装置后，报警阀应及时启动；带延时器的水力警铃应在干湿式报警阀 5～90 s 内发出报警铃声，不带延时器的水力警铃应在 15 s 内发出报警铃声；压力开关应及时动作，并反馈信号。

② 干式报警阀。

调试干式报警阀时，打开试水装置后，报警阀的启动时间、启动点压力、水流到试验装置出口所需的时间均应符合设计要求。

③ 干湿式报警阀。

调试干湿式报警阀时，当把差动型报警阀上室和管网的空气压力降至供水压力的 1/8 以下时，试水装置处应能连续出水，水力警铃应发出报警信号。

（6）水流指示器调试

启动自动喷水灭火系统的末端试水装置，通过万用表测量水流指示器输出信号端子（动作时应为导通状态)，利用秒表测量在末端试水装置放水后 5～90 s 内水流指示器是否发出动作信号。若水流指示器未发出动作信号，则应检查水流指示器的桨叶是否打开，方向是否正确，微动开关是否连接可靠，与联动机构接触是否可靠。调试工作期间系统稳压装置应正常工作。

（7）信号蝶阀调试

调试信号蝶阀时可用万用表检验。确定信号蝶阀开关是否到位、顺畅，同时在信号蝶阀处于打开状态时其电信号输出端子应为开路；当信号蝶阀处于关闭状态时其电信号回答端子应为短路。

8. 消火栓系统调试

（1）水源测试

消火栓系统水源测试与自动喷水灭火系统水源测试相同。

（2）水压强度试验

消火栓系统水压强度测试与自动喷水灭火系统水压强度测试相同。

（3）严密性试验

消火栓系统在进行完水压强度试验后应进行系统水压严密性试验。试验压力应为设计工作压力，稳压 24 h，且应无泄漏现象。

（4）工作压力设定

消火栓系统在系统水源测试、水压强度试验及严密性试验结束后对稳压设施进行压力设定。稳压设施的稳压值应保证最不利点消火栓的静压力值满足设计要求。当设计无要求时最不利点消火栓的静压力值不小于 0.2 MPa。

（5）静压测量

消火栓系统工作压力设置完毕后，应对室内的消火栓栓口静水压力和消火栓栓口的出水压力进行测量，静水压力≤0.8 MPa，出水压力≤0.5 MPa。若测量结果大于以上数值，则应采用分区供水或增设减压装置（如减压阀等），使静水压力和出水压力满足要求。

（6）消防水泵调试

① 消防水泵主泵及备用泵调试。

调试前在消防水泵房内通过开闭有关阀门将消防水泵出水和回水构成循环回路，保证试验时启动消防水泵不会对消防管网造成超压。

将消防水泵控制装置转换成手动状态，利用消防水泵控制装置手动按钮启动主泵，使用钳型电流表测量启动电流，使用秒表记录水泵从启动到正常出水运行的时间，该时间不应大于 5 min，若启动时间过长，应调节启动装置内的时间继电器，减少降压过程的时间。

主泵运行后观察主泵控制装置上的启动信号灯是否正常。水泵运行时是否有周期性噪声发出，水泵基础连接是否牢固，通过转速仪测量实际转速是否与水泵额定转速一致，利用消防水泵控制装置上的停止按钮停止消防水泵。

调试备用泵的过程与调试主泵的过程一致，应确保备用泵在主泵发生故障后能自动投入工作。

② 消防水泵自动启动试验。

将消防水泵控制装置转换到自动状态，由于消防水泵本身属于重要被控设备，因此一般需要进行两路控制，即总线制控制（通过编码模块）和多线制直接启动。

总线制控制调试可利用 24 V 电源带动相应 24 V 中间继电器线圈，观察主继电器是否吸合，同时用万用表测量消防水泵控制柜中相应的泵运行信号回答端子（无源）是否导通。

多线制直接启动调试可利用短路线短接消防泵远程启动端子（注意强电 220 V），观察主继电器是否吸合，同时用万用表测量泵直接启动信号回答端子（无源或有源 220 V）是否导通。

③ 对双电源自动切换装置实施自动切换，测量备用电源相序与主电源相序是否一致。若主电源被切断，备用电源自动投入后，消防泵应在 1.5 min 内投入正常运行。

9. 气体灭火系统调试

（1）系统模拟喷气试验

选任一防护区，选择相应数量充有氮气或压缩空气的储存容器取代灭火剂储瓶进行试验。试验时，将防护区门窗打开，关断有关灭火剂储存容器上的驱动器，装上相应的指示灯泡、压力表等，打开控制柜电源并将控制开关板调向“自动”或“手动”位置，用火灾探测器试验器对火灾探测器加烟、加温信号使其报警，直至启动灭火系统，喷射出氮气或压缩空气。气体灭火系统接到两个灭火指令后应能正常启动，试验气体能正常从防护区的每个喷口射出，在报警、喷射的各阶段，防护区有声光报警信号。消防联动控制设备接到控制指令应立即启动或关闭风机、防排烟阀、通风空调设备，切断火场电源，声光报警应按程序规定动作。用秒表测定系统延时时间应在 30s 内，灭火剂释放显示灯应正常。

（2）对所有气体灭火装置逐一进行调试

首先按下手动报警按钮，观察警铃、蜂鸣器和闪灯是否都正常动作，电动气阀是否动作，消防中心是否接到火警信号，再利用探测器测试，观察警铃响不响，消防中心是否接到报警信号（注意事先要确认已关闭好气体）。

10. 空调机、发电机及电梯的电气调试

对空调机的调试要求是发生火警时空调机应能有效停止，对发电机的调试要求是应能在发生火警时立即自动运行，而电梯的调试要求是观察电梯能否立即降到底层。

（1）空调机的电气调试

发生火警时，为避免火焰和烟气通过空调系统进入其他空间，需要立即停止空调的运行。一般情况下，除要求通过总线制控制外有时还需要多线制直接控制，以便更可靠地将其停止。

（2）发电机的电气调试

发电机的电气调试主要是观察其在市电停止后能否立即自动发电，同时要求其启动回答信号能反馈到消防报警控制器上，该回答信号可通过万用表实测其电信号回答端子获得。

（3）电梯的电气调试

电梯的电气调试需要通过对其远程端子的控制，使电梯能立即降到底层，在此期间任何呼救命令均无效。同时当电梯降到底层后，相应的电信号回答端子导通，可通过万用表实测以便确认。

11. 火灾自动报警及联动系统调试

当各子系统分别调试完成后，最后要进行火灾自动报警及联动系统的整机调试，这也是整个消防系统调试最后也是最关键的步骤。火灾自动报警及联动系统的调试主要有两部分内容：一是自动报警系统自身器件的连接、登录、联动关系的编制及输入；二是模拟火灾信号

检查各系统是否按照编制的逻辑关系执行。

（1）调试前准备

① 按设计要求查验设备的规格、型号、数量、配件等，查验应用的仪表、仪器应经计量部门检验合格，并在有效期内；查对各种记录的文表是否齐全。

② 应按《火灾自动报警系统施工及验收规范》（GB 50166—2007）的要求检查工程施工质量，若有问题应及时同有关单位协商解决并形成书面报告。

③ 检查系统线路是否有错线、开路、虚焊、短路等现象，若有故障应及时处理。

④ 对系统中的火灾报警控制器、可燃气体报警控制器、消防联动控制器、气体灭火控制器、消防电气控制装置、消防设备应急电源、消防应急广播设备、消防电话、传输设备、消防控制中心图形显示装置、消防电动装置、防火卷帘控制器、区域显示器（火灾显示盘）、消防应急灯具控制装置、火灾警报装置等设备分别进行单机通电检查，确保功能正常后才可以进行系统调试。

（2）自动报警系统自身器件的连接

首先要完成火灾自动报警系统中的探测器、手动报警按钮、消火栓手动报警按钮、输入模块、输出模块、复示器、区域机等设施的连接。

（3）地址编码及登录

地址编码及登录的步骤如下。

① 先按设备所设置的部位、编号，对火灾探测器、手动报警按钮、消火栓手动报警按钮、输出/输入模块、联动控制模块等火灾报警与联动器件进行地址编码。

② 进行联动控制逻辑关系的编制。

③ 按消防要求将地址编码及联动控制逻辑关系登录至报警控制器。报警控制器将逐点注册外接设备，显示注册结果。注意在编码、编程、登录和调试时，应按火灾报警控制器的产品说明和技术资料的要求进行。

为便于施工安装和系统调试，一般可先行将报警与联动器件的地址编码、名称、类型等参数标注在图纸中的器件附件；同时也可将报警与联动器件的地址编码、名称、类型等参数汇集成表，以便在安装和调试中查阅和登录。

（4）系统联调

各消防系统、设备、器件分别调试完毕后，即可进行火灾自动报警与联动系统的联合调试。调试步骤如下。

① 先通过模拟火灾信号，检查火灾探测器、手动报警按钮等火灾报警系统是否工作正常，报警控制器显示的地址编码、名称、类型等参数应准确无误。

② 通过模拟火灾信号或其他方式，逐个检查各消防联动系统（主要有消火栓灭火系统、自动喷水灭火系统、防排烟系统、防火卷帘门装置、电源与电梯强切装置、气体灭火系统等）联动控制逻辑关系的动作对象与顺序，并满足设置要求和消防规范要求，各类反馈信号应指示正常，地址编码显示正确，声光报警音调正常。

6.3.3 消防系统验收

消防系统竣工后，必须进行验收，验收工作应在公安消防监督机构监督下，由建设单位组织，质检、设计、施工、监理等单位参加，组成验收小组共同参与验收工作，若发现问题及时协商解决，验收不合格的不应投入使用。

1. 消防系统的验收条件

（1）消防系统验收的两个步骤

① 在消防系统开工之初对消防系统进行的审核审批。

② 当消防系统竣工后进行的消防验收。

（2）新建、改建、扩建及用途变更的建筑工程项目审核审批条件

建设单位应到当地公安消防机构领取并填写《建筑消防设计防火审核申报表》，如表 6-10 所示；设有自动消防设施的工程，还应领取并填写《自动消防设施设计防火审核申报表》，并报送以下资料。

① 建设单位上级或主管部门批准的工程立项、审查、批复等文件。

② 建设单位申请报告。

③ 设计单位消防设计专篇（说明）。

④ 工程总平面图、建筑设计施工图。

⑤ 消防设施系统、灭火器配置设计图纸及说明。

⑥ 与防火设计有关的采暖通风、防烟排烟、防爆、变配电设计图及说明。

⑦ 审核中需要涉及的其他图纸资料及说明。

⑧ 重点工程项目申请办理基础工程提前开工的，应报送消防设计专篇、总平面布局及书面申请报告等材料。

⑨ 建设单位应将报送的图纸资料装订成册（规格 A4）。

表 6-10　建筑消防设计防火审核申报表

<table>
<tr><td>工 程 名 称</td><td colspan="3"></td><td>预计开工时间</td><td colspan="2"></td></tr>
<tr><td>工程地点</td><td colspan="3"></td><td>预计竣工时间</td><td colspan="2"></td></tr>
<tr><td>单位类别</td><td colspan="2">单 位 名 称</td><td>负 责 人</td><td>联 系 人</td><td colspan="2">联 系 电 话</td></tr>
<tr><td>建设单位</td><td colspan="2"></td><td></td><td></td><td colspan="2"></td></tr>
<tr><td>设计单位</td><td colspan="2"></td><td></td><td></td><td colspan="2"></td></tr>
<tr><td>施工单位</td><td colspan="2"></td><td></td><td></td><td colspan="2"></td></tr>
<tr><td>使用类别</td><td colspan="6">1.饭店、旅馆；2.公寓、住宅；3.体育场（馆）、俱乐部、影剧院；4.办公、科研、医院；5.商业、金融；6.交通、通信枢纽；7.甲、乙类厂房；8.甲、乙类库房；9.丙类厂房；10.丙类库房；11.丁、戊类厂房；12.丁、戊类库房；13.油罐站、管线；14.气罐站、管线；15.高级综合建筑；16.一般综合建筑；17.其他</td></tr>
<tr><td>工 程 性 质</td><td>工 程 类 别</td><td>投 资 方 式</td><td>总投资（概算）</td><td>水　源</td><td colspan="2">进 水 管</td></tr>
<tr><td rowspan="3">国家直属
省属
市属
县（市、区）属
私　营</td><td rowspan="3">新建
改建
扩建
改变用途</td><td rowspan="3">中资
合资
外资</td><td>万元</td><td rowspan="3">市政
河流
湖泊
深井
水池
无</td><td>数量
（条）</td><td>管径
(mm)</td></tr>
<tr><td>消防投资
（概算）</td><td rowspan="2"></td><td rowspan="2"></td></tr>
<tr><td>万元</td></tr>
<tr><td>电力负荷等级</td><td colspan="6">电　源　情　况</td></tr>
<tr><td>一级负荷
二级负荷
三级负荷</td><td colspan="6">1.一路供电；2.二回路供电；3.二路供电；4.三路供电；5.一路供电、自备发电；6.二回路供电、自备发电；7.二路供电、自备发电；8.三路供电、自备发电</td></tr>
</table>

续表

单　位 建筑名称	结构类型	耐火等级	层数（层）		高　度	建筑面积	占地面积	火灾危险性
	砖木 混合 钢筋混凝土 钢结构 其他	一级 二级 三级 四级	地 上	地 下	m	m^2	m^2	甲 乙 丙 丁 戊

储罐情况					
储罐位置					
储罐类型			储存物状态		
1.桶装、瓶装；2.内浮顶罐；3.水槽式罐；4.浮顶罐；5.球型罐；6.拱顶罐；7.卧式罐　8.其他			1.可燃液体；2.易燃液体；3.可燃气体；4.助燃气体；5.气体；6.可燃固体；7.其他		
储罐材质	储存形式	储存工作压力	储存温度	储存物	
1.钢；2.砼；3.硅；4.洞穴	半地下 地上 地下	高压 常压 低压	低温 常温 降温		
罐体几何容积	m^3	罐区几何容积	m^3	储罐直径（m）	

防火及疏散系统				
设施名称	有无状况	设施名称	有无状况	
疏散指示标志	1.有；2.无	防火门	1.有；2.无	
消防电源	1.有；2.无	防火卷帘	1.有；2.无	
应急照明	1.有；2.无	消防电梯	1.有；2.无	

消防供水系统				
产品名称	有无状况	产品名称	有无状况	
室内消火栓	1.有；2.无	水泵接合器	1.有；2.无	
室外消火栓	1.有；2.无	气压水罐	1.有；2.无	
消防水泵	1.有；2.无	稳压泵	1.有；2.无	

通风空调系统				
产品名称	有无状况	产品名称	有无状况	
风　机	1.有；2.无	防火阀	1.有；2.无	

防排烟系统				
部　位	系统方式	产品名称	有无状况	
防烟楼梯间		防火阀	1.有；2.无	
前室及合用前室		送风机	1.有；2.无	
走　道		排烟阀	1.有；2.无	
房　间		排烟机	1.有；2.无	
系统方式：1.自然排烟；2.机械排烟；3.送风排烟；4.正压送风；5.通风兼排烟				

火灾自动报警系统				
系统有无状况：1.有；2.无			设置部位	
形式	控制中心报警 集中报警 区域报警	应急广播系统有无状况 1.有；2.无	应急照明和疏散诱导系统有无状况 1.有；2.无	

自动灭火系统				
系统名称及有无状况：1.有；2.无				
自动喷水灭火系统		蒸气灭火系统		
卤代烷灭火系统		干粉灭火系统		
二氧化碳灭火系统		消控室	设置位置	
泡沫灭火系统		消控室	面　积	m^2
氮气灭火系统		消控室	耐火等级	

灭火器配置设计						
火灾配置场所类别				1.A类；2.B类；　3.C类		
危险等级	1.严重危险；2.中危险；3.轻危险					
选择类型	1.清水	2.酸碱	3.干粉	4.化学泡沫	5.二氧化碳	6.其他
数量						

工程简要说明

（3）建筑工程消防验收条件

建筑工程验收由申请消防验收的单位到当地公安消防机构领取并填写《建筑工程消防验收申报表》，如表 6-11 所示，并报送以下资料。

① 公安消防机构下发的《建筑工程消防设计审核意见书》复印件。

② 防火专篇。

③ 室内、室外消防给水管网和消防电源的竣工资料。

④ 具有法定资格的监理单位出具的《建筑消防设施质量监理报告》。

⑤ 具有法定资格的检测单位出具的《建筑消防设施检测报告》（只有室内消火栓且无消防水泵房系统的建筑不做要求）。

⑥ 主要建筑防火材料、构件和消防产品合格证明。

⑦ 电气设施消防安全检测报告。

⑧ 建设单位应将报送的图纸资料装订成册（规格 A4）。

表 6-11　建筑工程消防验收申报表

<table>
<tr><td>建设单位</td><td colspan="4"></td><td>法定代表人/主要负责人</td><td></td><td>联系电话</td><td></td></tr>
<tr><td>工程名称</td><td colspan="4"></td><td>联系人</td><td></td><td>联系电话</td><td></td></tr>
<tr><td>工程地址</td><td colspan="5"></td><td>使用性质</td><td colspan="2"></td></tr>
<tr><td>类　别</td><td colspan="8">□新建　□扩建　□改建（□装修　□建筑保温　□改变用途）</td></tr>
<tr><td colspan="3">《建设工程消防设计审核意见书》文号</td><td colspan="4"></td><td>审核日期</td><td></td></tr>
<tr><td>单位类别</td><td colspan="4">单位名称</td><td>资质等级</td><td>法定代表人/主要负责人</td><td>联系人</td><td>联系电话</td></tr>
<tr><td rowspan="2">设计单位</td><td colspan="4"></td><td></td><td></td><td></td><td></td></tr>
<tr><td colspan="4"></td><td></td><td></td><td></td><td></td></tr>
<tr><td rowspan="4">施工单位</td><td colspan="4"></td><td></td><td></td><td></td><td></td></tr>
<tr><td colspan="4"></td><td></td><td></td><td></td><td></td></tr>
<tr><td colspan="4"></td><td></td><td></td><td></td><td></td></tr>
<tr><td colspan="4"></td><td></td><td></td><td></td><td></td></tr>
<tr><td>监理单位</td><td colspan="4"></td><td></td><td></td><td></td><td></td></tr>
<tr><td rowspan="2">单体建筑名称</td><td rowspan="2">结构类型</td><td rowspan="2">耐火等级</td><td colspan="2">层　数</td><td rowspan="2">建筑高度（m）</td><td rowspan="2">占地面积（m²）</td><td colspan="2">建筑面积（m²）</td></tr>
<tr><td>地上</td><td>地下</td><td>地上</td><td>地下</td></tr>
<tr><td></td><td></td><td></td><td></td><td></td><td></td><td></td><td></td><td></td></tr>
<tr><td></td><td></td><td></td><td></td><td></td><td></td><td></td><td></td><td></td></tr>
<tr><td rowspan="3">储罐</td><td>设置位置</td><td colspan="4"></td><td colspan="2">总容量（m³）</td><td></td></tr>
<tr><td>设置型式</td><td colspan="7">浮顶罐（□外　□内）　□固定顶罐　□卧式罐
球形罐（□液体　□气体）　可燃气体储罐（□干式　□湿式）　□其他</td></tr>
<tr><td>储存形式</td><td colspan="3">□ 地上　□ 半地下　□ 地下</td><td>储存物质名称</td><td colspan="3"></td></tr>
<tr><td>堆场</td><td>储　量</td><td colspan="3"></td><td>储存物质名称</td><td colspan="3"></td></tr>
<tr><td rowspan="2">□建筑保温</td><td>材料类别</td><td colspan="4">□A　□B1　□B2</td><td>保温层数</td><td colspan="2"></td></tr>
<tr><td>使用性质</td><td colspan="4"></td><td>原有用途</td><td colspan="2"></td></tr>
<tr><td rowspan="3">□装修工程</td><td>装修部位</td><td colspan="7">□顶棚　□墙面　□地面　□隔断　□固定家具　□装饰织物　□其他</td></tr>
<tr><td>装修面积（m²）</td><td colspan="4"></td><td>装修层数</td><td colspan="2"></td></tr>
<tr><td>使用性质</td><td colspan="4"></td><td>原有用途</td><td colspan="2"></td></tr>
</table>

续表

<table>
<tr><td colspan="4">竣 工 验 收 情 况</td></tr>
<tr><td>验 收 内 容</td><td>验 收 情 况</td><td>验 收 内 容</td><td>验 收 情 况</td></tr>
<tr><td>□建筑类别</td><td></td><td>□室内消火栓系统</td><td></td></tr>
<tr><td>□总平面布局</td><td></td><td>□自动喷水灭火系统</td><td></td></tr>
<tr><td>□平面布置</td><td></td><td>□其他灭火设施</td><td></td></tr>
<tr><td>□消防水源</td><td></td><td>□防排烟系统</td><td></td></tr>
<tr><td>□消防电源</td><td></td><td>□安全疏散</td><td></td></tr>
<tr><td>□装修防火</td><td></td><td>□防烟分区</td><td></td></tr>
<tr><td>□建筑保温</td><td></td><td>□消防电梯</td><td></td></tr>
<tr><td>□防火分区</td><td></td><td>□防爆</td><td></td></tr>
<tr><td>□室外消火栓系统</td><td></td><td>□灭火器</td><td></td></tr>
<tr><td>□火灾自动报警系统</td><td></td><td>□其他</td><td></td></tr>
<tr><td colspan="2">设计单位确认：

（设计单位印章）
年　月　日</td><td colspan="2">施工单位确认：

（施工单位印章）
年　月　日</td></tr>
<tr><td colspan="2">监理单位确认：

（监理单位印章）
年　月　日</td><td colspan="2">建设单位确认：

（建设单位印章）
年　月　日</td></tr>
<tr><td colspan="4">同时提交的材料：
□ 1.工程竣工验收报告；
□ 2.有关消防设施的工程竣工图纸，数量：______份（大写）；
□ 3.消防产品质量合格证明文件；
□ 4.具有防火性能要求的建筑构件、建筑材料（含建筑保温材料）、装修材料符合国家标准或行业标准的证明文件、出厂合格证，数量：_______份（大写）；
□ 5.消防设施检测合格证明文件；
□ 6.施工、工程监理、检测单位的合法身份证明和资质等级证明文件；
□ 7.建设单位的工商营业执照等合法身份证明文件；
□ 8.法律、行政法规规定的其他材料</td></tr>
<tr><td colspan="4">其他需要说明的情况</td></tr>
</table>

（4）办理时限

① 建筑防火审批时限。一般工程为七个工作日、重点工程及设置建筑自动消防设施的建筑工程为十个工作日、工程复杂需要组织专家论证的为十五个工作日内签发《建筑工程消防设计审核意见书》。

② 建筑工程验收时限。五个工作日内对建筑工程进行现场验收，并在五个工作日内下发《建筑工程消防验收意见书》。

（5）消防系统交工技术保证资料

消防系统交工技术保证资料是消防系统交工检测验收中的重要部分，也是保证消防设施质量的一种有效手段，常用的有关保证资料内容包括：消防监督部门的建审意见书、图纸会审记录、设计变更、竣工图纸、系统竣工表、主要消防设备的形式检验报告。

需要上述文件的设备主要有：火灾自动报警设备（包括探测器、控制器等）、室内外消火栓（各种喷头、报警阀、水流指示器等）、气压稳压设备、消防水泵、防火门和防火卷帘门、防火阀、消防水泵接合器、疏散指示灯、其他灭火设备（如二氧化碳等）。

① 主要设备及材料的合格证。除此上述设备外，各种管材，电线、电缆及难燃、不燃材料应有相关检测报告，钢材应有材质化验单等。

② 隐蔽工程记录。

隐蔽工程记录应有施工单位、建设单位的代表签字及上述单位公章方可生效。主要隐蔽工程记录如下：自动报警系统管路敷设隐蔽工程记录；消防管网隐蔽工程记录（包括水、气体、泡沫等系统）；消防供电、消防通信管路隐蔽工程记录；接地装置隐蔽工程记录。

③ 系统调试报告（包括火灾自动报警、水、气体、泡沫、二氧化碳等系统）。

④ 接地电阻测试记录。

⑤ 绝缘电阻测试记录。

⑥ 管道系统试压记录（包括自动喷水、气体、泡沫、二氧化碳等系统）。

⑦ 消防管网水冲洗记录（包括自动喷水、气体、泡沫、二氧化碳等系统）。

⑧ 接地装置安装记录。

⑨ 电动门及防火卷帘调试及安装记录。

⑩ 消防广播系统调试记录。

⑪ 消防水泵安装记录。

⑫ 风机安装记录。

⑬ 风机、消防水泵运行记录。

⑭ 消防电梯安装记录。

⑮ 自动喷水灭火系统联动试验记录。

⑯ 防排烟系统调试及联动试验、试运行记录。

⑰ 气体灭火管网冲洗、试压记录。

⑱ 气体灭火联动试验记录。

⑲ 泡沫液储罐的强度和严密性试验记录。

⑳ 阀门的强度和严密性试验记录。

2. 消防系统验收

（1）火灾探测器的检测验收

① 火灾探测器应按实际安装数量分不同情况抽验。实际安装数量在 100 只以下的，抽验 20 只；实际安装数量超过 100 只的，按每个回路 10%～20%的比例进行抽验，但抽验总数应不少于 20 只；被抽验的火灾探测器的功能均应正常。

② 火灾探测器应能输出火警信号且报警控制器所显示的位置应与该探测器安装位置一致。

③ 火灾探测器的安装质量应符合下列要求。

火灾探测器周围 0.5 m 内不应有遮挡物；探测器至墙壁、梁边的水平距离不应小于 0.5 m。

火灾探测器至空调送风口边的水平距离不应小于 1.5 m；至多孔送风顶棚孔口的水平距离不应小于 0.5 m。

火灾探测器至照明灯具的水平净距离不小于 0.2 m，感温探测器至高温光源（碘钨灯、100 W 以上的白炽灯）的净距离不小于 0.5 m。

火灾探测器至电风扇的净距离不小于 1.5 m，火灾自动喷水灭火系统喷头的距离不小于 0.3 m。

对防火卷帘门、电动防火门起联动作用的火灾探测器应安装在距离防火卷帘门、电动防火门 1～2 m 的适当位置。

在宽度小于 3 m 的内走道顶棚上设置火灾探测器时，应居中布置，感温探测器的安装间距不应超过 l0 m，感烟探测器的安装间距不应超过 15 m，火灾探测器至墙距离不应大于其安装距离的一半。

火灾探测器的保护半径及梁对它的影响应满足规范要求。

火灾探测器宜水平安装，当必须倾斜安装时，倾斜角不应大于 45°。

火灾探测器的确认灯应面向便于人员观察的主要入口方向。

火灾探测器底座的外接导线应留有不小于 15 cm 的裕量。

（2）火灾报警控制器的功能检测验收

① 能够直接或间接地接收来自火灾探测器及其他火灾报警触发器件的火灾报警信号，发出火灾报警声光信号，指示火灾发生的部位，记录火灾报警时间，并予以保持，直至手动恢复。

② 火灾报警控制器应能对其面板上的所有指示灯、显示器进行功能检查。

③ 消音、复位功能。通过【消音】键消音，通过【复位】键整机复位。

④ 火灾报警控制器内部，火灾报警控制器和火灾探测器、火灾报警控制器和火灾报警信号作用的部件间发生以下故障时，应能在 100s 内发出与火灾报警信号有明显区别的声光故障信号。

a. 火灾报警控制器和火灾探测器、手动报警按钮及传输火灾报警信号功能的部件间连接线断线、短路（短路时发出火灾报警信号除外）应能报警并指示其部位。

b. 火灾报警控制器和火灾探测器或连接的其他部件间连接线的接地，能够显示出妨碍火灾报警控制器正常工作的故障并指示其部位。

c. 火灾报警控制器与位于远处的火灾显示盘间连接线的断线、短路应进行故障报警并指示其部位。

d. 火灾报警控制器的主电源欠压时应报警并指示其类型。

e. 给备用电源充电的充电器和备用电源之间连接线断线、短路时应报警并指示其类型。

f. 备用电源与其负载之间的连接线断线、短路或由备用电源单独供电时，其电压不足以确保火灾报警控制器正常工作时，应报警并指示其类型。

g.（联动型）输入/输出模块连接线断线、短路时应报警。

⑤ 消防联动控制设备在收到火灾信号后应在 3 s 内发出联动动作信号，特殊情况需要延时时最长延时不应超过 10 min。

⑥ 当火灾和故障报警同时发生时，火警应优先于故障报警。模拟故障报警之后再模拟火灾报警，观察控制器上火警与故障报警哪个优先。

⑦ 火灾报警控制器应有能显示或记录火灾报警时间的计时装置，其日计时误差不超过 30 s；仅使用打印机记录火灾报警时间时，应能打印出月、日、时、分等信息。

⑧ 当主电源断电时能自动转换至备用电源；当主电源恢复时，能自动转换至主电源；主

备电源工作状态应有指示，主电源应有过流保护措施。

⑨ 主电源应能在最大负载下连续正常工作 4 h，按照下列最大负荷计算主电源容量是否满足最大负荷容量。

报警控制器最大负载：火灾报警控制器容量不超过 10 个构成单独部位号的回路时，所有回路均处于报警状态；火灾报警控制器容量超过 10 个构成单独部位号的回路时，20%的回路（不少于 10 个回路，但不超过 30 个回路）处于报警状态。

所连接的输入/输出模块的数量不超过 50 个时，所有模块均处于动作状态；所连接的输入/输出模块的数量超过 50 个时，20%的模块（但不少于 50 个）均处于动作状态。

⑩ 当采用蓄电池时，电池容量应可以提供火灾报警控制器在监视状态下工作 8h，在以下情况正常工作 30 min；或者采用蓄电池容量测试仪测量蓄电池容量，然后计算报警器与联动控制器容量之和是否小于或等于所测蓄电池容量，以便确定是否合理。

a. 报警控制器。火灾报警控制器容量不超过 4 回路时，处于最大负载条件下；火灾报警控制器容量超过 4 回路时，1/15 回路（不少于 4 回路，但不超过 30 回路）处于报警状态。

b. 联动控制器。所连接的输入/输出模块的数量不超过 50 个时，所有模块均处于动作状态；所连接的输入/输出模块的数量超过 50 个时，20%的模块（但不少于 50 个）均处于动作状态。

⑪ 火灾报警控制器应能够在额定电压（220 V）的+10%～−15%范围内可靠工作，其输出直流电压的电压稳定度（在最大负载下）及负载稳定度应不大于 5%。采用稳压电源提供 220 V 交流标准电源，通过自耦调压器分别调出 242 V 和 187 V 两种电源电压，在这两种电源电压下分别测量控制器的 5 V 和 24 V 直流电压变化。

（3）火灾报警控制器安装质量检查规定

① 火灾报警控制器应有保护接地并接地标志明显。

② 火灾报警控制器的主电源应为消防电源，且引入线应直接与消防电源连接，禁止使用电源插头。

③ 当采用专用接地装置时，工作接地电阻值不应大于 4 Ω；当采用公用接地装置时，接地电阻值不应大于 1 Ω，并应用专用接地干线从消防控制室引至接地体。专用接地干线应采用铜芯绝缘导线或电缆，其芯线截面积不应小于 16 mm^2。

④ 由消防控制室接地板引至各消防电子设备的专用接地线应选用铜芯塑料绝缘导线，其芯线截面积不应小于 4 mm^2。

⑤ 集中报警控制器安装尺寸。正面操作距离，当设备单列布置时不应小于 1.5 m；双列布置时不应小于 2 m。当其中一侧靠墙安装时，另一侧距离不应小于 1 m。需从后面检修时，其后面板至墙的距离应不小于 1 m。在值班人员经常工作的一面，至墙的距离不应小于 3 m。

⑥ 区域控制器安装尺寸。安装在墙上时，其底边距地面的高度不应小于 1.5 m，且操作方便；靠近门轴的侧面距墙不应小于 0.5 m；而正面操作距离不应小于 1.2 m。

⑦ 盘、柜内配线整齐、清晰，绑扎成束，避免交叉；导线线号清晰，导线预留长度不小于 20 cm。报警线路连接导线清晰，端子板的每个端子其接线不得多于两根。

（4）火灾应急广播的检测验收

① 火灾应急广播设备的抽检，应按实际安装数量的 10%～20%进行功能试验，试验项目包括：在消防控制室选层广播；公用的扬声器强行切换试验；备用扩音机控制功能试验。

② 扬声器应符合下列规定：民用建筑内扬声器应设置在走道和大厅等公共场所。从一个

防火分区的任何部位到最近一个扬声器的距离不大于 25 m，走道内最后一个扬声器至走道末端的距离不应大于 12.5 m；扬声器的额定功率不应小于 3 W，能正常工作；在环境噪声大于 60 dB 的场所设置的扬声器，在其播放范围内最远点的播放声压级应高于背景噪声 15 dB。

③ 火灾广播接通顺序：当 2 层及 2 层以上楼层发生火灾时，应先接通火灾层及其相邻的上、下层；当首层发生火灾时，应先接通本层、2 层及地下各层；当地下室发生火灾时，应先接通地下各层及首层。若首层与 2 层有大共享空间时应包括 2 层。

（5）消防通信设备的检测验收

消防通信设备的检验功能应正常，语音应清楚，且应符合下列要求。

① 消防控制室与设备间所设的对讲电话进行 1～3 次通话试验。

② 电话插孔按实际安装数量的 5%～10%进行通话试验。

③ 消防控制室的外线电话与 119 台进行 1～3 次通话试验。

（6）疏散指示灯的检测验收

① 疏散指示灯的指示方向与实际疏散方向一致，墙上安装时安装高度应在 1 m 以下且间距不宜大于 20 m，人防工程不宜大于 10 m。

② 疏散指示灯的照度不应低于 0.5 Lx，人防工程不低于 1 Lx。

③ 疏散指示灯采用蓄电池作为备用电源时，其应急工作时间应不小于 20 min，建筑高度大于 100m 时应急工作时间应不小于 30 min。

④ 正常交流电源供电切断后，应顺利转入应急工作状态，转换时间不应大于 5 s。

⑤ 火灾应急照明和疏散指示控制装置应进行 1～3 次使系统转入应急状态的检验，系统中各消防应急照明灯均应能转入应急状态。

（7）正压送风系统的检测验收

① 机械加压送风机应采用消防电源，高层建筑风机应能够在末端自动切换，启动后运转正常。

② 加压送风口的风速不应大于 7 m/s。

③ 机械加压送风机的铭牌标志应清晰，风量及风压符合设计要求。

④ 加压送风口安装应牢固可靠，手动和控制室开启送风口正常，手动复位正常。

⑤ 机械正压送风余压值：防烟楼梯间内为 40～50 Pa；前室、合用前室、消防电梯前室以及封闭避难层为 25～30 Pa。

（8）机械排烟系统的检测验收

① 排烟风机应采用消防电源，并能在末端自动切换，启动之后运转正常。

② 排烟防火阀应设在排烟风机的入口处及排烟支管上穿过防火墙处。

③ 排烟口的风速不应大于 10 m/s。

④ 排烟风机的铭牌标志应清晰，风压及风量符合设计要求，轴流风机应采用消防高温轴流风机，在 280℃下应连续工作 30 min。

⑤ 排烟管道的保温层和隔热层必须采用不燃材料制作。

⑥ 排烟口的安装应牢固可靠，平时关闭，并应设置手动及自动开启装置。

⑦ 排烟防火阀平时应处于开启状态，手动、电动关闭时动作正常，并应向消防控制室发出排烟防火阀关闭的信号，可手动复位。

⑧ 排烟口应设在顶棚或靠近顶棚的墙面上，且与附近安全出口沿走道方向相邻边缘之间的最小水平距离不应小于 1.5 m；设在顶棚上的排烟口距可燃构件或可燃物的距离不应小于

1 m；排烟口距防烟分区最远点的水平距离不应超过 30 m。

（9）防火门的检测验收

① 电动防火门、防火卷帘，5 樘以下的应全部检验，超过 5 樘的应按实际安装数量 20% 的比例（但不小于 5 樘）抽验联动控制功能。

② 电动防火门、防火卷帘的抽检，应按实际安装数量的 10%～20% 抽检联动控制功能，其控制功能、信号均应正常。

对防火门的检测除进行有关形式检测报告及合格证等检查外，还应进行以下项目检查。

① 核对耐火等级。

将实际安装的防火门的耐火等级与设计要求进行对比，看是否满足设计要求。

② 检查防火门的开启方向。

安装在疏散通道上的防火门开启方向应向疏散方向开启，关闭后应能从任何一侧手动开启，且必须有自动关闭的功能。

③ 钢质防火门关闭之后严密检查以下方面：门扇应与门框贴合，其搭接量不得小于 10 mm；门扇与门框之间的两侧缝隙不得大于 4 mm；门顶框内面与门顶面缝隙不得大于 3 mm；双扇门中缝不得大于 4 mm；门扇底面与地面缝隙不得大于 20 mm。

（10）防火卷帘门的检测验收

① 防火卷帘门的安装部位、耐火及防烟等级应符合设计要求；防火卷帘门上方应有箱体或其他能阻止火灾蔓延的防火保护措施。

② 电动防火卷帘门的供电电源应为消防电源；供电及控制导线截面积、绝缘电阻、线路敷设和保护管材质应符合规范要求。防火卷帘门供电装置的过电流保护整定值应满足设计要求。

③ 电动防火卷帘门应在两侧（人员无法操作侧除外）分别设置手动按钮控制电动防火卷帘门的升、降、停，并且应具有在发生火灾时防火卷帘门下降关闭后提升该防火卷帘门的功能，该防火卷帘门提升到位后应能够自动恢复原关闭状态。

④ 设有自动报警控制系统的电动防火卷帘门应设有自动关闭控制装置，用来疏散通道上的防火卷帘门应有由探测器控制两步下降或下降到 1.5～1.8 m 后延时下降至底功能；用于只能起到防火分隔作用的卷帘应一步下降至底，手动速放装置的，防火卷帘门手动速放装置的臂力不大于 50 N；消防控制室应有强制电动防火卷帘门下降功能（应急操作装置）并显示其状态；安装于疏散通道上的防火卷帘门的启闭装置应能够在火灾断电后手动机械提升已下降关闭的防火卷帘门，并且该防火卷帘门能借助其自重重新恢复原关闭状态。手动防火卷帘门手动下放牵引力不大于 150 N。

⑤ 防火卷帘门的重复定位精度应小于 20 mm。

⑥ 防火卷帘门座板和地面的间隙不大于 20 mm；帘板和底座的连接点间距不大于 300 mm。

⑦ 防火卷帘门导轨预埋钢件间距不应大于 600 mm；导轨的垂直度每米不应大于 5 mm，全长垂直度不应大于 20 mm。

⑧ 防火卷帘门的启闭装置处应有明显操作标志，方便人员操纵维护。

⑨ 防火卷帘门座板升降时两端高低差不大于 30 mm。

⑩ 防火卷帘门两导轨中心线平行度不大于 10 mm。

⑪ 导轨的顶部应制成圆弧形或喇叭口形，并应超过洞口以上至少 75 mm。

⑫ 防火卷帘门的手动按钮安装高度应为 1.5 m，并且不应加锁。

⑬ 防火卷帘门运行时的平均噪声如表 6-12 所示。

表 6-12　防火卷帘门运行时的平均噪声

卷帘机功率 W（kW）	平均噪声（dB）
W≤0.4	≤50
0.4＜W≤1.5	≤60
1.5＜W	≤70

⑭ 帘板嵌入导轨（每侧）深度如表 6-13 所示。

表 6-13　帘板嵌入导轨（每侧）深度

门洞宽度 B（mm）	每端嵌入长度（mm）
＜3000	＞45
3000≤B＜5000	＞50
5000≤B＜9000	＞60

⑮ 防火卷帘下降速度如表 6-14 所示。

表 6-14　防火卷帘下降速度

洞口高度（m）	下降速度（m/min）
洞口高度在 2 以内	2～6
洞口高度在 2～5	2.5～6.5
洞口高度在 5 以上	3～9

（11）室内消火栓的检测验收

① 消火栓设置的位置检测。消火栓设置的位置应能满足发生火灾时两只消火栓同时到达起火点。检测时利用对设计图纸的核对及现场测量进行评定。

② 最不利点消火栓的充实水柱的测量。对于充实水柱的测量应在消防水泵启动正常，系统内存留气体放尽后进行，在实际测量有困难时，可通过目测，从水枪出口处算起到 90%水柱穿过 32 cm 圆孔为止的长度。

③ 消火栓静压测量。消火栓栓口的静水压力应不大于 0.8 MPa，出水压力应不大于 0.5 MPa。

对于高位水箱设置高度应保证最不利点消火栓栓口静水压力，当建筑高度不大于 100 m 时应不低于 0.07 MPa，当建筑高度超过 100 m 时应不低于 0.15 MPa，当设有稳压和增压设施时，应满足设计要求。

④ 消火栓手动报警按钮。消火栓手动报警按钮应在按下后启动消防水泵，按钮本身应有可见光表明已经启动，消防控制室应显示按下的消火栓手动报警按钮的位置。

⑤ 消火栓安装质量的检测。消火栓安装质量的检测主要是箱体安装应牢固，安装的消火栓箱的四周及背面墙体之间不应有空隙，栓口的出水方向应向下或与设置消火栓的墙面相垂直，栓口中心距地面高度应为 1.1 m。

（12）自动喷水灭火系统的检测验收

① 在消防控制室内操作启、停泵 1～3 次。

② 水流指示器、信号阀等按实际安装数量 30%～50%的比例进行抽检。

③ 压力开关、电动阀、电磁阀等按实际安装数量全部进行检验。

（13）湿式报警阀组的检测验收

湿式报警阀组的检测验收包括湿式报警阀、延迟器、水力警铃、压力开关及水流指示器等检测验收。

湿式报警阀组功能包括：试验时，当末端试水装置放水后，在 90s 内报警阀应及时动作，水力警铃发出报警信号，压力开关输出报警信号；压力开关（或压力开关的输出信号与水流指示器的输出信号以“与”的关系）输出信号应能够自动启动消防水泵；关闭报警阀时，水力警铃应停止报警，同时压力开关应停止动作；报警阀上/下压力表指示正常；延迟器最大排水时间不大于 5 min。

① 湿式报警阀。

湿式报警阀的铭牌、规格、型号及水流方向应满足设计要求，其组件应完好无损；报警阀前后的管道中应顺利充满水，过滤器应安装于延迟器前；安装报警阀组的室内地面应有排水措施；报警阀中心到地面高度应为 1.2 m，侧面距墙 0.5 m，正面距墙 1.2 m。

② 延迟器。

延迟器应安装在湿式报警阀与压力开关之间；延迟器最大排水时间不应大于 5 min。

③ 水力警铃。

末端放水后，应在 5～90 s 内发出报警声响，在距离水力警铃 3 m 处声压应不小于 70 dB；水力警铃应设在公共通道、有人的室内或值班室里，水力警铃不应发生误报警；水力警铃的启动压力不应小于 0.05 MPa；水力警铃应安装检修、测试用的阀门，水力警铃应安装在报警阀附近，同报警阀连接的管道应采用镀锌钢管，当管径为 15 mm 时，长度不大于 6 m，当管径为 20 mm 时，长度不大于 20 m。

④ 压力开关。

压力开关应安装在延迟器和水力警铃之间，安装应牢固可靠，能正确传送信号；压力开关应在 5～90 s 内动作，并且向控制器发出动作信号。

⑤ 水流指示器。

水流指示的安装方向应满足要求；输出的报警信号应正常；水流指示器应安装在分区配水干管上，应竖直安装在水平管道上侧，其前后直管段长度应保持 5 倍管径；水流指示器应完好，有永久性标志，信号阀安装在水流指示器前的管道上，其间距是 300 mm。

⑥ 末端试水装置。

每个防火分区或楼层的末端应设置末端试水装置，并且应有排水设施。末端试水装置的组件应齐全，包括试验阀、连接管、压力表及排水管；连接管和排水管的直径不小于 25 mm；最不利点处末端试验放水阀打开，以 0.94～1.5 L/s 的流量放水，压力表读值不应小于 0.049 MPa。

（14）自动气体灭火系统

自动气体灭火系统的抽检，应在符合现行各有关系统设计规范的条件下，按实际安装数量的 20%～30%抽检下列控制功能：

① 人工启动和紧急切换试验 1～3 次。

② 与固定灭火设备联动控制的其他设备（包括关闭防火门窗、停止空调风机、关闭防火

阀、落下防火幕等）试验1～3次。

③ 抽一个防护区进行喷放试验（卤代烷系统应采用氮气等介质代替）。

3. 博物馆消防系统的验收

博物馆消防系统的验收应由建设主管单位组织，建设单位、公安消防监督机构、设计单位、施工单位等共同进行，除应遵守相关规范外，还应特别注意气体灭火系统的调试应由专业技术人员担任。在系统验收合格后，将其功能恢复到正常工作状态，验收不合格的不得投入使用。

6.4 消防系统的维护管理

教师任务：通过讲解、演示等方式，引导学生熟悉消防系统的维护和保养方法。

学生任务：分组进行实验室消防设备的维护和保养工作，掌握保养方法，了解消防系统维护和保养的意义，完成任务单，如表6-15所示。

表6-15 任务单

序号	项 目	内 容
1	消防系统的定期检查	了解消防系统的管理规定和火灾报警控制器的检查要求
2	消防系统的维护和保养	掌握重点消防设施的维护和保养方法

6.4.1 消防系统的定期检查

为了保证火灾自动报警及消防联动系统的正常运行，使消防系统能够随时发现灾情并投入运行，应对消防系统进行定期维护，以使整套消防系统正常发挥作用。

1. 消防系统的管理规定

① 火灾报警系统应由经过专门培训的人员负责使用、管理和维护，无关人员不得随意触动，消防设备维修后必须恢复原来的状态，不得随意更改原器材、线路。

② 消防控制室应设立健全的值班制度，值班人员应坚守岗位，严禁脱岗，未经专业培训的无证人员不得上岗。

③ 值班人员应熟练掌握消防设备的性能及操作规程，一旦出现报警情况应按规定程序迅速、准确处理，做好各种记录，遇有重大情况要及时报告有关部门。

④ 未经公安消防机构同意不得擅自关闭火灾自动报警系统。

2. 火灾报警控制器的检查

（1）日常检查

① 有自检、巡检功能的，可通过扳动自检、巡检开关来检查其功能是否正常。

② 没有自检、巡检功能的，也可采用给一只探测器加烟（或加温）的方法使探测器报警，以此来检查火灾报警控制器的功能是否正常。

③ 值班人员按照规定格式，每日填写火灾报警系统运行日登记表，特别是对火灾自动报警和消防联动系统的异常情况和处理情况应记录在案，为以后处理有关问题提供依据。

（2）季度检查

① 采用专用检测仪器分期分批试验探测器的动作是否正常及确认灯显示是否清晰，若发现有故障或失效的显示器应及时更换。

② 试验火灾警报装置的声光显示是否正常。

③ 试验水流指示器、压力开关等报警功能、信号显示是否正常。

④ 对备用电源进行 1～2 次充放电试验，1～3 次主电源和备用电源自动切换试验，检查其功能是否正常。

⑤ 联动控制系统应用自动或手动检查下列消防控制设备的控制显示功能：

a. 防排烟设备、电动防火阀、电动防火门、防火卷帘等的控制设备；

b. 室内消火栓、自动喷水灭火系统的控制设备；

c. 卤代烷、二氧化碳、泡沫、干粉等固定灭火系统的控制设备；

d. 火灾应急广播、火灾应急照明灯及疏散指示标志灯。

以上试验均应有信号反馈至消防控制室，且信号清晰。

⑥ 强制消防电梯停于首层试验。

⑦ 消防通信设备应在消防控制室进行对讲通话试验，通话应通畅，语音应清楚。

⑧ 检查所有的手动、自动转换开关。

⑨ 强制切断非消防电源功能试验。

⑩ 检查备品备件、专用工具及加烟、加温试验器等是否齐备，并处于安全无损和适当保护状态。

⑪ 直观检查所有消防用电设备的动力线、控制线、报警信号传输线、接地线、接线盒等设备是否处于安全无损状态。

⑫ 检查探测器、手动报警按钮和指示装置的位置是否正确，有无缺漏和损坏，探测器和手动报警按钮的安装位置周围是否有规定的留白空间。

（3）年度检查

① 每年应用专用检测仪器对所安装的探测器至少检查试验 1 次。

② 试验火灾应急广播设备的功能是否正常。

③ 检查所有接线端子是否松动、破损或脱落。

6.4.2　消防系统的维护与保养

1. 重点消防设施的维护和保养

（1）探测器的维护和保养

探测器投入运行 2 年后，应每隔 3 年全部清洗一遍，主要包括清洁、检查、操作和调整灵敏度等内容，并做响应阈值及其他必要的功能试验，合格的方可继续使用，不合格的严禁重新安装使用。其中感烟探测器可在厂家的指导下自行清洗，离子感烟探测器具有一定的辐射且清洗难度大，所以必须委托专业的清洗公司进行清洗。

（2）火灾报警控制器的维护和保养

火灾报警控制器在使用、维护及保养过程中要注意以下几点。

① 当火灾报警控制器总线故障时，一般证明信号线线间或对地电阻太低或短路，此时应关闭火灾报警控制器，并通知相应的消防安装公司对信号线路进行维修。

② 当火灾报警控制器电源部分报输出故障时，一般证明24V电源线线间或对地电阻太低或短路。此时应关闭火灾报警控制器电源部分，并通知相应的消防安装公司对电源线进行维修。

③ 当火灾报警控制器的广播主机和电话主机报过流故障时应关闭相应的广播和电话主机，并通知相应的消防安装公司对广播和电话线路进行维修。

④ 当火灾报警控制器报备电故障时，一般证明电池因过放导致损坏，应尽早通知火灾报警控制器厂家对电池进行更换。

⑤ 当火灾报警控制器发生异常的声光指示或气味等情况时，应立即关闭火灾报警控制器电源，并尽快通知厂家进行维修。

⑥ 当使用备电供电时应注意供电时间不应超过 8 h，若超过 8 h 应关闭火灾报警控制器的备电开关，待主电恢复后再打开，以防蓄电池损坏。

⑦ 若现场设备（包括探测器或模块等）出现故障时应及时维修，若因特殊原因不能及时排除故障时应将其隔离，待故障排除后再利用释放功能将设备恢复。

⑧ 用户应认真做好值班记录，如发生报警后应先按下火灾报警控制器上的【消音】键并迅速确认火情，酌情处理完毕后做好执行记录，最后按【复位】键清除。如确认为误报警，在记录完毕后可针对误报警的探测器或模块进行处理，必要时通知厂家进行维修。

（3）自动喷水灭火系统的维护和保养

自动喷水灭火系统的日常维护和保养有以下几点。

① 自动喷水灭火系统的水箱水位是否达到设计水位。

② 水源通向系统的阀门是否打开。

③ 稳压泵进出口端阀门是否打开。

④ 稳压系统是否正常工作。

⑤ 报警阀前端阀门是否全开。

⑥ 报警阀上的压力表是否正常。

⑦ 报警阀上的排水阀是否关严。

（4）防排烟系统

防排烟系统日常检查主要是对系统各部件外观检查，每日开启一次风机，观察风机运行情况是否正常。一般每隔 3 个月检查一次，主要是对风机的联动启动，风口的风速测量，封闭楼梯间余压值测量，风机的保养、润滑、传动带的松紧程度检查等。

（5）防火卷帘门

对于作为防火分区的卷帘门每天下班后应降半，对于所有卷帘门应每周进行依次联动试验；每月进行一次机械部分的保养、润滑；每年进行一次整体保养。

（6）消防电梯

消防电梯应每隔 1 个月进行一次强降试验及井道排水泵的启动，并进行排水泵保养、润滑、电气部分的检查。

2. 加强消防设施维护和保养的必要性

建筑消防设施在投入使用后，产品会出现自然老化、使用性和耗用性老化，还存在验收通过后消防设备就出现无人管理的现象，长此以往肯定会影响消防系统的正常功能发挥。为保证系统时刻保持良好的运行状态，不能只在使用初期注重维护保养，更应形成长期的保养制度。

消防系统应制定科学合理的维护保养计划，并安排专人对消防设备进行维护。这些人员不仅应具备消防专业及相关专业的知识，能明确设备内部的工作原理，还应具备修理经验及相应的检测工具和维修工具等，能做到对隐患及时发现及时排除，对故障设备能简单更换，从而避免更大的问题出现，节约成本，最大限度地发挥消防系统的使用功能。

实训 6　消防系统的维护与保养

1. 实训目的

能够对消防系统设备进行简单的维护与保养。

2. 实训要求

① 对智能建筑消防系统有整体的认知，要求能够掌握消防系统的基本维护与保养方法；
② 遵守操作规程，遵守实验实训纪律规范；
③ 小组合作。

3. 实训设备及材料

现有消防系统设备或某一建筑的消防系统。

4. 实训内容

① 确定消防系统维护与保养方案；
② 对消防系统设备进行故障设置，分组排障。

5. 实训步骤

① 观察消防系统的整体情况，确定维护与保养目标；
② 确定维护与保养的场所及设施，绘制相关文件；
③ 对消防系统设备进行故障设置，分组排障。

6. 实训报告

① 确定消防系统维护与保养方案；
② 观察操作过程及结果，完成记录表；
③ 写出实训体会和操作技巧。

7. 实训考核

① 对防火防排烟设施及广播系统设备的应用能力；
② 小组合作情况；
③ 个人参与情况。

知识梳理

本模块首先介绍了消防系统的设计内容和设计原则，然后介绍了消防系统的设计程序和方法并举例说明；接下来对消防设备用电的设计要求，以及消防系统的安装准备工作、消防系统各类设施的安装、布线及接地要求进行了详细介绍；最后对消防系统的调试及验收的规定，以及各类设施的调试及验收的要求进行了详细说明。其中，穿插了一个具体案例的设计实施过程，以加深对本模块内容的理解，有助于提高学习效果。

本模块的内容学习完成后，要能够掌握消防设计的基础知识，具备安装调试能力，并能够验收及维护。

练习与思考

1. 选择题

（1）当收到来自触发器件的火灾报警信号时，能自动或手动启动相关消防设备及显示其状态的设备，称为（　　）。

A.消防自动控制　　B.消防手动控制　　C.消防报警控制　　D.消防联动控制

（2）火灾自动报警系统属于消防用电设备，其主要电源应当采用（　　）。

A.蓄电池　　B.备用电源　　C.事故电源　　D.消防电源

（3）感烟火灾探测器是用于探测火灾（　　）的火灾探测器。

A.可燃物的烟雾并发出火灾报警信号　　B.初期的烟雾并发出火灾报警信号

C.检测烟雾并发出火灾报警信号　　D.监测烟雾并发出火灾报警信号

（4）感温火灾探测器是一种对（　　）内的温度进行监测的探测器。

A.警戒范围内　　B.监视范围内　　C.火灾范围内　　D.火警范围内

（5）火灾报警控制器可分为（　　）火灾报警控制器。

A.区域和集中　　B.自动和手动　　C.远程和现场　　D.自动和半自动

（6）消防联动控制的对象包括灭火设施、防排烟设施、防火卷帘、防火门、水幕、（　　）、非消防电源的断电控制等。

A.喷淋泵　　B.电梯　　C.消防水泵　　D.A、B、C 三项都是

2. 简答题

（1）消防系统的设计程序是什么？

（2）简述消防联动控制系统的设计要求。

（3）消防应急广播系统的设计要求是什么？

（4）消防系统接地的设置规定是什么？

（5）简述消防系统验收的一般规定。

参 考 文 献

[1] 濮容生. 消防工程[M]. 北京：中国电力出版社，2007.
[2] 孙景芝.建筑电气消防工程[M].北京：电子工业出版社，2010.
[3] 王长川.建筑消防给水系统细节详解[M]. 南京：江苏科学技术出版社，2015.
[4] 李桂芳.高层建筑防火细节详解[M]. 南京：江苏科学技术出版社，2015.
[5] 王余胜.建筑消防联动系统细节详解[M]. 南京：江苏科学技术出版社，2015.
[6] 王余胜.建筑电气消防细节详解[M]. 南京：江苏科学技术出版社，2015.
[7] 公安部消防局.消防安全技术综合能力[M]. 北京：机械工业出版社，2016.
[8] 公安部消防局.消防安全技术实务[M]. 北京：机械工业出版社，2016.
[9] 王晔,马克汤・姆森.手动报警按钮与人性化的火灾探测[J]. 消防技术与产品信息，2013，(04):95-97.
[10] 李鹏.手动火灾报警按钮的结构创新设计[J]. 消防技术与产品信息，2008，(04):28-29.
[11] 石英杰.智能建筑的火灾特点及防控对策[J]. 学术平台，2012，8(11):139-140.
[12] 江苏安科瑞电器制造有限公司.电气火灾监控技术的性能分析及其在工程应用中的注意事项. 2016-03-29.
[13] 中国消防行业发展状况及前景规划研究报告. 2015—2020.
[14] http://www.chyxx.com/industry/201709/566485.html. 2017 年中国消防行业发展趋势及市场需求分析.
[15] http://www.lwfree.cn/yanjiu/20170518/7314.html. 智能建筑消防系统国内外研究现状.
[16] https://baike.so.com/doc/5414180-5652322.html. 智能化.
[17] https://baike.so.com/doc/6251583-6464995.html. 建筑智能化.
[18] http://www.qianjia.com/subject/si_0912/. 见证智能建筑的发展.
[19] https://wenku.baidu.com/view/93886ceee009581b6bd9ebd6.html. 消防法律法规体系.
[20] http://www.fire114.cn/iask/questions/detail/968.htm. 消防百事通.
[21] http://blog.sina.com.cn/s/blog_6579c6750100gv2k.html. 火灾形成的条件与类型.
[22] https://baike.so.com/doc/6940826-7163187.html. 消防车道.
[23] https://baike.so.com/doc/6764591-6979495.html. 消防扑救面.
[24] https://wenku.baidu.com/view/c44fbf03bed5b9f3f90f1c5d.html. 主导风向.
[25] https://baike.so.com/doc/6286957-26313443.html. 感烟式火灾探测器.
[26] https://baike.so.com/doc/762424-806822.html. 火灾探测器.
[27] https://baike.so.com/doc/9031724-9361778.html. 火焰探测器.
[28] https://baike.baidu.com/. 火灾显示盘.
[29] https://baike.baidu.com/. 声光报警器.
[30] https://baike.baidu.com/. 消防控制模块.
[31] https://baike.baidu.com/. 消防电话分机.

[32] https://baike.baidu.com/ n. 消防电话系统.
[33] https://www.toutiao.com/i6446970219003904526/. 火灾自动报警系统设计要求.
[34] http://jz.docin.com/p-247686988.html. 消防报警及联动控制系统施工图读识.
[35] http://www.shxf.net/a/2015772320.html. 消防防排烟系统的作用及工作原理.
[36] https://baike.so.com/doc/26697666-27976095.html. 自然排烟.
[37] http://www.dafeng.gov.cn/zt2014/aqscy/aqts/230701.shtml. 安全疏散的基本原则.
[38] https://baike.so.com/doc/5816743-6029556.html. 疏散楼梯.
[39] https://baike.so.com/doc/5825453-6038271.html. 楼梯间.
[40] http://www.shxf.net/ask/show.asp?id=111. 疏散楼梯的布置要求是什么.
[41] http://bbs.co188.com/thread-9667597-1-1.html. 封闭楼梯间适用设置范围总结.
[42] https://baike.baidu.com/. 消防联动控制系统.
[43]《关于调整火灾等级标准的通知》. 公安部. 2007 年 6 月 26 日.
[44]《火灾分类》(GB/T 4968—2008).
[45]《建筑设计防火规范》(GB 50016—2006).
[46]《建筑设计防火规范》(GB50016—2014).
[47]《高层民用建筑设计防火规范》(GB50045-95—2005).
[48]《火灾探测器产品型号编制方法》(GA/T 227—1999).
[49]《消防技术文件用消防设备图形符号》(GB/T 4327—2008).
[50]《火灾自动报警系统设计规范》(GB 2050116—2013).
[51]《火灾自动报警系统组件兼容性要求》(GB 22134—2008).
[52]《人民防空地下室设计规范》(GB 50038—2005).
[53]《汽车库、修车库、停车场设计防火规范》(GB 50067—2014).
[54]《防火卷帘》(GB 14102—2005).
[55]《防火门》(GB 12955—2008).
[56]《公共广播系统工程技术规范》(GB 50526—2010).
[57]《城市消防远程监控系统技术规范》(GB 50440—2007).
[58]《消防联动控制系统》(GB 16806—2006).
[59]《消防控制室通用技术要求》(GB 25506).
[60]《建筑消防设施的维护管理》(GB 25201—2010).
[61]《城市消防远程监控系统》(GB 26875—2011).
[62]《民用建筑电气设计规范》(JGJ 16—2008).